大
方
sight

新

精油图鉴

300种
精油科研新知集成

EVIDENCE-BASED GUIDE
TO
300 ESSENTIAL OILS

温佑君—著

中信出版集团 | 北京

目录

内文

6　【推荐序】易光辉
7　【推荐序】姚雷
8　【推荐序】傅炳山
9　【推荐序】罗佳琳
10　【自序】
12　【如何使用本书】
16　【芳香能量环】
18　【精油成分属性表】
20　【十二经脉与其对应范围】
22　【气卦七轮与其对应范围】

page　I
25　单萜酮类

26　1　利古蓍草
27　2　圆叶布枯
28　3　侧柏酮白叶蒿
29　4　艾叶
30　5　艾蒿
31　6　假荆芥新风轮菜
32　7　藏茴香
33　8　蓝冰柏
34　9　樟树
35　10　薄荷尤加利
36　11　多苞叶尤加利
37　12　牛膝草
38　13　头状薰衣草
39　14　白马鞭草
40　15　马薄荷
41　16　胡薄荷
42　17　绿薄荷
43　18　樟脑迷迭香
44　19　马鞭草酮迷迭香
45　20　薰衣叶鼠尾草
46　21　鼠尾草
47　22　棉杉菊
48　23　芳香万寿菊
49　24　万寿菊
50　25　夏白菊
51　26　艾菊
52　27　侧柏

page　II
53　香豆素与内酯类

54　1　中国当归
55　2　印度当归
56　3　芹菜籽
57　4　辣根
58　5　苍术
59　6　蛇床子
60　7　新几内亚厚壳桂
61　8　零陵香豆
62　9　阿魏
63　10　土木香
64　11　大花土木香
65　12　川芎
66　13　圆叶当归
67　14　欧防风
68　15　木香

page　III
69　氧化物类

70　1　芳枸叶
71　2　小高良姜
72　3　月桃
73　4　桉油醇樟
74　5　莎罗白樟
75　6　豆蔻
76　7　蓝胶尤加利
77　8　澳洲尤加利
78　9　露头永久花
79　10　高地牛膝草
80　11　月桂
81　12　穗花薰衣草
82　13　辛夷
83　14　白千层
84　15　绿花白千层
85　16　扫帚茶树
86　17　香桃木
87　18　桉油醇迷迭香
88　19　三叶鼠尾草
89　20　熏陆香百里香

page　IV
91　倍半萜烯类

92　1　西洋蓍草
93　2　树兰
94　3　树艾
95　4　澳洲蓝丝柏
96　5　大麻
97　6　依兰
98　7　大叶依兰
99　8　卡塔菲
100　9　台湾红桧
101　10　日本扁柏
102　11　没药
103　12　红没药
104　13　古巴香脂
105　14　马鞭草破布子
106　15　香苦木
107　16　古芸香脂
108　17　德国洋甘菊
109　18　蛇麻草
110　19　圣约翰草
111　20　刺桧木
112　21　维吉尼亚雪松
113　22　穗甘松

114 23 中国甘松
115 24 番石榴叶
116 25 五味子
117 26 一枝黄花
118 27 摩洛哥蓝艾菊
119 28 头状香科
120 29 姜

page V
121 醚类

122 1 菖蒲
123 2 龙艾
124 3 茴香
125 4 金叶茶树
126 5 鳞皮茶树
127 6 肉豆蔻
128 7 粉红莲花
129 8 热带罗勒
130 9 露兜花
131 10 皱叶欧芹
132 11 平叶欧芹
133 12 洋茴香
134 13 西部黄松
135 14 洋茴香罗文莎叶
136 15 防风
137 16 甜万寿菊

page VI
139 醛类

140 1 柠檬香桃木
141 2 泰国青柠叶
142 3 柠檬叶
143 4 柠檬香茅
144 5 爪哇香茅
145 6 柠檬尤加利
146 7 史泰格尤加利
147 8 柠檬细籽
148 9 柠檬马鞭草
149 10 山鸡椒
150 11 蜂蜜香桃木
151 12 香蜂草
152 13 柠檬罗勒
153 14 紫苏
154 15 马香科

page VII-1
155 酯类

156 1 阿密茴
157 2 罗马洋甘菊
158 3 墨西哥沉香
159 4 苦橙叶
160 5 佛手柑
161 6 小飞蓬
162 7 岬角甘菊
163 8 玫瑰尤加利
164 9 黄葵
165 10 真正薰衣草
166 11 醒目薰衣草
167 12 柠檬薄荷
168 13 含笑
169 14 红香桃木
170 15 水果鼠尾草
171 16 快乐鼠尾草
172 17 鹰爪豆

page VII-2
173 苯基酯类

174 1 银合欢
175 2 大高良姜
176 3 黄桦
177 4 波罗尼花
178 5 苏刚达
179 6 橘叶
180 7 沙枣花
181 8 芳香白珠
182 9 大花茉莉
183 10 小花茉莉
184 11 苏合香
185 12 白玉兰
186 13 黄玉兰
187 14 秘鲁香脂
188 15 水仙
189 16 牡丹花
190 17 红花缅栀
191 18 晚香玉
192 19 五月玫瑰

page VII-3
193 芳香酸与芳香醛类

194 1 苏门答腊安息香
195 2 暹罗安息香
196 3 香草

page VIII
197 倍半萜酮类

198 1 印蒿酮白叶蒿
199 2 银艾
200 3 印蒿
201 4 大西洋雪松
202 5 喜马拉雅雪松
203 6 杭白菊
204 7 姜黄
205 8 莪莸
206 9 莎草
207 10 大根老鹳草
208 11 意大利永久花
209 12 鸢尾草
210 13 马缨丹
211 14 松红梅
212 15 桂花
213 16 紫罗兰

page IX
215 单萜醇类

216 1 花梨木
217 2 芳樟
218 3 橙花
219 4 芫荽籽
220 5 巨香茅
221 6 玫瑰草
222 7 忍冬
223 8 茶树
224 9 沼泽茶树
225 10 野地薄荷
226 11 胡椒薄荷
227 12 蜂香薄荷
228 13 可因氏月橘
229 14 柠檬荆芥
230 15 甜罗勒
231 16 甜马郁兰
232 17 野洋甘菊
233 18 天竺葵
234 19 大马士革玫瑰

235　20　苦水玫瑰
236　21　凤梨鼠尾草
237　22　龙脑百里香
238　23　沉香醇百里香
239　24　侧柏醇百里香
240　25　牻牛儿醇百里香
241　26　竹叶花椒
242　27　食茱萸
243　28　花椒

page X
245　酚与芳香醛类

246　1　中国肉桂
247　2　台湾土肉桂
248　3　印度肉桂
249　4　锡兰肉桂
250　5　头状百里香
251　6　小茴香
252　7　丁香花苞
253　8　丁香罗勒
254　9　神圣罗勒
255　10　野马郁兰
256　11　岩爱草
257　12　希腊野马郁兰
258　13　多香果
259　14　西印度月桂
260　15　到手香
261　16　重味过江藤
262　17　黑种草
263　18　冬季香薄荷
264　19　希腊香薄荷
265　20　百里酚百里香
266　21　野地百里香
267　22　印度藏茴香

page XI
269　倍半萜醇类

270　1　阿米香树
271　2　沉香树
272　3　玉檀木
273　4　降香
274　5　胡萝卜籽
275　6　暹罗木
276　7　白草果
277　8　黏答答土木香
278　9　昆士亚
279　10　厚朴
280　11　橙花叔醇绿花白千层
281　12　香脂果豆木
282　13　新喀里多尼亚柏松
283　14　羌活
284　15　荜澄茄
285　16　广藿香
286　17　狭长叶鼠尾草
287　18　檀香
288　19　太平洋檀香
289　20　塔斯马尼亚胡椒
290　21　缬草
291　22　印度缬草
292　23　岩兰草

page XII
293　单萜烯类

294　1　欧洲冷杉
295　2　胶冷杉
296　3　西伯利亚冷杉
297　4　莳萝（全株）
298　5　欧白芷根
299　6　白芷
300　7　独活
301　8　乳香
302　9　印度乳香
303　10　秘鲁圣木
304　11　榄香脂
305　12　岩玫瑰
306　13　苦橙
307　14　泰国青柠
308　15　日本柚子
309　16　莱姆
310　17　柠檬
311　18　葡萄柚

312　19　橘（红／绿）
313　20　岬角白梅
314　21　海茴香
315　22　丝柏
316　23　非洲蓝香茅
317　24　白松香
318　25　连翘
319　26　高地杜松
320　27　杜松浆果
321　28　刺桧浆果
322　29　卡奴卡
323　30　落叶松
324　31　格陵兰喇叭茶
325　32　黑云杉
326　33　挪威云杉
327　34　科西嘉黑松
328　35　海松
329　36　欧洲赤松
330　37　黑胡椒
331　38　熏陆香
332　39　奇欧岛熏陆香
333　40　巴西乳香
334　41　道格拉斯杉
335　42　雅丽菊
336　43　髯花杜鹃
337　44　马达加斯加盐肤木
338　45　秘鲁胡椒
339　46　巴西胡椒
340　47　香榧
341　48　加拿大铁杉
342　49　贞节树
343　50　泰国参姜

索引 与 参考资讯

345　　适用症候索引
371　　拉丁学名索引
377　　英文俗名索引
383　　简体中文俗名索引
387　　植物科属索引
391　　化学成分中英对照
401　　参考书籍及期刊
409　　300 种精油范例文献

推荐序

　　本书以精油的化学类型为分类原则，并搭配其药理属性和治疗症状的说明，相信更能让芳疗新手与资深芳疗师广泛应用。书中丰富的芳疗信息以浅白的字句呈现，介绍常见的 300 种精油植物、学名、香气印象，从掌握植物的姿态、用法、核心成分正确理解精油的功效，作者还根据在芳香疗法中实际使用的经验，仔细说明相关注意事项，将会是读者购买精油时的极好参考。

易光辉

台湾弘光科技大学化妆品应用系所学术副校长

推荐序

非常荣幸温老师能邀我为此著作写序，获得此书后即刻阅读，读后深感这是温老师又一部倾心倾力之作。我非常理解完成一部书不仅是一项艰难的体力劳动，更是一项艰苦的脑力劳动，但这本书从头到尾都让读者分享了愉快和美好、健康和智慧。大凡这个行业里想撰书之人都有一个共同的梦想，那就是让读者了解芳疗其实承载着中医的文化，以及如何用中医的哲学思想解读精油的功效，这本书完美地做到了这一点，实乃不易。在芳香植物种类的选择上也和以往有很大不同，大胆选用中国本土芳香植物，尤其是选用了不少香味草药，如山苍子、苦水玫瑰、广藿香、连翘等等，让中国元素精油一一登台亮相。她告诉世人：芳香植物不仅属于你们也属于我们。书的排版和设计非常赏心悦目，语言富有感染力。关于这一点给了大陆学者一个重要的启发，我们不禁要反思，只有把一个艰涩的科学问题表达得通俗易懂，才能让更多的百姓受益。后续部分详细列举了很多参考文献，一方面是文中所述内容的科学佐证，另一方面也是引导读者更多关注该领域的科学研究进展。非常感慨于温老师的执着、认真和耐心，其思想和理念影响了不少海内外华人追寻芳疗的道路，从而使芳香疗法走进百姓的生活中，在此深表感谢！

姚 雷

于 2018 年上海两会会期中

上海交通大学农业与生物学院教授

上海交大芳香植物研发中心主任

推荐序

当我在 20 年前开始研究并推广香草及植物精油时，尚少有人对精油这一主题有兴趣，且使用者更是少之又少，市场都是合成香精的天下。

直到十多年前接触到温老师，方知此道不孤，也才知道那么早就有人投入实务精油的研究。这位精油达人，除了拥有专业知识外，其具有的推广教育热诚，更让我惊讶。主要是她了解了精油的奥妙，并能结合身体体质健康的科学理论。所以她的著作中不只有精油的使用方法，对精油产地、成分认知及确认更为严格。我想，温老师已经整理出如何用精油来诱导身体健康的机制了。

人类其实无法制造天然精油，精油是植物经由太阳能量生产出来的。所以自然产生香味的成分被认为有诱导人类大脑神经回路、启动调节身心机制的功用，并已在最近研究中陆续被证实了。

这也使人类以往束手无策的脑神经医学有了突破性发展，甚至与人类老化及寿命有密切关联。而温老师早在多年前即以精油理论实务及著作，传递健康信息，造福了许多人。这本新书的问世，让我迫不及待想一睹为快，也为她努力不懈的精神献上敬意及祝福。

傅炳山

台湾屏东科技大学农园生产系
植生化及香草研究博士

推荐序

正当思考如何写这篇序文的时候，我踏进了一部计程车，一股刺鼻的氨气味迎面扑来，与其银色奔驰的外型实不相配，脑海里浮现应有的印象是高级皮革味混合着上了油的气味。我不禁猜想着车子的主人到底在车上做了什么事，于是鼻子开始扮演起侦探的角色，帮着大脑搜集资讯。这么一段随着嗅觉刺激而来的思考，差点儿让我忘了本来正要做的事情。

你是不是也曾经因为某个气味翻搅起尘封的记忆？有没有因为飘来的气息挑起了抑制不住的情绪？不论在演讲或芳疗门诊时，总会有人问我为什么嗅觉对人的情绪和记忆有这么大的影响，从小到大我们总被教育要注意看、注意听，却没被提醒过要注意闻，即便嗅觉是一个近乎反射的本能。然而就算长久地被忽视，因着嗅觉对杏仁核（情绪中心）及海马回（记忆中心）有如此直接的连结，气味依然无时无刻不影响我们的潜意识、情绪和梦境，而情绪又与身体的病痛息息相关。

我很幸运能够成为温老师的学生，在众多芳疗流派当中，温老师对精油独特的见解、学理上精辟的分析，不只独树一格，其融合中西医学与芳疗的理论，也使我每次听老师的课、读老师的书都大有斩获，产生深深的敬佩！随着对精油的认识越多，就越觉得医学界实在需要好好重新认识芳香疗法；西医的治疗固然迅速有效，却常常忽略人的整体性，甚至有时陷于治疗症状却无法处理根源的窘境。因为症状其实是不平衡的结果，芳香疗法以植物本身的特性及化学分子，可以帮助人的身心灵重新达到平衡，症状自然就可以改善，才真的解决病人的问题。

曾经我的芳疗门诊来了两个梦游的患者，第一位是睡不着，而且睡着后会起来梦游，经过咨询我给了他帮助睡眠的精油，使用后不久因为焦虑解除，失眠跟梦游的症状都得到改善，他自然非常开心，便介绍给他的朋友。而这第二个梦游的患者，看到朋友使用精油后可以熟睡，兴奋地拿了第一个患者的精油去使用，没想到原本只是偶尔梦游，用了以后天天晚上都起来，搞得枕边人也跟着担心受怕，忙不迭地来问我。原来这个患者本身有许多伤痛的过往经验，尤其是被抛弃跟被虐待的回忆，在他熟睡之后这段被压抑的愤怒释放出来，导致梦游更厉害，所以我重新帮他调配适合的精油配方，着重在修复过往伤口。患者用了以后，经历了好些非常鲜明的梦境，一个月后梦游跟原先的头痛都消失了。这就是我喜欢芳疗的理由，因为它不止于处理症状，而能帮助疗愈。

医学是观察的科学，绝不能画地自限，必须以病人为中心，用开放的态度来寻找更多疾病的治疗方式。目前全球有四分之一以上的药物是从植物萃取原料，医学界目前也仍持续地从植物身上寻找更多能治病的药理成分。植物，一直都是医药最早的起源。温老师这本《新精油图鉴：300种精油科研新知集成》不只收纳的精油数量为目前之最，书中针对每种精油还以化学分子、脉轮及中医经络理论来剖析其对身体与心灵层面的作用，如此完整的内容真是我们长期研究芳疗的人梦寐以求的。我相信这本有这么深厚实证医学证据的书，会是医学界及芳疗人最重要的芳疗参考书，将为台湾的芳疗界奠下更扎实的理论的基础，也可预期地会带来更深远的影响。于此郑重地推荐本书，同时再次对温老师致敬。

罗佳琳

台湾芳香医学医学会创会理事长
台安医院家庭医学科主任

回到乌苏里的莽林中

自序

2003 年《精油图鉴》在台湾首次出版时，薰衣草还是一个充满异国情调的名字，芳香疗法也不过就是一个新兴的美容风尚。那个时候，《精油图鉴》企图让一般人意识到：舒适的香氛里，有各式各样的分子影响身体的运作。由化学品系（chemo type）和植物分类切入，入门的芳疗学生则可从《精油图鉴》获得一个指南针，在气味的汪洋中不至迷失方向。我用简明字典的概念编写它，它也不负所托，成为许多人最常检索的一本芳疗书。

15 年后，芳香疗法已经是众所周知的一种自然疗法。在瑞士，它甚至和中医、顺势疗法、阿育吠陀（Ayurveda）并列为医学院的选修课，同时是健保给付的对象。而在中文世界里，无论是芳疗认证课、相关书籍或精油品牌，都几近饱和状态。尤其网络的发达，使资讯像尼罗河的河水一样泛滥，芳香疗法已自成一块沃土。但是这片富饶的大地，能不能滋养出一个新的文明？到了 21 世纪，人类一边向前走，一边往回看，自然主义有没有办法在开发与永续之间找到平衡？

是这样的关注，决定了这本全新精油图鉴的视野。从 150 种扩充到 300 种，读者可以跟更多植物交朋友。环境一定程度上塑造了植物的个性，也就是香气。跟着香气旅行总是让人赞叹：再荒芜的土地都有它的生命力。比如地中海常见的"野草"黏答答土木香，什么鸟不生蛋的地方都能冒出来，强悍的味道里饱含倍半萜类，能修复脆弱的呼吸道。它同时是许多小虫的爱巢，那些小虫又专克橄榄果蝇，使得黏答答土木香俨然成为橄榄树的盟友。

所以新版的《精油图鉴》，多了对生长习性和香气印象的描写。希望读者像掌握星座血型那样，理解这些植物从哪里来，又能带我们往哪里去。香气印象的评述极可能引发疑问甚至批判，以防风精油为例，一般的写法大概是"热性，略带香料感"，但本书说它闻起来宛如"小王子在自己的星球上照顾玫瑰"。这种抽象的论点，并非只是任意挥洒作者的主观感受，真正的目的是要激发读者的想象力。闻香不应是对号入座的训练，每个人都有独一无二的鼻子。

300 种精油当中，有一个族群对中文读者而言既熟悉又陌生：中草药。中草药作为药材大家或许很熟悉，但作为原植物与萃取的精油，多数人是陌生的。就功能来说，精油与药材大致相仿，但精油因为直接作用于大脑的边缘系统，所以多了一个心灵效益可以探讨。以艾灸用的艾叶来说，从化学组成分析，加上临床的观察，它的精油能帮助我们"破除肿胀的自我，耐心融入多元的社群"。这个层面的应用，对芳疗圈和中药界来说，都是值得尝试的新思路。

特别在意科学证据的读者应该乐于知道，书中的药学属性与适用症候多半是从各大学术期刊整理而得。本书参考的期刊与专著超过400种，全部详列于附录。换句话说，每一条效用的背后，不是有研究报告支持，就是经过我和学生的个案印证。如果还把精油当作"另类疗法""民间疗法"，恐怕已经跟不上现况。即使娇媚冶艳如依兰精油，也在实验中展现出防治登革热和控制糖尿病的潜力。相信热爱芳疗的朋友读到这么多新知，必然会为之一振。

本书的编排方式，是以精油的化学品系作为分类原则。从新增精油的名单可以看出，大分子精油愈来愈受到重视。所谓大分子精油，就是倍半萜类，包括倍半萜烯、倍半萜醇、倍半萜酮。这些分子通常在蒸馏尾声才出现，一般来说气味都称不上鸟语花香。正因为如此，过去常被以气味定高下的使用者忽略。然而晚近的科学研究显示，这些分子往往具备突出的作用，例如抗肿瘤、抗病毒、抗超级细菌，在稳定神经系统方面也是功效卓著。

用油的潮流从单萜类移向倍半萜类，其实也反映了某种时代精神。单萜类的精油气味鲜明、作用迅猛，善于单点突破；倍半萜类的精油则深不可测、出手平和，长于系统战与联合阵线。当人们散发着狼性、急于开疆辟土之际，是没办法受教于倍半萜类的。只有领略了"月明星稀，乌鹊南飞，绕树三匝，无枝可依"，才能沉淀下来，把频率调回和宇宙同步。这个时候，天地也会回报以静谧的庇佑，带领人们稳稳地走过高山与低谷。

一个世纪以前，俄罗斯的地理学家阿尔谢尼耶夫在乌苏里地区进行探险考察，结识了一位赫哲族猎人德尔苏乌扎拉，他把这段经历写下，出版《在乌苏里的莽林中》一书。透过德尔苏乌扎拉，我们看到人们过去如何与自然和谐共处，那种生活早已和人类猎杀殆尽的鸟兽一起消失了。2016年的夏天，我走进西伯利亚人烟罕至的原始森林，惊喜地发现杜香，当下忍不住热泪盈眶——这就是德尔苏生火时闻到的味道！跟着那个味道飘进德尔苏的时空，我见证了能量的亘古不灭。

其实所有植物身上都追溯得到那股"洪荒之力"，经由气味把它传递出来的就成了精油。我们可以用现代的仪器检测分析它，然而香气里蕴藏的无穷奥秘，那些地球和日月星辰的对话，只有深情的凝视能够参透。但愿这本实用的工具书也能拉近读者与芳香植物的距离，除了用精油来保健养生，也能在香气之中逐渐宏大自己的存在感。

温佑君
2018年1月1日

如何
使用本书

将精油的不同化学属性分成12大类，并建立一套精油成分解析模型"芳香能量环"，帮助读者了解精油的身心灵疗效。

300种精油便根据此模型概念，以其主要芳香分子编排成12章节。因此建议读者在深入单方精油内容之前，可先阅读本书前几章，包括：芳香能量环、精油成分属性表、十二经络与其对应范围、气卦七轮与其对应范围，有助于了解此精油成分解析模型。

植物名称

一般较常见的中英文俗名。

学名

完整的拉丁学名，是世界共通的植物标示名称，可作为读者购买精油时，俗名之外的共同依据。

其他名称

此植物的别名，选录中文与外文各一个。

香氛印象

将此精油的丰富气味，以创意联想的方式来呈现，帮助读者了解其气质。

植物科属

相同科属的植物，通常具有相似的特性或效用。

主要产地

选录几个目前此精油的重要产区。俗谚"一方水土养一方人"，对于植物亦然，可从其原生地或适应良好区的地理人文背景，多认识该植物，并方便读者建构"香气与地域"的立体概念。

萃取部位

植物萃取的部位与萃取方式的不同，将影响成分差异。

生长习性

主要说明此植物所偏好的气候、湿度、土壤、海拔等环境因素，或产生的影响，以及生长特征。藉此了解其身家背景，搭配观看植物照片，可呼应其精油对身心的作用。

道格拉斯杉
Douglas-Fir

原产自美国西北部，因为生长快且材积大，是引进欧洲比例最高的树种。偏爱湿润的酸性土壤，不耐阴，耐强风，但不耐海风，高可达100公尺。

学　名	Pseudotsuga menziesii
其他名称	花旗松 / Oregon Pine
香气印象	在宙雨天气中放风筝
植物科属	松科黄杉属
主要产地	法国、美国
萃取部位	针叶（蒸馏）

| 适用部位 | 三焦经、喉轮 |
| 核心成分 | 萃油率0.67%，28个可辨识之化合物（占91.08%） |

| 心灵效益 | 提升对公众事务的关注，挣脱小悄小爱的束缚 |

药学属性	适用症候
1. 抗霉菌、抗蠹、驱虫	皮肤割伤、烫伤、性病、口腔卫生、食物感引起之肠胃不适
2. 抗卡他、祛痰	咳嗽、喉咙痛、呼吸道感染
3. 促进发汗和血液循环	风湿、关节痛、懒瘘

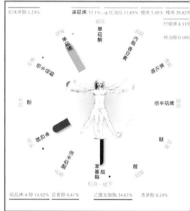

| 注意事项 |
| 1. 另有不含酯类的化学品系（以α-蒎烯32.87% / 异松油烯15.4%为主）。 |

药学属性

说明此精油所含芳香分子在疗效上的作用机转。一般来说，精油会有很多种效用，但为了方便读者更能聚焦，本书从近几年的最新研究、论文资料或临床中，选录出四大项药学属性。

适用症候

呼应此精油的各种药学属性，搭配适合处理的生理症状或身心问题。很重要的是该如何应用——必须先懂得芳疗知识，并能根据个案状况来选择适用法、调整剂量等等。建议一般读者可先参考《香气与空间》《芳疗实证全书》等芳疗理论书籍，并事先征询过医师与芳疗师等专业建议后方始应用。

侧标

页码；所属的精油分类与代表颜色；此精油中文名。

核心成分

有三种数值：(1) 萃油率，通常可反映出部分资讯，例如该精油的萃取成本、珍稀度、价格等等。(2) 此精油在 GC/MS 检测中，目前可以辨识出的成分的数目（并非全成分的总数）。此数值较高代表此精油成分较复杂，有更多元用途；较低则生理作用较具针对性与直接性。(3) 可辨识成分占总数的比例值，若数值越低，代表此精油还有更多潜力等待人们未来发现。另外，有部分精油因为资讯不明确，故将这三种数值稍作省略。

雅丽菊
lary

高可达 5 公尺的灌木，嘉庆热带湿热的内森。在农民休耕的休耕地是优势物种。
可窥见于山坡地。

药学属性	适用症候
1. 消毒杀菌，杀虫，镇定	创伤后压力症候群，全身莫名的疼痛
2. 止血，止泻，驱胀气	消化系统之过敏反应，肠道溃疡出血
3. 激励呼吸系统	呼吸系统之过敏反应，感冒
4. 消炎，消水肿	皮肤系统之过敏反应，牛皮癣，双腿沉重

适用部位

精油对应中医的十四经络，以及印度医学的七大气卦（Chakra，又称脉轮）。

学　名　Psiadia altissima
其他名称　丁加丁加（意指一步一步迈出）/ Arina
香气印象　童年的泰山拨开树上垂下的藤蔓，跨过地上的倒木
植物科属　菊科鹿叶属
主要产地　马达加斯加
萃取部位　整株药草（蒸馏）

脉轮对应　三焦经，基底轮
萃油率0.5%，52 个可辨识之化合物（占97.2%）

心灵效益　提升独立精神，走出昔日的记忆，建立全新的生活

心灵效益

特别适合在某些情绪状态中使用，有助于内在重新回归平衡，或提升某种正面特质，或塑造某类情境氛围。每一则心灵效益的头两字，即是所属精油大类的能量关键词。

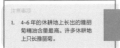

注意事项
1. 4-6 年的休耕地上长出的雅丽菊精油含量最高。许多休耕地上只长雅丽菊。

注意事项

补充几个重要资讯，包括说明此精油的使用禁忌。若是较刺激皮肤的精油，则标有安全使用剂量。若有相近植物，则针对不同的品种、萃取法、产区所产生的精油成分，比较其差异。

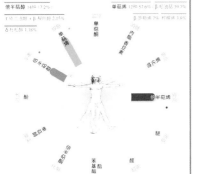

芳香能量环

从精油所有芳香分子中选出几个代表性成分，然后归入 12 大类，制成环形的长条比例图。但为了强调少量分子也重要，长条图的比例并非绝对值，而是相对值。成分中文名的上下边，也有所属大类的代表色，若无乃是没被归入 12 大类者。环形的最外圈文字，象征各大类在能量疗效上的关键词。环形正中央人体图的红线，代表此精油呼应的经络线，实线代表正面，虚线代表背面。（因为参考多种样本检测，故成分比例可能位于颇大范围间，所呈现比例总和也非 100%，tr 则代表微量。）

如何
使用本书

适用症候索引

以身体系统来分类各种症候，方便读者快速找到所对应的精油。但有些症候较复杂，会横跨不同身体系统，因此本书是依习惯来分类各系统中的症候，依据人体部位的上到下，以及症候的关联性，来做排序，而适用精油是以拼音来排序。

化学成分中英对照

因为本书选录的化学成分有些较罕见，还没有统一的中文译名，因此将全书出现过的精油化学成分做成中英对照表，方便读者明白是指哪个成分，也有助于查询相关的外文资讯。

394

新精油图鉴 — 化学成分中英对照

醚类

allyl tetramethoxybenzene	烯丙基四甲氧基苯
anethole	洋茴香醚
apiol	芹菜脑
asarone	细辛醚／细辛醚
davana ether	印蒿醚
dillapiole	莳萝脑
dillether	莳萝醚（呋喃、氧化物）
1,4-dimethoxybenzene	氢醌二甲氧基醚
elemicin	榄香素
en-yne dicycloether	順式、烯炔双环醚
isoelemicin	异榄香素
manoyl oxide	泪杉醇（C₂₀H₃₄O）
methyl carvacrol	甲基香荆芥酚
methyl chavicol (estragole)	甲基醚蒌叶酚
methyl eugenol	甲基丁香酚
methyl isoeugenol	甲基醚丁香酚
methyl thymol	甲基醚百里酚
p-methylanisole	对甲大茴香醚
myristicin	肉豆蔻醚
2 phenyl ethyl methyl ether	甲基苯乙基醚
rose oxide	玫瑰醚（又称玫瑰氧化物）
safrole	黄樟素
3-(tert-butyl)-4-hydroxyanisole	丁基羟基茴香醚
1,3,5-trimethoxybenzene	1,3,5 三甲氧基苯

醛类

acetal	乙缩醛
baimuxianal	白木香醛（倍半萜醛）
bisabolenal	没药烯醛（倍半萜醛）
butanal	丁醛
campholenic aldehyde	樟烯醛
citral	柠檬醛
citronellal	香茅醛
costal	广木香醛（倍半萜醛）
decanal	癸醛
2-decenal	2-癸烯醛
2,6-dimethyl-5-heptenal	2,6 二甲基-5 庚烯醛
3,7-dimethyl-6-octenal	3,7-二甲基-6-辛醛
dolichodial	马氏香科二醛
furfural	糠醛
geranial	镇牛儿醛
heptanal	庚醛
7,10,3-hexadecatrienal	7,10,3-十六碳三烯醛（倍半萜醛）
hexaldehyde	己醛

366

新精油图鉴 — 适用症候索引

孕产妇

孕妇
孕产妇·老人·手术·肿瘤与癌症

害喜
116	非洲蓝香茅
129	姜
151	香蜂草
153	紫苏（狂躁呕吐）

妊娠纹
45	乳香
243	天竺葵（软化）
292	岩兰草
200	印蒿

高危险妊娠
| 130 | 薰陆香 |

分娩
30	艾属
32	橙花
182	大花茉莉
252	丁香花苞
258	多香果
226	胡椒薄荷
240	锡兰肉桂百里香
221	玫瑰草
127	肉豆蔻
93	树兰
50	夏白菊
258	岩爱草

产后保养
65	川芎（瘀滞腹痛）
201	大西洋雪松（脱发）
189	牡丹皮（血郁瘀痛）
183	小花茉莉（产后阴郁）
55	印度当归（补身）
542	贞节树（记忆力减退）

哺乳
260	到手香（乳腺阻塞）
133	洋茴香（催乳）
267	印度藏茴香（乳汁不足）
38	印度当归
32	橙花

流产后的调养
| 220 | 巨香茅 |

老人

老年看护
| 375 | 暹罗木 |

老人呼吸道感染
| 26 | 墨味当归叶 |

老人就医诊所必备
| 141 | 加拿大铁杉 |

372

新精油图鉴 — 拉丁学名索引

A

Abies alba	欧洲冷杉	294
Abies balsamea	胶冷杉	295
Abies grandis	巨冷杉	296
Abies sibirica	西伯利亚冷杉	296
Abies spectabilis	喜马拉雅冷杉	294
Abelmoschus moschatus	黄葵	164
Acacia dealbata	银合欢	29
Achillea ligustica	利古蓍草	26
Achillea millefolium	西洋蓍草	92
Acorus calamus	菖蒲	122
Aconychia pedunculata	山油柑	273
Aglaia odorata	树兰	93
Agathosma betulina	圆叶布枯	27
Agathosma crenulata	椭圆叶布枯	27
Agonis fragrans	芳枸叶	70
Aloysia citriodora	柠檬马鞭草	148
Alpinia galanga	大高良姜	71
Alpinia officinarum	小高良姜	71
Alpinia zerumbet	月桃	72
Ammi visnaga	阿密茴	156
Amyris balsamifera	阿米香树	270
Anethum graveolens	蒔萝（全株）	297
Angelica archangelica	欧白芷根	298
Angelica dahurica	白芷	299
Angelica pubescens	独活	300
Angelica sinensis	当归	271
Aniba rosaeodora	花梨木	246
Anthemis nobilis	罗马洋甘菊	157
Apium graveolens	芹菜籽	56
Aquilaria agallocha	沉香树	271
Aquilaria malaccensis	沉香醇	270
Aquilaria sinensis	沉香	271
Armoracia lapathifolia	辣根	57
Armoracia rusticana	辣根	57
Artemisia absinthium	苦艾	30
Artemisia afra	非洲艾	30
Artemisia annua	青蒿（黄花蒿）	30
Artemisia abrotanum	南木蒿	94
Artemisia arborescens	树艾	29
Artemisia argyi	艾叶	29
Artemisia capillaris	茵陈蒿	29
Artemisia dracunculus	龙艾	123
Artemisia herba-alba (CT davanone)	印蒿酮白叶蒿	198
Artemisia herba-alba (CT thujone)	侧柏酮白叶蒿	28
Artemisia ludoviciana	银艾	199
Artemisia pallens	印蒿	200
Artemisia vulgaris	艾属	30
Atractylodes chinensis	北苍术	58
Atractylodes lancea	苍术（茅苍术）	58
Atractylodes macrocephala	白术	58
Aucklandia lappa	木香	68

384

新精油图鉴 — 简体中文俗名索引

A

阿米香树	
阿密茴	
阿魏	
阿兹特克万寿菊	
艾草	
艾叶	
桉油樟罗文莎叶	
桉油醇樟	
凹叶厚朴	
澳洲蓝丝柏	
澳洲檀香	287②
澳洲尤加利	

B

八角茴香	
巴西胡椒	
巴西乳香	
白草果	
白玉簪草	
白木香	
白千层	
白术	
白松香	
白玉兰	
白云杉	
白芷	
百里酸百里香	
薄荷尤加利	
北苍术	
单瓣茉	
秘鲁胡椒	
秘鲁圣木	
秘鲁香脂	
波罗尼花	
波斯菜籽	

C

苍术	
侧柏	
侧柏酮百里香	
侧柏酮白叶蒿	

拉丁学名索引、英文俗名索引、简体中文俗名索引

方便读者在听闻某精油的名称时，快速找到相关页码，了解其详细资讯。其中，拉丁学名与英文俗名是以字母来排序；简体中文俗名是以汉语拼音排序。

参考书籍、参考期刊、300 种精油范例文献

本书所撰写精油的药学属性或适用症候，有其科学根据，所以列出相关的参考期刊与专著。而 300 种精油文献，则是在众多研究资料中，每一精油选出一篇代表性的出处。读者若有兴趣参考上述资料文献，可深入了解此精油的作用。

402

新精油图鉴 —— 参考书籍及期刊

参考书籍

Advances in Natural Product Chemistry (Proceedings of the Fifth International Symposium Pakistan-US Binational Workshop on Natural Product Chemistry, Karachi, Pakistan, January 1992)
Agarwood: Science Behind the Fragrance
Antitumor Potential and other Emerging Medicinal Properties of Natural Compounds
Aromatherapeutic Blending: Essential Oils in Synergy
Atlas des bois de Madagascar

Bioactive Essential Oils and Cancer
Chemical Dictionary of Economic Plants
Chemistry of Spices

Chinese Materia Medica: Chemistry, Pharmacology and Application
Cinnamon and Cassia: The Genus Cinnamomum

Citrus Oils: Composition, Advanced Analytical Techniques, Contaminants, and Biological Activity
Comparative Endocrinology, Volume 2
Cultivation Of Medicinal And Aromatic Crops
Edible Medicinal And Non-Medicinal Plants: Volume 4, Fruits
Edible Medicinal And Non-Medicinal Plants: Volume 8, Flowers
Essential Oils and Aromatic Plants(Proceedings of the 15th International Symposium on Essential Oils)
Essential Oils Handbook: All the Oils You Will Ever Need for Health, and Well-being
Essential Oils: A Handbook for Aromatherapy Practice
Essential Oils Vol 9: 2008-2011

Essential Oil Safety: A Guide for Health Care Professionals

Ethnomedicine and Drug Discovery
Fenaroli's Handbook of Flavor Ingredients
Flowering Plants: Structure and Industrial Products
Forest Products, Livelihoods and Conservation: Case Studies of Non-timber
Forest Product Systems. Volume 1 · Asia
Frontiers in CNS Drug Discovery, Volume 2

Handbook of Essential Oils: Science, Technology, and Applications

Handbook of Herbs and Spices
Heartwood and Tree Exudates
Herbs and Natural Supplements, Volume 2: An Evidence-Based Guide
Chopra's Indigenous Drugs of India
Iranian Entomology - An Introduction: Volume 1: Faunal Studies
Les Huiles Essentielles Corses
l'aromatherapie exactement
Lead Compounds from Medicinal Plants for the Treatment of Neurodegenerative Diseases
Leung's Encyclopedia of Common Natural Ingredients: Used in Food, Drugs and Cosmetics
Lipids, Lipophilic Components and Essential Oils from Plant Sources
Marine Cosmeceuticals: Trends and Prospects

410

新精油图鉴 —— 300 种精油范例文献

300 种精油范例文献　300种精油范例参考文献众多，仅各列一篇代表为代表

1 单萜烯类

1 利古雪草
Achillea ligustica
JEAN-JACQUES FILIPPI. Composition, Enantiomeric Distribution, and Antibacterial Activity of the Essential Oil of Achillea ligustica All. From sica,J. Agric. Food Chem. 2006 : 54, 6308-6313.

2 圆叶布枯／椭圆叶布枯
Agathosma betulina / A. crenulata
A. Moolla. Buchu – Agathosma betulina and Agathosma crenulata (Rutaceae): A review,Journal of Ethnopharmacology 119, 2008 : 413–419.

3 侧伯叶艾草
Artemisia herba-alba
Rachid B. Essential oil from Artemisia herba alba Asso grown wild in Algeria: Variability assessment and comparison with an updated literature survey. Arabian Journal of Chemistry 7, 2014 : 243–251.

4 艾叶
Artemisia argyi
刘美凤，艾叶挥发油与燃烧烟雾的化学成分比较，华南理工大学学报（自然科学版），第 40 卷 第 1 期, 2012 年 1 月。

5 艾萬
Artemisia vulgaris
Maria José Abad. The Artemisia L. Genus: A Review of Bioactive Essential Oils. Molecules, 2012, 17, 2542-2566.

6 假荆芥新风轮菜
Calamintha nepeta
B. Marongiua. Chemical composition and biological assays of essential oils of Calamintha nepeta (L.) Savi subsp. nepeta (Lamiaceae). Natural Product Research, Vol. 24, No. 18, 10 November 2010 : 1734–1742.

7 藏茴香
Carum carvi
Elanur Aydın. Potential anticancer activity of carvone in N2a neuroblastoma cell line. Toxicology and Industrial Health, Vol 31, Issue 8, 2015.

8 蓝冰柏
Cupressus arizonica
Mohammad M.S. Chemical composition and larvicidal activity of essential oil of Cupressus arizonica E.L. Greene against malaria vector Anopheles stephensi Liston (Diptera;Culicidae). Pharmacognosy Research, April 2011 volumn 3, issue 2, 2011.

9 樟树
Cinnamomum camphora
Tamara N. Effect of adding Cinnamomum camphora on the testosterone hormone and reproductive traits of the Awassi rams. rnal For Veterinary Medical Sciences, Vol. (5) No. (2), 2014.

10 薄荷尤加利
Eucalyptus dives
Luiz Claudio. Chemical Variability and Biological Activities of Eucalyptus spp. Essential Oils. Molecules, 2016, 21: 1671.

11 多苞叶尤加利
Eucalyptus polybractea
ZAFAR IQBAL. Variation in Composition and Yield of Foliage Oil of Eucalyptus Polybractea. J. Chem.Soc.Pak, Vol. 33, No. 2, 2011.

12 牛膝草
Hyssopus officinalis
Fatemeh Fathiazad. Phytochemical analysis and antioxidant activity of Hyssopus officinalis L. from Iran. Adv Pharm Bull. 2011 Dec, 1(2) : 63-67.

13 头状薰衣草
Lavandula stoechas
Hichem Sebai. Lavender (Lavandula stoechas L.) essential oils attenuate hyperglycemia and protect against oxidative stress in alloxan-induced diabetic rats. Lipids Health Dis. 2013, 12 : 189.

14 白马鞭草
Lippia alba
Hatano, V. Y. Anxiolytic effects of repeated treatment ,with an essential oil from Lippia alba and R-(+)-carvone in the elevated T-maze. Brazilian Journal of Medical and Biological Research 45, 2012: 238-243.

15 马薄荷
Mentha longifolia
Mkaddem M. Chemical composition and antimicrobial and antioxidant activities of Mentha (longifolia L. and viridis) essential oils. J Food Sci. 2009 Sep,74(7) : M358-63.

16 胡薄荷
Mentha pulegium
Brahmi. Chemical composition and in vitro antimicrobial, insecticidal and antioxidant activities of the essential oils of Mentha pulegium L. and Mentha rotundifolia (L.) Huds growing in Algeria. Industrial Crops and Products,Volume 88, 15 October 2016 : 96-105.

17 绿薄荷
Mentha spicata
Mejdi Snoussi. Mentha spicata Essential Oil: Chemical Composition, Antioxidant and Antibacterial Activities against Planktonic and Biofilm Cultures of Vibrio spp. Strains. Molecules, 2015, 20 : 14402-14424.

18 樟脑迷迭香
Rosmarinus officinalis
Fernandez, L.F. Effectiveness of Rosmarinus officinalis essential oil as antihypotensive agent in primary hypotensive patients and its influence on health-related quality of life. Journal of Ethnopharmacology 151,1, 2014 : 509-516.

19 马鞭草酮迷迭香
Rosmarinus officinalis
Giorgio Pintore. Chemical composition and antimicrobial activity of Rosmarinus officinalis L. oils from Sardinia and Coesica, Flavour Fragr. J. 2002, 17:15-19.

20 薰衣草棉鼠尾草
Salvia lavandulifolia
Kennedy, D. O. Monoterpinoid extract of sage (Salvia lavandulaefolia) with cholinesterase inhibiting properties improves cognitive performance and mood in healthy adults. Journal of Psychopharmacology 25,1088, 2010.

21 鼠尾草
Salvia officinalis
Rafie Hamidpout. Chemistry, Pharmacology and Medicinal Property of Sage (Salvia) to Prevent and Cure Illnesses such as Obesity, Diabetes, Depression, Dementia, Lupus, Autism, Heart Disease and Cancer. Global Journal of Medical research Pharma, Drug Discovery, Toxicology and Medicine ,Volume 13 Issue 7 Version 1.0, 2013.

22 棉杉菊
Santolina chamaecyparissus
Karima Bel Hadj Salah-Fatnassi. Chemical composition, antibacterial and antifungal activities of flowerhead and root essential oils of Santolina chamaecyparissus L., growing wild in Tunisia. Saudi Journal of Biological Sciences, Volume 24, Issue 4, May 2017 : 875–882.

23 芳香万寿菊
Tagetes lemmonii
吴美惠，比较无溶剂微波和水蒸馏萃取芳香万寿菊精油成分及抗氧化能力。弘光科技大学 化妆品科技研究所硕士论文, 2016.

24 万寿菊
Tagetes minuta
Karimian,P. Anti-oxidative and anti-inflammatory effects of Tagetes minuta essential oil in activated macrophages. Asian Pacific Journal of Tropical Biomedicine 4, 3, 2014 : 219-227.

25 夏白菊
Tanacetum parthenium
Mohsenzadeh E Chemical composition, antibacterial activity and cytotoxicity of essential oils of Tanacetum parthenium in different developmental stages. Pharm Biol. 2011 Sep, 49(9) : 920-926.

26 艾菊
Tanacetum vulgare
Maria Lucia M. Antimicrobial Effects Of The Ethanolic Extracts And Essential Oils Of Tanacetum vulgare L. From Romania. The Journal of "Lucian Blaga", University of Sibiu , Volumn 19, Issue 2, 2015.

27 侧柏
Thuja occidentalis
Belal Naser. Thuja occidentalis (Arbor vitae):A Review of its Pharmaceutical, Pharmacological and Clinical Properties. eCAM 2005, 2(1) : 69–78.

芳香能量环

1 模型依据

维特鲁威人身上的红线代表了特别适用的经脉。

周围的芳香环，则是以"十二经脉子午流注图"为蓝本来排列 12 大类芳香分子。与精油一起工作了 25 年之后，我观察到这些芳香分子与特定的经脉能量有奇妙的共振关系，所以用这样的排序来表现某类分子与某条经脉的相合性。不过这个排序并不代表某类分子的精油最好在该经脉的巡行时间使用。比方说单萜烯类精油有助于强化三焦经，但单萜烯类的精油并非只能在晚间 9 点到 11 点间使用。

2 模型特点

彰显协同作用的重要性

近年的药用植物研究，已经不再专注于发掘"神奇子弹"，也就是某个望风披靡的明星成分。相反的，愈来愈多的报告都在结论提到，某药草或某精油之所以能发挥某疗效，是因为各个分子的协同作用所致。以丁香酚为例，如果认为丁香酚就是丁香的神奇子弹，那我们应该采用丁香枝干而非丁香花苞的精油，因为丁香枝干的丁香酚含量远高于丁香花苞。事实上，丁香枝干精油的立即止痛效果确实优于丁香花苞，然而在抗感染、多发性硬化症、抗肿瘤等作用上，丁香花苞还是明显胜出，丁香花苞能处理的症状也比丁香枝干多。这是因为丁香花苞的分子总数多于丁香枝干，而且倍半萜烯与酯类的含量也多于丁香枝干。科学研究和临床观察都指向一个事实：分子总数愈多（尤其是大分子）、结构愈复杂的精油，疗愈的范畴愈广。

彰显微量成分的重要性

除了协同作用，占比低的成分、微量成分，乃至尚未能被辨识的成分，也都影响了精油的功能与特性。以芸香科柑橘属的果皮精油为例，它们清一色被柠檬烯独占鳌头，然而它们的关键作用与香气特征却有清楚的分野。像葡萄柚这种柠檬烯高达 92% 以上的精油，其调时差能力在别的柠檬烯类精油身上都找不到。而永久花精油的看家本领，化瘀作用，则是来自只占 13% 的意大利双酮。再如胡薄荷精油含胡薄荷酮达 75%，可是其杀虫毒性远弱于胡薄荷酮本身，也不具胡薄荷酮的致癌性，这都要归功于占比不到 15% 的倍半萜类（桉叶醇和愈疮木烯）。

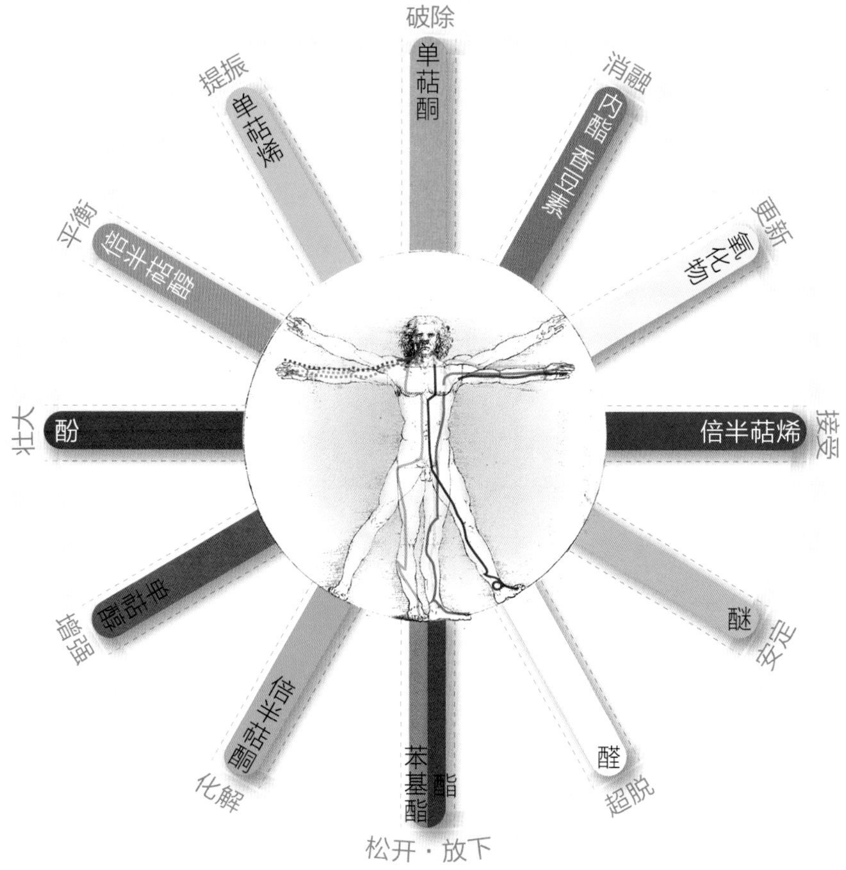

破除
单萜酮

提振
单萜烯

消融
内酯 香豆素

平衡
倍半萜醇

更新
氧化物

壮大
酚

接受
倍半萜烯

增强
单萜醇

安定
醚

化解
倍半萜酮

松开·放下
苯基酯

超脱
醛

- 酯 ■ 苯基酯-心经
- ■ 倍半萜酮-小肠经
- ■ 单萜醇-膀胱经
- ■ 酚 - 肾经
- ■ 倍半萜醇-心包经
- ■ 单萜烯-三焦经

- 单萜酮-胆经
- ■ 内酯 / 香豆素-肝经
- 氧化物-肺经
- ■ 倍半萜烯-大肠经
- ■ 醚-胃经
- 醛-脾经

3

模型方向

过去的分子模型帮助我们迅速掌握精油的基本个性，例如阳性精油、阴性精油，或是理性面精油、情绪面精油等等。我为本书设计的分子模型，则希望把视角进一步聚焦到"疗愈的整体性" —— 留意哪些分子如何组合，而不只是抓到主旋律，同时标示出最能共振的能量通道 (经脉)。

精油成分属性表

	精油成分	代表精油	心理效用	生理效用	整体效用	适用经脉
1	单萜酮	樟脑迷迭香 绿薄荷	开启悟性 保持神智的清明	溶解脂肪与黏液 促进神经与皮肤再生	破除	胆经
2	香豆素／内酯	芹菜 圆叶当归	扭转乾坤 穿越重重的障碍	养肝排毒 抗血液黏稠	消融	肝经
3	氧化物（桉油醇）	澳洲尤加利 桉油醇樟	青春洋溢 带来新意与活力	强化细胞供氧 抗卡他	更新	肺经
4	倍半萜烯	德国洋甘菊 古巴香脂	顺其自然 找到自己的定位	强力消炎 缓解过敏	接受	大肠经
5	醚	热带罗勒 肉豆蔻	建立信仰 寻获内在的靠山	助消化、抗痉挛 强化神经	安定	胃经
6	醛	香蜂草 柠檬尤加利	得到自由 感受天地的宽阔	强力抗菌抗病毒 抗氧化、抗肿瘤	超脱	脾经

	精油成分	代表精油	心理效用	生理效用	整体效用	适用经脉
7-1	酯	罗马洋甘菊 苦橙叶	备受呵护 体会善意与温柔	止痛消炎 镇静安抚	放下	● 心经
7-2	苯基酯	黄玉兰 芳香白珠	流露感性 品味生活的甜蜜	放松肌肉 保护神经	松开	● 心经
7-3	芳香酸	安息香 香草	抗压收惊 驱走威胁的阴影	促进伤口愈合 抗痉挛	松开	● 心经
8	倍半萜酮 双酮/三酮	银艾 莎草	修补创伤 扩大灵性的共振	去瘀疗伤 通经络、抗肿瘤	化解	● 小肠经
9	单萜醇	芳樟 茶树	生机勃勃 焕发抖擞的精神	增强免疫功能 补身抗衰老	增强	● 膀胱经
10	酚/芳香醛	野马郁兰 台湾土肉桂	无所畏惧 散放热情与自信	强力抗感染 助消化、抗肿瘤	壮大	● 肾经
11	倍半萜醇	广藿香 岩兰草	怡然自得 敢以余味定输赢	解除淋巴与静脉壅塞 强心、护肤	平衡	● 心包经
12	单萜烯	丝柏 海茴香	不屈不挠 打磨耐力与毅力	激励神经传导 促进体液的流动 与代谢	提振	● 三焦经

十二经脉与其对应范围

经脉	疗愈能量	情绪根源	生理漏洞	适用精油
1 胆经	正确地看见自己 清明地做出判断	有所顾忌而无法承认 的恨意	风湿性关节炎、 僵直性脊椎炎、 上火、 结石、 抽筋……	单萜酮类
2 肝经	珍惜所有 适当运用 积极行动	生存资源被剥夺而 产生的怒气	乳腺增生、 乳腺癌、 肝病、 病毒感染、 慢性中毒……	香豆素 / 内酯类
3 肺经	转换气氛 重拾活力	失去恋慕对象的 哀愁与抑郁	久咳不止、 有气无力、 高热不退、 咽喉肿痛、 支气管炎……	氧化物类（桉油醇）
4 大肠经	保持弹性 与时俱进	无法面对梦想幻灭 的悲观和顽固	皮肤过敏奇痒、 视力模糊、 腹泻、便秘、 牙疼……	倍半萜烯类
5 胃经	恢复本性做自己 诚实是最好的政策	为顾全大局而百般 隐忍	腹腔疼痛、 不同部位的莫名疼痛、 消化困难、浮肿、 脱线的表现……	醚类
6 脾经	信任身体的直觉 感受大地的支持	想太多以及过度的 理性控制	妇科问题、 男性生殖器官疾病、 糖尿病、食欲不振、 湿疹、荨麻疹……	醛类

经脉	疗愈能量	情绪根源	生理漏洞	适用精油
7 心经	宽恕上天之不仁 原谅自己的无力	无法承受的创伤（背叛、遗弃、匮乏、灾祸）	失眠、起夜、多梦、神经衰弱、一切心脏疾病、猝倒、晕眩……	● 酯类 苯基酯类 芳香酸类
8 小肠经	过滤生命的渣滓 化腐朽为神奇	无法摆脱的创伤（罪恶、羞耻、晴天霹雳）	被害妄想、精神分裂、落枕、身体僵硬、无法出汗、脸发青、贫血、烦闷……	● 倍半萜酮类
9 膀胱经	扬弃人定胜天的妄想，做合理的努力	对于出身背景或表现不够好的恐惧	风邪感冒、与血液有关的疾病、与骨头有关的疾病、腰背痛、各类不适……	● 单萜醇类
10 肾经	接通幸福的源泉与生生不息的力量	对于性与死亡的深层恐惧	气喘、过敏性鼻炎、衰老、记忆力差、早生白发、性冷感、阳痿、手脚冰冷、耳鸣……	● 酚类（芳香醛）
11 心包经	筑起坚固的护城河，产生安全感	神经系统不稳定情绪大起大落	紧张、心悸、狂躁、易怒、口臭口疮、甲状腺肿、睡眠困扰……	● 倍半萜醇类
12 三焦经	穿越世界的乌烟瘴气而抵达自己的净土	被他人的情绪勒索而动弹不得	筋膜粘连引起的各种问题，如五十肩、肋间神经痛、乳汁不出、闭经……	● 单萜烯类

气卦七轮与其对应范围

气卦又称"脉轮"，是印度传统医学阿育吠陀用以指涉人体能量场域的概念。在不同气卦部位使用合适精油，将有助于调理该气

	第一气卦	第二气卦	第三气卦
名称	基底轮	性轮	本我轮
梵语	Muladhara	Svadhishthana	Manipura
含意	根基的支持	自我的居所	宝石之城
代表色	红色	橙色	黄色
部位	会阴、脊椎底部	生殖器官、下腹部	肋骨与肚脐之间（太阳神经丛）
生理范围	骨骼关节、腿部、骨盆、排泄功能	生殖泌尿功能、生育力、性腺	消化功能、肠胃、肝胆、胰腺
心理与能量范围	生存的基本需求、安全感、恐惧感、金钱或物质关系	亲密关系、创造力、性愉悦、罪恶感	自我意志的中心、自我评价、控制欲

卦对应的身心状态。其中，第一与第二气卦，第六与第七气卦，因为位置相近，所掌管的身心状态有些重叠，例如松果体与脑下腺，皆对第六与第七气卦有影响，也常与智慧的课题相关。不过，第七气卦更强调整体合一，即每气卦要平衡与统合，因此也有人认为第七气卦代表色是白色（乃所有色光的合一）。

4	5	6	7	
第四气卦	第五气卦	第六气卦	第七气卦	
心轮	喉轮	眉心轮	顶轮	名称
Anahata	Vishuddha	Ajna	Sahasrara	梵语
免灾免厄	纯净	无限的力量	千瓣莲花	含意
绿色	蓝色	靛色、蓝紫色	紫色、白色	代表色
胸部	喉、颈部	两眉之间（第三只眼）	头顶之上	部位
心肺功能、循环、胸腺	呼吸功能、甲状腺、新陈代谢	脑下腺、眼、脸、头部	松果体、大脑、神经传导物质	生理范围
爱、与世界的交流、付出与接受	沟通表达、共鸣、人际互动	洞见、直觉、梦想、觉知	灵性、合一	心理与能量范围

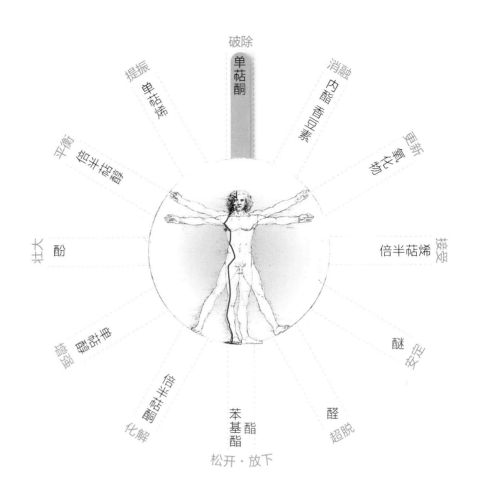

I

单萜酮类

Monoketone

容易让人联想到药物，效用也如气味般强大。多半利胆与利脑，很能呼应"胆有多清，脑有多清"的胆经运行原理。多项研究显示，这类精油是治疗学习障碍与老年痴呆的首选。虽然闻起来比较"严肃"，却能活化女性功能，使皮肤回春。此外，驱虫、化痰、抗病毒也是它们的强项。至于初学者忌惮的神经毒性与导致流产的可能，完全可借正确的剂量和用法来避免。

利古蓍草
Ligurian Yarrow

喜欢生长在明亮开敞的林间空地，可在海拔 800 米以下的石灰岩坡地发现。与西洋蓍草明显不同的地方是叶较宽也较多分叉，更像窄版的艾叶。

学　名	*Achillea ligustica*
其他名称	南方蓍草 / Southern Yarrow
香气印象	湿着眼睛看结局美好的励志歌舞片
植物科属	菊科蓍属
主要产地	意大利、科西嘉岛、希腊
萃取部位	开花的全株药草 (蒸馏)

适用部位 大肠经、本我轮

核心成分
萃油率 0.2%~0.4%，82 个可辨识化合物 (占 94%)

心灵效益 | 破除舒适圈的包围，大胆展开梦想已久的生活实验

注意事项

1. 最主要的分布区是意大利本岛与离岛之间的第勒尼安海岸。但各地成分差异大，本条描述较接近科西嘉岛所产。
2. 孕妇、哺乳母亲、婴幼儿不宜使用。

药学属性	适用症候
1. 消炎，止血，疗伤	神经炎，神经痛，风湿，扭伤，挫伤
2. 调节女性激素，通经	月经周期混乱，痛经，输卵管炎，子宫肌瘤，更年期综合征
3. 利肝胆	多油炸、少蔬果、常喝含糖碳酸饮料、常备零食的饮食习惯
4. 抗卡他，修复皮肤伤痕	多痰，蚊虫咬伤

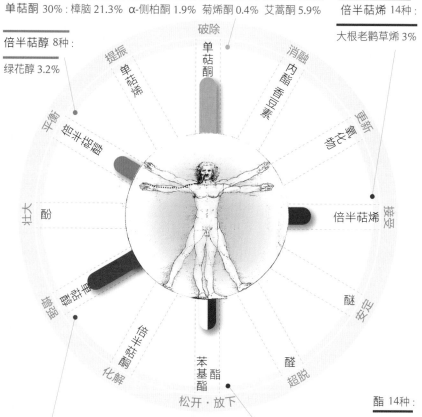

单萜酮 30%：樟脑 21.3%　α-侧柏酮 1.9%　菊烯酮 0.4%　艾蒿酮 5.9%

倍半萜烯 14种：
大根老鹳草烯 3%

倍半萜醇 8种：
绿花醇 3.2%

棉杉菊醇 19.3%　龙脑 6.2%　萜品烯-4-醇 2.8%　乙酸龙脑酯 3.5%　顺式乙酸菊烯酯 0.9%

酯 14种：

圆叶布枯
Round Leaf Buchu

分布于南非开普敦西部的砂质低矮山脉、需要林火自然更新的硬叶灌木群落中。喜欢靠近溪流生长，但周边往往是半沙漠区，通常为 1 米高，常绿。

药学属性	适用症候
1. 消解黏液，抗卡他	感冒，多痰，气喘性支气管炎
2. 轻度抗菌抗感染，利尿	尿道炎，膀胱炎，前列腺炎，排尿困难，肾结石
3. 抗痉挛	消化不良
4. 消炎	伤口红肿，瘀血，扭伤

学　　名	*Agathosma betulina*
其他名称	布枯叶 / Boegoe
香气印象	穿过荒山堆石，在干渴至极时看见海市蜃楼
植物科属	芸香科香芸木属
主要产地	南非
萃取部位	叶片 (蒸馏)

适用部位　肾经、性轮

核心成分
萃油率 1.3%，40 个可辨识化合物

心灵效益 | 破除石壁般的困境，让生命重新流动

酮-醇类：布枯脑 41%(以烯醇型式存在的环α-芳香双酮)　　单萜酮：异薄荷酮 31%

破除

单萜酮

提振　单萜烯
平衡　倍半萜醇
壮大　酚
消融　内酯 香豆素
更新　醚
接受　倍半萜烯
安定　醚
超脱　醛
松开·放下　苯基酯 酯
化解　酮 半倍
神圣芳醇

含硫化合物：对-薄荷-8-硫醇-3-酮 3%
(特有气味的来源,似黑醋栗)

注意事项

1. 孕妇、哺乳母亲、婴幼儿以及对酮敏感者应避免使用。

2. 另一品种椭圆叶布枯 (*Agathosma crenulata*)，作用近似，但酮含量以胡薄荷酮为主 (54%)，也不含布枯脑，使用上要更谨慎。

3. 美国允许布枯精油添加于食品中的剂量为 0.002%。

侧柏酮白叶蒿
White Mugwort, CT Thujone

遍布于地中海不毛之地的矮小灌木中。叶披腺毛，气味极重，在阳光下呈灰白色。

学　　名	*Artemisia herba-alba*
其他名称	沙漠苦艾 / Desert Wormwood
香气印象	漂浮在巨大无垠的 银河中
植物科属	菊科艾属
主要产地	摩洛哥、西班牙南部
萃取部位	全株药草（蒸馏）

适用部位　胆经、顶轮

核心成分
萃油率 1.3%，29 个可辨识化合物

心灵效益 | 破除物质的诱引，长出
灵性的翅膀

注意事项

1. 孕妇、哺乳母亲、婴幼儿以及对酮敏感者避免使用。
2. 摩洛哥有七种化学品系的白叶蒿，分别以樟脑、侧柏酮、菊烯酮、乙酸菊烯酯、印蒿酮形成不同组合。

药学属性	适用症候
1. 消解黏液	白带，呼吸道卡他性感染
2. 抗病毒，抗氧化	扁平疣，减缓皮肤老化
3. 通经，抗痉挛	月经不至，痛经
4. 抗感染，抗寄生虫，促进胆汁分泌，降血糖	肠道寄生虫，蛲虫病，肥胖，糖尿病

桉叶醇 0.4%　　　α-侧柏酮 44%~73%　β-侧柏酮 9%~12%　樟脑 8%~20%

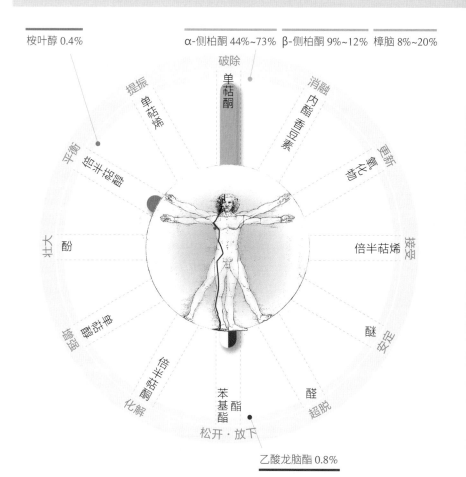

乙酸龙脑酯 0.8%

艾叶
Chinese Mugwort

喜旱植物，常见于缺水山坡、草原河岸以及橡树林边与荒地。在贫瘠干燥的土壤上会长得更加枝繁叶茂、香气浓郁。

药学属性	适用症候
1. 抗真菌（絮状表皮癣菌、白色念珠菌、新型隐球菌），抗病毒，消毒，驱虫	脚癣，灰指甲，外科感染，带状疱疹，小儿轮状病毒肠炎
2. 增加红细胞数量，提高雌二醇和黄体酮水平	小腹冷痛，经寒不调，宫冷不孕
3. 降低谷丙转氨酶，促进肝功能恢复，提高肝脏合成蛋白质的能力，抗乙肝病毒	肝硬化，脂肪肝，乙型肝炎
4. 增强巨噬细胞吞噬功能，强化免疫，促进代谢，抗氧化	过敏，气喘，咳嗽，湿疹瘙痒

学　　名 | *Artemisia argyi*

其他名称 | 艾蒿 / Gaiyou

香气印象 | 地上折射出彩虹的水洼

植物科属 | 菊科艾属

主要产地 | 中国、韩国、日本、蒙古

萃取部位 | 枝叶（蒸馏）

适用部位 肝经、性轮

核心成分
萃油率 0.65%~1.23%，28~51 个可辨识化合物（占 72%~94%）

心灵效益 | 破除肿胀的自我，耐心融入多元的社群

单萜酮 20%：α-侧柏酮 15%　桉油醇 25%　丁香油烃氧化物 2.7%

破除
单萜酮

提振 单萜烯

消融 内酯 香豆素

平衡 倍半萜醇

更新 氧化物

壮大 酚

接受 倍半萜烯

松开·放下
化解 苯基酯

醛 超脱

安定 醚

丁香酚 0.5%~1.4%　龙脑 8.6%　亚甲基十氢化萘 9%　β-丁香油烃 2.4%~5%

注意事项

1. 艾灸功效主要来自艾叶的精油成分，但中国各地艾叶（艾草）成分差距颇大，本条比较符合蕲艾。孕妇、哺乳母亲、婴幼儿不宜使用艾叶精油。

2. 青蒿（黄花蒿，*Artemisia annua*）的精油以倍半萜烯和单萜酮为主（艾蒿酮和樟脑），抗疟疾的青蒿素则不存在于精油当中。

3. 茵陈蒿（*Artemisia capillaris*）精油中的主要成分为茵陈烯炔和茵陈烯酮，利胆。

艾蒿
Common Mugwort

广布欧亚大陆与北美，在温带繁茂生长，几乎能适应各种环境。最喜爱干燥石灰岩与充足日照，阴湿的条件会使其气味大减。

学　　名	*Artemisia vulgaris*
其他名称	北艾 / Mugweed
香气印象	风吹草低见牛羊
植物科属	菊科艾属
主要产地	摩洛哥、土耳其、埃及
萃取部位	开花的全株药草（蒸馏）

适用部位　肾经、性轮

核心成分
萃油率 0.4%~1.4%，48~88 个可辨识化合物

心灵效益 | 破除有限资源的不便，善用减法过生活

注意事项

1. 孕妇、哺乳母亲、婴幼儿以及对酮敏感者避免使用。

2. 苦艾（*Artemisia absinthium*）精油含侧柏酮 45% 和乙酸桧酯 9%，两者都会导致流产（反着床），但也有驱虫、通经、开胃的功能。

3. 非洲艾（*Artemisia afra*）精油的组成接近艾蒿，差别在于含艾蒿酮而较少樟脑，以及桉油醇达 30%，所以对呼吸道的效果更好。

药学属性	适用症候
1. 消解黏液	长年吸烟导致的痰多，阴道瘙痒与分泌物多
2. 抗病毒，抗氧化，降解重金属对神经的伤害	扁平疣，皮肤干皱，老年痴呆，自闭症
3. 通经，抗痉挛，消胀气	助产，月经不至，痛经，头痛，腹痛
4. 抗寄生虫，驱蚊，消炎	肠道寄生虫，登革热，蚊虫叮咬导致的皮肤溃烂

单萜烯 10%：樟烯　桧烯

单萜酮 40%：樟脑 17%　异侧柏酮 10%　α- & β-侧柏酮 11.3%

1,8-桉油醇 8.47%

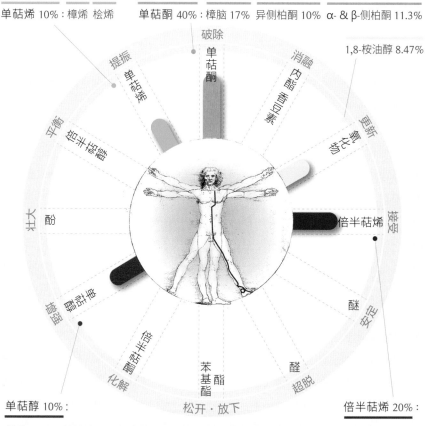

单萜醇 10%：

艾醇 0.89%　艾蒿醇 0.76%　龙脑 3.15%

倍半萜烯 20%：

大根老鹳草烯 10%　莐澄茄烯 8%　丁香油烃 10%

假荆芥
新风轮菜
Calamint

常见于地中海海岸，偏爱石灰岩与全日照。冬季休眠，春季开花，夏季最为活跃，可生长 3~4 年。

药学属性	适用症候
1. 助消化，健胃，养肝，利胆	奶制品造成的胀气，肠炎，过量酒精或人工添加剂带来的肝伤害
2. 补强呼吸系统与神经系统（低剂量）	湿度过高导致的呼吸不顺畅，情绪低落与疲倦感
3. 抗感染，抗霉菌（念珠菌属，黄曲霉菌）	足部真菌病，皮肤的霉菌感染
4. 类激素作用，抑制亢进的甲状腺	甲状腺功能亢进

学　　名	*Calamintha nepeta /* *Clinopodium nepeta*
其他名称	卡拉薄荷 / Lesser Calamint
香气印象	疾风知劲草
植物科属	唇形科新风轮菜属
主要产地	意大利、葡萄牙、科西嘉岛
萃取部位	开花的全株药草（蒸馏）

适用部位 | 胆经、喉轮

核心成分
萃油率 3%，28 个可辨识化合物
（占 91.6%）

心灵效益 | 破除一把抓的习惯，愿意放手授权

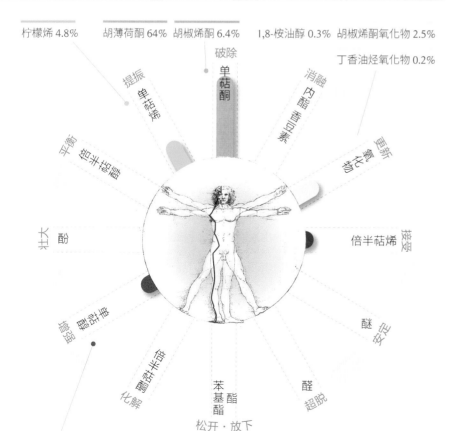

柠檬烯 4.8%　胡薄荷酮 64%　胡椒烯酮 6.4%　1,8-桉油醇 0.3%　胡椒烯酮氧化物 2.5%

丁香油烃氧化物 0.2%

破除
单萜酮

提振
单萜烯

消融
内酯 香豆素

平衡
倍半萜醇

更新
氧化物

壮大
酚

接受
倍半萜烯

醚
安定

超脱
醛

化解
酮 倍半萜酮

苯基酯
松开・放下

沉香醇 0.7%

注意事项

1. 孕妇、哺乳母亲、婴幼儿、对酮敏感者避免使用。

2. 有三种化学品系：胡薄荷酮型（较干燥的环境），薄荷酮型（水气较多的环境），胡椒烯酮氧化物型。

3. 另一品种山地卡拉薄荷 (*Calamintha sylvatica*) 作用相似，组成为胡薄荷酮 25%、胡椒酮 12%、薄荷酮 7%、异薄荷酮 10%，气味较不呛辣。

藏茴香
Caraway

原生于西亚，如今遍布欧洲（除了地中海地区）。喜欢在日照充足的向阳地生长，土壤最好富含有机质。

学　　名	Carum carvi
其他名称	葛缕子 / Carvi
香气印象	寒冬里就着蔬菜汤啃大饼
植物科属	伞形科葛缕子属
主要产地	芬兰、荷兰、埃及、伊朗
萃取部位	种子（蒸馏）

适用部位　胆经、本我轮

核心成分
萃油率 2.9%，18 个可辨识化合物（占 97%）

心灵效益 | 破除奢华的调性，学会
欣赏素朴的滋味

药学属性	适用症候
1. 溶解黏液，利尿，促进乳汁分泌，调经	急性支气管黏膜炎，咳嗽，哺乳，痛经
2. 养肝利胆，保护肾脏，降血糖，降血脂	代谢迟缓，败血症的预防，化学毒素导致的肝脏受损，糖尿病
3. 保护黏膜，消炎，抗菌，消胀气，抗痉挛	胃炎，十二指肠溃疡，IBD（克罗恩病，溃疡性结肠炎），腹泻，胀气
4. 抗氧化，调节免疫，抗肿瘤	风湿痛，腰痛，卵巢癌，神经母细胞瘤

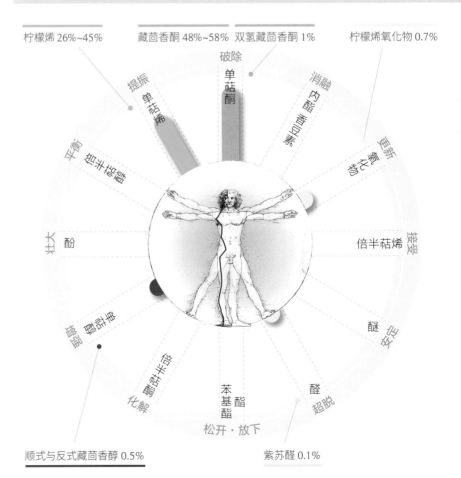

柠檬烯 26%~45%　藏茴香酮 48%~58%　双氢藏茴香酮 1%　柠檬烯氧化物 0.7%

顺式与反式藏茴香醇 0.5%　紫苏醛 0.1%

注意事项

1. 神经毒性在酮类精油当中最低，但孕妇、神经系统比较脆弱的哺乳母亲、婴幼儿仍最好避免使用。

蓝冰柏
Arizona Cypress

原生于北美洲西南部，一身灰绿，10~25米高。球果会紧闭数年，等到母树被大火焚烧才打开，藉此建立自己的领地。

药学属性	适用症候
1. 抗菌，驱蚊，杀孑孓	环境脏乱，登革热
2. 消除脂肪	零食与碳酸饮料导致的肥胖
3. 促进循环	四肢僵硬，浮肉

学　　名	*Cupressus arizonica*
其他名称	绿干柏 / Piute Cypress
香气印象	一棒打醒梦中人
植物科属	柏科柏木属
主要产地	美国、伊朗、突尼斯、印度
萃取部位	枝叶（蒸馏）

适用部位 胆经、本我轮

核心成分
萃油率 0.8%，46 个可辨识化合物
（占 97.33%）

心灵效益 破除拖拉的习性，严肃面对生活

柠檬烯 14.44%　α-松油萜 11%　桧烯 4%~7%　加州月桂酮 13.25%~30%　樟脑 1.68%

破除
单萜酮
提振
单萜烯
消融
内酯＋香豆素
更新
氧化物
平衡
倍半萜醇
壮大
酚
接受
倍半萜烯
安定
醚
超脱
醛
松开·放下
苯基酯
酯
化解
倍半萜酮

依兰-4(14),5-二烯 7.36%

萜品烯-4-醇 7.29%　顺式-14-正依兰醇-5-烯-4-酮 3.04%　表-柔拿烯 2.9%

注意事项

1. 加州月桂酮神经毒性比较强，孕妇、哺乳母亲、婴幼儿不宜使用。

2. 过量使用易使人头痛或呼吸困难。

樟树
Camphor Tree

喜温暖湿润及肥沃深厚的酸性土壤，树龄愈高，含油量和樟脑含量愈高。能够耐烟尘和吸收有毒气体。生命力极强，经历核爆和沉船后都能发芽。

学　　名	*Cinnamomum camphora*
其他名称	本樟 / Camphorwood
香气印象	走进图坦卡门的永生神话
植物科属	樟科樟属
主要产地	中国南方地区、日本
萃取部位	树干和根部（蒸馏）

适用部位　胆经、顶轮

核心成分
萃油率 3.34%，27 个可辨识化合物（占 82.7%）

心灵效益　破除软弱怕事的心理障碍，竖起腰杆承担责任

注意事项

1. 可分五种化学品系：芳樟（以沉香醇为主）、本樟（以樟脑为主）、油樟（以桉油醇为主）、异樟（以异橙花叔醇为主）和龙脑樟（以龙脑为主）。

2. 孕妇、哺乳母亲、婴幼儿、癫痫患者避免使用。

药学属性	适用症候
1. 局部麻醉，止痛，抗风湿，利关节，行气血	神经痛，牙痛，心腹痛，跌打损伤，腰背酸痛，风湿，痛风，关节疼痛
2. 少量有益心肺功能，量稍高具激励效果，过量有神经毒性并可能引起癫痫	虚弱无力，不省人事，轻度昏厥
3. 抗黏膜发炎，解消黏脂质，促进伤口愈合	慢性支气管炎，脓肿，伤疤，冻疮
4. 利滞气，除秽浊，杀虫止痒	脚气病，户外活动与阴湿环境，疥癣疮痒

异橙花叔醇 1.53%　β-松油萜 0.3%　艾蒿三烯 1%　樟脑 51.3%~75%　1,8-桉油醇 3.8%~4.3%

破除
单萜酮

提振　单萜烯
消融　内酯　香豆素
平衡　倍半萜醇
更新　氧化物
壮大　酚
接受　倍半萜烯
醚　安定
化解　酯　醛　超脱
苯基酯
松开·放下

丁香酚 2.1%　龙脑 1.1%　沉香醇 1.4%　α-萜品醇 3.8%

薄荷尤加利
Peppermint Eucalyptus

原生于澳大利亚东南部的小树，习惯温暖的天气与均匀的降雨量。常见于相对干燥的硬叶林地，叶片幼时短圆，成熟后则显宽长。

药学属性	适用症候
1. 抗卡他，化解黏液	鼻窦炎，支气管炎，耳炎
2. 抗菌，抗感染	各类肠道菌种感染，肠黏膜发炎，狭缩性咽峡炎，白带异常与阴道炎
3. 利尿，消解尿素，促进肾脏细胞再生	尿毒症，肾炎，肾病：以水肿、尿蛋白为主征

学　　名	*Eucalyptus dives*
其他名称	宽叶胡椒薄荷 / Broad-leaved Peppermint
香气印象	伐木工默默在林间砍树
植物科属	桃金娘科桉属
主要产地	澳大利亚、南非
萃取部位	叶片（蒸馏）

适用部位 肾经、基底轮

核心成分
萃油率 3%~6%，73 个可辨识化合物

心灵效益 破除无法分离的粘痛，感受干爽的自由

水茴香萜 16.9%　对伞花烃 6.1%　胡椒酮 54.5%　对薄荷-5-烯-2-酮　对薄荷-6-烯-3-酮

α-松油萜 2.8%　　破除　　1,8-桉油醇 1.2%

提振　单萜酮　消融　内酯香豆素　更新

单萜烯

平衡　倍半萜醇

壮大　酚　　　倍半萜烯　接受

醚　安定

酮　倍半萜醇

化解　苯基酯　醛　超脱

松开·放下

萜品烯-4-醇 4.2%　反式与顺式对薄荷-2-烯-1-醇 1.2&1%　胡椒醇 1%

多苞叶尤加利
Blue Mallee

原生于澳大利亚新南威尔士州西部较干旱的地区，树性坚强，缓慢生长。这类桉树没有主干，而是从地下的木质块茎冒出多根枝干。叶片分散而狭长。

学　　名	*Eucalyptus polybractea*
其他名称	蓝叶桉 / Blue-leaved Mallee
香气印象	荒野大镖客踽踽独行风沙中
植物科属	桃金娘科桉属
主要产地	澳大利亚、法国
萃取部位	叶片（蒸馏）

适用部位　肾经、基底轮

核心成分
萃油率 0.7%~5%，41 个可辨识化合物

心灵效益　破除一厢情愿的缠绕，保持安全的距离

药学属性	适用症候
1. 抗感染，抗菌，抗病毒（裸核病毒）	淋菌性尿道炎，披衣菌尿道炎，子宫颈糜烂，尖锐湿疣
2. 解除前列腺的充血症状	充血性与病毒性前列腺炎，细菌性与病毒性副睾炎，精索静脉曲张
3. 祛痰，化解黏液，消炎	鼻咽炎，支气管炎，气喘，神经痛，病毒性神经炎，风湿性关节炎
4. 抗阿米巴，抗疟原虫	阿米巴性结肠炎，疟疾

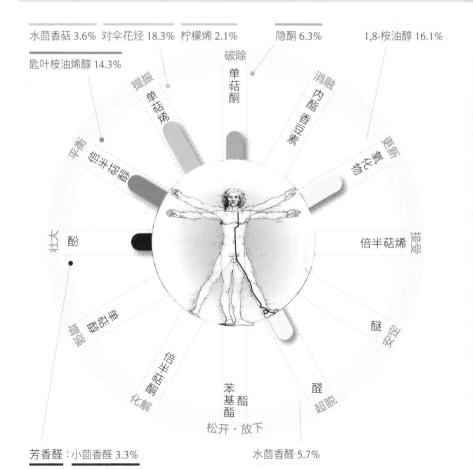

水茴香萜 3.6%　对伞花烃 18.3%　柠檬烯 2.1%　隐酮 6.3%　1,8-桉油醇 16.1%

匙叶桉油烯醇 14.3%

芳香醛：小茴香醛 3.3%　　水茴香醛 5.7%

牛膝草
Hyssop

不惧干旱，在白垩土与砂土都能生长。喜爱全日照与温暖的气候。花色多为蓝紫，也有粉红，偶见白色。一年可两获，春末和秋初。

药学属性	适用症候
1. 抗黏膜发炎，祛痰，抗气喘，胸腔内器官的消炎，消除淤塞现象（如充血）	流感，鼻窦炎，喉咙痛，支气管炎，气喘，咳嗽，肺炎，肺气肿
2. 调节脂质代谢（小肠与肝），降低碳水化合物的吸收，促进发汗，消胀气	肥胖，糖尿病（保健），胃痛，肠道胀气
3. 促进伤口愈合，调节神经系统，补身（微量）	瘀斑，伤痕，瘢疯，神经失衡，牙痛，虚弱无力，青春期的卵巢问题
4. 抗感染，抗菌（葡萄球菌、肺炎球菌），抗寄生虫，抗病毒	感染型膀胱炎，多发性硬化症（保健），HIV 阳性反应（艾滋病保健）

学　　名 | *Hyssopus officinalis*

其他名称 | 神香草 / Herbe de Joseph

香气印象 | 和摩西一起穿越红海

植物科属 | 唇形科牛膝草属

主要产地 | 法国、保加利亚

萃取部位 | 开花的全株药草（蒸馏）

适用部位 肺经、心轮

核心成分
萃油率 0.6%~1.7%，48 个可辨识化合物（占 99.8%）

心灵效益 | 破除我执，建立超然物外的存在感

倍半萜醇 7.9%：　单萜烯 13.3%：β-松油萜 6.4% 月桂烯 3.1%　　单萜酮62.5%：

橙花醇 6.5%　　　　　　　　　　　　　　　　　　　　　顺式松樟酮 44.5%

匙叶桉油烯醇 1%　　　　　　　　　　　　　　　　　　反式松樟酮 18%

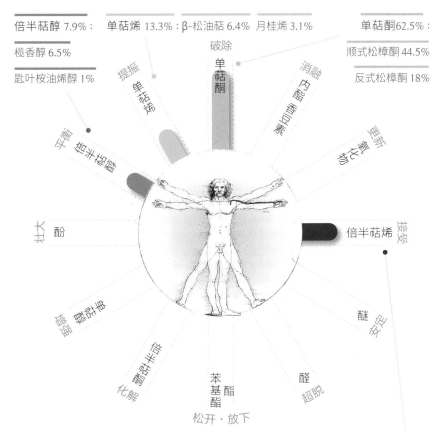

倍半萜烯12.1%：大根老鹳草烯 5% 双环大根老鹳草烯 3.8%

头状薰衣草
Lavender Stoechas

需要干热的碱性土壤，比真正薰衣草畏寒，所以分布区域更低和更南。高30~100厘米，醒目的紫色苞片常被误认为它的花朵。

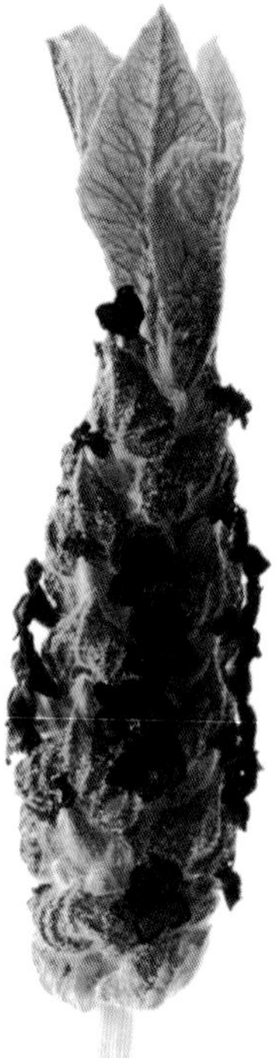

学　名 | *Lavandula stoechas*

其他名称 | 法国薰衣草 / French Lavender

香气印象 | 保存良好的骨董药柜

植物科属 | 唇形科薰衣草属

主要产地 | 西班牙、葡萄牙、科西嘉岛、土耳其、希腊

萃取部位 | 开花的植株（蒸馏）

适用部位 胆经、本我轮

核心成分

萃油率 1.1%，66 个可辨识化合物

心灵效益 | 破除粉红眼镜的幻影，直视没洒糖粉的现实

药学属性	适用症候
1. 抗绿脓假单胞菌、念珠菌、MRSA、立枯丝核菌	口腔炎，严重耳炎，绿脓杆菌引起的细菌性耳炎
2. 抗黏膜发炎，分解黏液	慢性支气管炎，慢性鼻窦炎
3. 促进伤口愈合，消炎	伤口，湿疹
4. 抗氧化，限制肝细胞中的葡萄糖生成，提高骨骼肌细胞的胰岛素传导能力	II 型糖尿病，代谢异常导致的肥胖

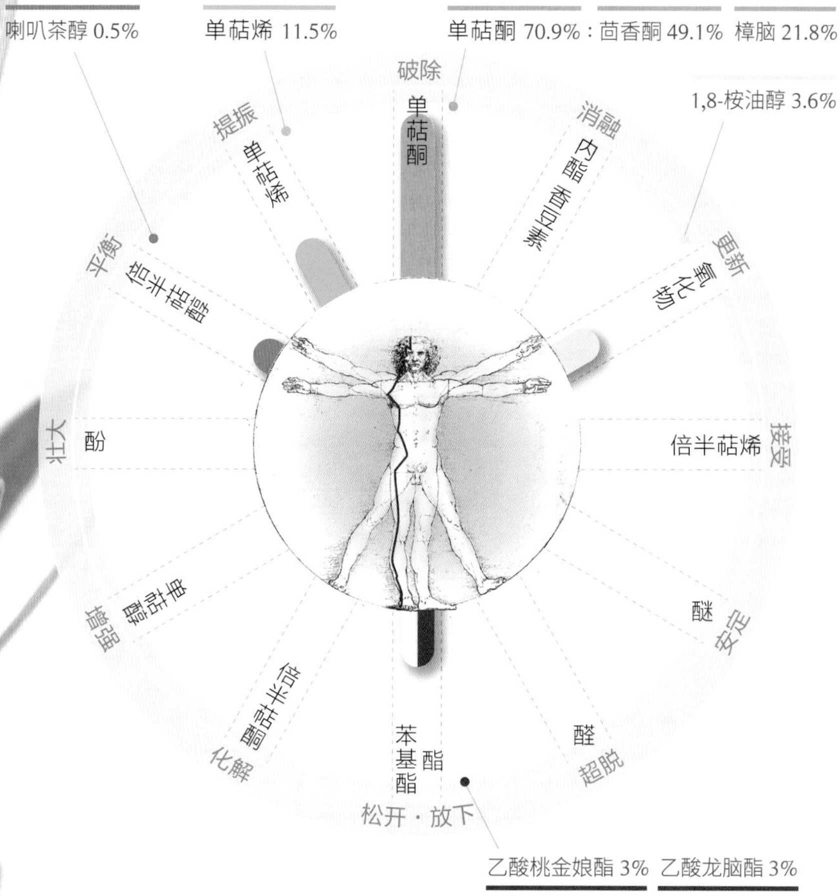

喇叭茶醇 0.5%
单萜烯 11.5%
单萜酮 70.9%：茴香酮 49.1% 樟脑 21.8%
1,8-桉油醇 3.6%
破除
单萜酮
提振
单萜烯
消融
内酯 香豆素
平衡
倍半萜醇
更新
氧化物
壮大
酚
接受
倍半萜烯
增强
单萜醇
安定
醚
化解
倍半萜酮
超脱
醛
苯基酯
酯
松开·放下
乙酸桃金娘酯 3% 乙酸龙脑酯 3%

注意事项

1. 孕妇、哺乳母亲、婴幼儿不宜使用。

白马鞭草
White Verbena

常见于中南美洲和热带非洲的山坡与河岸，高可达 2 米。需要全日照和略带养分的土壤，生长速度缓慢。

药学属性	适用症候
1. 消炎，止痛，退热，消胀气	消化障碍，胃痛，肝病，梅毒，痢疾，预防胃溃疡
2. 抗病毒，抗菌抗霉菌，化解黏液	流感，咳嗽，支气管炎，气喘
3. 抑制癌细胞生长，抗基因毒性（保护 DNA）	化疗前后
4. 抗痉挛，抗惊厥，降血压	缓解焦虑，放松肌肉，提高自发活动能力

学　　名 | *Lippia alba*

其他名称 | 山坡奥勒冈 / Hill Oregano

香气印象 | 安心自在地踏过荒烟漫草

植物科属 | 马鞭草科过江藤属

主要产地 | 巴拉圭、巴西、阿根廷

萃取部位 | 叶片（蒸馏）

适用部位　胆经、本我轮

核心成分
萃油率 0.21%，28 个可辨识化合物

心灵效益 | 破除敌意的阻挠，迈向真心向往的地方

布藜醇 0.13%　柠檬烯 26.7%　藏茴香酮 48.3%

破除
单萜酮

提振 单萜烯

平衡 倍半萜醇

消融 内酯 香豆素

更新 醛 酮

壮大 酚

接受 倍半萜烯

安定 醚

超脱 醛

松开·放下

化解

苯基酯

依兰油烯 6.5%　双环倍半水茴香萜 8%

注意事项

1. 孕妇、哺乳母亲与婴幼儿以及对酮敏感者最好避免使用。

2. 已知化学品系共七种，以柠檬醛为主的杀螨虫效果更佳。

3. 南非马鞭草（*Lippia javanica*）同样以单萜酮为主，最常见的化学品系是月桂烯酮型（36%~62%），能够强力抗肺炎克雷伯菌，传统上多用来处理呼吸系统问题。

马薄荷
Horse Mint

爱水，可以用匍匐的地下茎攻城掠地，
建立"殖民地"。野生时多见于海拔
800~1950 米的地区，生长异常快速。

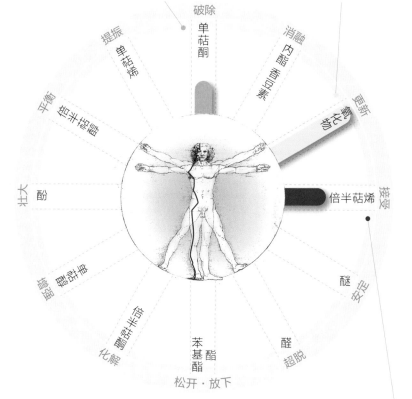

学　　名 ｜ *Mentha longifolia*

其他名称 ｜ 长叶薄荷 / Wild Mint

香气印象 ｜ 夏夜池边鼓着笑脸的树蛙

植物科属 ｜ 唇形科薄荷属

主要产地 ｜ 欧洲、中亚、北非

萃取部位 ｜ 开花的植株（蒸馏）

适用部位　胆经、本我轮

核心成分
82 个可辨识化合物

心灵效益 ｜ 破除陈年的习性，轻松
　　　　　　拥抱新观念

药学属性	适用症候
1. 抗感染，抗菌，抗霉菌（念珠菌）	细菌性肠炎，寄生虫性肠炎（如蛲虫、绦虫）
2. 抗卡他，祛痰	交感神经失衡，膀胱炎
3. 滋补，强心，健脾	胸腔充血，心脏无力，白细胞不足，疟疾
4. 抗氧化，抗肿瘤，有激素作用	干癣，念珠菌性皮肤病，浮肉，胰腺癌（辅药），大肠癌

薄荷酮 5%　异薄荷酮 5.5%　胡椒酮 0.1%　胡椒酮氧化物 9%~25%　胡椒烯酮氧化物 45%~70%

α-依兰油烯 4%~14%

胡薄荷
Pennyroyal

土壤不宜过干，喜欢靠近溪流生长。有些匍匐生长，高矮差可达 20 厘米。全日照会使香气浓郁，遮荫则有助于枝繁叶茂。

药学属性	适用症候
1. 消解黏液，抗卡他，抗病毒，减少血细胞凝集效应	气管炎，慢性支气管炎（浓痰），气喘性支气管炎，百日咳，流感
2. 驱虫，杀虫	维持环境卫生，减少户外活动的蚊虫干扰
3. 消胀气，抗痉挛，健胃，养肝，利胆，健脾	胆囊炎，胆管炎，黄疸，胀气，肠绞痛
4. 通经，解除骨盆腔充血症状	白带，痛经

学　　名	*Mentha pulegium*
其他名称	普列薄荷 / Squaw Mint
香气印象	刚刚装修好的公寓
植物科属	唇形科薄荷属
主要产地	摩洛哥、阿尔巴尼亚
萃取部位	全株药草（蒸馏）

适用部位 胆经、性轮

核心成分
萃油率 1%~2%，43~53 个可辨识化合物

心灵效益 | 破除拘谨的习性，大胆尝试新口味

单萜烯 2%：柠檬烯　罗勒烯　　胡薄荷酮 40%~70%　薄荷酮 20%~40%　胡椒酮 1.13%~40%

桉叶醇 7%

单萜醇 9%　　　　　　　　　　倍半萜烯 6%：愈疮木烯　榄香烯

注意事项

1. 孕妇、哺乳母亲、婴幼儿以及对酮敏感者避免使用。

2. 主要有三种化学品系：胡薄荷酮型（75%，摩洛哥产），胡薄荷酮 / 薄荷酮型（40% / 20% 或 20% / 40%），胡椒酮 / 胡椒烯酮型（40% / 30%）。

3. 胡薄荷精油（含胡薄荷酮 75% 者）的杀虫作用不及胡薄荷酮的九分之一，也不会导致细胞变葇，可见凭单一成分推测毒性会有偏差。

绿薄荷
Spearmint

温带气候皆可生长。喜欢部分遮荫，但也能享受全日照。适合种在富含有机质的壤土，开花过后叶片的香气就会变淡。

学　　名	*Mentha spicata*
其他名称	留兰香 / Green Mint
香气印象	嚼着口香糖挥出全垒打
植物科属	唇形科薄荷属
主要产地	美国、印度、埃及
萃取部位	开花的全株药草（蒸馏）

适用部位 胆经、顶轮

核心成分
萃油率 0.5%~0.8%，63 个可辨识化合物（占 99.9%）

心灵效益 破除制式的条框，展现天赋和本能

药学属性	适用症候
1. 消炎，镇痛（作用于延髓和小脑），抗肿瘤	神经痛，带状疱疹疼痛，前列腺癌，肺癌，乳腺癌，神经母细胞瘤
2. 抗黏膜发炎，消解黏液	慢性与急性支气管炎，呼吸道黏膜发炎
3. 利胆，促进胆汁分泌，助消化	消化困难，胆汁不足
4. 促进伤口愈合，抗霉菌，抗生物膜，抗 MRSA，驱虫（锥虫、篦麻硬蜱）	伤口，疤痕，膀胱炎，阴湿易发霉处，改善医院诊所的环境卫生，户外防虫子叮咬

注意事项

1. 孕妇、哺乳母亲、婴幼儿不宜使用。一般皮肤吸收的安全剂量为 1.7%。

2. 绿薄荷在不同产地的藏茴香酮含量如下：土耳其 82.2%，中国 74.6%，加拿大 74%，孟加拉国 73.2%，埃及 68.55%，哥伦比亚 61.5%，阿尔及利亚 59.4%，摩洛哥 29%，伊朗 22.4%。

左旋柠檬烯 21.2%

左旋藏茴香酮 71.6%　顺式双氢藏茴香酮 4.9%　薄荷酮 1.7%

1,8-桉油醇 1.5%

破除

提振　单萜烯

消融

单萜酮

内酯　香豆素

更新　氧化物

平衡　倍半萜醇

壮大　酚

倍半萜烯　接受

醚　安定

增强　醛甜甜半萜

醇甜甜半萜

化解

苯基酯　酯

醛　超脱

松开 · 放下

脂肪族醇：辛醇 2.6%

樟脑迷迭香
Rosemary, CT Camphor

喜欢地中海的干燥温暖气候，野生状态下可以在任何土壤生长。分布高度从海平面直至海拔 2800 米，耐旱，忌积水。善于抵御病虫害。

药学属性	适用症候
1. 较低剂量：放松舒解肌肉，抑制大动脉平滑肌收缩	酸痛紧绷，抽筋，风湿肌痛，高血压（钾离子过多、去甲肾上腺素过多所致）
2. 较高剂量：促进肌肉收缩，强心，补身利脑，抗老化，促进毛发生长	肌肉与皮肤松弛，心脏无力，低血压，记忆力低下，脱发
3. 解除静脉的充血症状，利尿，非激素性的通经作用，抗肿瘤	血液循环不良，无月经，经血量少，前列腺癌，乳腺癌，肝癌
4. 溶解黏液，利胆（促进胆汁分泌），养肝，抗氧化	慢性胆囊炎，胆固醇过高，肝肿大，肝硬化，胆汁淤积型肝炎，胃穿孔

学　　名 | *Rosmarinus officinalis*

其他名称 | 海洋之露 / Sea Dew

香气印象 | 在无人的珊瑚礁岛过鲁宾逊的生活

植物科属 | 唇形科迷迭香属

主要产地 | 西班牙、法国、葡萄牙

萃取部位 | 开花的全株药草（蒸馏）

适用部位 胆经、顶轮

核心成分
萃油率 1.6%~1.8%，53 个可辨识化合物（占 96.7%~99.2%）

心灵效益 | 破除对便利环境的依赖，提高创造力和实践力

α-松油萜 10.2%~21.6%　樟烯 5.2%~8.6%　　樟脑 17.2%~34.7%　马鞭草酮 2.2%~5.8%

1,8-桉油醇 12.1%~14.4%

破除　单萜酮

提振　单萜烯

平衡　倍半萜醇

壮大　酚

消融　内酯　香豆素

更新　氧化物

接受　倍半萜烯

醚　安定

醛　超脱

苯基酯　松开·放下

龙脑 3.2%~7.7%　α-萜品醇 1.2%~2.5%　　　β-丁香油烃 1.8%~5.1%

注意事项

1. 孕妇、哺乳母亲、婴幼儿、癫痫患者避免使用。

2. 北非（摩洛哥、突尼斯）产的多为桉油醇型，西班牙（最大产地）为樟脑型，法国主要是龙脑型，葡萄牙多月桂烯，埃及与科西嘉岛较多马鞭草酮。

马鞭草酮
迷迭香
Rosemary, CT Verbenone

只生长在地中海气候区热而干的海岸。
比樟脑迷迭香挺拔直立，叶片也较为
翠绿。

学　　名	*Rosmarinus officinalis*
其他名称	海洋之露 / Sea Dew
香气印象	突破大雾的包围，看到太阳从海面升起
植物科属	唇形科迷迭香属
主要产地	科西嘉岛、萨丁岛、南非
萃取部位	开花的全株药草（蒸馏）

适用部位　胆经、顶轮

核心成分
萃油率 1%，46 个可辨识化合物

心灵效益 | 破除受害情结，坚持以
善意回应世界

药学属性	适用症候
1. 化解黏液和脂肪，祛痰	鼻窦炎，支气管炎
2. 抗感染，抗菌，抗病毒，促进伤口愈合	肝胆功能低下，病毒性肝炎，病毒性肠炎，大肠杆菌病，糖尿病（辅药）
3. 平衡内分泌，调节垂体–卵巢和垂体–睾丸的激素	白带型阴道炎，前庭大腺炎，男性或女性激素失衡
4. 抗痉挛，平衡神经（作用与剂量成反比）	心律不齐，太阳神经丛、骨盆与骶骨"打结"导致的消化或性困扰，疲劳，沮丧

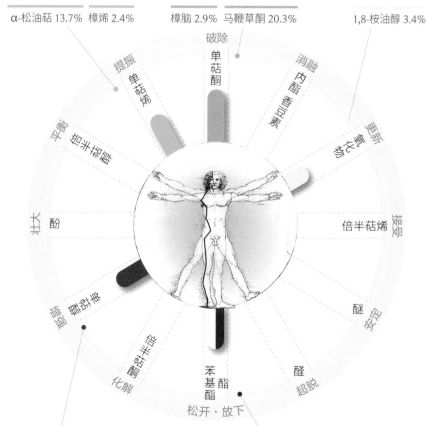

α-松油萜 13.7%　樟烯 2.4%　　樟脑 2.9%　马鞭草酮 20.3%　　　1,8-桉油醇 3.4%

龙脑 6.7%　牻牛儿醇 6.2%　　　　乙酸龙脑酯 17%

薰衣叶鼠尾草
Lavender Sage

原产于西班牙伊比利亚半岛，习惯半干的地中海气候和遍布岩块的石灰岩山区。与通用鼠尾草相比，叶片较为窄长，花朵的蓝紫色较浅，有些甚至偏白。

药学属性	适用症候
1. 抗卡他，祛痰	鼻炎，鼻窦炎，支气管炎，流感，着凉
2. 抗感染，抗菌，抗霉菌（鼠尾草属中第一），降血糖，抗氧化，消炎	长期卧病在床，褥疮，糖尿病
3. 抗痉挛，止痛，镇静，局部麻醉，抑制中枢神经	神经痛，躁郁烦乱
4. 略具雌激素作用，补身，强化记忆力，抑制乙烯胆碱脂酶（鼠尾草属中第一）	虚弱无力，健忘，阿尔兹海默病

学　　名 | *Salvia lavandulifolia*

其他名称 | 西班牙鼠尾草 / Spanish Sage

香气印象 | 一生信守誓言的传教士

植物科属 | 唇形科鼠尾草属

主要产地 | 西班牙(东部)、法国(东南)、北非的摩洛哥和阿尔及利亚

萃取部位 | 开花的全株药草（蒸馏）

适用部位 胆经、顶轮

核心成分
萃油率 0.69%~3.41%，61 个可辨识化合物（占 90%）

心灵效益 | 破除掩饰软弱的借口，生出面对真相的力量

α-松油萜 6.7%~23.2%　β-松油萜 3.8%~19.2%　柠檬烯 0.8%~16.6%　樟脑 0%~15.4%

绿花醇 0.1%~9.7%

1,8-桉油醇 6.4%~34.5%

破除　单萜酮

提振　单萜烯

消融　内酯　香豆素

更新　氧化物

平衡　倍半萜醇

壮大　酚

接受　倍半萜烯

醚　安定

苯基酯　酯

醛　超脱

松开·放下

化解　倍半萜酮

龙脑 1.4%~8.7%　　乙酸龙脑酯 0.2%~2%　　β-丁香油烃 1.5%~8.1%

注意事项

1. 有五个亚种，另外也有不同的化学品系，差别最大的是樟脑的含量。

2. 孕妇、哺乳母亲、婴幼儿能否使用取决于樟脑含量，若在 1% 上下则完全没问题。

鼠尾草
Sage

原生于南欧与土耳其，如今遍布世界，精油的组成因气候而变化。带毛的灰绿叶片为其特征，愈干燥气味愈浓郁。

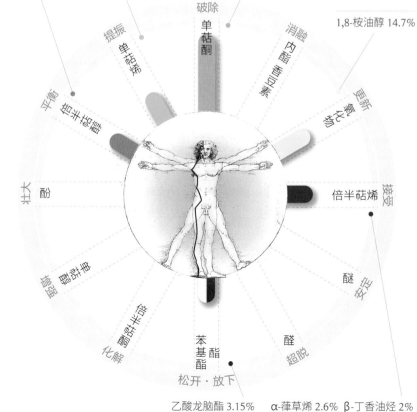

学　　名	*Salvia officinalis*
其他名称	通用鼠尾草 / Common Sage
香气印象	一休在船上听到乌鸦叫声而悟道
植物科属	唇形科鼠尾草属
主要产地	西班牙、法国、克罗地亚、阿尔巴尼亚
萃取部位	开花的全株药草(蒸馏)

适用部位　胆经、顶轮

核心成分

萃油率 1.1%~2.8%，35 个可辨识化合物 (占 94.2%)

心灵效益 | 破除贪嗔痴的悬念，以理性与悟性防身

药学属性	适用症候
1. 抗菌，抗霉菌（白色念珠菌），抗病毒	唇疱疹，口疮、口臭、口坏疽，牙龈发炎、念珠菌感染，病毒性肠炎，病毒性脑膜炎与神经炎
2. 类雌激素作用，催经，抗感染	闭经，少经，更年期综合征，阴道疱疹，扁平湿疣，扁平疣，白带，乳腺癌，前列腺癌，黑色素瘤，肾癌，口腔癌，直肠癌
3. 调节循环，退热，促进伤口愈合，抗肿瘤	风湿性关节炎，循环不良，腕隧道综合征，伤口，脱发，皱纹，狐臭
4. 抗黏膜发炎，化痰消解黏液，分解脂肪，促进胆汁分泌	流感，支气管炎，鼻窦炎，扁桃体炎，橘皮组织，肥胖，胆功能不佳

绿花醇 2.1%~5.6%　樟烯 4.2%　柠檬烯 2.7%　α-侧柏酮 30.7%　β-侧柏酮 5.4%　樟脑 26.6%

1,8-桉油醇 14.7%

倍半萜烯

乙酸龙脑酯 3.15%　α-葎草烯 2.6%　β-丁香油烃 2%

棉杉菊
Santolina

喜爱炎热多日照与排水良好，最怕冬日的潮湿。常被用作地被植物或围篱植物，像纽扣一样的花使它深受园艺界欢迎。

药学属性	适用症候
1. 抗感染，抗寄生虫（蛔虫），抗霉菌（白色念珠菌）	肠道寄生虫病，皮肤寄生虫病，皮肤发痒，阴道瘙痒
2. 通经	经期不适，经前综合征引起的烦躁感
3. 抗痉挛，助消化，止痛消炎	肠胃不适，十二指肠溃疡
4. 抗氧化	素食或以淀粉为主的代谢问题

学　名	*Santolina chamaecyparissus*
其他名称	薰衣草棉 / Cotton Lavender
香气印象	带着手风琴随兴走唱
植物科属	菊科棉杉菊属
主要产地	西班牙、法国
萃取部位	开花的全株药草（蒸馏）

适用部位　肝经、眉心轮

核心成分
萃油率 1.6%，71 个可辨识化合物（占 91.2%）

心灵效益 | 破除特定的角度，用全面的视野看世界

α-没药醇 6.6%　β-水茴香萜 9.2%　月桂烯 4.3%　艾蒿酮 38%　樟脑 11.7%

破除
单萜酮

提振
单萜烯

消融
内酯
香豆素

平衡
倍半萜醇

更新
氧化物

壮大
酚

接受
倍半萜烯

安定
醚

化解
酮
倍半萜醇

松开·放下
苯基酯
酯

超脱
醛

艾蒿醇 1.5%　萜品烯-4-醇 1.1%

芳香万寿菊
Mexican Bush Marigold

原生于墨西哥，生性强健，耐热，耐旱，耐湿，耐修剪，也耐轻霜。虽然是草本植物，但呈现灌木状。

学　　名	*Tagetes lemmonii*
其他名称	李蒙氏万寿菊 / Lemmon's Marigold
香气印象	孙悟空在瑶池吃蟠桃
植物科属	菊科万寿菊属
主要产地	墨西哥、危地马拉、南美洲
萃取部位	叶片（蒸馏）

适用部位　胆经、本我轮

心灵效益　破除对于安全感的渴求，相信自己的本事

药学属性	适用症候
1. 抗霉菌（白色念珠菌），消胀气，助消化	芝士与奶制品消化不良，时常放屁
2. 驱虫驱蚊	户外生活，植物病虫害
3. 促进循环与代谢	久待空调房，长坐，饮食过度
4. 抗菌	口腔卫生，口臭

注意事项

1. 孕妇、哺乳母亲、婴幼儿不宜使用。

2. 双氢万寿菊酮、万寿菊酮、万寿菊烯酮都会产生聚合效应，所以精油在接触空气以后会变得愈来愈黏稠。

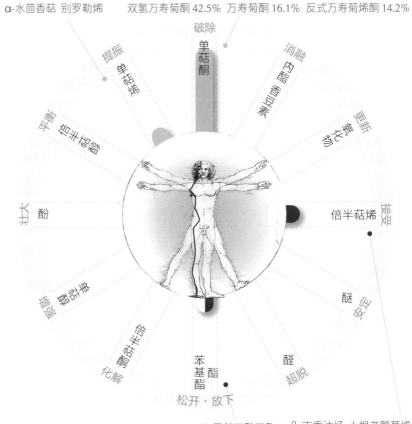

α-水茴香萜　别罗勒烯　双氢万寿菊酮 42.5%　万寿菊酮 16.1%　反式万寿菊烯酮 14.2%

2-甲基丁酸乙酯　β-丁香油烃　大根老鹳草烯

万寿菊
Southern Marigold

生于南美洲南部，现遍布热带与亚热带，特别能适应干扰生境。开不起眼的小白花，高 0.6~2 米，外型迥异于大众熟悉的庭园万寿菊。

学　　名	*Tagetes minuta* / *Tagetes glandulifera*
其他名称	细花万寿菊 / Chinchilla
香气印象	在夏天走进结实累累的果园
植物科属	菊科万寿菊属
主要产地	埃及、印度、阿根廷、墨西哥
萃取部位	花（蒸馏）

适用部位　脾经、眉心轮

核心成分
萃油率 0.49%，35 个可辨识化合物（占 95.3%）

心灵效益 | 破除冰凉的理性界线，打开所有的感官知觉

药学属性

1. 抗菌(MRSA)，抗霉菌(白色念珠菌)，治疗皮肤与指甲疾病，收敛止血
2. 强力驱虫 (蜱虫及鳞翅目昆虫)，驱蚊，强力抗氧化，抗肿瘤
3. 消炎，抗痉挛，健胃，通便，利尿，发汗，通经
4. 祛痰，抗卡他

适用症候

- 脚趾甲各种感染变形，疣，久不愈合的伤口
- 户外活动，鼻咽癌，肝癌
- 风湿，胃溃疡，便秘，久坐不动，眼疾，经期腹部闷胀
- 鼻塞头晕

注意事项

1. 另外两个品种为阿兹特克万寿菊 (*Tagetes erecta*)，多用于印度教祭拜的橘色花环，庭园常见；法国万寿菊 (*Tagetes patula*，台湾叫孔雀草)，同样常见于庭园。三者的精油组成相近而比例不同。

2. 孕妇、哺乳母亲、婴幼儿不宜使用。原精有光敏性，连叶蒸馏的话也有光敏性，浓度过高会刺激皮肤。用于食品的安全剂量是 0.003%，用于香水是 0.02%，用于保养是 0.01%。

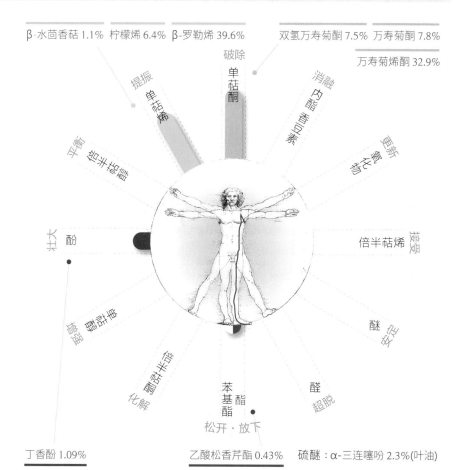

β-水茴香萜 1.1%　柠檬烯 6.4%　β-罗勒烯 39.6%　双氢万寿菊酮 7.5%　万寿菊酮 7.8%

万寿菊烯酮 32.9%

丁香酚 1.09%　　乙酸松香芹酯 0.43%　　硫醚：α-三连噻吩 2.3%(叶油)

夏白菊
Feverfew

喜欢日照充足的干燥砂土，忌讳湿重的黏土。生长初期很容易被野草覆盖，一旦茁壮成长则反成入侵物种。

学　　名	*Tanacetum parthenium* / *Chrysanthemum parthenium*
其他名称	小白菊 / Midsummer Daisy
香气印象	乍暖还寒时节攀登阿尔卑斯山
植物科属	菊科菊蒿属
主要产地	保加利亚、伊朗、土耳其
萃取部位	开花的全株药草 (蒸馏)

适用部位 肝经、顶轮

核心成分
萃油率 0.23%~0.36%，30 个可辨识化合物 (占 97.5%)

心灵效益 | 破除过大的寄望，安于小确幸

药学属性	适用症候
1. 退热，抗痉挛，止痛	偏头痛，梅尼埃症，耳鸣，风湿，坐骨神经痛，关节炎
2. 消炎，抗敏，减少静脉与淋巴充血	牛皮癣，皮肤发红过敏，荨麻疹，晒伤，瘀青
3. 养肝，排毒，通便，消胀气，抗肿瘤	肝炎，反胃呕吐，肺癌，直肠癌
4. 分解黏液，通经，促进子宫收缩	鼻塞，气喘，子宫内膜异位，痛经，临盆

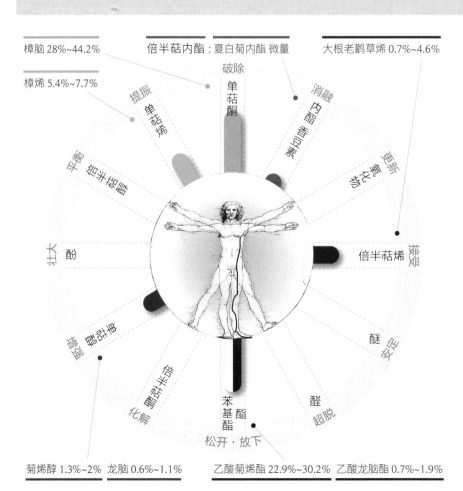

樟脑 28%~44.2%　　倍半萜内酯：夏白菊内酯 微量　　大根老鹳草烯 0.7%~4.6%

樟烯 5.4%~7.7%

菊烯醇 1.3%~2%　　龙脑 0.6%~1.1%　　乙酸菊烯酯 22.9%~30.2%　　乙酸龙脑酯 0.7%~1.9%

艾菊
Tansy

原生于温带的欧亚大陆，生长容易，尤其是在日照充足的半干燥地区。根部分支多且善于延伸，种子的数量庞大，常成为优势物种。

药学属性	适用症候
1. 抗痉挛，止痛，助消化	神经痛，风湿痛，关节痛，胀气腹痛
2. 消炎，消解黏液，抗菌，收敛皮脂分泌	感冒，牙龈发炎，喉咙痛，扁桃体炎，面部疱疹
3. 驱虫	植物病虫害，肠道寄生虫病
4. 通经，兴奋神经（微量）	月经不至，经血稀少，提不起劲（微量）

学　　名	*Tanacetum vulgare*
其他名称	纽扣菊 / Golden Buttons
香气印象	薄日春风中郊游野餐
植物科属	菊科菊蒿属
主要产地	法国
萃取部位	开花的全株药草（蒸馏）

适用部位　胆经、顶轮

核心成分
萃油率 0.5%，83 个可辨识化合物
（占 98.4%）

心灵效益 | 破除低迷的气氛，回到初心重新出发

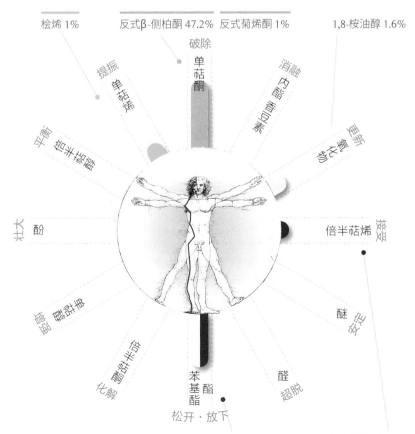

桧烯 1%　　反式β-侧柏酮 47.2%　　反式菊烯酮 1%　　1,8-桉油醇 1.6%

破除
单萜酮

提振
单萜烯

平衡
倍半萜醇

壮大
酚

消融
内酯 · 香豆素

更新
氧化物

接受
倍半萜烯

安定
醚

超脱
醛

松开 · 放下
苯基酯

化解
醛类半萜

强壮
醇类半萜

乙酸菊烯酯 30.7%　　大根老鹳草烯 0.6%

侧柏
Thuya

分布在大型与快速生长的树种无法与之
竞争的潮湿林间，或生存不易的悬崖。
这种中小型柏树在野火烧不着的悬崖可
以长到超过一千岁。

学　　名	Thuja occidentalis
其他名称	北美香柏 / Northern White-cedar
香气印象	神圣仪式中的祈福与祝祷
植物科属	柏科崖柏属
主要产地	加拿大、美洲东北部
萃取部位	针叶 (蒸馏)

适用部位　肝经、性轮

核心成分
萃油率 0.6%，31 个可辨识化合物
（占 96.92%）

心灵效益 | 破除盲从的习性，找到
独树一帜的活法

药学属性	适用症候
1. 抗感染，抗病毒，愈合伤口	生殖器疣，扁平疣，唇疱疹，难愈合的伤口
2. 提高雌二醇和黄体酮，降低睾丸酮和促黄体生成激素	多囊性卵巢综合征，骨质疏松
3. 消解黏液，降低低密度胆固醇和血浆内的葡萄糖	卡他性支气管炎，高血脂与高血糖问题
4. 抗肿瘤，促进细胞激素与抗体的生成，激活巨噬细胞	子宫癌，急性与慢性上呼吸道感染，甲型流感

金钟柏醇 3%　桧烯 5%　α-松油萜 2%　　α-侧柏酮 65%　异侧柏酮 8%　茴香酮 8%

破除

提振　　　单萜酮

单萜烯　　　　消融

平衡　　　　　　　　　　更新

壮大　酚　　　　　　　　　倍半萜烯　接受

醚　安定

苯基酯　醛　超脱

松开・放下

侧柏叶醇 5%　　　　　　　　　　双萜烯：芮木烯 0.07%　拜哲烯 8.54%

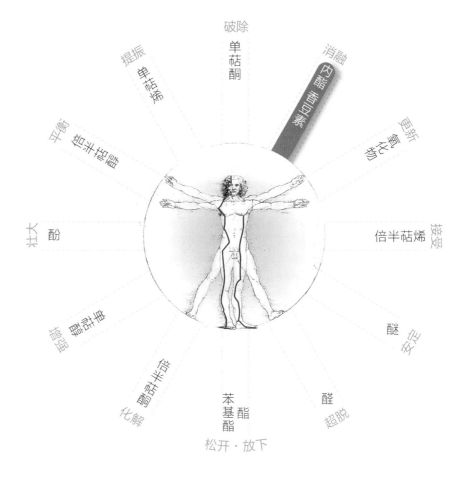

破除　单萜酮
消融　内酯香豆素
提振　单萜烯
更新　氧化物
平衡　倍半萜醇
接受　倍半萜烯
壮大　酚
安定　醚
超脱　醛
松开·放下
本基酯　酯

II

香豆素与内酯类

Coumarin & Lactone

里面有一半以上都是伞形科的植物，光敏性是使用这类精油要稍加留意的地方。气味常让人联想到潮湿的土壤或陈旧的木箱，少量就能带来持久而压倒性的嗅觉印象，油色和触感也比其他类型的精油深重。对排除环境污染与食品药物中的毒素极有帮助，同时能净化过于黏稠的血液，使血流畅通，活血排毒的专长与肝经特别相合。

中国当归
Danggui

喜阴凉湿润气候，多生于高山寒湿的落叶林区。要求土质疏松，最好是坐南向北半阴半阳的缓坡地。

学　　名 | *Angelica sinensis*

其他名称 | 白蕲 / Female Ginseng

香气印象 | 在温暖干燥的洞穴里盘腿静坐

植物科属 | 伞形科白芷（当归）属

主要产地 | 中国（甘肃、陕西、四川、云南）

萃取部位 | 根部（蒸馏）

适用部位 肝经、心轮

核心成分
萃油率 1.81%（超临界）/ 0.3%（蒸馏），59 个可辨识化合物（占 94%）

心灵效益 | 消融纠结与怨怒，接受大地之母的拥抱

注意事项

1. 中国和日本当归的弱植物性雌激素作用远比其他植物性雌激素低，也不高于雌激素 1/400 的效果。而且当归精油不具备生药中其他成分，不必过虑雌激素样作用。

2. 留意光敏性的可能。

药学属性 | 适用症候

1. 抑制子宫平滑肌收缩（大剂量），促进血红蛋白及红细胞的生成 — 原发性痛经，手脚冰凉，贫血，面色萎黄

2. 松弛支气管平滑肌，消炎止痛 — 气喘，久咳，痈疽疮疡

3. 促进脾细胞、胸腺细胞、肝细胞生长，增强脾细胞产生 IL-2 能力，T 细胞活性增加 80% — 体弱多病，长期卧病，化疗手术后，时常接触化学溶剂等环境毒素

4. 减慢心率、抗心律失常，修复脑缺血损伤，抗血小板凝聚 — 心悸，脑中风，高血脂

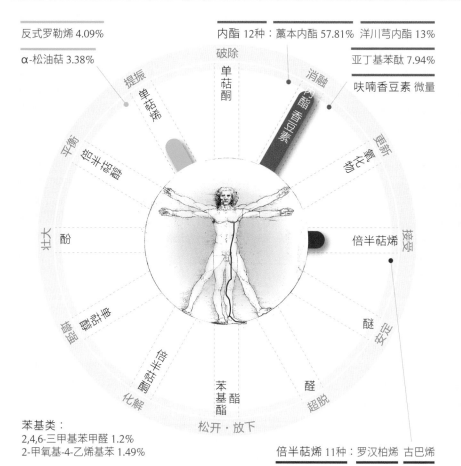

反式罗勒烯 4.09%
α-松油萜 3.38%

内酯 12种：藁本内酯 57.81%　洋川芎内酯 13%
亚丁基苯酞 7.94%
呋喃香豆素 微量

苯基类：
2,4,6-三甲基苯甲醛 1.2%
2-甲氧基-4-乙烯基苯 1.49%

倍半萜烯 11种：罗汉柏烯 古巴烯

印度当归
Angelica Root, India

分布于喜马拉雅西部海拔 2400~3800 米山区，植株高 1.3 米。喜欢肥沃、湿润、有遮蔽的缓坡，需要很多的森林腐植质（靠近森林）。

药学属性	适用症候
1. 抗菌，消炎，抗癌	流感，气喘，抗药性人类恶性脑胶质瘤
2. 抗血小板凝聚，舒张血管，抑制血管平滑肌增生，强心	贫血，虚弱
3. 利消化，保护神经，镇痛	呕吐，便秘，受寒导致的腹泻，无胃口，小儿受惊
4. 抗子宫痉挛，促进乳汁分泌	产后补身，产后哺乳，更年期综合征

学　　名 | *Angelica glauca*

其他名称 | 喜玛拉雅当归 / Himalayan Angelica (Gandrayan)

香气印象 | 在林中长途跋涉、挨寒受冻后，找到一个可以生火的洞穴

植物科属 | 伞形科白芷（当归）属

主要产地 | 印度、巴基斯坦

萃取部位 | 根部（蒸馏）

适用部位 肝经、性轮

核心成分
萃油率 0.5 %，68 个可辨识化合物

心灵效益 | 消融因不义而冻结的心，让理想之血流动

注意事项

1. 含少量呋喃香豆素，使用后尽量避免日晒。

2. 印度北阿坎德邦 (Uttarakhand) 山区野生的印度当归质量最高（顺式藁本内酯 40%~53%、顺式亚丁基苯酞 20.7%~32.8%），但已有濒危趋势。

3. 地表以上开花的植株也可以萃油，但成分不含内酯，可辨识 34 个成分，以单萜烯（水茴香萜）和倍半萜烯（丁香油烃）为主。

内酯 8种：顺式藁本内酯 31.55%

顺式亚丁基苯酞

单萜烯 11种：

β-水茴香萜 15.29%

呋喃香豆素 6种：香柑油内酯　紫花前胡素

紫花前胡醇当归酯

β-丁香油烃氧化物 3.38%

破除

单萜酮

提振　单萜烯

消融　内酯　香豆素

更新　氧化物

平衡　倍半萜醇

接受　倍半萜烯

壮大　酚

安定　醚

化解　酮　倍半萜酯

松开·放下　苯基酯

超脱　醛

倍半萜醇 9种：

α-杜松醇 3.45%

十五碳烯酸甲酯 3.51%　乙酸香茅酯

倍半萜烯 18种 14.36%

芹菜籽
Celery Seed

一种湿地植物，习惯冷凉气候，最少要有 16 周的冷凉条件。对温度很敏感，只能半日照。需要肥沃的土壤，还要一直保有水汽。

学　　名	Apium graveolens
其他名称	旱芹 / Wild Celery
香气印象	中世纪所建、朴实无华的修道院
植物科属	伞形科芹属
主要产地	印度、法国
萃取部位	种子（蒸馏）

适用部位　肝经、本我轮

核心成分
萃油率 0.48%，26 个可辨识化合物

心灵效益 | 消融杂念与烦忧，用明亮的眼睛看世界

注意事项

1. 芹菜籽油不具光敏性，根部萃取的芹菜油才有光敏性。

2. 整株萃取的芹菜油含有高比例的苯酞（种子油的一倍以上），排毒效果更佳，但因根部含有的呋喃香豆素，不适合用在没有覆盖的皮肤上。

药学属性	适用症候
1. 美白，淡化斑点	晒斑，肝斑，老人斑
2. 镇静，补强神经系统	焦虑，眩晕
3. 激励肝细胞（排毒），改善静脉滞流，抗肿瘤	轻度肝肾功能不良引发的感染，痔疮，消化道癌症
4. 强身，紧实肌肉，助消化，降血压	衰弱，老化，痛风，高血压

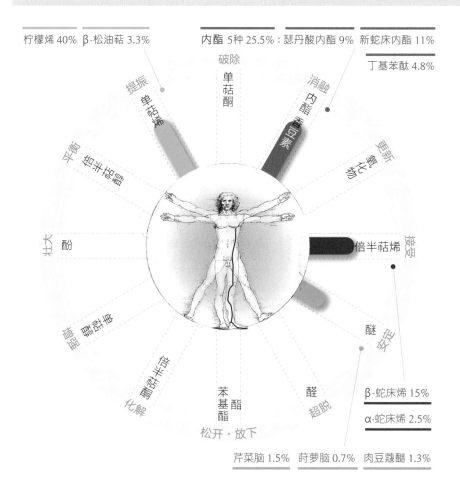

柠檬烯 40%　β-松油萜 3.3%　　内酯 5种 25.5%：瑟丹酸内酯 9%　新蛇床内酯 11%　丁基苯酞 4.8%

β-蛇床烯 15%
α-蛇床烯 2.5%
芹菜脑 1.5%　莳萝脑 0.7%　肉豆蔻醚 1.3%

辣根
Horseradish

原生于东南欧与西亚，喜欢冷凉气候，适应力强，耐干旱，怕水涝。在土层深厚、地力肥沃、pH 值为 6.0~6.5 的砂质壤土上长得最好。

药学属性	适用症候
1. 杀菌，杀虫 (土传病原真菌、土传线虫)，熏蒸剂	仓储中的害虫，农场与盆栽植物的病虫害
2. 利胆，利尿	胆囊炎
3. 兴奋神经，使皮肤发红，诱发水泡	风湿，关节炎
4. 抗肿瘤，抗氧化，抗卡他	胃癌，慢性卡他性呼吸道感染

含硫化合物：
异硫氰酸烯丙酯 31.83%~50%
异硫氰酸苯乙酯 15%~26.24%
二烯丙基硫醚
异硫氰酸酯
5-乙烯基唑烷硫酮

破除
单萜酮
提振 单萜烯
消融 内酯 香豆素
平衡 倍半萜醇
更新 氧化物
壮大 酚
接受 倍半萜烯
赋归 醚
安定
化解 酮 倍半萜
松开·放下 苯基酯
超脱 醛

学　　名 | *Armoracia lapathifolia* / *A. rusticana*

其他名称 | 西洋山葵 / Western Wasabi

香气印象 | 火焰山上不可一世的牛魔王

植物科属 | 十字花科辣根属

主要产地 | 中国、英国、匈牙利、日本

萃取部位 | 根部 (蒸馏)

适用部位 胆经、本我轮

核心成分
萃油率 0.2%~1%，18 个可辨识化合物 (占 91.15%)

心灵效益 | 消融萎靡与颓废，摩拳擦掌准备重出江湖

注意事项

1. 此精油的整体作用比较接近香豆素与内酯类，因此归在这一组。

2. 合成的山葵制品现在多由辣根精油制成。

3. 对皮肤与黏膜的刺激极大，不宜口服。属于危险性较高的精油，外用的安全剂量需请教专业芳疗师。

苍术
Cang Zhu

生长在稀疏柞桦林、灌木林带山坡草地及林间草丛中。喜欢凉爽、温和的气候，耐寒力强。需要表层疏松、渗透性良好的砂壤土。

学　　名	*Atractylodes lancea*
其他名称	茅术 / Rhizoma Atractylodes
香气印象	豆蔻年华少女丰润的脸颊
植物科属	菊科苍术属
主要产地	中国 (江苏最佳)、朝鲜、俄罗斯
萃取部位	根茎 (蒸馏)

适用部位　脾经、本我轮

核心成分
萃油率 2.91%，32 个可辨识化合物

心灵效益 | 消融尖刻与挑剔，打从心底用笑脸迎人

注意事项

1. 生药来源包含茅苍术 (*A. lancea*) 和北苍术 (*A. chinensis*)。两者的精油主成分相同但比例差异大。指标成分苍术素以茅苍术含量较高，北苍术则含较多桉叶醇。

2. 白术 (*A. macrocephala*) 所含成分以苍术酮为主 (30%~60%)，另含苯甲酸异丙酯 16.46%，气味比较柔和。传统中医的说法是白术补脾，苍术健脾。

药学属性	适用症候
1. 抗缺氧	高山病，依赖室内空调的生活方式
2. 促进胆汁分泌，促进肝蛋白合成，对中毒的肝细胞有保护作用	保肝，生活于重度污染地区或食品安全危机地区
3. 调节肠胃运动，降血糖，抗溃疡	脾虚，胃口不佳，糖尿病，胃溃疡
4. 燥湿，杀虫 (抗菌、抗真菌)	手足癣，消毒病房

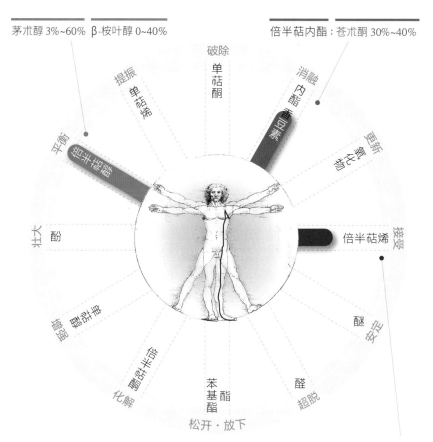

茅术醇 3%~60%　β-桉叶醇 0~40%　　　倍半萜内酯：苍术酮 30%~40%

聚炔类：苍术素 18%~22%　　　　　　　倍半萜烯 7种 1%~10%

蛇床子
Shechuangzi

生于原野、田间、路旁、溪边等潮湿地带，生长快速，适应性强。海拔1300~3200米都能看见，耐寒耐旱，对土壤要求不严。

药学属性	适用症候
1. 止痒（抗组胺和抑制肥大细胞脱颗粒作用）	阴道瘙痒，各种类型的阴道炎（包括滴虫引起者），外阴湿疹，手足癣
2. 雌激素样作用	骨质疏松，抗心律不齐，减缓子宫的萎缩，不孕
3. 壮阳	阳痿（涂抹即可）
4. 抗菌，抗病毒，抗肿瘤，逆转肿瘤耐药性（可配合化疗）	胃癌，子宫颈癌，肺腺癌

学　　名 | *Cnidium monnieri*

其他名称 | 野胡萝卜子 / Monnier's Snowparsley

香气印象 | 一次打开梳妆台上所有的瓶瓶罐罐

植物科属 | 伞形科蛇床属

主要产地 | 中国（河北、山东、安徽、江苏、浙江）

萃取部位 | 种子（蒸馏）

适用部位　肾经、性轮

核心成分
萃油率1.1%，27个可辨识化合物

心灵效益 | 消融酸楚和苦涩，开怀品尝人生的甜点

柠檬烯 14.57%　α-松油萜 8.02%　香豆素：蛇床子素 0.87%（蒸馏）/ 69.52%（超临界萃取）

樟烯 3.68%

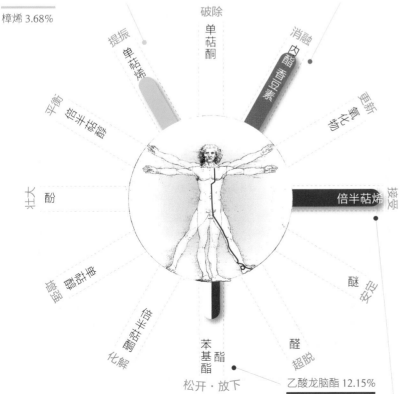

乙酸龙脑酯 12.15%

倍半萜烯（有些地区可达85%）：蛇床烯 6.23%

新几内亚
厚壳桂
Massoia

新几内亚特产，生长在海拔 400~1000 米的热带雨林内。树皮、心材、果实都有香气，每棵树可产 65 千克干燥树皮。

学　　名	*Cryptocarya massoia /* *Massoia aromatica*
其他名称	香厚壳桂 / Massoy Bark
香气印象	躺在棕榈树下啜饮椰子汁
植物科属	樟科厚壳桂属
主要产地	印尼（新几内亚西部）
萃取部位	树皮（蒸馏）

适用部位 大肠经、眉心轮

核心成分
萃油率 0.4 %，7 个可辨识化合物

心灵效益｜消融样板与教条，像孩子一样天马行空

药学属性	适用症候
1. 抗生物膜（白色念珠菌），增强免疫力（提高巨噬细胞活力）	长期使用抗生素的病患
2. 抗感染，抗菌，抗卡他，消除黏液	急性与慢性的消化道感染，肠胃炎，上下呼吸道的感染
3. 促进血液循环	面色苍白
4. 催情	心因性阳痿与性冷淡

内酯：C-10 厚壳桂内酯 65%~68% C-12 厚壳桂内酯 17%~28%

丁位癸内酯 2.5%

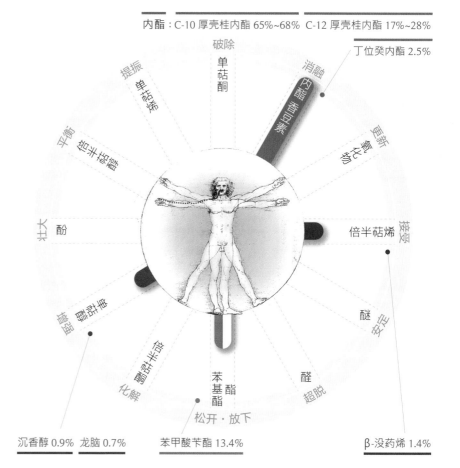

沉香醇 0.9%　龙脑 0.7%　　苯甲酸苄酯 13.4%　　β-没药烯 1.4%

零陵香豆
Tonka Beans

原生于中美洲和南美洲北部的热带雨林，30 米高，属于挺水植物，极需日照。种子的年产量是每树 1~3.5 千克，这种大树每四年会经历一次种子盛产期。

药学属性	适用症候
1. 抑制肿瘤生长	肝癌、乳腺癌的预防与避免复发
2. 抑制脂氧化酶（消炎），抑制肝脏的脂质过氧化（抗自由基）	延缓老化
3. 抗利尿，降血糖	糖尿病（辅药）
4. 抗痉挛，放松肌肉，使血流畅通	腹痛，肩颈僵硬，胸闷

学　　名 | *Dipteryx odorata*

其他名称 | 香翅豆 / Cumaru

香气印象 | 小朋友兴奋舔食手中的冰淇淋

植物科属 | 豆科二翅豆属

主要产地 | 委内瑞拉、尼日利亚、巴西、哥伦比亚

萃取部位 | 种子（溶剂萃取）

适用部位 三焦经、心轮

核心成分
萃油率 27.4%（己烷）/ 3.3%（酒精与水），14 个可辨识化合物

心灵效益 | 消融心上的大石头，兴高采烈如乘坐热气球

香豆素：七叶树素 50%

破除
单萜酮

提振
单萜烯

消融
内酯 香豆素

平衡
倍半萜醇

更新
氧化物

壮大
酚

倍半萜烯 接受

益骨 醚 安定
倍半萜酮

化解
倍半萜酮

苯基酯 醛
超脱

松开・放下

羧酸：D-葡萄糖醛酸 21.4%　　双萜类：二翅豆酸　　糖醇：核糖醇 8.47%
肌醇：鲨肌醇 6.87%　　异黄酮：异甘草素　槲皮苷 2.61%

阿魏
Asafoetida

主要分布在中亚的沙漠与荒山。可以长到2米高。切开根部就会流出灰白乳汁，中空的茎干亦然。树脂干硬后呈琥珀色，极坚硬。

学　　　名	Ferula asa-foetida
其他名称	臭胶 / Devil's Dung
香气印象	误闯怪兽电力公司
植物科属	伞形科阿魏属
主要产地	伊朗、阿富汗
萃取部位	胶脂（蒸馏）

适用部位　胃经、本我轮

核心成分
萃油率2.3%，39个可辨识化合物（占91.52%）

心灵效益 | 消融瘴疠与噩梦，不畏真相的丑恶

注意事项

1. 此精油的整体作用比较接近香豆素与内酯类，因此归在这一组。

2. 胶脂本身含酸（阿魏酸、缬草酸）与香豆素（伞形酮），但蒸馏出来的精油不含这些成分。

3. 中药阿魏取材新疆阿魏（Ferula sinkiangensis），品种与成分不尽相同。

4. 婴幼儿、孕妇只要不拿来口服，使用上只须斟酌剂量。

药学属性	适用症候
1. 放松平滑肌	百日咳，气喘，溃疡，便秘，胀气
2. 驱虫杀菌	肠内各种寄生虫，疟疾，血吸虫，食物中毒（腐败肉类或毒蘑菇），霍乱
3. 消炎，抑制外周血淋巴细胞转化	迟发性过敏反应
4. 抗惊厥	歇斯底里，精神失常，癫痫

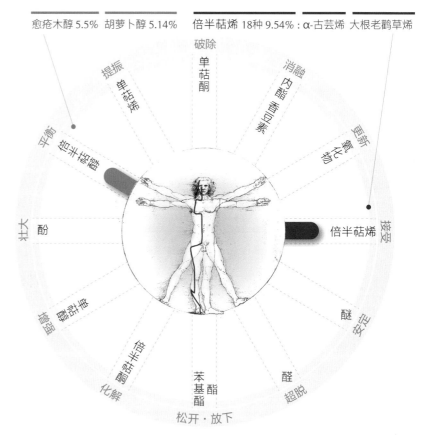

二硫化合物：仲丁基丙烯基二硫化合物（反式）40.15% &（顺式）23.93%

土木香
Elecampane

主要见于地中海地区，喜爱含氮量高、无遮蔽的荒地或路边。植株高 30~60 厘米，茎叶披毛，秋天开细小黄花。

药学属性	适用症候
1. 消炎，抗痉挛，止咳，抗卡他，强力化痰	喉炎，气管炎，痉挛性咳嗽，慢性支气管炎，鼻咽扁桃体炎
2. 镇静，强心	高血压，心律不齐（阵发性室上性心搏过速），冠状动脉炎（梗死），心脏无力
3. 调节免疫功能（启动树突状细胞）	白血病，癌症
4. 抗菌（金黄葡萄球菌），抗霉菌（作物收成后易出现），抗感染（霍乱）	胆囊失调，病毒性肠炎

学　　名 │ *Inula graveolens*

其他名称 │ 龙脑土木香 / Camphor Inula

香气印象 │ 风笛高亢又饱满的乐音在山谷间缭绕

植物科属 │ 菊科旋覆花属

主要产地 │ 科西嘉岛、意大利、希腊、黎巴嫩、突尼斯、阿尔及利亚

萃取部位 │ 开花的植株（蒸馏）

适用部位 肺经、心轮

核心成分
萃油率 0.06%~0.29%，89 个可辨识化合物

心灵效益 │ 消融覆盖的阴影，从悲哀中透一口气

τ-杜松醇 7.8%　单萜烯 8.6%　倍半萜内酯：微量, 但分子作用强

破除
单萜酮

提振
单萜烯

消融
内酯、香豆素

更新
氧化物

平衡
倍半萜醇

接受
倍半萜烯

壮大
酚

醚

安定

化解
倍半萜酮

松开·放下
苯基酯
酯

醛

超脱
醛

龙脑 7.6%　乙酸龙脑酯 56.8%

注意事项

1. 治疗慢性呼吸道感染时，可能引起有益的排毒反应（例如剧烈咳嗽）。

2. 油色有黄有绿，取决于采收时期与生长地点。一般而言，花期尾声的植株蒸馏出来比较绿。

大花土木香
Elecampane Root

原生于中亚的林地，高大而花形醒目，可以长到 180 厘米。需要全日照和土层厚的壤土，最好土层 pH 值为 4.5~7.4 并保有水分。

学　　名｜*Inula helenium*

其他名称｜土木香根 / Elfdock

香气印象｜独自伫立在无言的山丘

植物科属｜菊科旋覆花属

主要产地｜印度、中国（新疆）

萃取部位｜根部（蒸馏）

适用部位　肺经、喉轮

核心成分
萃油率 0.92%，19 个可辨识化合物（占 98.8%）

心灵效益｜消融喧嚣的背景音，听见内心的独白

药学属性	适用症候
1. 消解黏液与脓痰，止咳	咳嗽，肺炎，支气管炎
2. 抗菌，抗霉菌，助消化	羊身疥癣与马的皮肤病，饮食无度
3. 抗肿瘤，促使癌细胞自动凋亡而不攻击自身免疫细胞	子宫颈癌，肝癌，肺鳞状细胞癌，大肠癌，黑色素瘤，卵巢癌，前列腺癌
4. 驱虫，驱蚊	潮湿与卫生条件不佳的环境

倍半萜醇 0.24%：

匙叶桉油烯醇　β-桉叶醇

倍半萜内酯：土木香内酯 52.4%　异土木香内酯33%

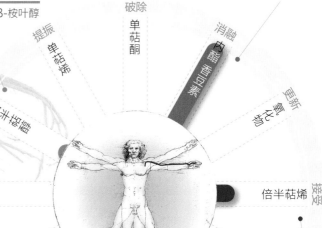

提振　单萜烯

破除　单萜酮

消融　内酯・香豆素

更新　氧化物

接受　倍半萜烯

平衡　倍半萜醇

壮大　酚

安定　醚

增强　倍半萜醛

化解　单萜醇

松开・放下

苯基酯

超脱　醛

萘 0.24%　　倍半萜烯 1%：β-榄香烯　β-丁香油烃　β-檀香烯　α-蛇床烯

川芎
Chuan Xiong

生长于海拔 900 米的向阳山坡，耐寒怕暴热，偏好温暖潮湿。一般多栽培于水稻田或砂壤土中，需要土层深厚、排水良好、肥力较高的中性土壤。

药学属性	适用症候
1. 增加毛细血管开放数目，加快血流速度，使聚集的血小板解聚（活血化瘀）	缺血性中风，产后与手术后瘀滞腹痛
2. 抑制气管平滑肌痉挛收缩，使微血管解痉，减少心室颤动和心动过速，止痛	气喘咳嗽，心绞痛，心悸，痛经，头痛与偏头痛
3. 放松肌肉	跌打损伤，运动伤害，空调引起的腹痛与腰酸背痛
4. 解热，抑制单胺氧化酶，提高血清素和多巴胺含量（作用于下视丘）	经前综合征，更年期综合征，抑郁症

学　　名｜*Ligusticum striatum* /
Ligusticum chuanxiong

其他名称｜芎劳 / Szechuan Lovage

香气印象｜母亲忙着给孩子吹凉的汤药

植物科属｜伞形科藁本属

主要产地｜中国（四川为主，江西、湖北、陕西少量）

萃取部位｜根茎（蒸馏）

适用部位 肝经、心轮

核心成分
萃油率 0.36%，40 个可辨识化合物（占 93.64%）

心灵效益｜消融卑微与瑟缩，放开手脚做想做的事

内酯 8种 45%~75%：藁本内酯 44.58% 洋川芎内酯 26.92%

丁基苯酞 4.86%

倍半萜烯 7种：

蛇床烯 3.95%

古芸烯 1.64%

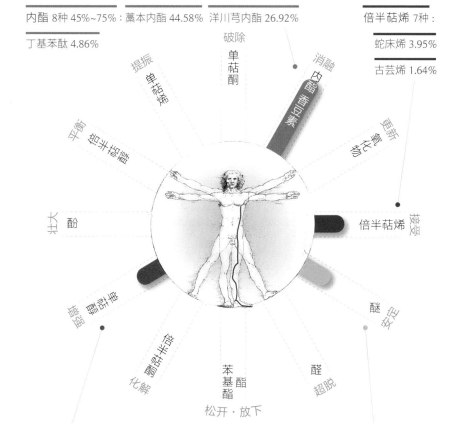

萜品烯-4-醇 4.77% 沉香醇 月桂烯醇　　甲基醚丁香酚 3.72% 黄樟素 0.96%

松开·放下

圆叶当归
Lovage

虽然原生于西南亚与南欧，但冷凉的气候能够让它长得更好。需要全日照、肥沃湿润的土壤，但同时得排水良好。高可达 180 厘米。

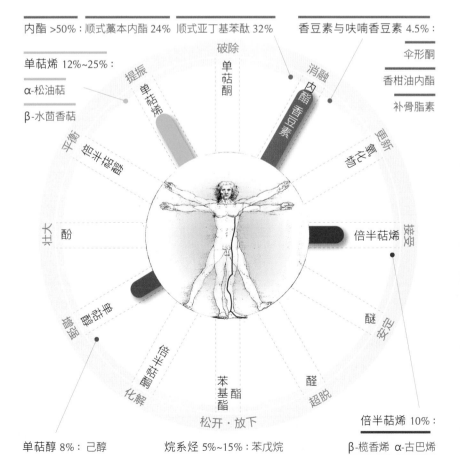

学　　名	*Levisticum officinale*
其他名称	美极草 / Maggiplant
香气印象	低卡路里的有机蔬食大餐
植物科属	伞形科拉维纪草属
主要产地	匈牙利、爱沙尼亚、法国
萃取部位	根茎 (蒸馏)

适用部位 肝经、本我轮

核心成分
萃油率 0.11%~1.8%，48 个可辨识化合物 (占 87%)

心灵效益 | 消融羁绊与牵挂，以道骨仙风云游四海

药学属性	适用症候
1. 补强神经 (作用于小脑与交感神经)，强化平滑肌	疲累爆肝，有气无力
2. 解毒 (激励肝细胞与胆管)，排毒，抗肿瘤	化学毒素或药物带来的后遗症，肝炎后遗症，牛皮癣，肺癌，头颈部鳞状细胞癌
3. 轻度抗凝血，利尿	血液黏稠，风湿，关节炎
4. 抗感染，抗寄生虫 (牛绦虫)，抗黏膜发炎，止咳化痰	发酵性肠炎，寄生虫病，慢性支气管炎

内酯 >50%：顺式藁本内酯 24% 顺式亚丁基苯酞 32%

香豆素与呋喃香豆素 4.5%：
伞形酮
香柑油内酯
补骨脂素

单萜烯 12%~25%：
α-松油萜
β-水茴香萜

单萜酮
破除
单萜烯
提振
消融
内酯
香豆素
更新氧化物
倍半萜醇
平衡
壮大 酚
接受
倍半萜烯
酯萜半倍
醚
安定
超脱
醛
苯基酯
酯萜半倍醇
化解
松开·放下

单萜醇 8%：己醇　　烷系烃 5%~15%：苯戊烷　　倍半萜烯 10%：β-榄香烯　α-古巴烯

欧防风
Parsnip

耐寒力很强，喜冷凉，但在 28℃ 仍能旺盛生长。野生于白垩土或石灰岩。栽种时适合用磷肥较多的砂壤土。在欧美多为粗生。

药学属性	适用症候
1. 抗菌，助消化，开胃	饮食不定时导致的肠胃炎，过度忙碌导致的缺乏食欲
2. 利尿	憋尿导致的膀胱炎
3. 抗痉挛	关节炎，电脑族的肩颈僵硬与腰背疼痛，长时间站立引起的小腿酸痛
4. 抗血液黏稠	外食族（长期以餐盒与速食果腹）

学　　名	Pastinaca sativa
其他名称	欧洲萝卜 / Pastinak
香气印象	汗滴禾下土，粒粒皆辛苦
植物科属	伞形科欧防风属
主要产地	克罗地亚、塞尔维亚
萃取部位	全株药草（蒸馏）

适用部位　三焦经、本我轮

核心成分
萃油率 0.1%，55 个可辨识化合物

心灵效益 | 消融速成的幻想，定下心来慢慢耕耘

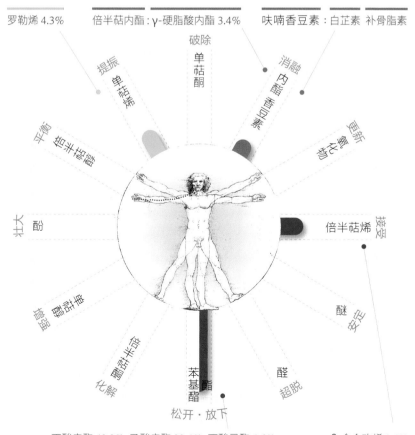

罗勒烯 4.3%　　倍半萜内酯：γ-硬脂酸内酯 3.4%　　呋喃香豆素：白芷素　补骨脂素

破除

提振　单萜酮

单萜烯

平衡　倍半萜醇

消融　内酯 香豆素

更新　醛

壮大　酚

倍半萜烯　接受

醚　安定

增强　醇

氧化物　化解

苯基酯

松开·放下

超脱

丁酸辛酯 40.9%　　乙酸辛酯 32.4%　　丁酸己酯 4.6%　　β-金合欢烯 3.4%

注意事项

1. 有光敏性。

2. 本条所列为全株药草所萃精油的成分。种子所萃精油含己酸辛酯 5.3% 与丁酸辛酯 79.5%；根部所萃精油含芹菜脑和肉豆蔻醚 17%~40%，以及呋喃香豆素。

木香
Costus

分布在海拔 2500~3000 米的南亚山区。喜欢冷凉湿润，耐寒、耐旱，怕高温和强光。需要深厚疏松、富含腐植质、排水良好的砂质壤土。

学　名	Saussurea costus / Aucklandia lappa
其他名称	云木香 / Aucklandia Root
香气印象	收藏泛黄照片的黑木匣
植物科属	菊科风毛菊属
主要产地	印度、缅甸、中国（云南）
萃取部位	根部（蒸馏）

适用部位　三焦经、喉轮

核心成分
萃油率 0.82%，38~52 个可辨识化合物

心灵效益 | 消融不能说的秘密，目送往事如烟散去

药学属性	适用症候
1. 抗菌	水土不服，因不适应环境而忽冷忽热、头晕脑胀、声音沙哑
2. 抗痉挛，扩张血管	气喘，高血压
3. 消炎止痛	疝气，胃溃疡
4. 促进肠胃蠕动，止泻，止吐	饮食积滞，脘腹胀满，泻而不爽，急性胃肠炎引发的呕吐，打嗝不止

注意事项

1. 木香产于云南、广西者，称为云木香，产于印度、缅甸者，称为广木香。
2. 中医传统认为脏腑燥热、阴虚津亏者不应使用。
3. 经皮肤吸收可能使某些敏感皮肤引发丘疹与瘙痒。

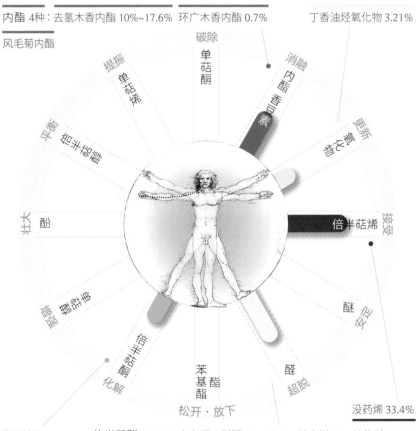

内酯 4种：去氢木香内酯 10%~17.6%　环广木香内酯 0.7%　丁香油烃氧化物 3.21%
风毛菊内酯

紫罗兰酮　　倍半萜醛：7,10,3-十六碳三烯醛 6%~40%　蛇床烯 4%　姜黄烯 4.22%
没药烯 33.4%

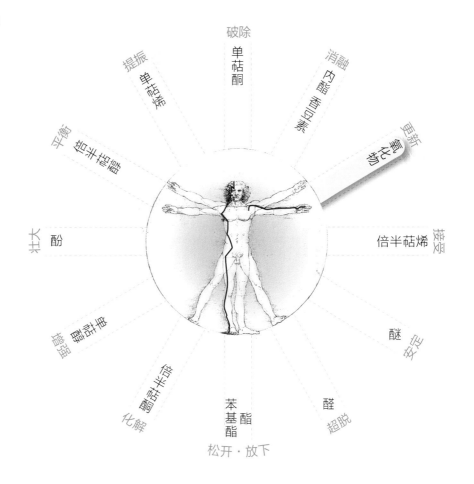

III

氧化物类

Oxide

此大类基本上以 1,8-桉油醇为主，其他氧化物成分比较接近其功能相近的分子群组，如丁香油烃氧化物的作用近似倍半萜烯类，沉香醇氧化物的作用近似单萜醇类。桉油醇类精油除了有益呼吸道，更重要的作用是与肺经共振，把活氧带到身体各个细胞，所以应用范围很广。身体任一系统出状况，都需要它推动自我疗愈的进程，调油时也会提高其他类型精油的效益。

芳枸叶
Fragonia™

西澳特有品种。原生于当地南部海岸，是高约 2.4 米的灌木或小树。喜欢酸性的泥炭土，以及山谷边际有季节性水涝的地方。

学　　名	*Agonis fragrans /* *Taxandria fragrans*
其他名称	粗粒簇生花 / Coarse Agonis
香气印象	在下着小雨的山谷手扶 岩壁溯溪
植物科属	桃金娘科簇生花属
主要产地	澳大利亚西部
萃取部位	叶片 (蒸馏)

适用部位　肺经、心轮

核心成分
32 个可辨识化合物

心灵效益 | 更新意识的锁匙，打开
紧闭的心房

注意事项

1. 目前为止唯一名称被注册商标的精油。1996 年首次出现在澳大利亚政府 RIRDC 的报告中，2001 年正式引介于世，2003 年开始商业生产。

2. 潘威尔医生宣称其主要成分呈现 1:1:1 的均衡比例，也就是单萜烯、氧化物、单萜醇形成了"金三角"。不过从各个已发表的科研 GCMS 数据中，并不能找到完全符合的样本。

药学属性	适用症候
1. 消炎，抑制 γ 型干扰素	关节炎，风湿肌痛，皮炎，水肿
2. 抗超级细菌 (MRSA)，与酚类和醛类、单萜醇类同级的抗菌作用	呼吸道感染，鼻窦炎，感冒，气喘
3. 调节免疫功能	自身免疫性疾病，维持水族生物的健康
4. 调节压力激素	平衡情绪

单萜烯 12 种：α-松油萜 14%~28%　　　　1,8-桉油醇 28%~34%

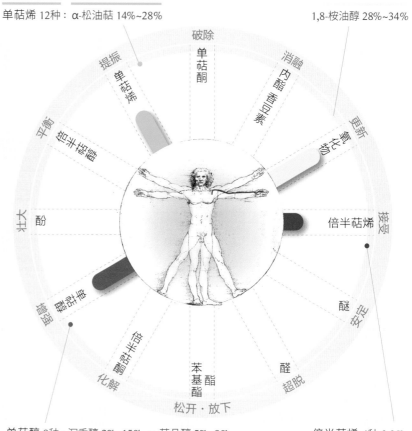

单萜醇 9 种：沉香醇 3%~15%　α-萜品醇 5%~8%　　倍半萜烯 4 种 2.2%

小高良姜
Lesser Galangal

喜温暖湿润，耐干旱，怕涝浸，不适应强光照，要求一定的荫蔽。以土层深厚、富含腐殖质的红壤为佳，夏末秋初适合采挖生长 4~6 年的根茎。

药学属性	适用症候
1. 抗卡他，抗菌	卡他性与气喘性支气管炎
2. 消炎，止痛，抗凝血、抗血栓	风湿，梗死
3. 止泻，利胆，抗痉挛，抗溃疡，降血糖	腹泻，脘腹冷痛，胃寒呕吐，胃食道逆流，消化性溃疡，糖尿病
4. 抗肿瘤，抗氧化	口腔癌，白血病

学　　名 | *Alpinia officinarum / Languas officinarum*

其他名称 | 良姜 / Smaller Galanga

香气印象 | 大雨过后的亚热带丛林

植物科属 | 姜科山姜属

主要产地 | 中国（两广、海南）、越南、泰国、印度

萃取部位 | 根茎（蒸馏）

适用部位 脾经、本我轮

核心成分
萃油率 0.24%~0.85%，26~48 个可辨识化合物（占 89.4%~99.3%）

心灵效益 | 更新高高在上的架式，学会亲民

胡萝卜醇 0~8.9%　β-松油萜 8.28%　樟烯 5.28%　樟脑 1.76%　1,8-桉油醇 28.11%~67.47%

破除 单萜酮

提振 单萜烯

消融 内酯 香豆素

更新 氧化物

平衡 倍半萜醇

壮大 酚

接受 倍半萜烯

醚 安定

苏醒 单萜烯

醛 超脱

酮 倍半萜酮 化解

苯基酯 酯

松开·放下

α-萜品醇 6.81%　萜品烯-4-醇 1.87%　乙酸茴香酯 0~15%　α-金合欢烯 1.45%~5.73%

注意事项

1. 本品为中药"高良姜"的法定原植物来源种。

2. 另有化学品系是以倍半萜烯为主（可达 30%）。

月桃
Shell Ginger

阳性植物，性喜高温潮湿环境，耐阴不耐寒。适合保水性良好的肥沃土壤，多长于山间道旁与沟边草丛中。

学　　名	*Alpinia zerumbet*
其他名称	艳山姜 / Pink Porcelain Lily
香气印象	原住民在林荫下采集食材
植物科属	姜科山姜属
主要产地	日本冲绳、台湾岛、巴西
萃取部位	叶片 (蒸馏)

适用部位　心经、心轮

核心成分
萃油率 0.77%，14~17 个可辨识化合物 (占 98.23%)

心灵效益 | 更新心理的防火墙，坚定面对各种攻击

注意事项

1. 巴西与冲绳产的月桃叶成分接近 (本条)，台湾岛产的月桃叶精油则以樟脑占比最高。

2. 根茎入药，中药名为艳山姜；种子为芳香健胃剂，名为土砂仁，可制仁丹。

药学属性	适用症候
1. 放松平滑肌，止痛	坐骨神经痛，腹痛
2. 利尿，降血压，提高高密度脂蛋白胆固醇	高血压，动脉粥状硬化
3. 抗焦虑，镇静	沮丧，压力，焦虑，经前综合征、更年期引发的睡眠障碍
4. 消炎，抗菌，抗霉菌，抗氧化，抗肿瘤	肠道疾病，白血病

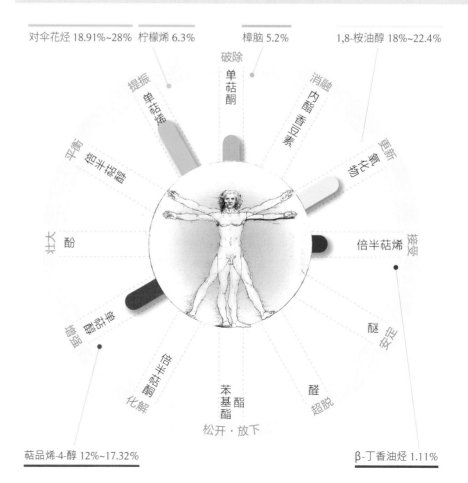

对伞花烃 18.91%~28%　柠檬烯 6.3%　樟脑 5.2%　1,8-桉油醇 18%~22.4%

破除　单萜酮

提振　单萜烯

消融　内酯 · 香豆素

平衡　倍半萜醇

更新　氧化物

壮大　酚

接受　倍半萜烯

醚　安定

醛　超脱

酯　松开 · 放下

苯基酯

酮　倍半萜酮　化解

倍半萜烯　温暖

萜品烯-4-醇 12%~17.32%　　　β-丁香油烃 1.11%

桉油醇樟
Ravintsara

由台湾岛引进至马达加斯加，已在当地驯化野生。喜光，喜温，叶子角质层发达，因此具有光泽，耐热又耐寒。

药学属性	适用症候
1. 抗病毒，抗菌	疱疹，带状疱疹，眼部疱疹，水痘，斑疹伤寒，霍乱
2. 止咳化痰	鼻咽炎，流行性感冒，鼻窦炎，支气管炎，百日咳
3. 抗感染	病毒性肝炎，病毒性肠炎，感染性单核（白）细胞增多症，瘟疫
4. 补强神经	神经肌肉失调，失眠，肌肉疲劳

学　　名 | *Cinnamomum camphora*, CT *Cineole*

其他名称 | 油樟 / Ho Leaf (CT Cineole)

香气印象 | 咸鱼翻身的长青艺人

植物科属 | 樟科樟属

主要产地 | 马达加斯加

萃取部位 | 叶片（蒸馏）

适用部位 肺经、喉轮

核心成分
萃油率 2.2%，18 个可辨识化合物（占 99.8%）

心灵效益 | 更新霉运，爬出谷底，闪亮重生

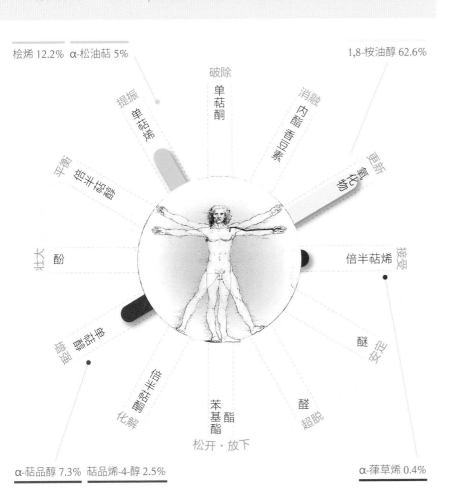

桧烯 12.2%　α-松油萜 5%　　　　1,8-桉油醇 62.6%

α-萜品醇 7.3%　萜品烯-4-醇 2.5%　　α-葎草烯 0.4%

注意事项

1. 本品过去被误称为罗文莎叶 (Ravensara)，那是马达加斯加特产的另一种樟科树木，香气以醚类为主，当地名为"Havozo"。请见本书 135 页。

2. 本品源自台湾的一种樟树 (*C. camphora* ssp. *formosana Hirota*)，精油成分也相似，两者的差异在于台湾种含较多樟脑。

莎罗白樟
Saro

只长在马达加斯加东北部靠近海岸的热带树林中。所在多为白垩土或含硅的土壤，最高可达 5 米，终年常绿。

学　　名	Cinnamosma fragrans
其他名称	摩多毕提尼阿娜 / Motrobeatiniana / Mandravasarotra
香气印象	独自驾舟出海的波利尼西亚少女
植物科属	白樟科合瓣樟属
主要产地	马达加斯加
萃取部位	叶片（蒸馏）

适用部位 肺经、喉轮

核心成分
57 个可辨识化合物（占 88.3%~99.4%）

心灵效益 | 更新航线，向未知前进

药学属性	适用症候
1. 抗病毒（HPV、HSV），抗毒物	子宫颈上皮病变，生殖器疱疹，梅毒
2. 抗菌，抗霉菌，抗寄生虫	肠道的感染（腹泻），阴道感染，念珠菌感染，家畜疾病，疟疾
3. 调节免疫功能，止痛，抗痉挛，补身	肌肉与关节疼痛，皮肤松弛，神经衰弱
4. 抗黏膜发炎，祛痰	呼吸道感染，鼻塞，咳嗽，中耳炎

倍半萜醇 9种　　单萜烯 16种：β-松油萜 8%　樟烯 4.8%　　1,8-桉油醇 47.3%

破除
单萜酮
提振　　消融
单萜烯
平衡　内酯 香豆素
倍半萜醇　　更新
氧化物
壮大　酚
倍半萜烯
增强
醚　安定
酮
醛
苯基酯
酯
超脱
化解
松开·放下

萜品醇 4.2%　萜品烯-4-醇 2.2%　　倍半萜烯 10种：古巴烯 1.4%　β-丁香油烃 1.1%

注意事项

1. 有两种化学品系：桉油醇型（本条）和沉香醇型（72.5%）。

豆蔻
Cardamom

原产于印度南部潮湿的森林，喜欢生长在山坡边阴凉之处。开花后 4 个月采果所得精油最多，果实太熟则含油量下降。

药学属性	适用症候
1. 健胃，消胀气，补身，有激励作用	厌食症，消化不良，吞气症，胃灼热（自主神经失衡所致），虚弱无力
2. 抗痉挛（神经肌肉系统），抗惊厥	结肠痉挛，反胃呕吐，胸部闷痛，心悸，肾结石，癫痫
3. 抗黏膜发炎，祛痰	着凉感冒，支气管黏膜发炎
4. 抗感染，抗氧化，抗菌，驱虫	口臭，寄生虫病

学　　名 | *Elettaria cardamomum*

其他名称 | 小豆蔻 /
　　　　　Green Cardamom

香气印象 | 轻俏华美的宝莱坞歌舞片

植物科属 | 姜科小豆蔻属

主要产地 | 斯里兰卡、印度南部、危地马拉

萃取部位 | 种子（蒸馏）

适用部位 胃经、本我轮

核心成分
萃油率5%，67 个可辨识化合物（占96.9%）

心灵效益 | 更新排他的习性，广结善缘

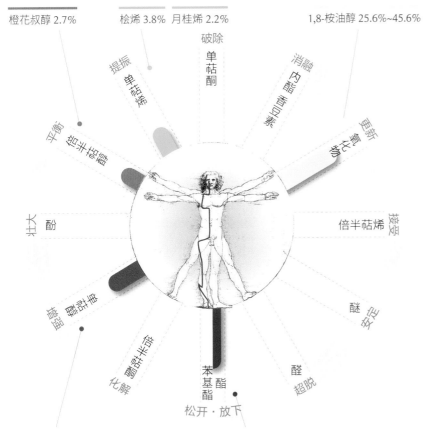

橙花叔醇 2.7%　　桉烯 3.8%　月桂烯 2.2%　　　1,8-桉油醇 25.6%~45.6%

沉香醇 6.3%　萜品烯-4-醇 2.4%　　　α-乙酸萜品烯酯 33.7%~40.7%

注意事项

1. 南印度与斯里兰卡所产者酯类（45%）多于氧化物（25%），气味较甜。其他地区所产者氧化物占多数，气味较凉。

蓝胶尤加利
Blue Gum

原产于澳大利亚东南部，纪录中最高大的可达100米。生长速度极快，需要充足水分，但对矿物质并无特别多的消耗。

药学属性	适用症候
1. 止咳，祛痰	耳炎，鼻窦炎，鼻咽炎，扁桃体炎，流行性感冒，支气管炎，肺炎
2. 镇痛	肌肉与关节疼痛
3. 抗菌（葡萄球菌、大肠杆菌），抗霉菌(念珠菌)，抑制皮脂分泌	细菌感染及念珠菌感染导致的皮炎，脂溢性皮炎，面疱
4. 抗病毒	淋巴结炎

学　　名 | *Eucalyptus globulus*

其他名称 | 塔斯马尼亚蓝桉 / Tasmanian Gum

香气印象 | 在旧金山大桥做高空弹跳

植物科属 | 桃金娘科桉属

主要产地 | 中国、西班牙、澳大利亚

萃取部位 | 叶片（蒸馏）

适用部位 肺经、喉轮

核心成分
萃油率1%~2.4%，50个可辨识化合物（占98%）

心灵效益 | 更新迂回的表达方式，明快吐露心声

注意事项

1. 婴幼儿避免使用（可能刺激中枢神经并使呼吸困难）。

2. 精油成分和作用相近的品种包括：直干桉（*E. maidenii*，桉油醇83.59%）、河岸赤桉（*E. camaldulensis*，桉油醇83.7%）。

3. 使用于健康皮肤的安全剂量为20%。

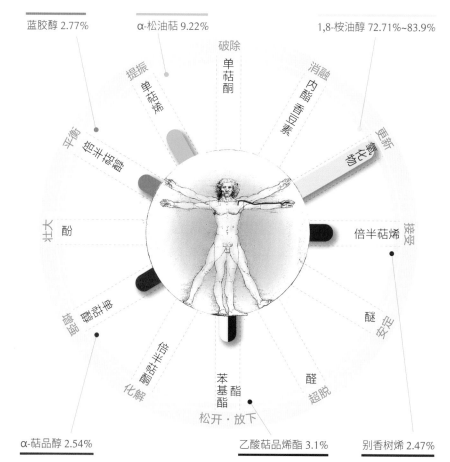

蓝胶醇 2.77%

α-松油萜 9.22%

1,8-桉油醇 72.71%~83.9%

α-萜品醇 2.54%

乙酸萜品烯酯 3.1%

别香树烯 2.47%

澳洲尤加利
Narrow-Leaved Peppermint

原产于澳大利亚东南部，约 30 米高，喜爱潮湿深厚的土壤。需要充足的雨水与一定的遮荫，如此窄长的叶片才会生产出最高的油量。

药学属性	适用症候
1. 抗感染，抗病毒，祛痰	鼻炎，鼻咽炎，鼻窦炎，流行感冒，支气管炎，咳嗽，耳炎
2. 抗菌，调节皮脂	结膜炎，虹膜睫状体炎，粉刺面疱
3. 消炎，退热	子宫内膜异位，阴道发炎，牙龈肿痛，发热
4. 强壮身心	体弱，畏寒

学　　名 | *Eucalyptus radiata*

其他名称 | 辐射桉 / Forth River Peppermint

香气印象 | 漂浮在无垠的太空中

植物科属 | 桃金娘科桉属

主要产地 | 澳大利亚 (蓝山与塔斯马尼亚)

萃取部位 | 叶片 (蒸馏)

适用部位 肺经、喉轮

核心成分
萃油率 2.5%~3.5%，24 个可辨识化合物 (占 96.3%)

心灵效益 | 更新防御阵势，以沟通取代猜忌

注意事项

1. 本种是桉油醇类尤加利中最温和的一种，小朋友也可以酌量使用。

2. 另一相对温和的品种史密斯尤加利 (*E. smithii*，桉油醇 72%，桉叶醇 6.3%，松香芹酮 1.6%)，除了呼吸道问题，也可激励消化系统，抗风湿，止痛，退热，抗皮肤真菌病。

柠檬烯 5.4%~6.3%　　胡椒酮 0.4%~4.7%　　1,8-桉油醇 60.4%

破除
单萜酮

提振
单萜烯

消融
内酯香豆素

平衡
倍半萜醇

更新
氧化物

壮大
酚

接受
倍半萜烯

醚
安定

醛
超脱

化解
苯基酯

松开·放下

α-萜品醇 0~15.2%　　胡椒醇 0.9%~14.9%　　牻牛儿醇 0.2%~2.8%　　β-丁香油烃 0.1%~1.6%

露头永久花
Naked Head Immortelle

1~4 米高。花型似意大利永久花，但扁长的叶与意大利永久花大相径庭。虽然叶和枝上都披覆着白色细毛，但茎干比较木质化。

药学属性	适用症候
1. 抗肿瘤，疗伤	乳腺癌，皮肤炎，静脉溃疡，疱疹
2. 消炎，止痛	牙龈炎，胃灼热，伤寒，口咽炎，头痛，痛风
3. 抗恶性疟原虫，驱虫，除臭，抗菌	疟疾，净化环境
4. 调节激素	月经不调，月经不至，溢乳症，甲状腺肿

学　　名 | *Helichrysum gymnocephalum*

其他名称 | 桉油醇永久花 / Immortelle Cineole

香气印象 | 老店翻修后重新开张

植物科属 | 菊科蜡菊属

主要产地 | 马达加斯加

萃取部位 | 花与叶 (蒸馏)

适用部位 胃经、本我轮

核心成分
萃油率 0.4%，23 个可辨识化合物
（占 99.3%）

心灵效益 | 更新刻板印象，不按牌理出牌

单萜烯 12.4% : α-异松油烯 1.3%　　桉油醇 47.4%

破除
单萜酮
提振
单萜烯
消融
内酯
香豆素
更新
氧化物
平衡
倍半萜醇
壮大
酚
接受
倍半萜烯
醚
安定
檀甜醇
苯基酯
醛
超脱
酮甜半倍
化解
松开 · 放下

倍半萜烯 9种 : β-蛇床烯 3.3%　香树烯 2%　γ-姜黄烯 5.6%

注意事项

1. 虽是一种以桉油醇为主的永久花，但它的关键效能多来自倍半萜烯。

高地牛膝草
Mountain Hyssop

普罗旺斯巴农地区特产，和一般的牛膝草同样热爱全日照的干燥石灰岩。但分布于较高的丘陵（海拔 760 米），植株也比较柔软。

药学属性

1. 抗黏膜发炎，祛痰，抗气喘（但不具抗过敏功能）

2. 消炎

3. 抗感染，杀病毒，杀菌（小范围的特定细菌，如链球菌，尤其是引起鼻腔与喉咙感染者），杀霉菌，杀寄生虫

4. 补身，激励，补强交感神经系统与太阳神经丛

适用症候

— 咽喉炎，鼻窦炎，支气管炎，婴儿的细支气管炎，气喘性支气管炎，发炎性气喘（突发，急性，但不含过敏性），分泌性气喘（因肝功能不佳或营养问题所引发，多为遗传性）

— 膀胱炎，肝炎，肠炎

— 疱疹，鹅口疮，肠道寄生虫病（鞭毛虫感染）

— 沮丧，焦虑，心情沉重，气闷

学　　名	*Hyssopus officinalis L.* var. *decumbens* / *Hyssopus off.* var. *montana intermedia*
其他名称	斜卧牛膝草 / Sloping Hyssop
香气印象	闻鸡起舞的有为青年
植物科属	唇形科牛膝草属
主要产地	西班牙、法国
萃取部位	开花的全株药草（蒸馏）

适用部位 肺经、喉轮

核心成分
萃油率 1.3%，21~34 个可辨识化合物（占 91%~95.6%）

心灵效益 更新应对模式，不再重蹈覆辙

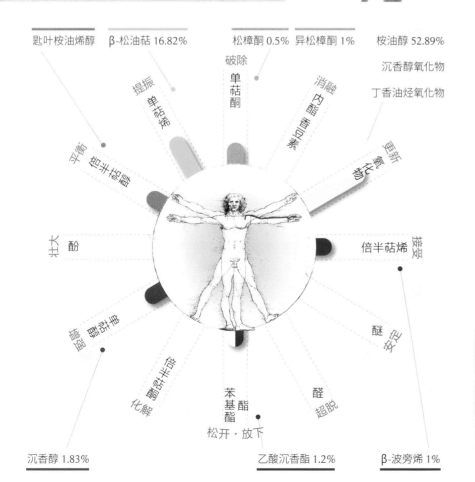

匙叶桉油烯醇　　β-松油萜 16.82%　　松樟酮 0.5%　异松樟酮 1%　　桉油醇 52.89%
沉香醇氧化物
丁香油烃氧化物

破除
单萜酮

提振
单萜烯

消融
内酯 / 香豆素

更新
氧化物

平衡
倍半萜醇

接受
倍半萜烯

壮大
酚

安定
醚

增强
酯

超脱
醛

化解
单萜醇

松开·放下
苯基酯 / 酯

沉香醇 1.83%　　　　　　　乙酸沉香酯 1.2%　　　β-波旁烯 1%

注意事项

1. 单萜酮含量极低，儿童亦可使用。

2. 有三种化学品系：沉香醇型（51.7%），沉香醇氧化物型（56.83%），桉油醇型（52.89%）。

月桂
Bay

原产于地中海，喜光，稍耐阴，也耐得住短期低温（-8℃）。需要排水良好的沙地，生长初期比较缓慢。

学　名	*Laurus nobilis*
其他名称	甜月桂 / Bay Laurel
香气印象	半人半神毛伊发威勾住太阳
植物科属	樟科月桂属
主要产地	波斯尼亚、克罗地亚、土耳其
萃取部位	叶片（蒸馏）

适用部位　大肠经、本我轮

核心成分
萃油率 1.1%，33 个可辨识化合物（占 95.75%）

心灵效益 | 更新低落的自我评价，看到并肯定自己的优点

药学属性	适用症候
1. 抗黏膜发炎，化痰，抗感染，抗肿瘤	流行性感冒，耳鼻喉感染，淋巴结炎，霍奇金淋巴瘤，前列腺癌，皮肤癌，乳腺癌
2. 杀菌，杀病毒，杀霉菌（白色念珠菌、热带霉菌）	胃炎，口疮，牙痛，病毒性肝炎，病毒性肠炎，疟疾，血液感染
3. 强力抗痉挛，强力止痛，抗凝血，扩张冠状动脉	关节炎，骨骼肌肉的风湿与变形，肌肉萎缩，胸闷
4. 平衡神经（交感与副交感），平衡皮脂分泌	病毒性神经炎，自主神经失调，麦粒肿，面疱，头皮屑，疖，溃疡性伤口

注意事项

1. 浆果也可以萃取精油，组分以单萜烯为主（罗勒烯 23.7%，α-松油萜 10.3%，桉油醇 8%）。

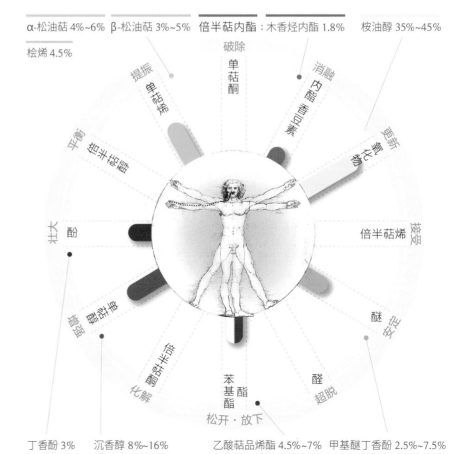

α-松油萜 4%~6%　β-松油萜 3%~5%　倍半萜内酯　木香烃内酯 1.8%　桉油醇 35%~45%

桧烯 4.5%

丁香酚 3%　　沉香醇 8%~16%　　乙酸萜品烯酯 4.5%~7%　甲基醚丁香酚 2.5%~7.5%

穗花薰衣草
Spike Lavander

生长于低海拔的一种薰衣草，耐旱不耐阴，三叉枝型和灰紫花色为特征。需要大量阳光，土壤不能过酸，施肥过度会使叶片大增而含油量降低。

药学属性	适用症候
1. 具细胞防御功能，抗感染，消炎，杀菌，杀病毒，杀霉菌	严重烧伤（一级），渗出型面疱，足癣，病毒性肠炎，单纯疱疹
2. 抗黏膜发炎，止咳化痰	鼻炎，病毒性气管炎和支气管炎，阵咳
3. 止痛	风湿病，风湿性关节炎
4. 补身，强心，抗氧化	神经炎，神经痛，虚弱无力

学　　名 | *Lavandula latifolia*

其他名称 | 宽叶薰衣草 / Broad-leaved Lavender

香气印象 | 弗拉明戈舞者用力踩地的踢踏声

植物科属 | 唇形科薰衣草属

主要产地 | 西班牙（东南）、法国（南部）

萃取部位 | 开花的全株药草（蒸馏）

适用部位 肺经、喉轮

核心成分
萃油率 1.5%~2.2%，56 个可辨识化合物（占 96%~97.5%）

心灵效益 | 更新隐忍受苦的姿态，爽利甩开不对等的关系

β-松油萜 0.8%~2.6%　α-松油萜 0.6%~1.9%　樟脑 10.8%~23.2%　桉油醇 28%~34.9%

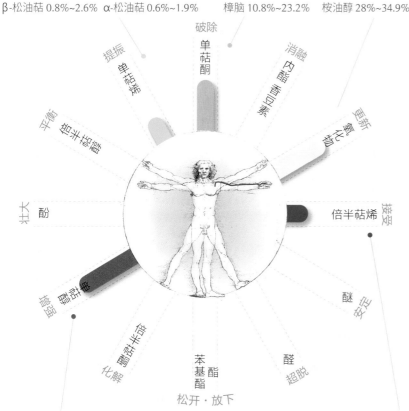

沉香醇 27.2%~43.1%　龙脑 0.9%~3.2%　β-丁香油烃 0.5%~1.9%　大根老鹳草烯 0.3%~1%

注意事项

1. 健康皮肤的安全剂量为 19%。

辛夷
Mulan Magnolia

分布于海拔 300~1600 米的山坡林缘，喜温暖与充足阳光，不易移植和养护。耐寒而不耐旱与盐碱，要求润而不湿、肥沃的酸性砂壤土。

学　名	*Magnolia liliiflora*
其他名称	紫玉兰 / Purple Magnolia
香气印象	优雅到不可方物的银发族
植物科属	木兰科木兰属
主要产地	中国（河南、陕西、四川、安徽、湖北）
萃取部位	干燥花蕾（蒸馏）

适用部位 肺经、眉心轮

核心成分
萃油率 1.64%，57 个可辨识化合物（占 83.91%）

心灵效益 | 更新追随流行的脚步，停留在有恒久价值的事物上

注意事项

1. 乙醇浸取的精油为深绿色，水浸取法的精油为红棕色，两者香气淡而出油率极低；CO_2 萃取和水蒸气蒸馏的精油为淡黄色，香气比较浓郁。

2. 中药辛夷的来源有数个不同的品种：望春花(*Magnolia biondii*)，玉兰 (*Magnolia denudata*)，武当玉兰 (*Magnolia sprengeri*)，其精油成分各不相同，但都以桉油醇为核心成分。

药学属性	适用症候
1. 收缩鼻黏膜血管，抗组胺、抗过敏	各种鼻炎、鼻窦炎，鼻多浊涕
2. 镇静，止痛	鼻塞头痛，目眩齿痛
3. 抗菌防腐，抗氧化	脱发，脸色苍白
4. 抑制炎症介质 IL-1、IL-4、肿瘤坏死因子和磷脂酶 A2，消炎	褥疮，湿热引起的皮肤炎

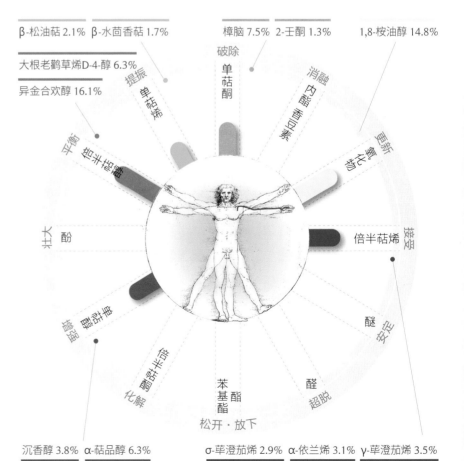

β-松油萜 2.1%　β-水茴香萜 1.7%　　樟脑 7.5%　2-王酮 1.3%　　1,8-桉油醇 14.8%

大根老鹳草烯D-4-醇 6.3%

异金合欢醇 16.1%

沉香醇 3.8%　α-萜品醇 6.3%　　σ-荜澄茄烯 2.9%　α-依兰烯 3.1%　γ-荜澄茄烯 3.5%

白千层
Cajeput

会脱落的多层树皮是其一大特征，几乎终年开花，喜欢生长在溪流旁。树龄愈大萃油率愈少，油中的桉油醇也会变少，而丁香油烃则会变多。

药学属性	适用症候
1. 保护表皮（免受放射线伤害），抗透明质酸酶，抗氧化，消除静脉充血	准备接受放射线治疗，晒伤，刺激性皮肤炎，静脉曲张，痔疮
2. 抗感染，抗菌，抗霉菌，类激素样作用	生殖器疱疹，子宫颈糜烂
3. 抗痉挛	神经痛，风湿
4. 抗黏膜发炎，化痰，驱虫，抗白蚁	呼吸道黏膜感染，阴湿环境

学　　名	*Melaleuca leucadendra*
其他名称	剥皮树 / White Paperbark
香气印象	新鲜人入行的第一天
植物科属	桃金娘科白千层属
主要产地	印尼、马来西亚、越南
萃取部位	叶片（蒸馏）

适用部位　肺经、眉心轮

核心成分
萃油率 0.61%~1.59%，26 个可辨识化合物（占 99.64%）

心灵效益 | 更新不能输的心态，随时都可以归零

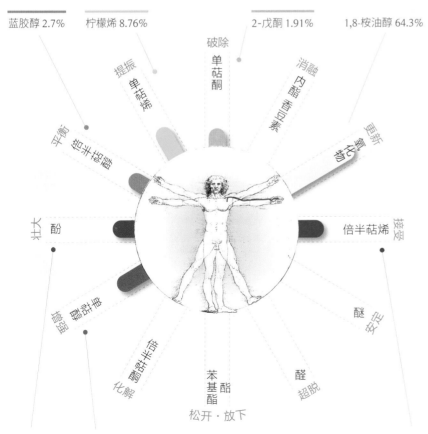

蓝胶醇 2.7%　　柠檬烯 8.76%　　2-戊酮 1.91%　　1,8-桉油醇 64.3%

破除
单萜酮

提振　单萜烯

消融　内酯 香豆素

平衡　倍半萜醇

更新　氧化物

壮大　酚

接受　倍半萜烯

醚　安定

化解　酮 倍半萜酮

苯基酯 酯

醛　超脱

松开·放下

丁香酚 2.91%　　α-萜品醇 11.2%　　β-丁香油烃 4.46%

注意事项

1. 常见的学名写法 *M. leucadendron* 其实是拼音上的讹误。而 cajuput 或 cajeput 这个俗名来自印尼语，常用来统称 *M. cajuputii*、*M. quinquenervia*、*M. linariifolia*、*M. viridiflora* 这几个外观与气味都非常相像的白千层。

2. 本品有另一化学品系是甲基醚丁香酚型。

3. 孕妇宜留意用量。

绿花白千层
Niaouli

喜欢沼泽地，富含有机质而发黑的沙地也能生长，需要酸性土壤。树龄可达100岁，生命力强，在原生地是优势物种，引种后也常快速占领新地。

学　　名	*Melaleuca quinquenervia*
其他名称	宽叶白千层 / Broad-leaved Paperbark
香气印象	年轻俊美的芭蕾舞男孩
植物科属	桃金娘科白千层属
主要产地	澳大利亚新南威尔士、新喀里多尼亚岛、马达加斯加
萃取部位	叶片（蒸馏）

适用部位 肾经、基底轮

核心成分
萃油率 1%，39 个可辨识化合物

心灵效益 | 更新惯常的装束，得到勇气做年轻的打扮

药学属性	适用症候
1. 抗感染，抗病毒，抗菌，抗霉菌，抗寄生虫，类激素样作用	生殖器疱疹，尖锐湿疣，扁平湿疣，外阴炎，子宫颈糜烂，子宫纤维瘤
2. 退热，化痰，防护皮肤，止痒	鼻咽炎，肺结核，眼睑炎，干癣，疖，皮肤霉菌病，皱纹，放射疗法前
3. 降血压，疏通静脉，止痛	冠状动脉炎，心内膜炎，动脉硬化，痔疮，风湿性关节炎，神经性抑郁
4. 消炎，激励肝细胞，消结石	扁桃体炎，胃溃疡，病毒性肝炎和肠炎，霍乱，胆结石，尿道炎，前列腺炎

注意事项

1. 这种白千层最常见的是桉油醇型，其他还有绿花醇型（48%），沉香醇型（50%），橙花叔醇型（70%）。

2. 中文名"绿花白千层"是指 *M. viridiflora*，本种正确名称应为"五脉白千层"，但因两者外型与精油成分接近而继续沿用。

绿花醇 18.1%　喇叭茶醇 2.55%　柠檬烯 5.51%　α-松油萜+α-侧柏烯 5.43%　1,8-桉油醇 41.8%

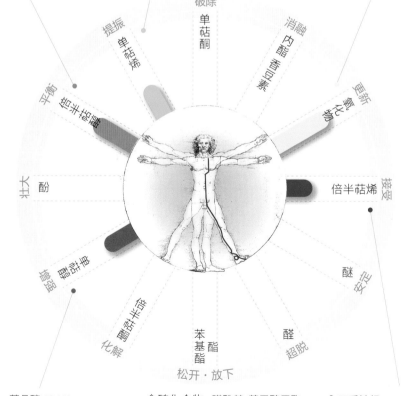

α-萜品醇 10.1%　　　含硫化合物：磺酰基-苯甲酸甲酯　　　β-丁香油烃 5.04%

扫帚茶树
Broombush

2米高，分支丛生，常长在根瘤型尤加利树林中，习惯如地中海气候的干热环境，叶片如细长圆管，而叶端如针尖。

药学属性	适用症候
1. 增加脑部血流供给，抑制乙酰胆碱酯酶，激励，止痛	- 头晕目眩，记忆衰退，提不起劲，全身酸痛
2. 抗黏膜发炎，化痰，止咳	- 感冒，烟枪型咳嗽，百日咳
3. 消炎，抗敏，抗病毒	- 手术过后的伤口愈合与避免感染，湿气重的封闭空间

学　名	*Melaleuca uncinata*
其他名称	尖刺白千层 / Yilbarra
香气印象	有教养的年轻人
植物科属	桃金娘科白千层属
主要产地	澳大利亚（西南）
萃取部位	叶片（蒸馏）

适用部位　肺经、喉轮

心灵效益 | 更新老机构的暮气，带来冲劲与活力

对伞花烃 0.5%~1.2%　　α-松油萜 1.5%~9.3%　　α-萜品烯 0~7.3%　　　1,8-桉油醇 44%~56%

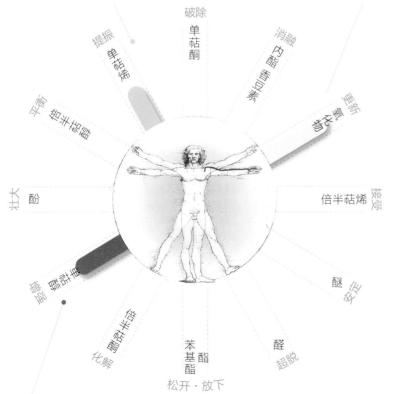

破除
单萜酮
提振　消融
单萜烯　内酯 香豆素
平衡　倍半萜醇　更新 氧化物
壮大　酚　接受
倍半萜烯
醚　安定
苯基酯　醛
化解　酮酯半倍　超脱
松开·放下

α-萜品醇 2.1%~3%　　萜品烯-4-醇 0.6%~30.7%

注意事项

1. 有四种化学品系：桉油醇型（44%~56%），萜品烯-4-醇型（31%），桉叶醇型（30%~60%），松油萜型（85%）。

香桃木
Myrtle

原生于地中海盆地，耐热、耐盐、耐干旱，但不耐风霜，需要全日照。整体来说生长缓慢，耐修剪，枝叶花果都有香气。

学　　名	Myrtus communis
其他名称	甜香桃木 / Sweet Myrtle
香气印象	古希腊的奥林匹克竞技者
植物科属	桃金娘科香桃木属
主要产地	摩洛哥、克罗地亚
萃取部位	叶片（蒸馏）

适用部位 肺经、喉轮

核心成分
萃油率2%，28个可辨识化合物（占94.6%）

心灵效益 | 更新自闭的倾向，让自己热烈绽放

注意事项

另有两种化学品系：

1. 红香桃木（乙酸桃金娘酯 22%~28%），请见本书169页。

2. 绿香桃木（α-松油萜 64%、1,8-桉油醇 10%、沉香醇与桃金娘醇 7%），主要作用是抗风湿，产地有秘鲁、阿尔及利亚、科西嘉岛、突尼斯。

药学属性	适用症候
1. 抗黏膜发炎，祛痰，抗感染，抗病毒	支气管炎，鼻窦炎，先天性黏液稠厚症，咽峡炎
2. 抗溃疡，激励肝脏，降血糖，解除前列腺充血症状	口腔溃疡，胃溃疡，肝脏缺血，II型糖尿病，非感染性尿道发炎，前列腺炎
3. 强化毛发与皮肤，类激素样作用（甲状腺、卵巢）	眉毛与睫毛稀疏，皱纹皮肤，甲状腺功能减退，闭经
4. 轻度抗痉挛，助眠，抗氧化，抗细胞突变，抗肿瘤	睡眠困扰，前列腺癌，乳腺癌，艾氏腹水癌

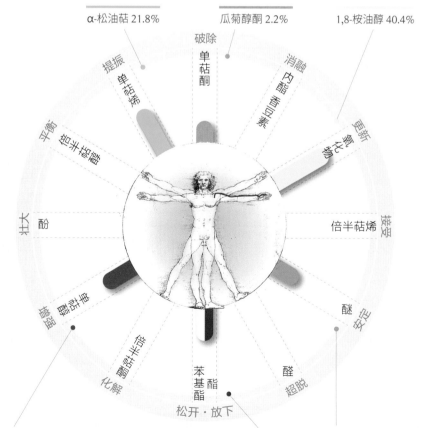

α-松油萜 21.8%　　瓜菊醇酮 2.2%　　1,8-桉油醇 40.4%

α-萜品醇 8.4%　　沉香醇 3.2%　　乙酸桃金娘酯 7.4%　　乙酸牻牛儿酯 2.7%　　甲基醚丁香酚 4.8%

桉油醇迷迭香
Rosemary, CT Cineole

喜爱全日照与石灰岩，怕积水。与其他类型的迷迭香相比，长得最为直挺。采收下来后会放原地晒三日，再把干叶打下来送去蒸馏。

药学属性	适用症候
1. 化痰	→ 着凉感冒，耳炎，鼻窦炎，支气管炎
2. 杀菌，杀霉菌（白色念珠菌），驱虫（四纹豆象）	→ 膀胱炎，小肠结肠炎，耶尔森菌肺炎，病虫害防治
3. 抗氧化	→ 多发性硬化（辅药），形容憔悴，脱发，思绪混乱、头脑不清，疲惫无力
4. 抗肿瘤	→ 乳腺癌，前列腺癌

学　　名 ｜ *Rosmarinus officinalis*

其他名称 ｜ 海洋之露 / Sea Dew

香气印象 ｜ 夏日清晨到湖滨公园慢跑

植物科属 ｜ 唇形科迷迭香属

主要产地 ｜ 摩洛哥(亚特拉斯山区)、突尼斯

萃取部位 ｜ 开花的全株药草（蒸馏）

适用部位 肺经、心轮

核心成分
萃油率 0.8%~1.24%，29 个可辨识化合物（占 97.57%）

心灵效益 ｜ 更新重复工作的倦怠感，找到日新又新的动力

单萜烯 32%：

α-松油萜 16.31%

桧烯 8.64%

樟脑 10.81%

1,8-桉油醇 42.24%　丁香油烃氧化物 4.22%

破除
单萜酮

提振
单萜烯

消融
内酯香豆素

更新
氧化物

平衡
倍半萜醇

壮大
酚

接受
倍半萜烯

醚
安定

苯基酯
松开·放下

醛
超脱

化解
酮醛半萜

桃金娘醇 5.01%　龙脑 2.84%

β-丁香油烃 1.45%

注意事项

1. 本品是使用起来最无顾虑的一种迷迭香。

三叶鼠尾草
Sage Apple

常见于地中海东半部，需要全日照，排水与通风良好，极耐旱。看似果实、实为虫瘿的部位在鲜嫩时可以削皮食用，也可拿来解渴。

学　　名	*Salvia triloba* / *S. fruticosa*
其他名称	希腊鼠尾草 / Greek Sage
香气印象	一个挂满凹凸镜的房间，触目所及都是颠倒或变化的影像
植物科属	唇形科鼠尾草属
主要产地	希腊、土耳其、以色列
萃取部位	开花的全株药草（蒸馏）

适用部位 三焦经、顶轮

核心成分
萃油率 0.25%~4%，40 个可辨识化合物

心灵效益 | 更新被动接收的习惯，找出自己真正想做的事情

注意事项

1. 孕妇、婴幼儿宜避免使用。

药学属性	适用症候
1. 消解黏液，祛痰，抗卡他	慢性呼吸道卡他性感染，鼻咽炎，支气管炎
2. 轻度抗菌抗感染，抗病毒，抗肿瘤	慢性阴道卡他性感染，白带，乳腺癌
3. 抗氧化，抗乙酰胆碱酯酶	老年痴呆，松果体钙化综合征
4. 保护与巩固星状神经胶质细胞	神经退化性疾病（如帕金森病、多发性硬化症、重症肌无力等）

单萜烯 8种 16.1%：
α-松油萜

樟脑 16%　侧柏酮 4%　松樟酮 0.22%　1,8-桉油醇 42%

破除

单萜酮

提振　单萜烯

消融

内酯 香豆素

更新 氧化物

平衡　倍半萜醇

壮大　酚

倍半萜烯　接受

醚　安定

醇甜倍半　化解

苯基酯

醛　超脱

松开·放下

倍半萜烯 9种 10%：α-荜草烯

熏陆香百里香
Mastic Thyme

原生于伊比利亚半岛中部,可达 50 厘米高,属于比较高大的品种。需要全日照,排水良好的沙土或含硅基质,成簇的白花远望像团团小球。

药学属性	适用症候
1. 解除肺部与支气管的充血与壅塞,祛痰,抗卡他	鼻窦炎,卡他性支气管炎,病毒性支气管炎
2. 抗阴道菌种	阴道念珠菌感染,白带
3. 抗沙门菌	预防养殖场动物染病(鸡与猪),商用厨房的卫生维护
4. 抗感染,抑制乙酰胆碱酯酶,抗氧化	幼儿园的环境消毒与预防孩童交叉感染,老年痴呆

学　　名 | *Thymus mastichina*

其他名称 | 西班牙马郁兰 / Spanish Marjoram

香气印象 | 兴高采烈去牧场远足的学童们

植物科属 | 唇形科百里香属

主要产地 | 西班牙、葡萄牙

萃取部位 | 开花的全株药草(蒸馏)

适用部位 肺经、心轮

核心成分
萃油率 0.9%~2%,32 个可辨识化合物

心灵效益 | 更新塞满的行程,想象放空的可能

倍半萜醇 6种 2%:榄香醇　　单萜烯 10种 16%:樟烯　　樟脑 4%　　1,8-桉油醇 55%

破除
单萜酮

提振
单萜烯

平衡
倍半萜醇

消融
内酯 香豆素

更新
氧化物

壮大
酚

倍半萜烯
接受

醚
安定

三萜 二萜醇
化解

酮 倍半萜
松开・放下

苯基酯
醛
超脱

单萜醇 8种 17%:沉香醇　　δ-萜品醇+龙脑　　萜品烯-4-醇

注意事项

1. 葡萄牙西南部有另一个化学品系,成分以沉香醇为主(58.7%~69%)。

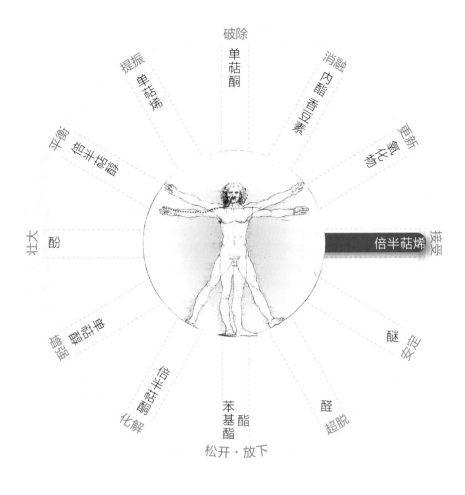

破除
单萜酮

消融
内酯 香豆素

提振
单萜烯

更新
氧化物

平衡
倍半萜醇

接受
倍半萜烯

壮大
酚

醚
安定

增强
酚甲醚

醛
超脱

化解
倍半萜酮

苯基酯
酯

松开·放下

IV

倍半萜烯类

Sesquiterpene

具有突出的消炎效果（如母菊天蓝烃和 β-丁香油烃），以及抗肿瘤的特性（如大根老鹳草烯与榄香烯）。实际上癌症是一种慢性发炎现象，倍半萜烯使细胞受体接收正确信息而修正发炎状态，可说是从根本上防癌。倍半萜烯对负责传导变化的大肠经尤其重要，能让固着僵化和拒绝顺应的身心恢复弹性，所以在关节与皮肤方面的应用机会很多。

西洋蓍草
Yarrow

喜欢改变过原始结构的土壤，多分布于开阔林地或草原。高 20 厘米 ~1 米，从海平面到海拔 3500 米山区都看得见，适应力强。

学　　名 | *Achillea millefolium*

其他名称 | 千叶蓍 / Milfoil

香气印象 | 墨迹尚在、多年未用的砚台

植物科属 | 菊科蓍属

主要产地 | 匈牙利、爱沙尼亚、拉脱维亚

萃取部位 | 开花的全株药草 (蒸馏)

适用部位 三焦经、喉轮

核心成分
萃油率 0.1%，66 个可辨识化合物

心灵效益 | 接受命运的蓝图，顺其自然

药学属性	适用症候
1. 抑制巨噬细胞释放出过多的炎症介质 (如环氧化酶-2、一氧化氮)	神经炎，神经痛，韧带扭伤，关节退化，肩颈僵硬
2. 活化雌激素的 α-与 β-受体	痛经，少经，前列腺炎，肾结石带
3. 抗游离辐射引发的基因毒素，养肝利胆	化疗，工作场所或住家近基地台、高压电塔，手机重度使用者
4. 止血，促进伤口愈合，促进皮肤细胞再生	流鼻血，褥疮，糖尿病患者的伤口，皮肤老化

注意事项

1. 孕妇与婴幼儿避免使用。

2. 各地蓍草的母菊天蓝烃含量差异极大，中欧与欧洲东北部较多，南欧较少。

3. 有七个变种与亚种，白色花比粉色与红色花含更多精油及天蓝烃。

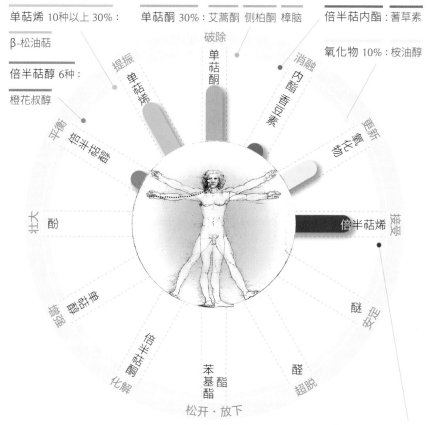

单萜烯 10种以上 30%：β-松油萜

倍半萜醇 6种：橙花叔醇

单萜酮 30%：艾蒿酮 侧柏酮 樟脑 破除

倍半萜内酯：蓍草素

氧化物 10%：桉油醇

倍半萜烯 10种以上 30%：母菊天蓝烃 0.1%~13.3%

树兰
Aglaia

生于湿润肥沃的酸性砂质壤土，25℃ ~ 28℃最适合，能耐半荫，不耐寒。喜欢充足的阳光，高 5~6 米，6~11 月开花，夏季采收后阴干。

学　　名	*Aglaia odorata*
其他名称	米仔兰 / Chinese Rice Flower
香气印象	山穷水尽疑无路，柳暗花明又一村
植物科属	楝科米仔兰属
主要产地	中国（福建、广东、广西、四川及云南）
萃取部位	花（溶剂萃取）

适用部位 大肠经、心轮

核心成分
萃油率 0.4%~0.6%，48 个可辨识化合物

心灵效益｜接受自我调侃，挥别谨小慎微的日子

药学属性

1. 消炎，减少组胺造成的水肿
2. 抗感冒
3. 抗抑郁
4. 抑制肿瘤坏死因子-α（TNF-α）和白介素-1β（IL-1β）

适用症候

→ 醒酒，头昏脑胀，发肤无光泽
→ 感冒咳嗽，肺炎，空气污染环境中清肺
→ 胸闷气郁，食滞腹胀，催生
→ 心情灰恶导致的癌症

β-荜草烯-7-醇　杜松醇　荜澄茄油烯醇　喇叭茶醇
破除
单萜酮

环氧化合物：蛇麻烯环氧物 I & II
（此二者为含氧化合物部分的主力）

提振
单萜烯

平衡
倍半萜醇

壮大
酚

消融
内酯 香豆素

更新
氧化物

倍半萜烯

接受

醚
安定

醛
超脱

倍半萜烯 18种：

α-荜草烯 31%　α-古巴烯 23%

γ-榄香烯 17.6%　β-丁香油烃 14.9%

苯基酯

化解

松开·放下

酯 12种：棕榈酸乙酯　茉莉酸甲酯

注意事项

1. 孕妇避免使用。

树艾
Tree Wormwood

喜欢在岸边峭壁或石砾间生长，极度排斥湿冷气候。银灰色的细叶柔若羽毛，枝干却坚如小树，丛高 120~180 厘米。

学　　名	*Artemisia arborescens*
其他名称	大艾草 / Great Mugwort
香气印象	地中海最湛蓝的深处
植物科属	菊科艾属
主要产地	南欧 (意大利) 与北非 (摩洛哥)
萃取部位	开花的全株药草 (蒸馏)

适用部位　胆经、喉轮

核心成分

萃油率 0.87%，49 个可辨识化合物

心灵效益 | 接受月亮能量的洗涤，得到清明的判断力

注意事项

1. 孕妇与婴幼儿避免使用。

2. 母菊天蓝烃含量最高的一种精油，但是不同产地的含量差异极大。意大利产的母菊天蓝烃较多，摩洛哥产的 β-侧柏酮较多。

3. 中文名南木蒿 (Southernwood) 的植物实为艾属另一品种 *Artemisia Abrotanum*，其精油成分以樟脑和单萜烯为主，并不含母菊天蓝烃。

药学属性	适用症候
1. 抗过敏，抗组胺	皮肤系统的过敏问题，异位性皮肤炎，老人斑，晒伤烫伤
2. 抗黏膜发炎，消解黏液	气喘，卡他症状 (黏膜炎、痰湿体质)，胸口堵
3. 强力抗单纯疱疹病毒 (HSV-I、HSV-II)	唇部疱疹，生殖部位疱疹
4. 强力清除自由基，促进胆汁分泌	长期外食，油性发肤，早生白发

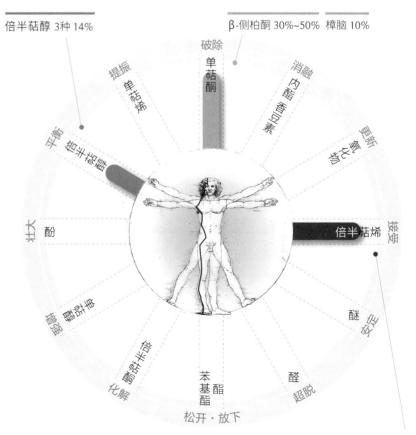

倍半萜醇 3种 14%　　β-侧柏酮 30%~50%　樟脑 10%

倍半萜烯 5种：母菊天蓝烃 30%~50%

澳洲蓝丝柏
Blue Cypress

分布在海拔 900 米以下的开放树林，树高 15~45 米，树龄可达 200 岁以上。习惯干湿分明的季风型热带气候，生长缓慢，不耐火。

药学属性	适用症候
1. 提高粒细胞与单核白细胞的活力	过敏反应(如皮肤红肿)，湿疹，割伤，尿布疹，牛皮癣，烧烫伤
2. 止痛，消炎	腹痛，酸痛，风湿性关节炎
3. 改善迟滞的静脉循环	静脉曲张，痔疮
4. 抗病毒，消解黏液，驱蚊虫(包括沙蚊)	疣，带状疱疹，唇疱疹，流感，蜂螫蚊叮虫咬

学　　名 | *Callitris intratropica*

其他名称 | 北方柏松 / Northern Cypress Pine

香气印象 | 洒脱却又深情的男子汉

植物科属 | 柏科澳大利亚柏属

主要产地 | 澳大利亚北部

萃取部位 | 树皮与心材 (蒸馏)

适用部位 大肠经、喉轮

核心成分

萃油率 1%~3%，38 个可辨识化合物 (占 89.08%)

心灵效益 | 接受感情的风云变色，拿得起放得下

愈疮木醇 13.7%

β- & γ- & α-桉叶醇 31.1%

倍半萜内酯：双氢中柱内酯 14%　中柱内酯 2.9%

澳洲柏内酯 2.4%

破除
单萜酮

消融
内酯 香豆素

更新 氧化物

提振
单萜烯

平衡 倍半萜醇

壮大
酚

接受
倍半萜烯

醚
安定

醛
超脱

酯
倍半萜酯

苯基酯

松开·放下

化解
倍半萜醇

增强 醛甜酯

呋喃倍半萜：顺式双氢沉香呋喃 2.8%

母菊天蓝烃 5.6%　愈疮天蓝烃 6.2%

注意事项

1. 有些学者认为本种乃 *Callitris columellaris* 的一个变种。但 *Callitris columellaris* 的精油为绿色，主成分是双氢中柱内酯。

2. 孕妇与哺乳母亲最好避免使用 (因为 β-桉叶醇)。

大麻
Hemp

强韧耐寒的一年生草本植物，但是对土壤的要求高。非常喜欢光照，强光可以得到出油量高的种子，弱光则可养出好的纤维。

学　　名	*Cannabis sativa*
其他名称	火麻 / Marijuana
香气印象	斜射进暗室的一道温暖光束，漂浮着无数微尘
植物科属	大麻科大麻属
主要产地	法国、匈牙利、中国（纤维型）；玻利维亚、瑞士（药用型）
萃取部位	雌株的开花茎叶（蒸馏）

适用部位 大肠经、顶轮

核心成分
萃油率 0.0013%（户外生长）~ 0.29%（室内生长），68（室内）~120（户外）个可辨识化合物

心灵效益 接受天使的庇护，不再陷入悲情的轮回

注意事项

1. 令人产生幻觉的四氢大麻酚在精油当中只占微量（低于 0.08%）。
2. 缉毒犬被训练嗅闻的"大麻气味"主要是丁香油烃氧化物。
3. 大麻精油与大麻烟的成分差异颇大，并无上瘾或毒害神经的可能。

药学属性	适用症候
1. 活化大麻素受体 CB2，具有类大麻素的功能（因含高比例的丁香油烃）	预防慢性发炎导致的癌症（特别是脑部、皮肤、乳房）
2. 消炎，止痛	退化部位的疼痛
3. 强化免疫系统与脾脏、骨骼、皮肤	郁郁寡欢，老年痴呆
4. 作用于神经胶质细胞，减少某些神经传导物质过度累积产生的毒性	酒瘾、烟瘾、药瘾

单萜烯 47.9%~83.4%：月桂烯(占最多) 41%　　丁香油烃氧化物 0.5%~11.3%

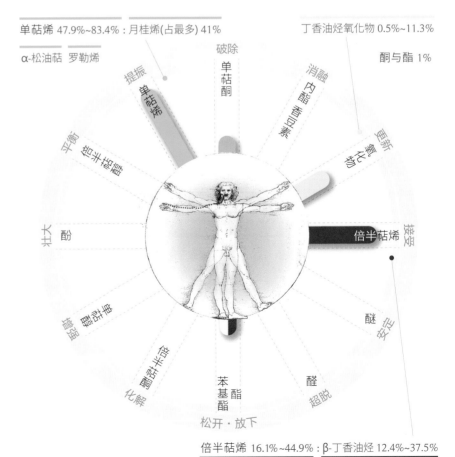

倍半萜烯 16.1%~44.9%：β-丁香油烃 12.4%~37.5%

依兰
Ylang Ylang

喜爱潮湿近海的热带低地次生林，全年开花但集中在雨季（11~3月）。枝叶垂坠，新花蜷曲舞爪，熟花柔顺向下。

药学属性	适用症候
1. 消炎（抑制脂氧化酶），安抚过于活跃的自主神经，强化 α1 脑波	心跳过速，高血压，气喘，甲状腺功能亢进
2. 增强性功能，抗沮丧	性无能，性冷淡，抑郁症
3. 抑制醛糖还原酶，抗霉菌，抗生物膜，抑制黑色素生成，驱蚊蝇	糖尿病并发症，皮肤霉菌病，肤色黯沉与斑点，防登革热
4. 促进体内生成脑内啡与血清素	心力交瘁，槁木死灰

学　　名｜*Cananga odorata forma genuina*

其他名称｜香水树 / Perfume Tree

香气印象｜悬挂着充气娃娃与大型玩偶的泡泡屋

植物科属｜番荔枝科依兰属

主要产地｜马达加斯加、科摩罗岛

萃取部位｜花（蒸馏）

适用部位 肾经、性轮

核心成分
萃油率 1%，161 个可辨识化合物（含量小于 0.02% 的成分占 50%）

心灵效益｜接受快乐的从天而降，不再逃避自我

倍半萜醇 5.3%：
杜松醇　依兰油醇

倍半萜烯 31.9%： β-丁香油烃 10.7%　大根老鹳草烯 10.3%
大叶依兰烯

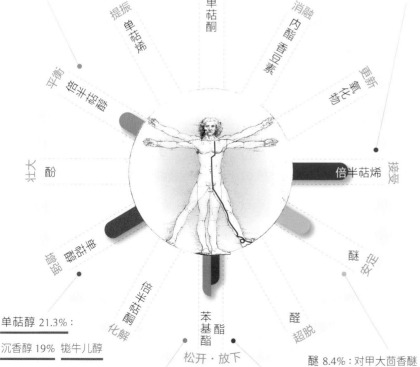

破除
单萜酮
提振
单萜烯
消融
内酯 香豆素
更新
氧化物
平衡
倍半萜醇
接受
倍半萜烯
壮大
酚
安定
醚
增强
倍半萜醇
超脱
醛
化解
酮甜半萜
松开・放下
苯基酯

单萜醇 21.3%：
沉香醇 19%　牻牛儿醇

苯基酯 19%： 苯甲酸苄酯 7.6%　乙酸苄酯 4.6%

醚 8.4%： 对甲大茴香醚

酯 7.6%： 乙酸牻牛儿酯

大叶依兰
Cananga

与常见依兰的外观差别在于枝干挺直不垂坠，叶片较为宽圆。和依兰一样喜欢潮湿有遮荫的树林，木质坚硬。

学　　名	Cananga odorata forma macrophylla
其他名称	卡那加 / Big-leafed Ilang-ilang
香气印象	刚开始结果的释迦园
植物科属	番荔枝科依兰属
主要产地	印尼、马来西亚、菲律宾
萃取部位	花 (蒸馏)

适用部位　大肠经、性轮

核心成分
萃油率 2.6%，67 个可辨识化合物（占 95% ）

心灵效益 | 接受非理性可掌握的事件，顺流而下

注意事项

1. 这个品种原本只生长在东爪哇岛的布里达 (Blitar)，产量很小。

药学属性	适用症候
1. 抗痉挛，平衡过于激动的情绪	心悸，血压骤升，亢奋，暴怒
2. 提高性能量	工作过劳以致丧失性趣，因创伤记忆而排斥性事
3. 消炎，护肤	体癣，汗斑
4. 解热	疟疾，发烧

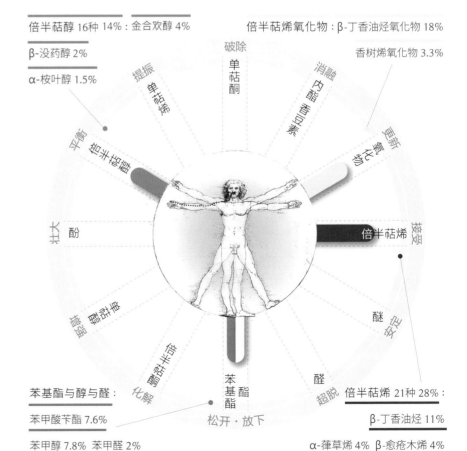

倍半萜醇 16种 14%：金合欢醇 4%

β-没药醇 2%

α-桉叶醇 1.5%

倍半萜烯氧化物：β-丁香油烃氧化物 18%

香树烯氧化物 3.3%

苯基酯与醇与醛：

苯甲酸苄酯 7.6%

苯甲醇 7.8%　苯甲醛 2%

倍半萜烯 21种 28%：

β-丁香油烃 11%

α-葎草烯 4%　β-愈疮木烯 4%

松开・放下

卡塔菲
Katrafay

高 2~9 米的小树，分布于海拔 900 米以下半干半湿的林地。生长缓慢，一年生长 50 厘米，七年也只能长到 3 米。

药学属性	适用症候
1. 消炎，护肤，抗氧化	＋皮肤炎，牛皮癣，酒糟鼻，肤色暗沉
2. 抗肿瘤	＋乳腺癌
3. 改善静脉循环	＋静脉曲张
4. 抗恶性疟原虫，解热	＋疟疾，发热

学　　名｜*Cedrelopsis grevei*

其他名称｜卡塔发 / Katafa

香气印象｜罗汉的袈裟飘动在塔林间

植物科属｜芸香科香皮椿属

主要产地｜马达加斯加

萃取部位｜树皮（蒸馏）

适用部位　大肠经、喉轮

核心成分
萃油率 0.9%~1.7%，64 个可辨识化合物

心灵效益｜接受良知的召唤，清明淡定不动摇

榄香醇 β-桉叶醇 9.9%~37.8%　　倍半萜醇氧化物：α-没药醇氧化物

破除
单萜酮

消融

提振
单萜烯

更新

平衡
倍半萜醇

壮大
酚

接受
倍半萜烯

增强
倍半萜醇

安定
醚

化解
倍半萜酮

松开·放下

苯基酯

醛
超脱

倍半萜烯 60%以上：β-金合欢烯 27.6%　δ-杜松烯 14.5%　α-古巴烯 7.7%　杜松-1,4-二烯

注意事项

1. 本属植物为马达加斯加特产，曾被归为楝科和芸香科，1970 年代以后又被纳入嚏树科。近年的谱系研究则认为，还是应该归为扩大的芸香科。

2. 卡塔菲的叶片也可以萃油，成分同样是以倍半萜为主。

台湾红桧
Taiwan Red Cypress

65 米高的大树，多生长在山坡下段近溪谷处，或是侧坡洼地。生长缓慢，和扁柏相比树性偏阳，枝叶向上（扁柏的枝叶向下）。

学　　名	Chamaecyparis formosensis
其他名称	薄皮仔 / Meniki
香气印象	香火鼎盛的土地公庙
植物科属	柏科扁柏属
主要产地	台湾岛
萃取部位	心材的木片（蒸馏）

适用部位 大肠经、本我轮

核心成分
萃油率 1.6%，34 个可辨识化合物（占 98.94%）

心灵效益 | 接受祖灵的护持，凝聚不容忽视的气场

注意事项

1. 本品为台湾特有品种，最盛处在海拔 1800~2500 米间。阿里山神木、司马库斯神木皆为本种，因为过度砍伐，现列为受保护物种。

2. 常被标示为台湾桧木精油，但气味与色泽和台湾扁柏有明显差异。红桧气味较温润，油色偏琥珀，因为长速相对较快，价格比台湾扁柏略低。

3. 从枝干萃取的精油以倍半萜醇为主，针叶萃取以单萜烯为主。

药学属性	适用症候
1. 抗霉菌，杀白蚁，抗病媒幼虫	潮湿引起的呼吸道过敏，木制家具抗蛀
2. 放松（交感神经活性下降、副交感神经活性上升，自主神经总活性提升）	都市生活的压力，长期熬夜，恐慌症
3. 消炎止痒（抑制巨噬细胞生成一氧化氮）	湿疹，神经性皮炎，足癣
4. 钙离子拮抗作用	心跳过速，高血压

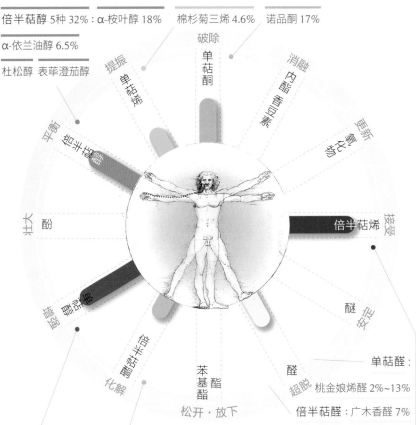

倍半萜醇 5种 32%：α-桉叶醇 18%　棉杉菊三烯 4.6%　诺品酮 17%
α-依兰油醇 6.5%
杜松醇　表荜澄茄醇

日本扁柏
Hinoki

全球桧木共有七种，都生长于海拔约
1800~2800 米的高山上。凉爽、潮湿、
多雨是它生长的三大条件，它也保有较
多古代植物的特性。

药学属性	适用症候
1. 促进毛发生长	→ 大量脱发，头发细软
2. 对环境友善的驱虫作用 (黑腹果蝇、家蝇)，抗白蚁，杀尘螨	→ 市场、餐厅等处的环境清洁，潮湿老旧的木造房舍与旅馆
3. 镇定自主神经，提高专注力	→ 睡不安稳，头昏脑胀，精神涣散
4. 消炎、抗金黄色葡萄球菌与肺炎杆菌，抗 MRSA，抗肿瘤，抗自由基	→ 雾霾带给身体的致癌物质，肺癌

学　　名 │ *Chamaecyparis obtusa*

其他名称 │ 黄桧 / Japanese Cypress

香气印象 │ 云雾缭绕中若隐若现的水鹿

植物科属 │ 柏科扁柏属

主要产地 │ 日本、韩国、台湾岛

萃取部位 │ 木屑 (蒸馏)

适用部位 肺经、顶轮

核心成分
萃油率 0.64%，46 个可辨识化合物
(占 98.94%)

心灵效益 │ 接受天地灵气的洗礼，
抖落浮华的尘埃

佛烯醇 12.4%

双萜类 2.3%：贝壳杉-13-醇

吲哚衍生物 2.17%

破除 单萜酮
提振 单萜烯
消融 内酯
更新 氧化物
平衡 倍半萜醇
接受 倍半萜烯
壮大 酚
安定 醚
化解 酮 倍半萜
超脱 醛
松开·放下 苯基酯

δ-9-开普烯-3-β-醇-8-酮 10%

桧脑 12.47%　　倍半萜烯 37.5%　α-依兰烯 6.17 %　δ-杜松烯 14.5%　α-广藿香烯 8.8%

注意事项

1. 台湾扁柏 (*Chamaecyparis obtusa var. formosana*) 是日本扁柏的近亲 (过去视为其变种)，与红桧同被称作台湾桧木。

2. 台湾扁柏和日本扁柏的精油差异在于：日本扁柏以倍半萜烯为主，台湾扁柏则含较多单萜醇，其中包括独有成分桧木醇。

没药
Myrrh

树皮斑驳脱落的小树，生长在飞沙走石、土壤贫瘠的开阔大地。干旱会明显影响树脂的产量，采集时间取决于雨期的长短以及雨量多寡。

学　　名	Commiphora myrrha
其他名称	末药 / Morr
香气印象	方济会修士自己手缝的皮凉鞋
植物科属	橄榄科没药属
主要产地	索马里、苏丹、埃塞俄比亚、也门
萃取部位	树脂（蒸馏）

适用部位 胆经、喉轮

核心成分
萃油率 0.4%，76 个可辨识化合物

效　　益 | 接受情绪的存在，不再用工作、购物、大餐或疾病来转移注意力

药学属性 / 适用症候

药学属性	适用症候
1. 抗感染，抗病毒，杀寄生虫，灭菌	腹泻，痢疾，牙疼，病毒性肝炎后遗症
2. 激素样作用，调节甲状腺，抑制性欲，控制食欲	甲状腺功能亢进，性冲动，暴饮暴食
3. 抗肿瘤（促使癌细胞凋亡），止痛（调节鸦片受体）	乳腺癌，前列腺癌，皮肤癌，肝癌，子宫颈癌，肺腺癌，安宁疗护
4. 消炎，治创伤	支气管炎，表皮与口腔溃疡，皮肤炎，擦撞伤

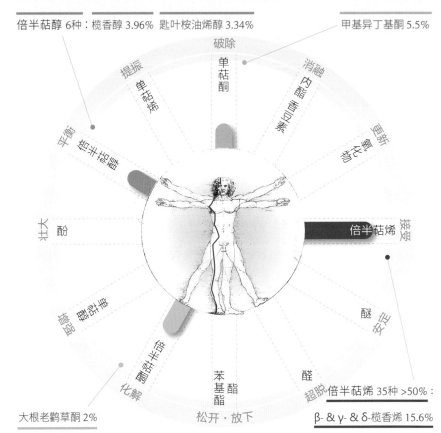

倍半萜醇 6种：榄香醇 3.96%　匙叶桉油烯醇 3.34%　甲基异丁基酮 5.5%

大根老鹳草酮 2%

呋喃二烯酮 3.1%　表莪蒁烯酮 3.64%　　呋喃桉叶-1,3-二烯 9%　乌药根烯 2.74%

倍半萜烯 35种 >50%：β- & γ- & δ-榄香烯 15.6%

红没药
Opoponax

极端耐受干旱的非洲小树。是研究旧大陆热带植物在季节性干旱中如何演化的代表科属。

药学属性	适用症候
1. 抗副流感 3 型病毒，抗感染，抗霉菌	流感，眼部感染，感染型结肠炎
2. 除臭	狐臭，体味过重
3. 消炎，抗氧化	表皮溃疡，蛇咬伤
4. 驱扁虱，抗寄生虫	户外生活防各种扁虱，疟疾

学　　名 | *Commiphora erythraea var. glabrescens*

其他名称 | 甜没药 / Sweet Myrrh

香气印象 | 现采现熬的蔬菜汤

植物科属 | 橄榄科没药属

主要产地 | 索马里

萃取部位 | 树脂 (蒸馏)

适用部位 大肠经、心轮

核心成分
42 个可辨识化合物

心灵效益 | 接受有限的条件，从匮乏中创造出新发明

单萜烯 9 种 6.1%：α-松油萜　α-侧柏烯

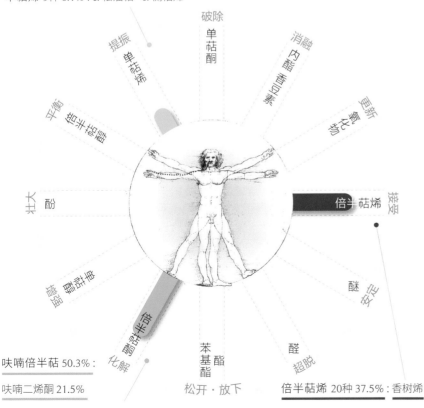

破除
单萜酮

提振
单萜烯

消融
内酯｜香豆素

更新
氧化物

平衡
倍半萜醇

倍半萜烯

接受

壮大
酚

安定
醚

甜美
醛
超脱

化解
酮·倍半萜

松开·放下
苯基酯

呋喃倍半萜 50.3%：

呋喃二烯酮 21.5%

1,10(15)-呋喃大根老鹳草二烯-6-酮 14.3%

倍半萜烯 20 种 37.5%：香树烯

古芸烯　大根老鹳草烯

注意事项

1. IFRA 建议，本品在日用品中的剂量最好不要超过 0.6%。但其所谓的致敏性并未得到研究统一的证实。

2. 英文俗名 Opopanax 有多项指涉对象，一般常和伞形科的 *Opopanax chironium* (*Pastinaca opopanax*) 混淆。而许多商品其实用的是没药属的另一个品种 *Commiphora guidottii*，成分有明显的差异。

古巴香脂
Copaiba

枝繁叶茂的大树，高 15~30 米。开白色圆锥花序，割开树干即流出无色油性树脂，一棵树年产 40 升。

学　　名	*Copaifera officinalis*
其他名称	苦配巴香胶 / Copal
香气印象	从小到大一直陪伴在侧的小被子
植物科属	豆科香脂树属
主要产地	南美洲
萃取部位	树脂（蒸馏）

适用部位　心包经、喉轮

核心成分
萃油率 7.3%，40 个可辨识化合物

心灵效益 | 接受自己的本性，坚持自己想做的事

药学属性	适用症候
1. 抑制转醣链球菌（只需10%的低剂量）和牙菌斑细菌	蛀牙，牙周病
2. 抗指甲常感染的霉菌，强力消炎（β-丁香油烃含量居冠），止痛	灰指甲，喉咙痛，扁桃体炎
3. 抗溃疡，抗利什曼原虫，抗锥虫，驱黑草席钟螺	慢性膀胱炎，尿道炎，黏膜型利什曼病
4. 抗肿瘤（因其特有的双醇、酸、苯基酯）	肺癌，白血病，大肠癌，淋巴癌，皮肤癌

注意事项

1. 商业生产会使用本属其他品种，但各品种的丁香油烃含量差异颇大，所以巴西的研究显示，市场上的古巴香脂油，八个样品中只有三个具有消炎作用。
2. 少数对树脂过敏的人，在使用古巴香脂后会有起疹的反应。
3. 亚马逊河流域最常使用的药材之一。

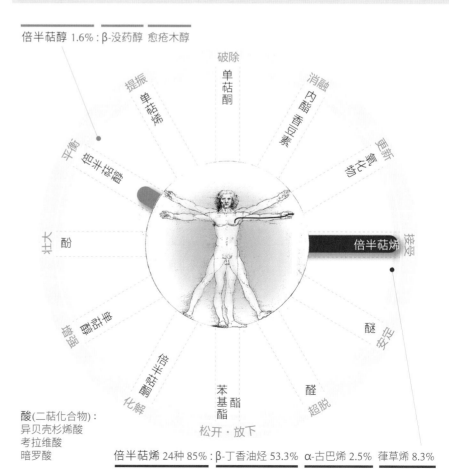

倍半萜醇 1.6%：β-没药醇　愈疮木醇

倍半萜烯 24种 85%：β-丁香油烃 53.3%　α-古巴烯 2.5%　葎草烯 8.3%

酸（二萜化合物）：
异贝壳杉烯酸
考拉维酸
暗罗酸

马鞭草破布子
Cordia

生长在海岸沙丘，遍布整个南美洲，尤其是巴西东南部。72 厘米高的小灌木，长叶深绿、白花成串、红浆果颇为醒目。

药学属性	适用症候
1. 抗菌（超级细菌），抗霉菌（白色念珠菌），可强化阿米卡霉素的类抗生素药物的效用	+ 鹅口疮，阴道炎，糖尿病病患的皮肤病，经常使用抗生素的病患
2. 抗卡他，抗敏	+ 咳粘痰，一变天就咳嗽
3. 消炎，止痛，疗伤	+ 风湿，关节炎，外伤急救
4. 抗溃疡	+ 消化性溃疡，糜烂性胃炎

学　　名	*Cordia verbenacea*
其他名称	黑鼠尾草 / Black Sage
香气印象	即将启航的风帆冉冉升起
植物科属	紫草科破布子属
主要产地	巴西
萃取部位	叶片（蒸馏）

适用部位　胃经、本我轮

核心成分
萃油率 1.12 %，21 个可辨识化合物（占 93.5%）

心灵效益 | 接受变动，随时准备好转换跑道

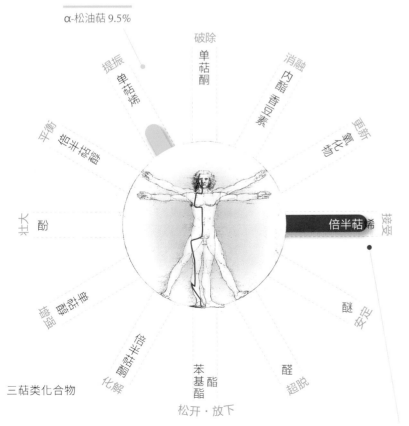

α-松油萜 9.5%

破除 单萜酮

提振 单萜烯

消融 内酯 香豆素

平衡 倍半萜醇

更新 氧化物

壮大 酚

接受 倍半萜烯

醚 安定

松开·放下

苯基酯

醛 超脱

三萜类化合物

化解 醛甜半萜

倍半萜烯 71.4%：β-丁香油烃 25.4% 双环大根老鹳草烯 11% δ-杜松烯 9%

注意事项

1. 亚马逊盆地印地安部落的常用品，有病即饮其叶所泡的茶。

2. 南美洲各地流行的消炎药材，以此开发了各类药品。

香苦木
Cascarilla

喜欢稀疏的阔叶林地或坡地，最好是石灰岩地质。芬芳的白花几乎全年绽放，树高 2~8 米，常作咖啡园的防风林。

学　　名	Croton reflexifolius
其他名称	卡藜 / Copalchí
香气印象	热带度假酒店的迎宾酒
植物科属	大戟科巴豆属
主要产地	中美洲的萨尔瓦多、哥斯达黎加，北至墨西哥（原生于西印度群岛）
萃取部位	树皮（蒸馏）

适用部位　胃经、本我轮

核心成分
萃油率 1.5%，143 个可辨识化合物

心灵效益 | 接受碧海蓝天的召唤，给自己放一个长假

注意事项

1. 是墨西哥常见的药材。
2. 另一常用来萃油的品种为 Croton eluteria。
3. 树皮也被拿来给利口酒 Campari 调味。

药学属性	适用症候
1. 健胃，抗溃疡，抗胃酸过多（卡藜素的作用）	胃炎，胃溃疡，反胃，胃灼热
2. 安抚神经，退热，止吐	头痛，间歇性的低热
3. 抗利什曼原虫，驱黑草席钟螺（两者皆为暗罗酸的作用）	疟疾，黏膜型利什曼病（沙蝇叮咬导致）

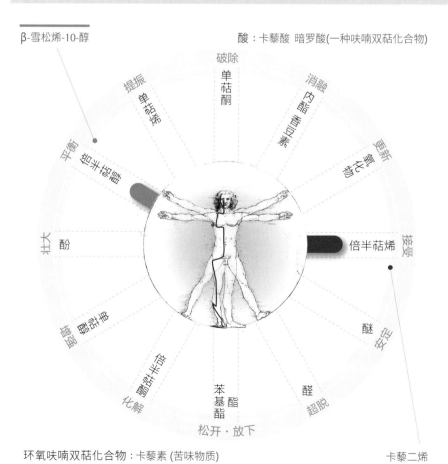

β-雪松烯-10-醇

酸：卡藜酸 暗罗酸 (一种呋喃双萜化合物)

环氧呋喃双萜化合物：卡藜素 (苦味物质)

卡藜二烯

古芸香脂
Gurjum Balm

喜欢湿热浓密的森林，树高 30~45 米，灰白纵裂的树干会分泌褐色树脂。3 月开的芳香白花可在 6~7 月结出 15 厘米长的洋红翅果。

学　　名	*Dipterocarpus turbinatus*
其他名称	东印度古巴香脂 / East Indian Copaiba Balsam
香气印象	职人经年持用的凿具木柄
植物科属	龙脑香科龙脑香属
主要产地	印尼和中国南方（原产于印度东部的安达曼群岛与中南半岛）
萃取部位	树脂（蒸馏）

适用部位　肾经、基底轮

核心成分
萃油率 0.06%~1.0%，34 个可辨识化合物

心灵效益 | 接受规律的节奏，在重复的事物中得到安心的感受

药学属性

1. 抗菌（金黄色葡萄球菌、黄曲霉菌、大肠杆菌）
2. 消炎利尿，清除毒素堆积（阿育吠陀评为 Kapha 病的绝佳药材）
3. 缓减痉挛

适用症候

- 泌尿道感染，痛风，风湿性关节炎，痰湿咳嗽
- 疔疮痈疖脓肿，外伤局部出血，牛皮癣
- 听力受损，耳鸣

注意事项

1. 有些资料将此树脂称作"羯布罗香"，羯布罗是梵文 Karpura 的音译。然而真正的 Karpura 指的是另一种树"龙脑香"（*Dryobalanops aromatica*），龙脑香树脂富含龙脑，是中药冰片的来源，成分与古芸香脂完全不一样。

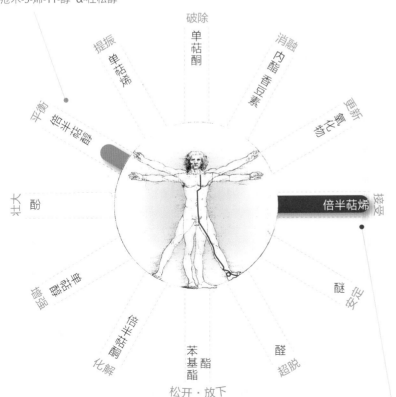

愈疮木-5-烯-11-醇　α-杜松醇

破除　单萜酮
提振　单萜醇
消融　内酯　香豆素
更新　氧化物
平衡　倍半萜醇
接受　倍半萜烯
壮大　酚
安定　醚
松开·放下
苯基酯
醛　超脱
化解　酮　醛
醛

酸：古芸酸　　倍半萜烯 15 种：α-古芸烯 90%　别香树烯 5%

德国洋甘菊
German Chamomile

喜欢温带的碱性土壤，不耐重肥沃土。温暖略湿可提高精油含量，2℃下的寒冷会减少倍半萜氧化物含量。

学　　名 | *Matricaria recutita*

其他名称 | 洋甘菊 / Chamomile

香气印象 | 钢笔誊写的泛黄信封

植物科属 | 菊科母菊属

主要产地 | 波兰、匈牙利、德国、阿根廷、捷克

萃取部位 | 开花的全株药草（蒸馏）

适用部位　胃经、本我轮

核心成分
萃油率 0.6%，48 个可辨识化合物

心灵效益 | 接受失败，心平气和地面对输赢

药学属性	适用症候
1. 抗痛觉过敏，抗水肿（皆为没药醇氧化物的作用），抗刺激（没药醇的作用）	头痛，胃痛，肠绞痛，痛经
2. 抑制发炎介质白三烯素 B4（母菊天蓝烃的作用），局部抑制肥大细胞脱粒而释出组胺（顺式-烯炔双环醚的作用）	皮脂腺出油及发炎性的痘痘，感染性伤口，荨麻疹，季节变化引起的湿疹
3. 抗溃疡，健胃，抗蜡样芽孢杆菌	十二指肠溃疡，消化不良，食物中毒

注意事项

1. 母菊天蓝烃是德国洋甘菊油色深蓝的由来。而母菊天蓝烃是因为萃取过程中，母菊素发生脱水、水解、脱羧这一系列化学反应而形成。造成这些化学反应的主要是压力，而非温度或水，所以二氧化碳萃取法和一般蒸馏法都能得出深蓝色的精油，而减压蒸馏法就只能得出淡蓝或无色的精油。

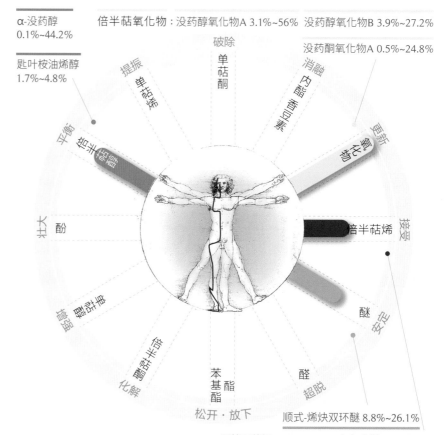

α-没药醇 0.1%~44.2%

匙叶桉油烯醇 1.7%~4.8%

倍半萜氧化物：没药醇氧化物A 3.1%~56%

没药醇氧化物B 3.9%~27.2%

没药醇氧化物A 0.5%~24.8%

顺式-烯炔双环醚 8.8%~26.1%

母菊天蓝烃 0.7%~15.3%　金合欢烯 2.3%~6.6%

蛇麻草
Hops

蔓生的草本，长可达 10 米，雌性穗状花序有覆瓦苞片，状如松果。性喜冷凉高燥，耐旱忌涝，最好种在向阳而富含有机质的酸性土壤。

药学属性	适用症候
1. 镇静（调控 GABA 受体与 NMDA 受体），平衡神经	失眠，心律不齐，室上性心动过速
2. 消炎，助消化	神经性胃炎，胃溃疡，耳炎
3. 抗肿瘤	肺癌，子宫颈癌，直肠癌
4. 抗菌，抗氧化	肺结核，退化性神经系统疾病（如帕金森病）

学　　名｜*Humulus lupulus*

其他名称｜啤酒花 / Common Hop

香气印象｜爱丽丝梦游仙境

植物科属｜大麻科葎草属

主要产地｜匈牙利、德国、美国、
　　　　　中国、捷克

萃取部位｜雌花（蒸馏）

适用部位　大肠经、顶轮

核心成分
萃油率 0.3%，44~72 个可辨识化合物（占 96.8%）

心灵效益｜接受出错，把焦点从错误本身移转到进步空间

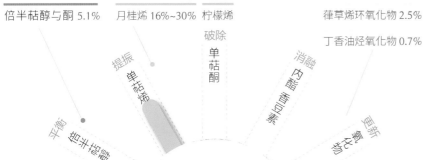

倍半萜醇与酮 5.1%　　月桂烯 16%~30%　柠檬烯
葎草烯环氧化物 2.5%
丁香油烃氧化物 0.7%

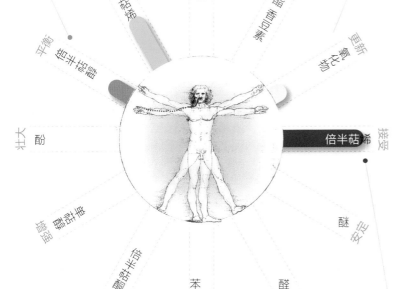

脂肪族醇与酮 1.2%
含硫化合物 1%

倍半萜烯 18 种以上：α-葎草烯 50%~60%　β-丁香油烃 11.3%

注意事项

1. 婴幼儿、孕妇不宜自行使用。

2. 蛇麻草有名的雌激素作用源自其多酚类和苦味物质（如葎草酮），精油成分并未显示这类效果。

3. 因为酿制啤酒对于风味的要求，蛇麻草发展出香气各有不同的栽培种，精油成分也有相当的差异。本条所列与"Vanguard"比较接近。

圣约翰草
St. John's Wort

海拔不高于 1500 米，年雨量不少于 500
毫米，夏季温度需 24℃以上。在没有霜
降的湿润含沙土壤生长，极爱日照。

学　　名	*Hypericum perforatum*
其他名称	贯叶连翘 / Millepertuis
香气印象	暖冬里太阳曝晒至六七分干的芥菜（福菜）
植物科属	金丝桃科（藤黄科）金丝桃属（连翘属）
主要产地	塞尔维亚、克罗地亚、波兰、保加利亚、法国、加拿大、美国
萃取部位	开花的全株药草（蒸馏）

适用部位　大肠经、顶轮

核心成分
萃油率 0.04%~0.26%，41 个可辨
识化合物

心灵效益 | 接受阳光灌顶，使阴影
　　　　　无所遁形

注意事项

1. 制作生药的主要产地为德国、
意大利、罗马尼亚。

2. 有光敏性的成分为金丝桃素
（精油与浸泡油中皆不含）。

3. 抗抑郁最关键的成分为贯叶连
翘素（浸泡油中含有，精油用
蒸馏者不含，二氧化碳萃取者
则含）。

药学属性	适用症候
1. 抑制发炎（尤其是黏膜）	胃炎，十二指肠溃疡，痉挛性肠炎
2. 局部抗感染（泌尿系统）	膀胱炎，肾盂肾炎，前列腺炎
3. 抗菌，抗霉菌（生殖系统）	阴道炎，子宫内膜炎，子宫充血与发炎
4. 抗创伤，强化松果体	精神创伤（事件的后遗症），减缓松果体的钙化

倍半萜醇 7种： α-松油萜 0.3%~8.6%　β-松油萜 0.3%~3.8%　β-丁香油烃氧化物 4%~18%

匙叶桉油烯醇 2.8%~21%

依兰油醇 2.9%

杜松醇 4.4%

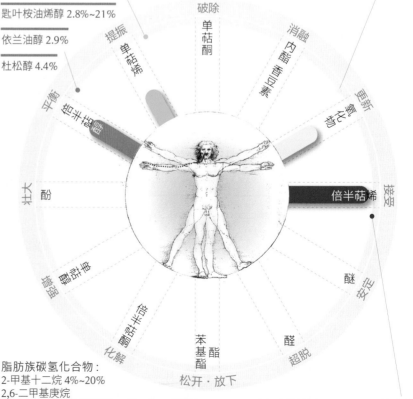

脂肪族碳氢化合物：
2-甲基十二烷 4%~20%
2,6-二甲基庚烷
n-癸烷　　倍半萜烯 17种： β-丁香油烃 14%~28%　大根老鹳草烯 17%~37%　β-蛇床烯

刺桧木
Cade Wood

遍布地中海地区多石山丘，赭色浆果和叶片背面的两道白线是辨识特征。果实比杜松大两倍，树形一般也比杜松粗壮。

药学属性	适用症候
1. 抑制 α-淀粉酶，降血糖	┼ 糖尿病，肥胖
2. 抗菌，消炎	┼ 支气管炎，肺炎，肺结核
3. 抗氧化	┼ 湿疹，皮肤炎，头皮屑，整烫过度的头发
4. 抗肿瘤 (已产生抗药性的癌细胞)	┼ 白血病

学　　名 │ *Juniperus oxycedrus*

其他名称 │ 刺柏 / Prickly juniper

香气印象 │ 在夜幕低垂的营地生火

植物科属 │ 柏科刺柏属

主要产地 │ 阿尔巴尼亚、希腊、法国普罗旺斯

萃取部位 │ 枝干 (蒸馏)

适用部位 脾经、本我轮

核心成分
萃油率 0.5%(蒸馏) ~11%(CO$_2$ 萃取)，23 个可辨识化合物

心灵效益 │ 接受困难的选择，把期望值降到最低

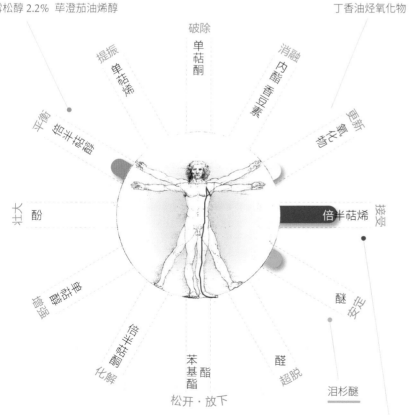

雪松醇 2.2%　荜澄茄油烯醇　　　　　　丁香油烃氧化物

破除　单萜酮
提振　单萜烯
消融　内酯 香豆素
更新　氧化物
平衡　倍半萜醇
壮大　酚
接受　倍半萜烯
安定　醚
超脱　醛
松开・放下　苯基酯

化解　倍半萜酮

泪杉醚

δ-杜松烯 14.15%　顺式-罗汉柏烯 9.2%　α-依兰烯 4.9%

注意事项

1. 地中海地区有干馏刺桧枝干的传统，所得的是一种有烟熏味的黑色焦油。这种焦油最主要的作用在于治疗人畜的皮肤病，如湿疹干癣，然而它也可能对某些皮肤产生刺激性。刺桧木精油和焦油不尽相同，精油中并不含致敏成分。

维吉尼亚雪松
Virginia Cedar

原生于北美洲东部，土壤贫瘠时只能长成灌木，水土合宜才能发为大树。会从土壤中移除氮与碳，因为善于利用 CO_2，在和野草争地时总是占上风。

学　　名	Juniperus virginiana
其他名称	铅笔柏 / Pencil Cedar
香气印象	雪地里啃着橡实的松鼠
植物科属	柏科刺柏属
主要产地	美国、加拿大
萃取部位	木屑（蒸馏）

适用部位 肺经、眉心轮

核心成分
萃油率 3.5%，43 个可辨识化合物（占 98%）

心灵效益 | 接受真相，勇敢争取
自己的生存空间

注意事项

1. 名为雪松，实为刺柏。
2. 美国西南部有另一近亲品种德州雪松 (Juniperus ashei / mexicana)，精油成分也很相似，差别在于比例：德州雪松的雪松烯较少，罗汉柏烯较多。这种精油的产量比维吉尼亚雪松大，但都拿来抽取其中个别成分做工业用途。

药学属性	适用症候
1. 消炎，利尿，发汗	空气污染引起的慢性支气管炎
2. 抑制细胞色素 P-450 的活性，抗肿瘤	非小细胞肺癌，肝癌，口腔癌
3. 驱虫，驱白蚁，抗霉菌，抗菌	阴暗潮湿的环境
4. 补强静脉，解除静脉充血，促进伤口愈合	静脉曲张，痔疮，持续性的开放伤口

倍半萜醇 30%：雪松醇 24.28% 羽毛柏醇 5%

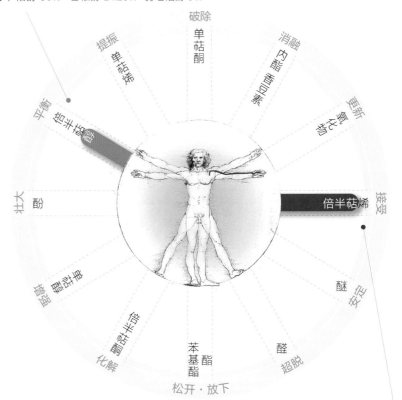

倍半萜烯 61%：α-雪松烯 30% β-雪松烯 7.75% 罗汉柏烯 17.7%

穗甘松
Spikenard

生长于喜马拉雅西部海拔 3000~5000 米的山区北坡，分布范围不大。产地的地势陡峭，土壤由石块与沙砾构成，微酸性，含水量约 40%。

药学属性	适用症候
1. 镇定安抚（心脏、腹部与骶骨的神经丛），抗惊厥，抗抑郁，抑制乙酰胆碱酯酶	失眠，气喘，癫痫，阿尔兹海默病，帕金森病，过动儿
2. 驱虫，抗菌，抗霉菌，生发，消炎，抗氧化，养肝	葡萄球菌感染，干癣，脱发
3. 抗雌激素作用	子宫内膜癌，多囊性卵巢综合征，歇斯底里，经前综合征
4. 强化静脉，降血压，降血脂	静脉曲张，痔疮，心跳过速，血管硬化

学　　名｜*Nardostachys jatamansi*

其他名称｜匙叶甘松 / Jatamansi

香气印象｜尘归尘，土归土

植物科属｜败酱科（忍冬科）甘松属

主要产地｜尼泊尔、不丹

萃取部位｜根茎（蒸馏）

适用部位　大肠经、顶轮

核心成分
萃油率 0.6%，21 个可辨识化合物（占 63.41%）

心灵效益｜接受"有人打你的右脸，连左脸也转过来由他打"

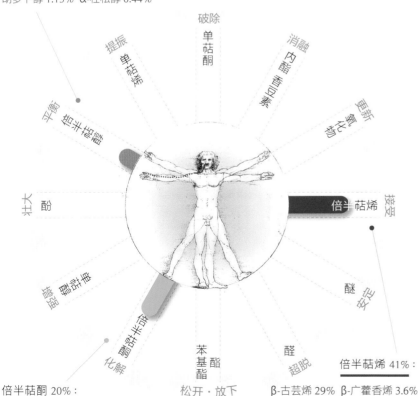

胡萝卜醇 1.13%　α-杜松醇 0.44%

破除

提振　单萜酮

消融

平衡　倍半萜醇

壮大　酚

接受　倍半萜烯

安定　醚

松开·放下

化解　倍半萜酮

倍半萜酮 20%：

缬草烷酮（=甘松酮）9.7%　马兜铃酮 6.5%

苯基酯

醛　超脱

倍半萜烯 41%：

β-古芸烯 29%　β-广藿香烯 3.6%

八氢-3,6,8,8-四甲基-1H-3a,7-甲醇天蓝烃 0.93%

注意事项

1. 由于过度采挖，尼泊尔近年禁止出口。

2. 中国也有这个品种（产地如四川甘孜藏族自治区），约 29 个组分（占 98.1%），结构为白菖油萜 26%、α-古芸烯 7.5%、广藿香醇 10.6%、马兜铃酮 7%，关键成分缬草烷酮为 3.7%，为尼泊尔产的一半。

中国甘松
Spikenard, China

与穗甘松同样生于高山草原地带的沼泽边或灌丛坡，叶片比穗甘松窄小。最佳栽种海拔为 3600 米，不能低于 1800 米，通常采收 2~3 年生的根茎。

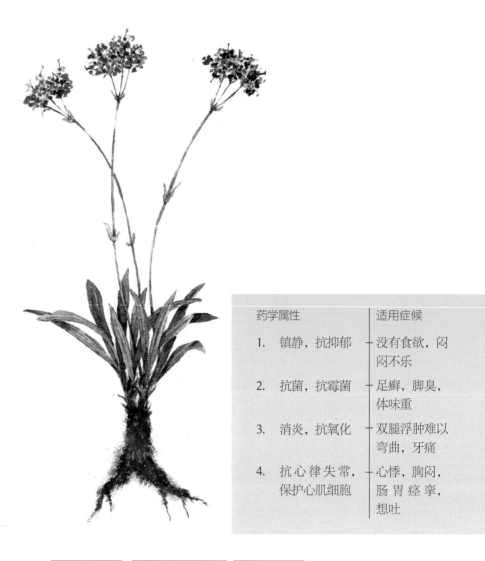

学　　名	*Nardostachys chinensis*
其他名称	甘松香 / Gan Song
香气印象	在空旷的农地上焢窑野炊
植物科属	败酱科（忍冬科）甘松属
主要产地	中国（甘肃、青海、四川、云南、西藏）
萃取部位	根茎（蒸馏）

适用部位　脾经、眉心轮

核心成分
萃油率 0.9%，36 个可辨识化合物（占 88%）

心灵效益｜接受无常，不再强求逻辑苦寻因果

药学属性	适用症候
1. 镇静，抗抑郁	没有食欲，闷闷不乐
2. 抗菌，抗霉菌	足癣，脚臭，体味重
3. 消炎，抗氧化	双腿浮肿难以弯曲，牙痛
4. 抗心律失常，保护心肌细胞	心悸，胸闷，肠胃痉挛，想吐

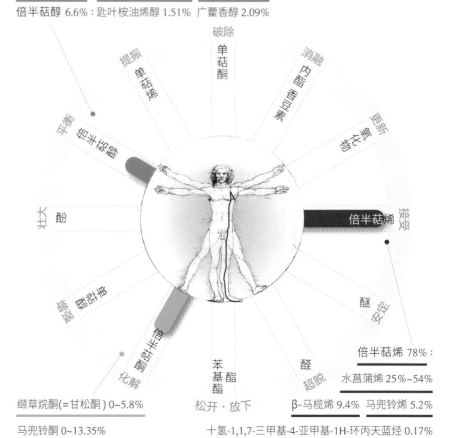

倍半萜醇 6.6%：匙叶桉油烯醇 1.51% 广藿香醇 2.09%

缬草烷酮(=甘松酮) 0~5.8%

马兜铃酮 0~13.35%

倍半萜烯 78%：
水菖蒲烯 25%~54%
β-马榄烯 9.4%　马兜铃烯 5.2%

十氢-1,1,7-三甲基-4-亚甲基-1H-环丙天蓝烃 0.17%

注意事项

1. 因为"十氢-1,1,7-三甲基-4-亚甲基-1H-环丙天蓝烃"此一成分而使得油色为深绿色。（穗甘松含此成分时也带蓝绿色。）

番石榴叶
Guava Leaf

原生于中南美洲，现在遍布热带与亚热带国家。可耐寒而易变异。无灌溉则果实小而坚硬。对土质的适应性强，但仍以微酸性壤土为佳。

药学属性	适用症候
1. 提高雄性能量（睾丸酮、精子浓度、精子活力）	男性不孕
2. 抗肿瘤	口腔癌，白血病，多发性骨髓瘤，乳腺癌，前列腺癌
3. 消炎，抗氧化	腹泻，感冒，粉刺面疱
4. 杀孑孓，杀线虫，杀虫，抗霉菌	疟疾，灰指甲

学　　名｜*Psidium guajava*

其他名称｜芭乐叶 / Guayabo

香气印象｜永远二十岁

植物科属｜桃金娘科番石榴属

主要产地｜泰国、埃及、尼泊尔、古巴

萃取部位｜叶片（蒸馏）

适用部位　肾经、性轮

核心成分
萃油率 0.2%，56 个可辨识化合物（占 90%）

心灵效益｜接受每一种新口味，相信所有不可能发生的事

倍半萜醇 35%：橙花叔醇 19.2%　α-松油萜　柠檬烯　1,8-桉油醇 2%　丁香油烃氧化物 8%

蛇床-7(11)-烯-4α-醇 8.3%

没药醇 3.2%

提振　单萜烯　破除　单萜酮　消融　内酯　香豆素　更新　氧化物

平衡　倍半萜醇　倍半萜烯　接受

壮大　酚

醚　安定

苯基酯　醛　超脱

松开·放下

化解　酮酯半倍

倍半萜烯 45%：β-丁香油烃 21.6%　绿花烯 8.8%　香树烯 2.8%

注意事项

1. 番石榴叶精油全世界约有九个化学品系，主要环绕着倍半萜烯、倍半萜醇、单萜烯、桉油醇这几组成分排列组合，各地差异极大。

2. 番石榴叶的疗效很多，但并非都来自精油成分，阅读保健资讯时宜留意。

五味子
Five-Flavor-Fruit

野生于海拔 1200~1700 米的沟谷和溪旁，喜欢微酸性腐殖土与重肥。落叶木质藤本，缠绕在其他林木上生长，需要遮荫湿地，耐旱性差。

学　　名	*Schisandra chinensis*
其他名称	玄及 / Magnolia Berry
香气印象	小红帽到森林采莓果
植物科属	五味子科五味子属
主要产地	中国（辽宁、吉林、黑龙江）
萃取部位	果实（蒸馏或超临界）

适用部位　肾经、基底轮

核心成分
萃油率 2.34%，52 个可辨识化合物（占 89.74%）

心灵效益 | 接受自由的寂寞，培养
　　　　　被讨厌的勇气

药学属性

1. 镇静、抗惊厥，保护脑神经细胞，促进脑内蛋白质合成，改善智力与体力
2. 止咳，使呼吸加深，对抗吗啡的呼吸抑制作用，抗纤溶酶原激活物抑制剂
3. 降低肝炎患者血清中的谷丙转氨酶，诱导肝细胞色素 P-450，抗肿瘤
4. 促淋巴细胞 DNA 合成，促淋巴母细胞生成，促进脾免疫功能，修复胰岛 β 细胞

适用症候

- 心悸失眠，多梦，梦遗，尿床，长期压力，早衰羸弱
- 久咳痰喘，胸闷吸不到气，心血管疾病
- 肝炎，脂肪肝，酒精肝，服药过多，环境污染与食品添加物带来的毒害，肝癌
- 元气不足，虚脱，盗汗，糖尿病

注意事项

1. 五味子分南北，性状成分各有不同。本品又称北五味子，而南五味子 (*Schisandra sphenanthera*) 产于河南、山西，一般认为作用弱于北五味子。在精油成分方面，南五味子也以倍半萜烯为主，但组分与北五味子相异。

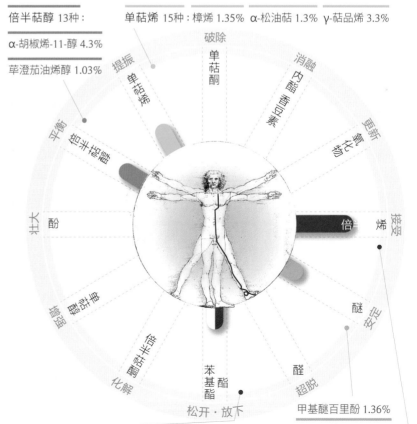

倍半萜醇 13 种：

α-胡椒烯-11-醇 4.3%

荜澄茄油烯醇 1.03%

单萜烯 15 种：樟烯 1.35%　　α-松油萜 1.3%　　γ-萜品烯 3.3%

乙酸龙脑酯 2.37%　　倍半萜烯 15 种：依兰烯 10.16%　　β-雪松烯 9.46%　　γ-姜黄烯 16.03%

甲基醚百里酚 1.36%

一枝黄花
Golden Rod

原生于北美，在欧亚地区被视为入侵物种，可以适应各种气候与土质。虽然是先驱植物，一旦其他树木建立了领地，它就会功成身退。

药学属性	适用症候
1. 消炎，激励肝细胞	环境污染、化学制剂、食品添加等造成的肝脏负担，慢性中毒
2. 抗肿瘤，增强免疫力	肝癌，乳腺癌，子宫颈癌，放疗与化疗期间强化体力
3. 镇定太阳神经丛与心脏神经丛，降血压	恐慌症，自主神经失调，心包炎，心内膜炎，动脉炎，高血压
4. 利尿，抗菌抗霉菌	肾炎，膀胱炎，尿道感染，风湿，预防农作物感染霉菌（如贮藏草莓）

学　　名｜*Solidago canadensis*

其他名称｜幸福花 / Solidago

香气印象｜穿过草比人高的处女地

植物科属｜菊科一枝黄花属

主要产地｜加拿大

萃取部位｜开花的全株药草（蒸馏）

适用部位 肝经、本我轮

核心成分
萃油率 0.3%，46 个可辨识化合物
（占 94.6%）

心灵效益｜接受异地和异文化，毫无违和感

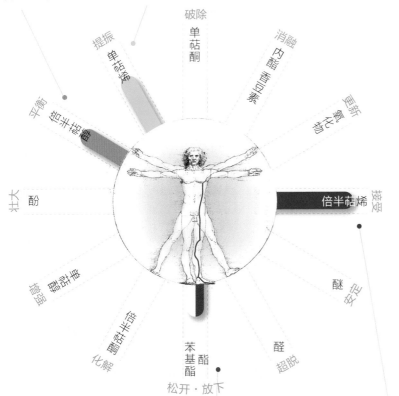

匙叶桉油烯醇 22%　α-杜松醇　α-松油萜 4%~29%　柠檬烯 5%~11%

乙酸龙脑酯 9%　倍半萜烯 15种 60%：大根老鹳草烯 28%　榄香烯　丁香油烃

注意事项

1. 中国另有一同属不同种的"一枝黄花"（*Solidago decurrens*），是一种中草药。其精油成分以倍半萜醇为主，作用和加拿大一枝黄花颇为相似。

摩洛哥蓝艾菊
Blue Tansy

喜欢大西洋与地中海带来的温和湿润，也可以从石灰岩的石缝中长出。比艾菊小，也开黄花，9~10 月为花季。

学　　名	*Tanacetum annuum*
其他名称	摩洛哥洋甘菊 / Blue Moroccan Chamomile
香气印象	手心里紧握许久的一颗凉糖
植物科属	菊科菊蒿属
主要产地	摩洛哥西北部、西班牙南部
萃取部位	开花的全株药草 (蒸馏)

适用部位 三焦经、喉轮

核心成分
萃油率 0.5%，130 个可辨识化合物

心灵效益 | 接受见招拆招的挑战，享受即兴演出的乐趣

注意事项

1. 患有内分泌疾病的妇女，使用前宜先咨询专业芳疗师。

2. 在蓝色精油当中气味最甜 (含单萜烯最多而单萜酮最少)。

3. 需求大而产量少，所以常混掺了摩洛哥其他的特产精油，菊野洋甘菊。

药学属性	适用症候
1. 消炎，抗组胺，止痒	呼吸系统的过敏，气喘，肺气肿，接触性皮炎，酒糟鼻，红斑，结核性瘰疬
2. 镇静神经，止痛，降血压	偏头痛，坐骨神经痛，多发性风湿肌痛，高血压
3. 激励胸腺，抗肿瘤，类激素	白血病，横纹肌肉瘤 (占儿童癌症 5%)
4. 抑制真菌的菌丝体生长，驱蚊虫、扁虱	潮湿地区与户外生活的护身符

倍半萜醇 7%　　单萜烯 9种 26%~80%：桧烯 月桂烯 柠檬烯　　樟脑 5%~17%

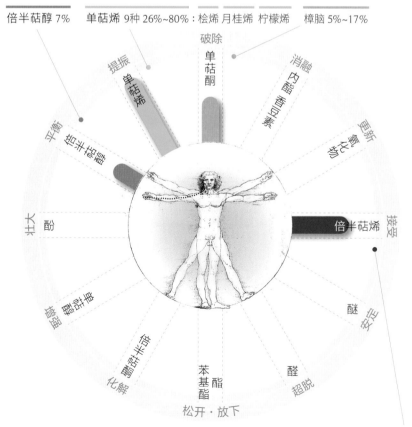

倍半萜烯 4种 30%：母菊天蓝烃 17%~38%　3,6-双氢母菊天蓝烃 1%~15%

头状香科
Felty Head Germander

分布在地中海和中东的多石山区，身披软毛，整株灰白，是狭叶香科的一个亚种，短叶片长得更紧密，有明显的花头。

学　　名 | *Teucrium polium* ssp. *capitatum*

其他名称 | 头状绒毛石蚕 / Mountain Head Germander

香气印象 | 在一个陌生的城市听到自己的家乡话

植物科属 | 唇形科香科科属

主要产地 | 希腊、法国、葡萄牙、伊朗

萃取部位 | 开花的全株药草（蒸馏）

适用部位 脾经、本我轮

核心成分
萃油率 0.42%，45 个可辨识化的合物（占 97.3%）

心灵效益 | 接受不受控制的局势，耐下性子静观其变

药学属性	适用症候
1. 消炎，止痛	比赛或业务会议后的肌肉酸痛
2. 降血压，抗糖尿	糖尿病及其并发症
3. 消胀气，抗痉挛，止泻	旅行中的水土不服，过度劳累导致的消化困难
4. 抗菌，抗氧化	情绪紧绷造成的法令纹以及皱眉纹

β-松油萜 11%

破除 单萜酮
提振 单萜烯
消融 内酯 · 倍半萜内酯
更新 氧化物
平衡 倍半萜醇
壮大 酚
接受 倍半萜烯
安定 醚
超脱 醛
松开・放下 苯基酯 · 酯
化解 醛 · 倍半萜酮
单萜醇 27%：

沉香醇 14%　倍半萜烯 60%：大根老鹳草烯 32%　丁香油烃 8.8%　双环大根老鹳草烯 6.2%

注意事项

1. 狭叶香科是波斯传统中有名的草药，作为内服的药草，它有肝肾毒性的表现，但头状香科的精油成分没有这个问题。

2. 分布区域广泛，各地的香气差距极大，约可分为单萜烯类（以 α-松油萜为主）和倍半萜类（以大根老鹳草烯为核心）。

3. 黄香科（*Teucrium flavum*）也以倍半萜类为主（β-桉叶醇），长于疏通静脉的壅塞。

姜
Ginger

喜欢湿润遮荫，怕强光过热，
25℃~32℃最宜生长，偏爱山坡
粘质壤土。忌连作，同一块地
必须改种其他作物 5~6 年。

学　　名	*Zingiber officinale*
其他名称	干姜 / Gan Jiang
香气印象	天菜大厨舀一匙焦糖布 丁送进你嘴里
植物科属	姜科姜属
主要产地	斯里兰卡、印度、中国
萃取部位	根 (蒸馏)

适用部位　胃经、本我轮

核心成分
萃油率 1%~3%，76 个可辨识化合
物 (占 95%)

心灵效益 | 接受上苍给的身体，
从每个细胞感受生之
喜悦

药学属性 / 适用症候

药学属性	适用症候
1. 健胃，补强消化系统，消胀气，抗黏膜发炎，化痰	腹胀，食欲不振，消化不良，腹泻，便秘，着凉，感冒，晕车，害喜
2. 抗高血脂，强化性功能	血栓，预防中风，阳萎
3. 消炎止痛	牙痛，腹痛，僵直性脊椎炎，关节炎，肌肉酸痛，风湿病
4. 抗氧化，抗肿瘤	脑瘤，前列腺癌，白血病，肺癌，乳腺癌

注意事项

1. 姜的精油并不包含姜这种生药
   的全部活性成分，所以不会刺
   激皮肤，也没有上火的问题。

2. 超临界萃取的姜油则含有
   7.53% 的 6- 姜酚 (姜辣醇)，
   能使皮肤发红发热。姜辣醇是
   中药炮姜的指标成分，可消
   炎、抗氧化，抑制血小板凝聚
   和黑色素形成，还能抗胃溃疡
   与抗肿瘤。

倍半萜醇 7种：　　　　　　单萜烯 20%：樟烯 8% 柠檬烯 3% α-松油萜 2.5%

橙花叔醇 0.8% 姜烯醇

倍半萜烯 22种 56%：

姜二酮　　　柠檬醛 1.4%~20%　姜烯 30%　顺式-γ-没药烯 7%　芳姜黄烯

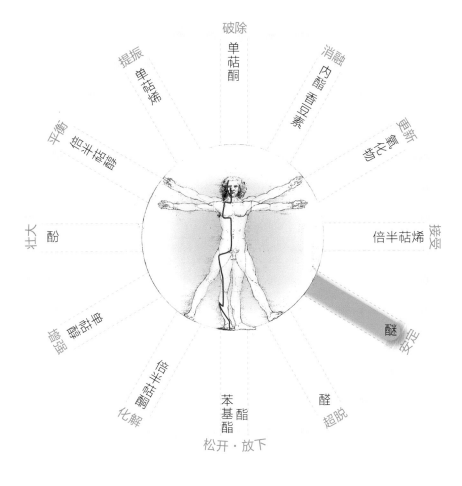

破除
单萜酮

提振
单萜烯

消融
内酯香豆素氧化物

更新
氧化物

平衡
倍半萜醇

倍半萜烯
接受

壮大
酚

醚
安定

增强
单萜醇

醛
超脱

化解
酚醚半萜醇

苯基酯

松开·放下

V

醚类

Ether

以帮助消化和镇静神经著称,有助于强化胃经。现代西方的神经肠胃学(Neurogastroenterology)与黄帝内经的"肠胃为海,脑为髓海",都指出消化与神经的连动关系。过去对醚类分子的致癌疑虑,近年也得到科学证据的澄清,例如罗勒的甲基醚蒌叶酚与洋茴香的反式洋茴香脑。尤有甚者,新的研究反而确认多种醚类精油具备杰出的抗癌潜力。

菖蒲
Calamus

温带的剑叶水生草本植物，地下的长根茎全年可采，但以 8~9 月品质最佳。可见于海拔 2600 米以下的沼泽湿地或湖泊浮岛，适应力强，易于栽种。

学　　名	*Acorus calamus*
其他名称	白菖 / Sweet Flag
香气印象	惊蛰过后下的第一场雨
植物科属	菖蒲科菖蒲属
主要产地	尼泊尔、印度、中国
萃取部位	根部（蒸馏）

适用部位　胃经、本我轮

核心成分
萃油率 1.0%~2.4%，25 个可辨识化合物（占 84%~95%）

心灵效益 | 安定被潮流刺激的胃口，只取需要的一瓢饮

注意事项

1. 根据长期大量喂食小鼠的实验结果，美国 FDA 从 1968 年起禁止菖蒲萃取物（如精油）用作食品添加物，β-细辛脑也被禁止用于制药，菖蒲被贴上"致癌"的标签。然而 90 年后，新的科学研究指出，β-细辛脑并无肝毒性，也不会直接致癌。千禧年后，则有更多研究指出 β-细辛脑具有显著的抗癌作用。
2. 孕妇及婴幼儿最好避免使用。

药学属性	适用症候
1. 保护神经（抗丙烯酰胺与中脑缺血导致的神经毒性），抗氧化	中风导致瘫痪，神经衰弱，癫痫
2. 防虫（扁虱、谷粉茶蛀虫、蚜虫、红蜘蛛等），抗痉挛，消炎（针对肠胃与肾脏），健胃	湿热环境，咳嗽，牙痛，腹泻腹胀，毒物引发的肾病，胃炎
3. 抗脂肪生成，减少脂肪堆积，减慢心房颤动，健脾利湿，抗肿瘤（促使癌细胞凋亡）	肥胖，心律不齐，痈肿毒疮，胃癌，直肠癌，肝癌
4. 抗沮丧，减轻压力	失眠，抑郁症，惊吓，歇斯底里，健忘，神志不清

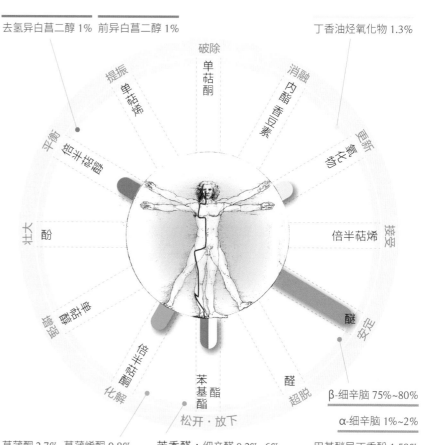

去氢异白菖二醇 1%　前异白菖二醇 1%　　　　丁香油烃氧化物 1.3%

破除

提振　单萜酮　消融

平衡　　　　　　　　更新

壮大　酚　　　　　　倍半萜烯　接受

安定

醚

苯基酯

松开·放下

菖蒲酮 2.7%　菖蒲烯酮 0.8%　芳香醛：细辛醛 0.2%~6%　甲基醚异丁香酚 1.59%

β-细辛脑 75%~80%

α-细辛脑 1%~2%

龙艾
Tarragon

相应于各种空间条件，生长样态变化很大，最重要的是土壤必须排水良好。夏季不宜湿热，冬季最好休眠。俄罗斯龙艾比法国龙艾粗壮，但气味淡薄。

药学属性	适用症候
1. 抗肌肉痉挛，止痛，强肝，利胆	打嗝不止，脚抽筋，痛经、经前小腹沉重，百日咳，反复发作的右上腹疼痛
2. 消炎，消水肿（药物或免疫反应引起者），抗过敏	神经炎，坐骨神经痛，气喘
3. 镇静	神经质，幽闭恐惧
4. 抗感染，抗病毒，抗菌，抗白色念珠菌，抗发酵	热带毒素感染的结肠发炎绞痛，细菌性肠炎，放屁不止

学　　名 | *Artemisia dracunculus*

其他名称 | 龙蒿 / Estragon

香气印象 | 爽朗潇洒的干杯

植物科属 | 菊科艾属

主要产地 | 法国、印度、俄罗斯

萃取部位 | 开花的全株药草（蒸馏）

适用部位 胃经、本我轮

核心成分
萃油率 0.05%~0.95%，20 个可辨识化合物（占 92.7%）

心灵效益 | 安定戒慎恐惧的心，坦然面对错误

注意事项

1. 有六种化学品系：(1) 甲基醚蒌叶酚，(2) 甲基醚丁香酚，(3) α-萜品烯，(4) 茵陈烯炔，(5)5-苯基-1,3-戊二炔，(6) 罗勒烯，成分比例差异也很大。

2. 甲基醚蒌叶酚和甲基醚丁香酚一方面有多重疗效，另一方面在长期过量的情况下也可能提高肝脏致癌的风险。但两者本身并不会直接致癌，而是不稳定的分子状态加上自由基作用后的代谢结果。

柠檬烯 2.8%　顺式β-罗勒烯 1.6%　α-松油萜 1.4%　　香豆素：7-甲氧基香豆素 0.13%

破除
单萜酮

提振
单萜烯

消融
内酯
香豆素

平衡
倍半萜醇

更新
氧化物

壮大
酚

接受
倍半萜烯

安定
醚

苯基酯
醛
超脱
化解
酚二甲醚

松开·放下

香荆芥酚 7.7%　沉香醇 1.2%　　甲基醚蒌叶酚 71.3%　α-古巴烯 2.2%

茴香
Fennel

原生于地中海，现在除了沙漠，只要是空旷无遮阴与日照强之处都能茁壮生长。野生时最爱海岸边的干燥土地，适应各地的栽培种则比较爱水多娇。

学　　名	*Foeniculum vulgare*
其他名称	甜茴香 / Sweet Fennel
香气印象	织锦华美、色彩绚丽的低胸晚礼服
植物科属	伞形科茴香属
主要产地	法国、埃及、匈牙利、摩尔多瓦
萃取部位	果实（蒸馏）

适用部位 胃经、本我轮

核心成分

萃油率 1.1%~2.9%，14 个可辨识化合物（占 99.7%）

心灵效益 安定脆弱敏感的心，拉长战线不放弃

注意事项

1. 孕妇与婴幼儿应避免使用，过量可能使人昏沉、刺激皮肤。

2. 有四种化学品系：洋茴香脑型，洋茴香脑 / 茴香酮型，洋茴香脑 / 甲基醚蒌叶酚型，甲基醚蒌叶酚型。本篇所述是洋茴香脑型。

3. 洋茴香脑会在储存期快速流失，所以应购买当季生产者并尽快用完。

4. 多项研究澄清反式洋茴香脑的致癌性极低，毒性高的是顺式洋茴香脑。此外，对小鼠产生的肝毒性不会伤害正常使用的人类。

药学属性	适用症候
1. 温和的类雌激素作用，通经，助产，催乳	月经不至与流量过少，经期紊乱，痛经，更年期问题
2. 抗肌肉痉挛，略带麻醉性，精神活性，止痛，抗肿瘤	瘫痪，腰痛，痉挛体质，乳腺癌，子宫颈癌
3. 消胀气，健胃，促进消化液分泌，利胆，增进胆汁分泌	消化不良，胃痛，肠绞痛，吞气，胀气，消化道寄生虫病
4. 微量可激励补身，强化心血管与呼吸道，抗菌，驱虫	心悸，心脏疼痛，神经性呼吸困难，气喘，气喘性支气管炎，肺部充血

柠檬烯 1.8%~18%　α-松油萜 1.8%~4.8%　茴香酮 2%~13%　香豆素与呋喃香豆素 微量

1,8-桉油醇 4.29%

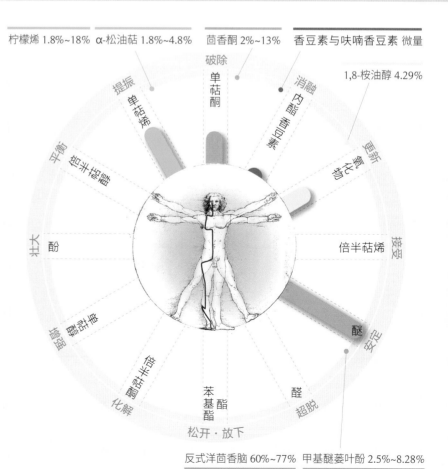

反式洋茴香脑 60%~77%　甲基醚蒌叶酚 2.5%~8.28%

金叶茶树
Black Tea-Tree

原生于澳大利亚北部海岸，现为白千层属分布最广的品种之一，内陆近海都有。高 5~8 米的小树，开花时节，椭圆的花穗满树喷发，因此被称为白云。

药学属性	适用症候
1. 抗肌肉痉挛，止痛	网球肘，运动伤害
2. 抗氧化（活化过氧化物双效酶和过氧化氢酶），消炎，抗肿瘤	缺血性脑损伤（中风过后），乳腺癌
3. 镇静	报告或上台焦虑，人群恐慌症
4. 促进胰岛素分泌	II 型糖尿病的症状（视力模糊、皮肤瘙痒、周围神经病变等）

学　　名 | *Melaleuca bracteata*

其他名称 | 白云茶树 / White Cloud Tree

香气印象 | 千锤百炼的醇厚嗓音

植物科属 | 桃金娘科白千层属

主要产地 | 澳大利亚

萃取部位 | 叶片（蒸馏）

适用部位　胃经、本我轮

核心成分
萃油率 0.42%，22 个可辨识化合物（占 92.09%）

心灵效益 | 安定社交被排挤的挫败，勇敢开发自己的同温层

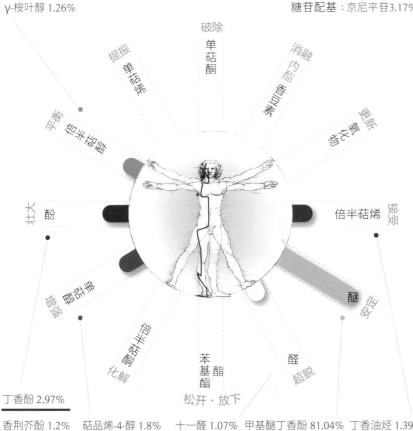

γ-桉叶醇 1.26%

糖苷配基：京尼平苷3.17%

破除 单萜酮
提振 单萜烯
消融 内酯 香豆素
平衡 倍半萜醇
更新 氧化物
壮大 酚
接受 倍半萜烯
增强 倍半萜酮
醚 安定
化解 单萜醇
苯基酯 酯
醛 超脱
松开 · 放下

丁香酚 2.97%

香荆芥酚 1.2%　　萜品烯-4-醇 1.8%　　十一醛 1.07%　　甲基醚丁香酚 81.04%　　丁香油烃 1.39%

注意事项

1. 有四种化学品系：(1) 甲基醚丁香酚，(2) 反式甲基醚异丁香酚，(3) 榄香素，(4) 反式异榄香素。

2. 2002 年的一项研究指出，超出人类正常摄取量百倍至千倍的甲基醚丁香酚，也不会令小鼠致癌。

3. 孕妇与婴幼儿最好避免使用。

鳞皮茶树
Scalebark Tea-Tree

原生于澳大利亚昆士兰东南的黑土平原，也适应树林与灌木丛的粘质壤土。和其他白千层属不同之处是，其粗硬树皮块状剥落，叶片尖刺而叶脉少。

学　　名	*Melaleuca squamophloia*
其他名称	刺叶茶树 / Prickly-leafed Tea Tree
香气印象	跟着 Funk 音乐动起来
植物科属	桃金娘科白千层属
主要产地	澳大利亚
萃取部位	叶片（蒸馏）

适用部位　胃经、本我轮

核心成分
萃油率 0.4%

心灵效益　安定局促空间的压迫感，放心自由伸展

注意事项

1. 有两种化学品系：(1) 榄香素 96%，(2) 异榄香素 78%。

2. 一般误解榄香素会因抗胆碱而致谵妄，其实是内服肉豆蔻果实所造成，榄香素本身并无抗胆碱作用。动物研究显示榄香素能活化血清素 5-HT$_{2A}$ 受体，但尚无人体实证。榄香素的化学结构接近麦西卡林（一种致幻剂），在人体代谢后则可能致幻。

3. 孕妇与婴幼儿及服用精神药物者避免使用。

药学属性	适用症候
1. 抗肌肉痉挛，止痛	坐姿不正确引起的腰背疼痛，久坐或正座引起的膝腿发麻
2. 抗菌（曲状杆菌），抗霉菌（植物病原真菌），消炎	旅行时腹泻，肠胃不适
3. 促精神活性，麻醉	安宁疗护（终末期癌症患者的疼痛管理）
4. 抗过敏（抑制 5-脂氧合酶），抗肿瘤	环境刺激引发的鼻过敏，乳腺癌

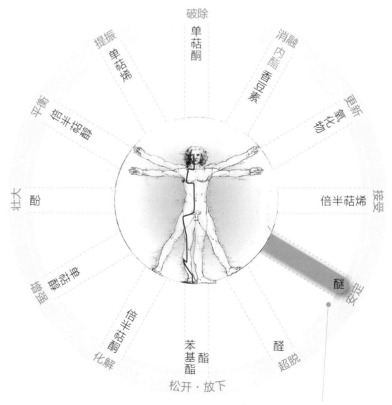

榄香素 93%~97%　异榄香素 0.2%

肉豆蔻
Nutmeg

原生于终年湿热、火山造成的香料群岛，成长时嫩叶需要遮荫。虽然习惯淋雨，但浅根不能忍耐积水的土壤，因此常长在山坡红土上。

学　名	*Myristica fragrans*
其他名称	肉果 / Myristica
香气印象	穿着夹脚拖吃冰的夏夜
植物科属	肉豆蔻科肉豆蔻属
主要产地	印尼、西班牙、格拉纳达、印度、马来西亚
萃取部位	果核（蒸馏）

适用部位　肝经、眉心轮

核心成分
萃油率 5.04%~8.91%，40 个可辨识化合物（占 98.63%）

心灵效益 | 安定不甘寂寞的心，十年磨一剑

药学属性 / 适用症候

药学属性	适用症候
1. 抗氧化，提高谷胱甘肽-S-转移酶的作用，抗肿瘤	肝脏毒素堆积，胃癌，肺癌，乳腺癌，子宫颈癌
2. 补身，强化子宫功能（通经、助产），降血压，利神经，抗沮丧	虚弱无力，分娩困难，血压飙高，睡不安稳，万念俱灰
3. 止泻，抗菌，抗寄生虫	腹泻，胀气，牙周病，消化道寄生虫病
4. 消炎，止痛	风湿性关节炎，扭伤，酸痛疲劳

α-松油萜 19.77%　桧烯 12.23%　β-松油萜 14.78%　柠檬烯 5.84%

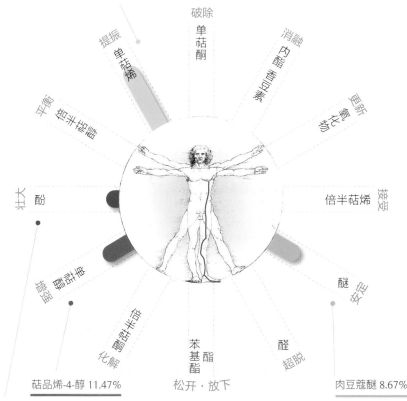

破除 单萜酮
提振
单萜烯
消融 内酯 香豆素
平衡 倍半萜醇
更新 氧化物
壮大 酚
接受 倍半萜烯
增强 倍半萜酮
醚 安定
化解 酮 倍半萜
苯基酯 酯
松开·放下
醛 超脱

萜品烯-4-醇 11.47%
丁香酚 0.26%　异丁香酚 0.44%　榄香素 0.24%　黄樟素 1.23%　甲基醚丁香酚 0.24%　肉豆蔻醚 8.67%

注意事项

1. 服用精神药物者避免使用。

2. 肉豆蔻著名的抗胆碱致谵妄作用，主要来自肉豆蔻脂，这个成分并不存在于肉豆蔻精油中。而肉豆蔻醚、榄香素则要经过人体代谢才会致幻，但精油中含量不高，而且代谢过程有个体差异，人体实验中 60% 对肉豆蔻醚并无致幻反应。

3. 包裹种子的红色种皮也可萃取精油，称作 Nutmeg Mace Oil（肉豆蔻皮精油）。两者的组分接近，但种皮所含的醚类较多，所以气味更活泼，价格也略高一些。

粉红莲花
Lotus, Pink

在水中生活，根茎长在池塘或河流底部的淤泥上，而荷叶挺出水面。喜好高热高湿的环境，种子保留千年仍可繁殖。

学　　名	*Nelumbo nucifera*
其他名称	荷花 / Sacred Lotus
香气印象	一艘满载而归的渡轮
植物科属	莲科莲属
主要产地	印度、泰国
萃取部位	花 (溶剂萃取)

适用部位 肝经、基底轮

核心成分
萃油率 0.016%(精油)，70 个可辨识化合物 (占 75%)

心灵效益 | 安定前途茫茫之虑，确信未来不虞匮乏

＊印度教用来供养女神 Lakshmi 以祈求源源不绝的爱与富足

注意事项

1. 蒸馏所得的粉红莲花精油以脂肪酸酯为主，如棕榈酸甲酯 22.66%、亚油酸甲酯 11.16%，特殊作用是启动酪氨酸酶，调节黑色素数量，减少白发，增深发色。

2. 金莲花 (Lotus, Gold) 的学名是墨西哥黄金莲 (*Nymphaea mexicana*)，属于睡莲。香气主轴是 6,9-十七碳二烯、十五烷、苯甲醇。色泽较淡，气味较轻快。

3. 蓝莲花 (Lotus, Blue) 也是一种睡莲，学名叫埃及蓝睡莲 (*Nymphaea caerulea*)。组分包括三羟基戊酸、p-香豆酸、β-谷固醇，是古埃及的神圣植物，有安抚神经与抗氧化的作用。气味在三者中最优美。

药学属性	适用症候
1. 催眠，镇静	焦虑，失眠，过动，易怒
2. 活化大脑的鸦片受体，止痛	早泄，腹部痉挛，阴道分泌物带血，性交疼痛
3. 活血止血，清心解热毒	腹泻，霍乱，发烧，中暑，多尿，肝病
4. 修护发肤，消炎，抗老化	疱疹，湿毒，脂溢性皮炎导致的脱发，皮肤松垮，麦粒肿，微血管扩张

碳氢化合物：十五烷 17%　桧烯 9.9%　柠檬烯 1.3%　1,8-桉油醇 4.6%

丁香油烃氧化物

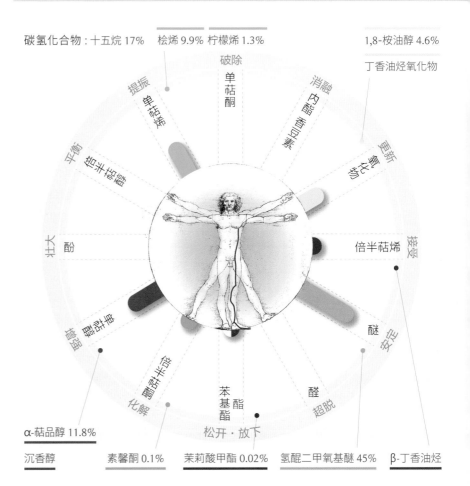

α-萜品醇 11.8%

沉香醇　素馨酮 0.1%　茉莉酸甲酯 0.02%　氢醌二甲氧基醚 45%　β-丁香油烃

热带罗勒
Tropical Basil

原生于印度东北部，需要大量的水分和充足的阳光，还要定期施肥。成株以后要时常摘心，以促进新叶生长。

药学属性	适用症候
1. 强力抗痉挛，调节神经（作用于延髓及交感神经）	痉挛体质，神经系统功能紊乱，激动，焦虑，沮丧，疲累虚弱（脑神经衰弱或大病一场之后）
2. 强力抗病毒，抗菌（葡萄球菌、肺炎双球菌），抗感染，强肝	甲型与乙型肝炎，肠胃蠕动不畅，黄热病，吞气症，胃炎，胰脏功能低下，尿道感染，肝癌
3. 消炎：因感染引起者，止痛	病毒感染导致的脑炎与神经炎，多发性硬化症，脊髓灰质炎，风湿性关节炎
4. 解除静脉阻塞症状，解除前列腺充血症状	静脉循环不良，静脉曲张，前列腺炎

学　　名 | *Ocimum basilicum*, CT *methyl chavicol*

其他名称 | 九层塔 / Exotic Basil

香气印象 | 宽领花衬衫配上白短裤

植物科属 | 唇形科罗勒属

主要产地 | 科摩罗岛、泰国、马达加斯加

萃取部位 | 开花的全株药草（蒸馏）

适用部位　肝经、本我轮

核心成分
萃油率 0.15%，36 个可辨识化合物（占 74%~87%）

心灵效益 | 安定动辄得咎的惶恐，平和接收不同意见

樟烯 4%　反式β-罗勒烯 0.58%~1.25%　　　　1,8-桉油醇 2.55%~4.43%

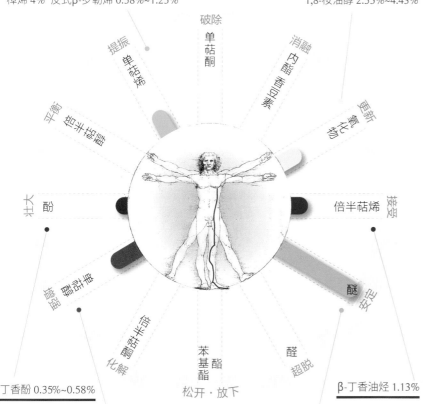

破除
单萜酮
提振
单萜烯
消融
内酯·香豆素
平衡
倍半萜醇
更新
氧化物
壮大
酚
接受
倍半萜烯
醚
安定
苯基酯
醛
超脱
化解
醚类·氧化物
松开·放下

丁香酚 0.35%~0.58%　　　　　　　　　　　β-丁香油烃 1.13%

沉香醇 0.97%~2.72%　龙脑 tr~4.35%　甲基醚蒌叶酚 83%~87%　甲基醚丁香酚 0.87%~4.16%

露兜花
Kewra

海岸植物，成丛聚生于海岸林最前线，耐盐耐湿，防风定沙。原产于太平洋热带地区海岸及岛屿。雄花淡黄白色，有苞片保护，香气浓烈。

学　　名	*Pandanus odoratissimus / P. odorifer*
其他名称	林投 / Screw-pine
香气印象	棕榈树下的草裙舞
植物科属	露兜树科露兜树属
主要产地	印度
萃取部位	花（蒸馏）

适用部位　肝经、本我轮

核心成分
萃油率 0.024%，85 个可辨识化合物（占 98.7%）

心灵效益 | 安定如坐针毡之感，露出轻松的笑容

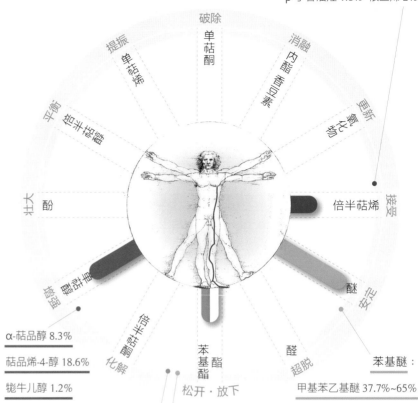

β-丁香油烃 1.8%　依兰烯 2%

破除 单萜酮

提振 单萜烯

消融 内酯 香豆素

更新 氧化物

平衡 倍半萜醇

接受 倍半萜烯

壮大 酚

安定 醚

超脱 醛

松开·放下

化解

α-萜品醇 8.3%

萜品烯-4-醇 18.6%

牻牛儿醇 1.2%

苯基醇与酯：苯乙醇 7.5%　苯甲酸苄酯 0.1%

苯基酯

苯基醚：甲基苯乙基醚 37.7%~65%

芳香醛：香草素 0.4%　苯乙醛 0.6%

药学属性	适用症候
1. 抗痉挛，安胎（微量）	耳痛，头痛，风湿痛，关节炎，高危险妊娠
2. 强心	血液黏浊，心悸
3. 调节新陈代谢与消化问题，排毒净化	摄食过多烤炸或腌渍食物，病毒感染导致的发热与肌肉疼痛
4. 激励神经系统，调节血清素的分泌	虚弱，眩晕，冷淡无感

注意事项

1. 有些露兜油含一倍多的苯乙醇和减半的甲基苯乙基醚，芳香醛和苯甲酸苄酯的比例也较多，是重建或合成的结果。

2. 露兜花在蒸馏时极易溶于水（0.2%），所以纯露中含精油比例较高。

皱叶欧芹
Garden Parsley

需要肥沃湿润不积水的土壤，只需要半日照的阳光，太干燥叶片会变黄。与玫瑰一起栽种时，能使玫瑰生长旺盛、香气浓郁。

药学属性	适用症候
1. 抗癫痫	癫痫，神经系统困扰，耳鸣
2. 抗痉挛	肠痉挛，肠炎
3. 利尿，抗肝毒性	肾功能不佳，肾结石，膀胱结石，食物中毒，酒精中毒
4. 通经，抗氧化，抗肿瘤	月经不至，经血量少，乳腺癌

学　　名 ｜ *Petroselinum crispum*

其他名称 ｜ 英国香芹 / English Parsley

香气印象 ｜ 穿苏格兰裙吹风笛的男人

植物科属 ｜ 伞形科欧芹属

主要产地 ｜ 爱沙尼亚、奥地利

萃取部位 ｜ 全株 (蒸馏)

适用部位　肝经、本我轮

核心成分
萃油率 0.29%，34 个可辨识化合物 (占 96.61%)

心灵效益 ｜ 安定成名的渴望，守住真诚的信仰

注意事项

1. 孕妇与婴幼儿，以及服用精神药物者避免使用。

2. 各地栽培种的成分差异很大，市场常见以单萜烯为主者 (1,3,8-对-薄荷三烯 48%，β-水茴香萜 29%)，肉豆蔻醚仅占 6.5%。这种皱叶欧芹的气味明显较平叶欧芹清淡，也不会因为氧化而变得黏稠。

单萜烯 32.4% : 1,3,8-对-薄荷三烯 5.39% ｜ β-水茴香萜 21% ｜ 金合欢烯 0.19%

β-月桂烯 4.25% ｜ 破除 ｜ 大根老鹳草烯 0.05%

单萜酮

提振 · 单萜烯

平衡 · 倍半萜醇

壮大 · 酚

化解 · 倍半萜酮

松开 · 放下 · 苯基酯

超脱 · 醛

安定 · 醚

接受 · 倍半萜烯

更新 · 氧化物

消融 · 内酯 · 香豆素

醚 65% :
肉豆蔻醚 36.15%
芹菜脑 20.97%

桃金娘醛 0.17% ｜ 水茴香醛 0.1% ｜ 烯丙基四甲氧基苯 6.45% ｜ 榄香醚 2.74%

平叶欧芹
Parsley

根群分布浅，地表易产生白色细根。茎为短缩根茎，矮性植物。要求冷凉的气候和湿润的环境。生长适温为15℃~20℃，耐寒力相当强。

学　　名	*Petroselinum sativum*
其他名称	意大利扁叶香芹 / Plain Leaf Parsley
香气印象	分子料理奇异的摆盘
植物科属	伞形科欧芹属
主要产地	保加利亚、埃及、匈牙利
萃取部位	全株 (蒸馏)

适用部位　肝经、本我轮

核心成分
萃油率 0.1%~0.7%，17 个可辨识化合物 (占 96.94%)

心灵效益　安定三心两意，不惧冷门、不畏流言

注意事项

1. 孕妇与婴幼儿不可使用，芹菜脑可能引发流产。服用精神药物者也应避免使用。

2. 保存时间长 (氧化) 会变黏稠，过量可能刺激皮肤。

3. 种子和根部精油所含的芹菜脑，都是叶片的三倍。种子萃取的精油也有抗肿瘤 (乳腺癌) 作用。

药学属性	适用症候
1. 强化神经 (激励作用)	意志力薄弱，难以抗拒诱惑
2. 强化肌肉，保护子宫，通经	泌尿生殖道感染，尿道炎，白带，月经不至，少经
3. 抗病毒 (HSV-1)，养肝 (抑制巨噬细胞分泌 TNF-α)，抗肿瘤	疱疹，长期服用药物者，过量接触化学制剂者，子宫颈癌，人类神经母细胞瘤
4. 促进消化道血液循环，祛痰，杀螨剂，抗疟原虫	消化障碍，气喘，屋尘螨引起的过敏，疟疾

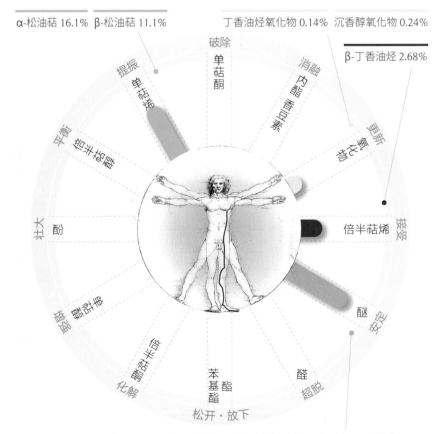

α-松油萜 16.1%　β-松油萜 11.1%　丁香油烃氧化物 0.14%　沉香醇氧化物 0.24%

β-丁香油烃 2.68%

芹菜脑 18.2%　肉豆蔻醚 25.2%　烯丙基四甲氧基苯 7.54%

洋茴香
Anise

原生于地中海东部与亚洲西部，喜欢肥沃的土壤与全日照，但气温不能过高。种子保存多年仍能发芽，中东以外地区气味最浓郁的洋茴香来自希腊和匈牙利。

学　　名	*Pimpinella anisum*
其他名称	大茴香 / Aniseed
香气印象	妈妈对摇篮里的宝宝哼儿歌
植物科属	伞形科茴芹属
主要产地	埃及、伊朗、印度
萃取部位	果实（蒸馏）

适用部位　胃经、本我轮

核心成分
萃油率 1%~5%，21 个可辨识化合物（占 96.3~99.6%）

心灵效益 | 安定瞻前顾后的心，专注于直觉选定的方向

药学属性

1. 催乳，温和的类雌激素作用，通经，助产

2. 抗痉挛，局部止痛，麻醉，抗抑郁

3. 消胀气，健胃，轻泻，利尿，降血糖，降血脂，洁牙

4. 促进呼吸道分泌，祛痰，发汗，抗病毒，抗肿瘤生成

适用症候

— 奶水不足，少经，绝经，体毛过多，痛经，更年期脸潮红

— 重症病患的吗啡依赖，癫痫，梦魇，偏头痛

— 打嗝，胃溃疡，消化不良，便秘，糖尿病，烟草与茶造成的齿色暗黄

— 上呼吸道多痰，受寒，单纯疱疹 I 与 II 型，麻疹，乳腺癌，子宫颈癌

1. 孕妇与婴幼儿应避免使用，过量可能使人昏沉、刺激皮肤。

2. 五味子科八角属的八角茴香 (*Illicium verum*) 和洋茴香成分接近，作用也相似，主产地是中国和越南。萃油率更高 (5%~9%)，反式洋茴香脑约占 88%，特有成分是环戊烯基呋喃。

3. 三种茴香的真正差异在于微量成分，微量成分也能够平衡高量茴香脑的潜在副作用。以女性特质比喻香气的话，茴香娇甜(25岁)，洋茴香婉约(35岁)，八角茴香妩媚(45岁)。

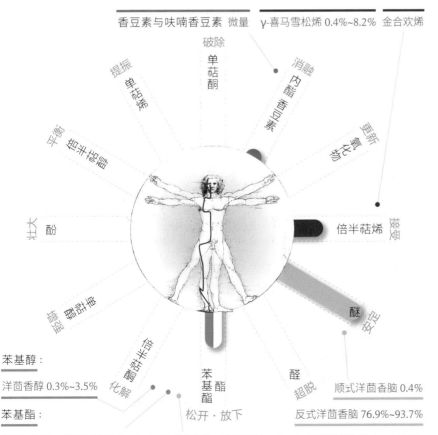

香豆素与呋喃香豆素 微量
γ-喜马雪松烯 0.4%~8.2%　金合欢烯

苯基醇：
洋茴香醇 0.3%~3.5%

苯基酯：
假异丁香基2-甲基丁酸酯 0.4%~6.4%　芳香醛：洋茴香醛 tr~5.4%　甲基醚蒌叶酚 0.5%~2.3%

顺式洋茴香脑 0.4%

反式洋茴香脑 76.9%~93.7%

倍半萜烯

西部黄松
Western Yellow Pine

北美洲分布最广的一种松树，宽阔伟岸，高达 82 米。常见于中海拔山区，愈往西部 (加州) 气味愈浓，已成功引种至南美安第斯山区。

学　　名	*Pinus ponderosa*
其他名称	庞德罗莎松 / Ponderosa Pine
香气印象	英国贵族在林间骑马猎狐
植物科属	松科松属
主要产地	阿根廷、美国
萃取部位	针叶 (蒸馏)

适用部位　肾经、基底轮

核心成分
萃油率 0.3%~0.6%，52 个可辨识化合物

心灵效益｜安定害怕失去的心，优雅地确认自己的存在

药学属性	适用症候
1. 抗 MRSA，抗白色念珠菌，抗感染	长期住院的病患，长期使用抗生素的病患，足癣
2. 抗痉挛，局部止痛	多发性硬化症，风湿性关节炎，膝盖酸软
3. 抗黏膜发炎	鼻窦炎，呼吸道敏感易咳
4. 促进肾上腺分泌，抗压力，抗抑郁	过劳，心力交瘁，久病厌世

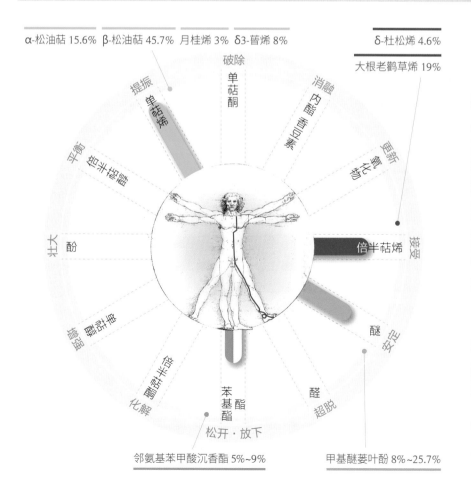

α-松油萜 15.6%　β-松油萜 45.7%　月桂烯 3%　δ3-蒈烯 8%　δ-杜松烯 4.6%　大根老鹳草烯 19%

邻氨基苯甲酸沉香酯 5%~9%　　甲基醚蒌叶酚 8%~25.7%

洋茴香
罗文莎叶

Anise Ravensara

马达加斯加原生种，分布于东部热带雨林内的低海拔山地或海岸。生长受湿度影响最大，相对干区比湿区的树小叶少而油点多，气味也较浓。

学　　名	*Ravensara aromatica*
其他名称	哈佛梭 / Havozo
香气印象	一个人啜饮麦根沙士听黑胶唱片
植物科属	樟科罗文莎叶属
主要产地	马达加斯加、科摩罗岛
萃取部位	树皮（蒸馏）

适用部位 胃经、心轮

核心成分
萃油率 1%~2.3%，24 个可辨识化合物

心灵效益 | 安定震裂破碎的心，慢慢回复人的温度

药学属性

1. 消胀气，健胃，消炎，驱虫，强肝

2. 激励补身，强化心血管与呼吸道

3. 抗病毒，抗菌，抗感染

4. 温和的类雌激素作用，抗肌肉痉挛，止痛

适用症候

1. 胃痛，肠绞痛，吞气症，肝炎，胃炎，黄热病，寄生虫病，肝癌

2. 慢性疲劳综合征，心悸，心脏疼痛，气喘，肺部充血

3. 病毒感染导致的脑炎与神经炎，多发性硬化症，风湿性关节炎

4. 月经不至，痛经，抽筋，腰酸背痛

注意事项

1. 过去称作罗文莎叶的精油现已被正名为桉油醇樟，是樟树的一个化学品系，成分以桉油醇为主。

2. 真正的罗文莎叶（叶片）有四个化学品系，分别是甲基醚蒌叶酚型、甲基醚丁香酚型、萜品烯型、桧烯型。商品标示为 *Ravensara aromatica* 的叶油，通常是第三型（单萜烯 75%，醚类 2.5%~7%）。

3. 本品的商品名常被标示为 *Ravensara anisata*，其实与 *Ravensara aromatica* 同义，并非不同品种。虽然罗文莎叶从叶片可分为四个品系，但树皮一致以甲基醚蒌叶酚为主。

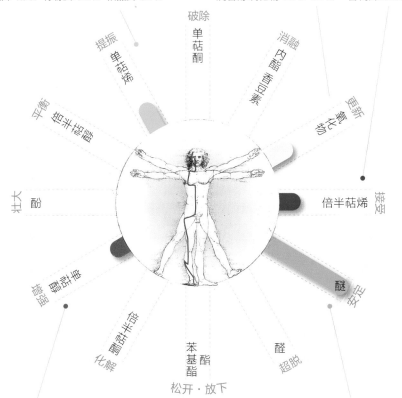

桧烯 1.9%　柠檬烯 5.6%　萜品烯 0.7%　　沉香醇氧化物 1.3%~6.7%　香树烯 2.4%

萜品烯-4-醇 1.4%　　甲基醚蒌叶酚 61%~82%　反式洋茴香脑 7.3%~20%

防风
Fang Feng

生态分布区域较广，从深山峡谷、干旱草原到低湿草甸均有生长。但在土质疏松、排水良好的沙岗缓丘成长者质量最好。植株可防风固沙。

学　　名	*Saposhnikovia divaricata*
其他名称	茴草 / Siler
香气印象	小王子在自己的星球上照顾玫瑰
植物科属	伞形科防风属
主要产地	中国（河北、内蒙古、黑龙江、云南）
萃取部位	根部（蒸馏）

适用部位 膀胱经、本我轮

核心成分
萃油率 0.21%，24~56 个可辨识化合物

心灵效益 | 安定不断膨胀的野心，体会自给自足的乐趣

注意事项

1. 因地域与萃取方法不同（如浸泡法或蒸馏法），精油成分与比例会有很大的差异。
2. 无法确定醚类含量高低时，孕妇及婴幼儿最好避免使用。
3. 中医认为防风属辛温发散之品，血虚发痉及阴虚火旺忌用。

药学属性	适用症候
1. 消炎，抗敏	延迟性过敏反应，移植物排斥
2. 排砷，抑制肝脏脂质过氧化	食物中毒，农药中毒
3. 镇静，止痛，保护神经细胞，发汗	风湿，风邪引起的头痛、全身骨节酸痛、四肢痉挛
4. 抗肿瘤，抗氧化	胰腺癌

匙叶桉油烯醇 0.46%~5.93%　　聚乙炔：人参醇 21%~60%　　没药烯 3%

破除
单萜酮
提振　　　　消融
单萜烯　　　　　内酯 香豆素
平衡　　　　　　　　　　　更新
倍半萜醇　　　　　　　　氧化物

壮大
酚　　　　　　　　　　　倍半萜烯　接受

　　　　　　　　　　　　　　醚

　　　　　　　　　　　　安定
增强　　　　　　　　　　　醛
倍半萜酮　　　　　　　　超脱
　　化解
　　　倍半萜烯　苯基酯
松开・放下

脂肪族化合物：辛醛 4% 庚醛 2% 壬醛 2%　　肉豆蔻醚 0.15%~29%　芹菜脑 0~25%

甜万寿菊
Sweetscented Marigold

原生于中美洲，多见于干燥的岩质边坡或林地。需要全日照，无法生长在蔽阴处，也不能忍受积水的土壤。

药学属性	适用症候
1. 消胀气，健胃，整肠，驱虫(蛔虫、蟯虫、梨形鞭毛虫、阿米巴原虫、疟原虫)	吞气症，腹泻，肠绞痛，黄热病，各种寄生虫病
2. 激励补身，强化心血管与呼吸道	倦怠感，心悸，心脏疼痛，气喘，着凉感冒
3. 抗菌，抗霉菌，抗氧化	长期卧床与慢性病病患的反复感染
4. 抗焦虑，轻微的迷幻作用，抗肌肉痉挛，止痛	手术前，经常紧绷的肩颈，风湿痛

学　　名	*Tagetes lucida*
其他名称	墨西哥龙艾 / Mexican Tarragon
香气印象	荡秋千的小女孩不停哼着歌
植物科属	菊科万寿菊属
主要产地	哥斯达黎加、危地马拉、墨西哥
萃取部位	叶片(蒸馏)

适用部位 胆经、本我轮

核心成分
萃油率 0.97%，40 个可辨识化合物(占 100%)

心灵效益 安定令人窒息的紧张感，从夹缝中看见光亮

丁香酚　月桂烯 2.3%　罗勒烯　大根老鹳草烯　β-丁香油烃　金合欢烯

破除
单萜酮
提振　消融
单萜烯　内酯香豆素
更新
平衡　倍半萜醇　氧化物
壮大　酚
倍半萜烯　接受
醚　安定
苯基酯倍半萜酮
醛　超脱
化解
苯基酯
松开·放下

沉香醇 0.1%　甲基醚蒌叶酚 96.8%　洋茴香脑　甲基醚丁香酚

注意事项

1. 安全性请参考"龙艾"，过量可能使人呆滞。

2. 不同产地的甲基醚蒌叶酚比例如下：哥斯达黎加与古巴 97%，匈牙利 45%(加上甲基醚丁香酚 20%)，危地马拉 33.9%(加上洋茴香脑 23.8% 和丁香酚 24.3%)，墨西哥 12%(加上甲基醚丁香酚 80%)。

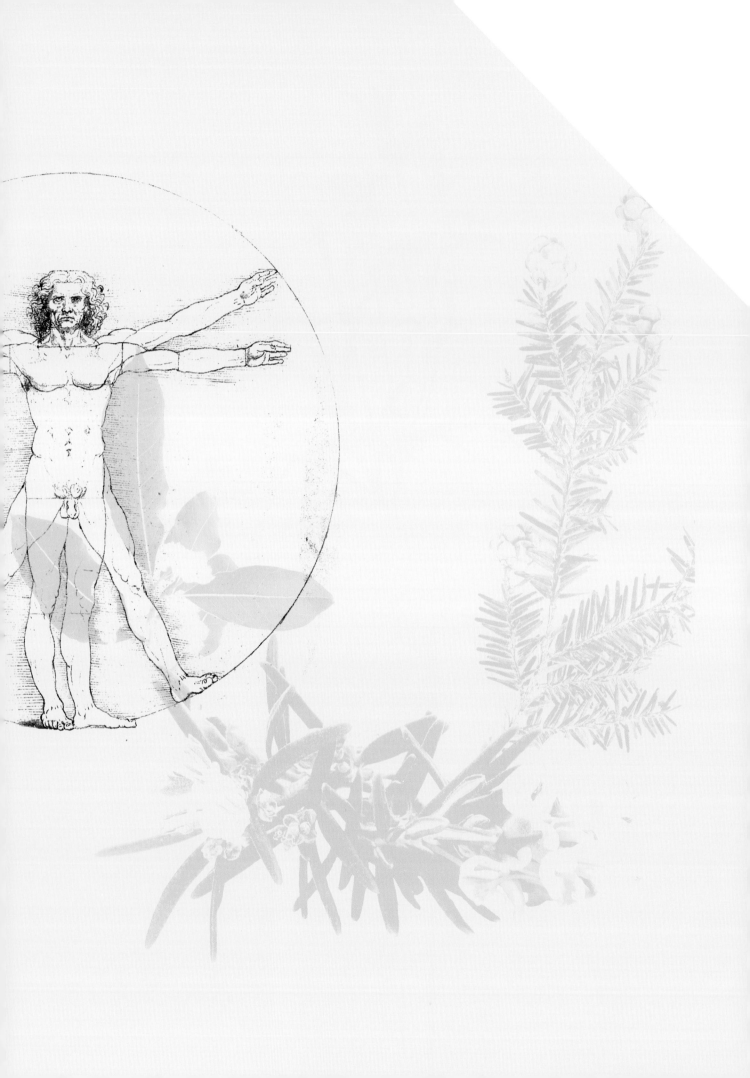

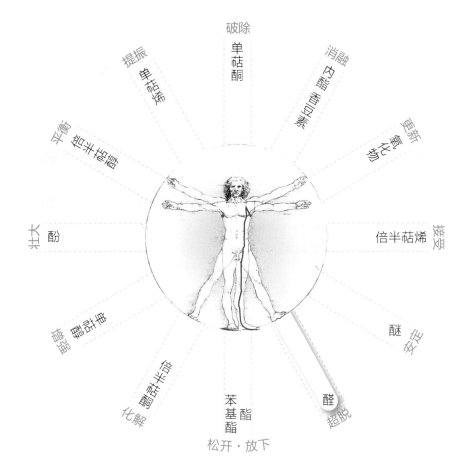

破除
单萜酮

消融
内酯 香豆素

更新
氧化物

提振
单萜烯

平衡
倍半萜醇

接受
倍半萜烯

壮大
酚

醚
安定

醒脂
单萜醇

超脱
醛

化解
倍半萜酮

苯基酯

松开・放下

VI 醛类

Aldehyde

卓越的抗菌抗病毒作用，在芳香分子中足可和酚类分庭抗礼，也跟酚类一样需要控制剂量以免刺激皮肤，但气味则明显宜人许多。防护神经和心血管的优异功效，使它能举重若轻地对抗巨大压力，如过劳、人际纠葛、水土不服、孕期困难等等。醛类极适合用来平衡脾经，调理思虑过度产生的代谢障碍。代表性的柠檬味常现假冒（如以柠檬香茅暗代柠檬马鞭草），有些则直接混掺入合成的柠檬醛。

柠檬香桃木
Lemon Myrtle

澳大利亚东南部的特有植物，分布于海岸雨林。本属仅有七个品种，皆有香气。生长缓慢，不耐积水，除了雨季以外，全年皆可采收。

学　　名	*Backhousia citriodora*
其他名称	柠檬铁木 / Lemon Ironwood
香气印象	雨过天晴
植物科属	桃金娘科白豪氏属
主要产地	澳大利亚
萃取部位	叶片（蒸馏）

适用部位　脾经、心轮

核心成分
萃油率 1.1%，13 个可辨识化合物（占 97.84%）

心灵效益 | 超脱平凡的无力感，不再畏缩从众

注意事项

1. 1895 年德国公司首次蒸馏，1991 年开始商业栽培，属于新兴精油。

2. 健康皮肤的安全剂量为 0.7%，与茶树精油调和可降低刺激性。

3. 柠檬醛的杀菌力 RW 系数为 19.5（比石碳酸高 19.5 倍），只低于百里酚；柠檬香桃木精油杀菌力 RW 系数为 16，高于茶树精油和尤加利精油。

药学属性

1. 抗病毒、抗霉菌、抗菌（澳大利亚本土植物第一名），抗 MRSA，驱蚊，防腐

2. 扩张血管，消炎，调节 PPAR-alpha（促进脂肪代谢与维持血糖水平）

3. 保护神经，抗惊厥，降低前列腺素引起的痛觉过敏

4. 诱发癌细胞凋亡，抗肿瘤

适用症候

→ 疱疹，艾滋病，足癣，灰指甲，癣，医院、幼儿园与公众场所的卫生防护

→ 心血管疾病，过重，糖尿病

→ 抑郁症，癫痫，老年痴呆，莫名疼痛

→ 乳腺癌，血液恶性肿瘤

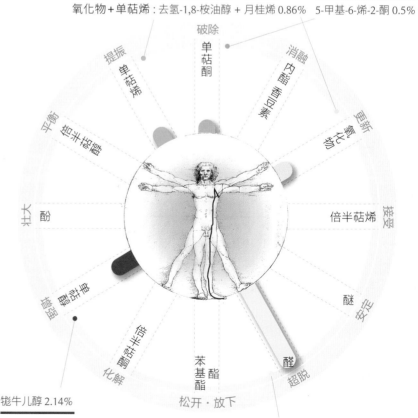

氧化物＋单萜烯：去氢-1,8-桉油醇 + 月桂烯 0.86%　5-甲基-6-烯-2-酮 0.5%

牻牛儿醇 2.14%

橙花醇＋香茅醇 1.15%　　柠檬醛 87.19%~96.6% = 橙花醛 + 牻牛儿醛　顺式异柠檬醛 1.53%

泰国青柠叶
Petitgrain Combava

分布于亚洲热带地区，是高 1.8~10.7 米的多刺灌木。出名的葫芦型双叶和凹凸不平的果皮，都能入菜。

药学属性	适用症候
1. 消炎，抗风湿	→ 关节炎，风湿病
2. 镇静	→ 焦虑，压力，易怒，失眠
3. 抗肿瘤，抗氧化	→ 子宫颈癌，神经母细胞瘤 (儿童)，口腔癌，白血病
4. 抗呼吸系统细菌感染，止咳，抗牙周病细菌，止血	→ 压抑情绪引发的持续咳嗽 (含百日咳)，牙周病，牙龈流血

学　　名 | *Citrus hystrix*

其他名称 | 箭叶橙 / Swangi

香气印象 | 云山雾罩，偶尔窜出几棵古松的奇幻之境

植物科属 | 芸香科柑橘属

主要产地 | 马达加斯加、泰国、印尼

萃取部位 | 叶片 (蒸馏)

适用部位 脾经、本我轮

核心成分
萃油率 0.58%~0.85%，41 个可辨识化合物 (占 95%)

心灵效益 | 超脱形象的桎梏，不再隐藏真实想法

桧烯 4.9%

酸：香茅酸

破除 单萜酮

提振 单萜烯

消融 内酯 香豆素

平衡 倍半萜醇

更新 氧化物

壮大 酚

接受 倍半萜烯

醚 安定

酯 香豆素

超脱

松开·放下

苯基酯

化解 酮 倍半

沉香醇 3.5%

异胡薄荷醇 2.5%

香茅醇 2%

乙酸香茅酯 5.1%　香茅醛 69%~85%　2,6-二甲基-5-庚烯醛 0.08%

黄樟素 微量

注意事项

1. 新喀里多尼亚产的以萜品烯-4-醇为主成分，几乎不见香茅醛。

柠檬叶
Petitgrain Lemon

柑橘属中最不耐寒的作物之一，需要富于有机质的土壤。最好的生长条件是冬无严寒、夏无酷暑、热量充足、雨量充沛、年温差小。

| 学　名 | Citrus × limon / Citrus limonum |

其他名称 ｜黎檬子叶 / Lemon Leaf

香气印象 ｜洗干净的衣服晾在微风中

植物科属 ｜芸香科柑橘属

主要产地 ｜埃及、意大利

萃取部位 ｜叶片 (蒸馏)

适用部位　脾经、本我轮

核心成分
萃油率 0.6 %，44 个可辨识化合物
(占 98.24%)

心灵效益 ｜超脱尘世的喧嚣，静定于规律的日常

药学属性	适用症候
1.　消炎	＋ 肠胃炎，血液发炎指数过高
2.　镇静中枢神经	＋ 思绪停不下来，烦躁不安，易怒
3.　抗肿瘤	＋ 大肠癌，乳腺癌
4.　止咳，平喘，抑菌，溶解结石	＋ 密闭空调引起的咳嗽，胆结石

柠檬烯 22.8%　β-松油萜 5.04%

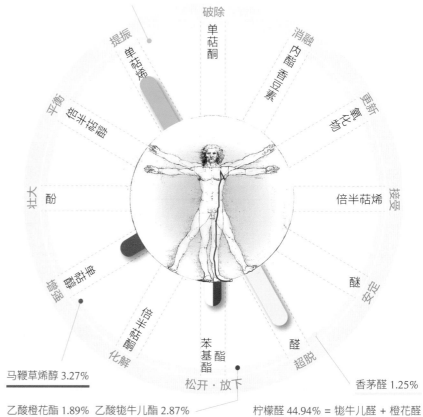

马鞭草烯醇 3.27%

乙酸橙花酯 1.89%　乙酸牻牛儿酯 2.87%

香茅醛 1.25%

柠檬醛 44.94% = 牻牛儿醛 + 橙花醛

柠檬香茅
Lemongrass

原产于南亚与东南亚，现在遍布热带地区甚至温带国家，不耐霜。喜温暖、多湿的全日照环境与排水良好的沙土，可施氮肥，能固土。

药学属性	适用症候
1. 抗菌，抗霉菌（须发霉菌、絮状表皮癣菌），驱蚊虫家蝇（冈比亚疟蚊、埃及斑蚊）	艾滋病患者的鹅口疮，股癣和足癣，防疟疾和登革热，非洲人类锥虫病（昏睡病）
2. 扩张血管，调理消化，抗糖尿，镇静（提高 γ-氨基丁酸）	慢性肠胃炎，II 型糖尿病，发热，烦躁，受惊
3. 强力消炎（抑制 iNOS 表现和一氧化氮生成），止痛	动脉炎，肌腱炎，韧带拉伤，腿部酸软无力，肌张力不全，浮肉
4. 增加谷胱甘肽转移酶，抗肿瘤	肝指数过高，二乙基亚硝胺导致的肝损伤（如肝癌），卵巢癌，乳腺癌，肿瘤相关成纤维细胞

学　　名 | *Cymbopogon citratus*

其他名称 | 西印度柠檬香茅 / West Indian Lemon Grass

香气印象 | 环法自行车赛选手飞速下坡

植物科属 | 禾本科香茅属

主要产地 | 危地马拉、俄罗斯、马达加斯加

萃取部位 | 叶片（蒸馏）

适用部位　脾经、本我轮

核心成分
萃油率 0.66%~0.9%，18 个可辨识化合物（占 88.41%~99.29%）

心灵效益 | 超脱宿命的束缚，走出自己的一条路

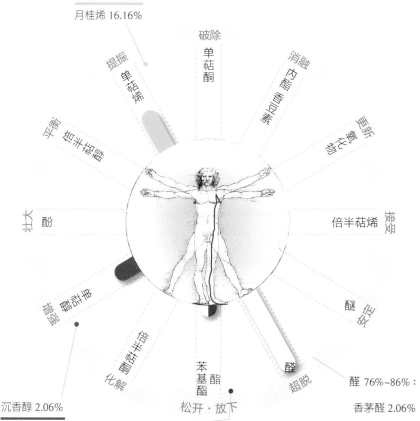

月桂烯 16.16%

破除
单萜酮

提振
单萜烯

消融
内酯 · 香豆素

更新
氧化物

平衡
倍半萜醇

接受
倍半萜烯

壮大
酚

安定
醚

超脱
醛

增温
醛

松开 · 放下
苯基酯

化解
倍半萜酮

沉香醇 2.06%

顺式香芹醇 1.49%　乙酸牻牛儿酯 0.7%　柠檬醛 = 牻牛儿醛 39%~50% + 橙花醛 22%~33%

香茅醛 2.06%

醛 76%~86%：

注意事项

1. 健康皮肤的安全剂量为 0.7%，对成年男性的抗焦虑剂量是 0.6ml。

2. 若保存不当（透明瓶、温度高、未盖紧）而氧化，便会丧失抗菌功能。

3. 东印度柠檬香茅 (*C. flexuosus*) 的作用相近、成分相仿（醛含量 60%~85%），可抑制大肠癌、白血病、神经母细胞瘤，主要产地为尼泊尔。

爪哇香茅
Citronella Java Type

锡兰香茅与爪哇香茅都源自斯里兰卡的玛纳草 (*C. confertiflorus*)，爪哇香茅是从锡兰香茅中选种而得。锡兰香茅耐干旱，植株强韧，爪哇香茅则偏爱高温多湿。

学　名	*Cymbopogon winterianus*
其他名称	红香茅 / Serai Wangi
香气印象	台风来之前下田抢收稻作
植物科属	禾本科香茅属
主要产地	印尼、中国大陆、台湾岛、巴西、尼泊尔
萃取部位	叶片（蒸馏）

适用部位 脾经、本我轮

核心成分
萃油率 0.94%，64 个可辨识化合物（占 97.54%）

心灵效益 │ 超脱虚拟世界的眩惑，回到土地安生立命

注意事项

1. 健康皮肤的安全剂量为 18.2%。

2. 锡兰香茅 (*C. nardus*) 含较多单萜烯 (23.8%)，而香茅醛 (13.3%) 和香茅醇 (6.2%)、牻牛儿醇 (20.9%) 较少，另含龙脑 5.2% 和甲基醚丁香酚 8.42%（爪哇香茅无），所以气味比爪哇香茅刚强粗硬。香水业与食品业偏爱气味较甜的爪哇香茅精油。

药学属性	适用症候
1. 抗感染，抗菌，抗霉菌（白色念珠菌）	痉挛性肠炎，感染性肠炎，皮肤念珠菌病
2. 抗痉挛，抗惊厥	骨盆腔疼痛，癫痫，焦虑
3. 消炎，抗肿瘤	风湿，动脉炎，乳腺癌
4. 空间消毒，杀孑孓，驱蚊驱蟑螂，杀福寿螺，驱积谷害虫（如麦蛾）	登革热，环境污染，仓储卫生，植物病虫害

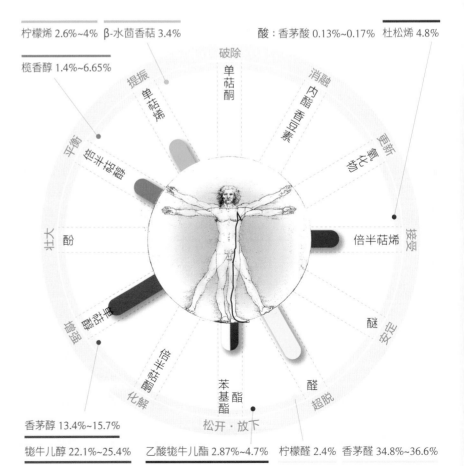

柠檬烯 2.6%~4%　β-水茴香萜 3.4%　　酸：香茅酸 0.13%~0.17%　杜松烯 4.8%

榄香醇 1.4%~6.65%

香茅醇 13.4%~15.7%

牻牛儿醇 22.1%~25.4%　乙酸牻牛儿酯 2.87%~4.7%　柠檬醛 2.4%　香茅醛 34.8%~36.6%

柠檬尤加利
Lemon Eucalyptus

生于低海拔、近海岸的开放树林，一般长在贫瘠或微酸性的土壤上，耐干旱。树皮非常光滑，树身高大挺拔，生长速度极快。

药学属性	适用症候
1. 抗感染，强力驱蚊，驱虫，杀菌力 RW 系数为 8 (比石碳酸高 8 倍)	膀胱炎，阴道炎，带状疱疹，登革热，家禽家畜的肠道寄生虫，室内空间消毒
2. 消炎，抗风湿	风湿性关节炎，关节炎 (颈背部，指 / 趾骨炎，网球肘)
3. 降血压，镇痛，轻微抗痉挛，安抚镇静	高血压，冠状动脉炎，心包炎，烦躁不安
4. 抗肿瘤	大肠癌，乳腺癌，肝癌

学　　名	Eucalyptus citriodora
其他名称	柠檬桉 / Lemon-scented Gum
香气印象	辛亥革命武昌起义的第一枪
植物科属	桃金娘科桉属
主要产地	马达加斯加、澳大利亚、中国、印度
萃取部位	叶片 (蒸馏)

适用部位　脾经、本我轮

核心成分
萃油率 1%~2.1%，30 个可辨识化合物 (占 97.1%)

心灵效益 | 超脱陈腐的观念，自由表现个性

注意事项

1. 有一种加工过的柠檬尤加利精油被注册为 "Citriodiol"，所含的香茅醛因精制过程而达到 98%，并以孟二醇 (PMD) 的形态存在，防蚊力更强。其他名称如 "富含 PMD 的天然植物萃取" 等，都是同类制品。原本柠檬尤加利在叶片老化时，香茅醛就会自动转化为孟二醇。但无论是否转化成孟二醇，柠檬尤加利精油都是防蚊力最强的精油。

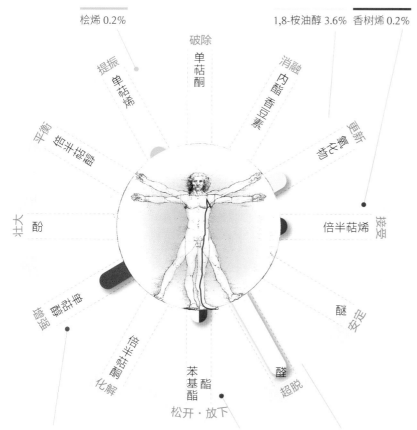

桧烯 0.2%　　1,8-桉油醇 3.6%　香树烯 0.2%

破除　消融　更新
提振　单萜酮　香豆素
单萜烯　内酯
平衡　倍半萜醇　接受
壮大　酚　倍半萜烯
甲基醚类　醚
苯基酯　安定
倍半萜酮　化解　醛　超脱
松开·放下

香茅醇 6.1%　沉香醇 3.6%　异胡薄荷醇 1.8%　乙酸香茅酯 0.6%　香茅醛 81.9%

史泰格尤加利
Eucalyptus Staigeriana

树皮粗糙的小树，习惯热带雨林气候。
生长快速，18 个月大的幼树即可采枝
萃油。

学　　名	*Eucalyptus staigeriana*
其他名称	柠檬铁皮树 ／ Lemon Ironbark
香气印象	夏日午后在树下啜饮酸甜饮料
植物科属	桃金娘科桉属
主要产地	巴西、危地马拉、澳大利亚
萃取部位	叶片（蒸馏）

适用部位 心包经、本我轮

核心成分
萃油率 2.9%~3.4%，29 个可辨识
化合物

心灵效益 ｜ 超脱人情包围，移民自
己喜爱的星球

药学属性	适用症候
1. 杀线虫，杀螨虫	鞭虫、钩虫、蛲虫、蛔虫及丝虫的感染（如腹泻、膀胱炎等）
2. 镇静	诸事缠身而焦虑不已，受外界刺激而情绪大起大落
3. 抗肿瘤	乳腺癌，大肠癌
4. 抗菌（超过抗生素4倍），抗微生物，抗病毒	潜藏"超级细菌"的雾霾

单萜烯 37%：柠檬烯 24.78% 水茴香萜 3.4%

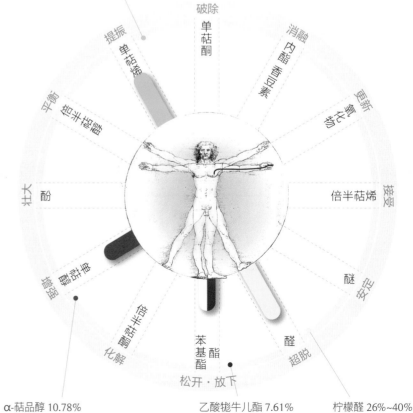

α-萜品醇 10.78%　　乙酸龙牛儿酯 7.61%　　柠檬醛 26%~40%

注意事项

1. 巴西产的史泰格尤加利，柠檬
醛含量较高，所以气味比澳大
利亚产的甜美。

柠檬细籽
Lemon-Scented Teatree

原生于澳大利亚东海岸的硬叶林或雨林，习惯长在沙土或石砾地。高约 5 米，生长快速耐修剪，雨季时叶片的柠檬醛含量比较高。

药学属性	适用症候
1. 镇静	– 焦虑，压力，不安，沮丧，注意力不集中
2. 消炎，助消化，驱虫、驱法老按蚊	– 消化不良，肠绞痛，环境脏乱
3. 调节皮脂分泌	– 油性面疱皮肤，脂溢性皮炎，背部粉刺，足癣
4. 杀菌 RW 系数为 15（茶树为 11），抗霉菌（白色念珠菌、烟曲霉菌）	– 反复感冒，免疫抑制病患防感染（如艾滋病患或接受骨髓移植手术者）

学　名	Leptospermum petersonii / L. citratum
其他名称	柠檬茶树 / Lemon Teatree
香气印象	鹅黄色的敞篷车驶过加州的沙漠
植物科属	桃金娘科薄子木属
主要产地	澳大利亚、南非、巴西、肯尼亚
萃取部位	叶片（蒸馏）

适用部位　心包经、本我轮

核心成分
萃油率 1.1%，22 个可辨识化合物（占 98.5%）

心灵效益 | 超脱保险的路线，敢于想象不合常规的美好

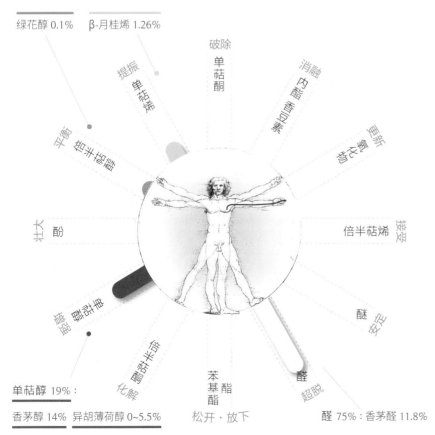

绿花醇 0.1%　β-月桂烯 1.26%

破除　单萜酮

提振　单萜烯

消融　内酯 香豆素

更新　氧化物

平衡　倍半萜醇

壮大　酚

接受　倍半萜烯

安定　醚

增强　醛甜素

化解　酮甜半萜

超脱　醛

松开·放下

单萜醇 19%：
香茅醇 14%　异胡薄荷醇 0~5.5%
牻牛儿醇 3%　沉香醇 1.9%

苯基酯　酯

醛 75%：香茅醛 11.8%
柠檬醛 63.3%＝牻牛儿醛 40.7% + 橙花醛 22.5%

注意事项

1. 健康皮肤的安全剂量为 0.8%。

2. 等比例调以柑橘类精油（富含柠檬烯）或松科精油（富含松油萜），可平抑醛味并减少皮肤刺激性。

柠檬马鞭草
Lemon Verbena

原生于南美洲西部，17 世纪末引进欧洲，喜干热，惧寒冷，摄氏零度就会落叶。下午摘采的柠檬醛含量最高，开花时叶片最强韧也最芳香。

学　　名	Lippia citriodora / Aloysia citriodora
其他名称	露意莎 / Louisa
香气印象	蓝天下的帕提农神庙
植物科属	马鞭草科过江藤属
主要产地	摩洛哥、埃及、智利、秘鲁、哥伦比亚
萃取部位	叶片（蒸馏）

适用部位 脾经、本我轮

核心成分
萃油率 0.58%，43 个可辨识化合物
（占 95.1%）

心灵效益 | 超脱软弱的借口，不再依赖特定事物填补空虚

注意事项

1. 多数地区的样品并未测出呋喃香豆素，测出者含量也极低，而且柠檬马鞭草的原精确定没有光敏性。但本品因昂贵而普遍出现混掺现象。

2. 欧盟和 IFRA 判定本品可能致敏而禁用于香水用品中，但植物化学专家如罗伯特·杨 (Robert Young) 等皆认为不足以成立。

药学属性	适用症候
1. 强效消炎，退热，抗神经痛，抗肿瘤	干癣(牛皮癣)，气喘(预防发作)，眼力衰退，多发性硬化症，风湿，皮肤癌
2. 强效镇静，强化神经	抑郁症，失眠，焦虑，压力，神经疲劳
3. 抗氧化，强化性腺（睾丸、卵巢），激素样作用（甲状腺、胰腺）	冠状动脉炎，心跳过速，心脏无力，高血压，霍奇金淋巴瘤，疟疾
4. 抗各类感染（BK 病毒），助消化，强化胆囊和胰脏脾脏，消解结石，促进代谢	克罗恩病，痢疾，胆囊炎，糖尿病，大肠杆菌型膀胱炎，结石，啤酒肚

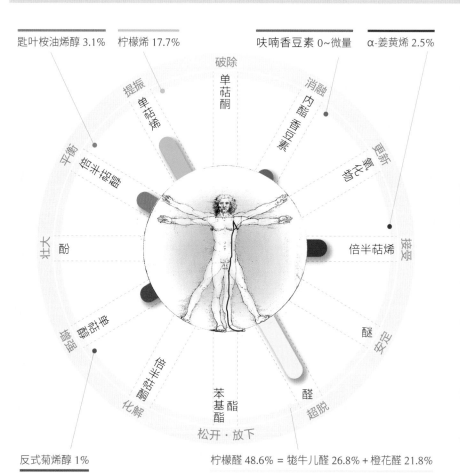

匙叶桉油烯醇 3.1%　柠檬烯 17.7%　　呋喃香豆素 0~微量　α-姜黄烯 2.5%

反式菊烯醇 1%　　　柠檬醛 48.6% = 牻牛儿醛 26.8% + 橙花醛 21.8%

山鸡椒
Litsea

喜欢温暖湿润的向阳坡地，最好与其他杂木共生，稍有庇荫，结实率才会提高。对土壤要求不严，根系浅，树体早熟，两年生就开花结果，7~8 岁是结果旺盛期。

药学属性	适用症候
1. 安抚，镇静，抗病毒	焦虑，躁郁，失眠，沮丧，神经紧张，病毒性神经炎
2. 增加冠状动脉流量，抗心肌缺血损伤，抗氧化，抗肿瘤	低压缺氧，心肌梗死，脑血栓，肺癌，胃癌，白血病
3. 抗感染，止咳平喘，抗菌，抗霉菌，杀蚊驱蚊	急性侵袭型肺曲霉病，呼吸道过敏，皮肤真菌病，谷物防虫防霉，预防登革热
4. 消炎，补强消化系统，开胃	十二指肠溃疡，肠炎，消化不良，食欲不振

学　　名 | *Litsea cubeba*

其他名称 | 山苍子 / May Chang

香气印象 | 大冠鹫在空中盘旋鸣叫

植物科属 | 樟科木姜子属

主要产地 | 越南、中国大陆、台湾岛

萃取部位 | 果实 (蒸馏)

适用部位　心经、心轮

核心成分
萃油率 5.64%，20 个可辨识化合物 (占 98.7%)

心灵效益 | 超脱论斤论两的算式，学会盘点幸福而不是盈亏

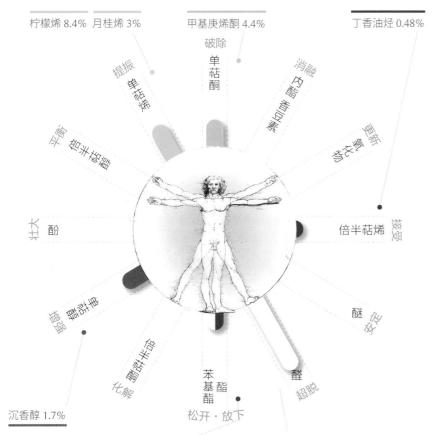

柠檬烯 8.4%　月桂烯 3%　　甲基庚烯酮 4.4%　　丁香油烃 0.48%

破除　单萜酮

提振　单萜烯

消融　内酯 · 香豆素

更新　氧化物

平衡　倍半萜醇

接受　倍半萜烯

壮大　酚

安定　醚

增强　单萜醇

超脱　醛

化解　酚醚

松开 · 放下　苯基酯

沉香醇 1.7%

牻牛儿醇 1.6%　　乙酸沉香酯 1.6%　　柠檬醛 75% = 牻牛儿醛 40.6% + 橙花醛 33.8%

注意事项

1. 中国产的山鸡椒油，实际上是包括木姜子属中不同品种所蒸馏精油的统称，常见的包括木姜子 (*L. pungens*) 和毛叶木姜子 (*L. mollis*)。

2. 健康皮肤的安全剂量为 0.8%。

蜂蜜香桃木
Honey Myrtle

澳大利亚特产，5 米高灌木，尖长的筒状叶形似鹰爪豆。常见于沼泽旁的沙地，或容易蓄水的低地，与澳大利亚茶树在东部生长的环境类似。

学　　名	*Melaleuca teretifolia*
其他名称	柠檬白千层 / Banbar
香气印象	与原住民干一杯小米酒
植物科属	桃金娘科白千层属
主要产地	澳大利亚（西南）
萃取部位	叶片（蒸馏）

适用部位 心经、心轮

核心成分
萃油率 1.5%，20 个可辨识化合物

心灵效益 | 超脱被害妄想，停止指控他人

药学属性	适用症候
1. 保护神经，抗病毒	注意力涣散，记忆力减退，万念俱灰，慢性疲劳，单纯疱疹
2. 强心，抗氧化，抗肿瘤	心肌无力，乳腺癌
3. 抗霉菌，抗菌	阴道霉菌感染，白带
4. 止痛，消炎	胃炎，风湿性关节炎

注意事项

1. 白千层中含醛量最高的一个品种。
2. 另有一化学品系富含桉油醇（84%），但萃油率仅达 0.2%。

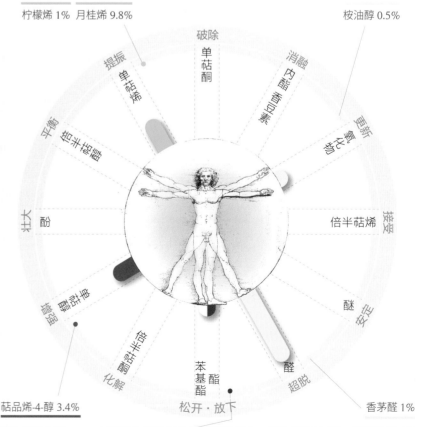

柠檬烯 1%　月桂烯 9.8%　　　　　　　　桉油醇 0.5%

萜品烯-4-醇 3.4%

牻牛儿醇 2.1%　　乙酸牻牛儿酯 0.6%　　柠檬醛 70% = 牻牛儿醛 38.8% + 橙花醛 29.1%

香茅醛 1%

香蜂草
Melissa

能容忍干燥贫瘠的土壤，以地下茎强势蔓延，冬季即使凋零，春天又会萌发新芽。小白花充满花蜜，是重要蜜源植物，属名在希腊文中即是蜜蜂的意思。

药学属性	适用症候
1. 安抚，镇静，助眠	精神危机，歇斯底里，激动昏厥，慢性汞中毒导致的亢奋现象，辗转难眠
2. 增进胆汁分泌，溶解结石，养肝	肠绞痛，反胃，害喜，胆结石，肝指数 GOT 与 GPT 过高
3. 强心，降血压，保护与强化神经（利脑）	心悸，高血压，心绞痛，老年痴呆
4. 消炎，抗病毒，抗肿瘤	唇疱疹，生殖器疱疹，乳腺癌，肺腺癌，大肠癌，白血病

学　　名 | *Melissa officinalis*

其他名称 | 柠檬香脂草 / Lemon Balm

香气印象 | 炼金术士的不传之秘

植物科属 | 唇形科香蜂草属

主要产地 | 保加利亚、南非、法国、克罗地亚

萃取部位 | 开花的全株药草（蒸馏）

适用部位 胆经、顶轮

核心成分
萃 油 率 0.05%（鲜叶）~ 0.14%（干叶），18 个可辨识化合物（占 97.07%）

心灵效益 | 超脱自我中心，扩大同理心，和世界共振

β-丁香油烃氧化物 4.74%　　β-丁香油烃 7.7%

大根老鹳草烯 1%

沉香醇 4.79%
牻牛儿醇 4.2%
乙酸牻牛儿酯 4.62%　乙酸沉香酯 3.32%　柠檬醛 43% = 牻牛儿醛 24.53% + 橙花醛 18.8%　香茅醛 4.43%

（放射图标签：破除 单萜酮、提振 单萜烯、平衡 倍半萜醇、壮大 酚、镇定 倍半萜酮、化解 倍半萜酮、松开·放下 苯基酯、超脱 醛、安定 醚、接受 倍半萜烯、更新 香豆素、消融 内酯·香豆素）

注意事项

1. 健康皮肤的安全剂量为 0.9%。

2. 曾被国际日用香料香精协会 IFRA 禁用（理由为刺激皮肤），2009 年因证据不充分而修改放宽禁令。

柠檬罗勒
Lemon Basil

是 O. basilicum 和 O. americanum 的杂交种，适合热带和亚热带气候。耐热不耐干，缺水会导致发育不良并改变精油的成分。

学　　名	Ocimum × citriodorum
其他名称	蜂蜜罗勒 / Honey Basil
香气印象	观音菩萨 + 圣母玛利亚
植物科属	唇形科罗勒属
主要产地	埃及、伊朗
萃取部位	开花的全株药草（蒸馏）

适用部位　胆经、顶轮

核心成分
萃油率 0.2%，45 个可辨识化合物
（占 99.9%）

心灵效益 | 超脱受压迫的记忆，心无芥蒂地与人互动

注意事项

1. 健康皮肤的安全剂量为 1.4%。

药学属性	适用症候
1.　抑制酪氨酸酶	淡化肤色，毛囊炎，婴儿尿布疹，脓痂疹，水痘
2.　抗氧化，抗肿瘤	乳腺癌
3.　抗菌，抗霉菌	咳嗽，潮湿地区防气喘，阴道分泌物过多
4.　保护神经	头痛，烦闷无聊，被害妄想

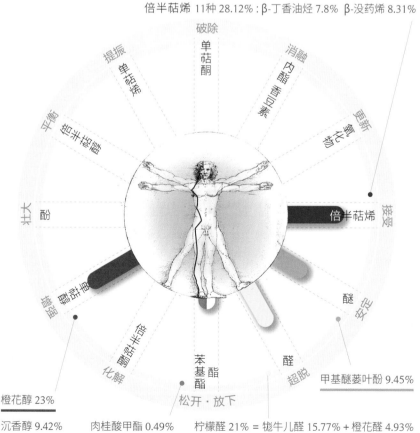

倍半萜烯 11种 28.12% : β-丁香油烃 7.8% : β-没药烯 8.31%

橙花醇 23%

沉香醇 9.42%　　肉桂酸甲酯 0.49%　　柠檬醛 21% = 牻牛儿醛 15.77% + 橙花醛 4.93%

甲基醚蒌叶酚 9.45%

紫苏
Perilla

原产于中国，野生种分布在长江流域及其以南年降水量 1000 毫米以上的地区。习惯温暖湿润，耐热耐寒而不耐闷热，对土壤无要求，唯独喜欢氮肥。

药学属性	适用症候
1. 消炎抗敏，松弛气管，止咳，预防癌变和抑制肿瘤细胞转移	气喘，呼吸道过敏，着凉感冒，剧烈咳嗽，肺癌，乳腺癌，肝癌，舌癌
2. 镇静作用，增强学习记忆，抗衰老，抗氧化，抗沮丧	浅眠，睡不安稳，记忆力衰退，压力综合征
3. 阻断钙离子通道，降血脂，抑制血小板凝集，抗血栓，减重	高血压，心血管疾病，代谢缓慢导致的肥胖
4. 抗菌（金黄色葡萄球菌和大肠杆菌），抗皮肤真菌作用	妊娠呕吐，鱼蟹中毒，足癣

学　　名 | *Perilla frutescens*

其他名称 | 红苏 / Shiso

香气印象 | 缠绵悱恻的大提琴演奏

植物科属 | 唇形科紫苏属

主要产地 | 中国、日本、韩国

萃取部位 | 叶片（蒸馏）

适用部位　肺经、心轮

核心成分
萃油率 0.5%，87 个可辨识化合物（占 99.38%）

心灵效益 | 超脱虐心的苦恋，潇洒举杯邀明月

柠檬烯 1.15%　白苏烯酮 0.5%　紫苏酮 6.91%　金合欢烯 21.54%　β-丁香油烃 20.75%

破除
提振　单萜酮
单萜烯　消融
内酯　香豆素
平衡　倍半萜醇　更新　氧化物
壮大　酚　接受　倍半萜烯
醚
安定
醛　超脱
化解　酮
苯基酯
酯
松开·放下

双萜醇：植醇 3.64%

反式薄荷烯醇 2.49%　紫苏醇 0.94%　　紫苏醛 40%~55%　细辛脑 0.49%

注意事项

1. 紫苏属植物只有一个品种与三个变种。日本学者根据精油化学成分将紫苏属植物分为六个品系：紫苏醛型，紫苏酮型，香薷酮型，紫苏烯型，类苯丙醇型，柠檬醛型。

2. 中国产的以紫苏醛型（栽培）和紫苏酮型（野生）最多。紫苏醛型多为紫叶，紫苏酮型多为绿叶（又称白苏）。药用以紫苏醛为主。

马香科
Mint Plant

地中海西部特产，呛辣的气味对某些猫咪与昆虫极具吸引力。在温暖干燥的开放空间能生长得很好，不能适应严寒。

学　　　名	*Teucrium marum*
其他名称	猫百里香 / Cat Thyme
香气印象	永不放弃的地下反抗军
植物科属	唇形科香科科属
主要产地	科西嘉岛、萨丁岛、西班牙
萃取部位	开花的全株药草（蒸馏）

适用部位 脾经、本我轮

核心成分
萃油率 0.016%~0.027%，93 个可辨识化合物（占 95.5%）

心灵效益 | 超脱重复发生的困境，努力打开新局面

药学属性	适用症候
1. 微量可激励补身，消解脾脏充血症状，退热，通经	精神不济，脾肿大，发烧，月经不至
2. 健胃，消胀气，强化肝脏与胰脏，抗寄生虫	食欲不振，消化迟钝，消化困难，肝脏充血，肠道寄生虫
3. 消炎，止痛	湿疹，痛风
4. 抗菌，抗卡他，消解黏液	鼻塞，多痰

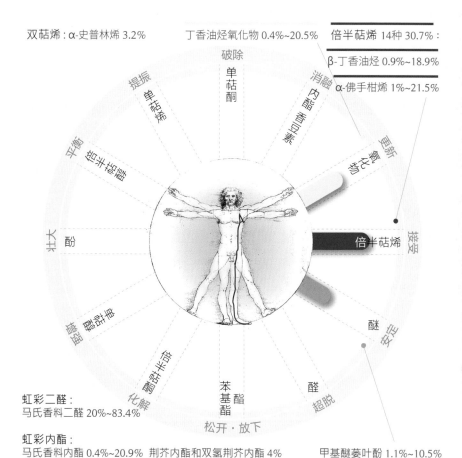

双萜烯：α-史普林烯 3.2%

丁香油烃氧化物 0.4%~20.5%

倍半萜烯 14 种 30.7%：
β-丁香油烃 0.9%~18.9%
α-佛手柑烯 1%~21.5%

虹彩二醛：
马氏香料二醛 20%~83.4%

虹彩内酯：
马氏香料内酯 0.4%~20.9% 荆芥内酯和双氢荆芥内酯 4%

甲基醚蒌叶酚 1.1%~10.5%

注意事项

1. 可能刺激孕妇与婴幼儿。
2. 过量可能刺激皮肤。

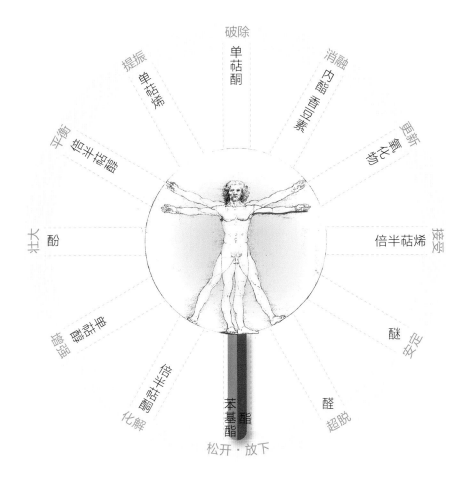

破除
单
萜
酮

提振 单萜烯

消融 内酯与香豆素

更新 氧化物

平衡 倍半萜醇

壮大 酚

接受 倍半萜烯

单萜醇 净化

醚 安定

倍半萜酮 化解

醛 超脱

苯基酯

松开·放下

VII

酯类

Ester

1

放松是它的标志性功能,可分为萜烯酯与苯基
酯,多半气味甜美,为休闲派芳疗所爱重,也是
一般人最熟悉的精油种类（如薰衣草）。用来熏
香、泡澡,特别能够纾压。芳香酸与酯类共享抗
痉挛的名声,长于缓解各种痛感。在丧失信仰与
无所适从之际,它们给心经注入力量,重新找到
定锚之处,其价值远远超过"鸟语花香"的表面
印象。

阿密茴
Khella

期待全日照，土壤必须肥沃湿润但排水良好，虫害少，无需特别照顾。一年生或两年生，如雨伞般满开的白花是切花的良好素材。

学　　名	*Ammi visnaga*
其他名称	牙签草 / Toothpick Weed
香气印象	夜深人静看金凯利的歌舞片
植物科属	伞形科阿密茴属
主要产地	摩洛哥、突尼斯、土耳其
萃取部位	开花的全株药草 (蒸馏) / 种子连同伞形花序 (溶剂萃取)

适用部位 心包经、心轮

核心成分
萃油率 0.2%，41 个可辨识化合物 (占 97.9%)

心灵效益 | 放下急切，在塞车的街道安步当车

药学属性	适用症候
1. 抗痉挛 (松弛平滑肌)，舒张支气管，舒张子宫，消胀气，发汗	气喘发作，百日咳，痛经，痉挛性肠炎，肝绞痛，肾绞痛，胆结石疼痛
2. 抗凝血，舒张冠状动脉	冠心病，动脉硬化
3. 强化皮肤黑色素功能 (种子萃取)	干癣，白癜风 (种子萃取)
4. 抗菌，补身 (调解压力引发的免疫力下降)	反复感冒

色原酮(种子萃取)：
呋喃并色酮 1%　阿米素 0.1%

香豆素(种子萃取)：呋喃香豆素(印度榅桲素)

破除　　　　　　　　　　吡喃香豆素(顺式凯林酮)

倍半萜醇 1.2%　提振　单萜酮　消融　倍半萜烯 1.7%

平衡　倍半萜醇　更新　倍半萜烯

壮大　酚　　　　　　　　倍半萜烯

　　　　　　　　　　　　　　醚　安定

　　　　　　　　　　　　醛　超脱

苯基酯

沉香醇 22.7%~32%　龙脑　　松开·放下

脂肪族酯 54%：异丁酸戊酯 16%　戊酸戊酯 10%　2-甲基丁酸异戊酯 28%

注意事项

1. 若是由种子萃取，则须留心光敏性与过敏者的次级反应。

罗马洋甘菊
Roman Chamomile

需要全日照和 pH 值在 6.5~8.0 间的砂质土壤，不宜过湿。适合生长的温度是 7℃~26℃。比德国洋甘菊矮小，可当草皮栽种。多施磷肥能使花多而含油量高。

药学属性	适用症候
1. 抗痉挛，安抚中枢神经	→ 神经炎，神经痛，创伤后压力综合征
2. 麻醉，减少或免除使用 BZDs 之类的镇静剂	→ 外科手术前、戒除毒瘾期间、癌症治疗期间的疼痛管理
3. 消炎，安抚消化系统	→ 神经性气喘，牙龈炎，反胃，呕吐，胀气，胃灼热
4. 抗寄生虫（钩虫、蓝氏鞭毛虫）	→ 肠内寄生虫

学　　名 | *Chamaemelum nobile / Anthemis nobilis*

其他名称 | 果香菊 / English Chamomile

香气印象 | 巴黎时装周的春季走秀

植物科属 | 菊科春黄菊属

主要产地 | 法国、德国、摩洛哥

萃取部位 | 花（蒸馏）

适用部位　心经、心轮

核心成分
萃油率 0.3%，31 个可辨识化合物

心灵效益 | 放下害怕，迎接梦中所有的画面

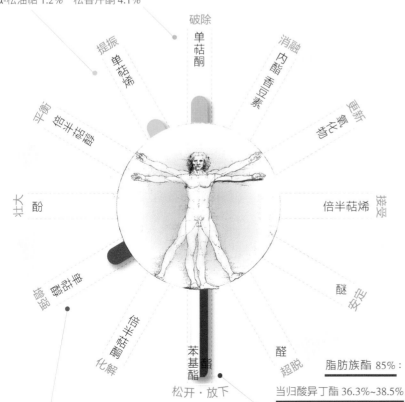

α-松油萜 1.2%　松香芹酮 4.1%

破除
单萜酮

提振
单萜烯

消融
内酯香豆素

更新
醛

平衡
倍半萜醇

接受
倍半萜烯

壮大
酚

安定
醚

化解
倍半萜烯

松开·放下
苯基酯

超脱
醛

脂肪族酯 85%：

当归酸异丁酯 36.3%~38.5%

当归酸2-甲基丁酯 18.2%~20.3%

反式松香芹醇 3.1%

注意事项

1. 用 CO_2 萃取的萃油率是 3%，可辨识化合物多达 462 个。

墨西哥沉香
Linaloe

极怕湿，在种不出作物的贫瘠土壤反而可以恣意生长。树身瘦长，雌雄异株。种下 4 年后开始结果，每公顷年产油 20 千克。

学　　名	Bursera delpechiana
其他名称	印度薰衣草树 / Indian Lavender Tree
香气印象	热带丛林中静静盯着猎豹的印地安人
植物科属	橄榄科裂榄属
主要产地	印度、墨西哥
萃取部位	果实阴干的外壳（蒸馏）

适用部位　心经、心轮

核心成分
萃油率 3%~10%，21 个可辨识化合物

心灵效益｜放下操控，任由生命的
　　　　　河流进出自己的领土

注意事项

1. 墨西哥油以沉香醇为主(70%)，印度油以乙酸沉香酯为主。墨西哥油的萃取来源包含木材与果实，印度只蒸馏果实。

2. 印度的品种于 1912 年由墨西哥引进，一般认为印度油的品质胜过墨西哥。

3. 在墨西哥，裂榄属的诸多品种树木与树脂都被称作墨西哥沉香 (Bursera spp.)，但香气成分颇有差异。

药学属性	适用症候
1.　平衡（安抚太阳神经丛）	负能量缠身导致的心跳过速与睡眠困扰
2.　抗痉挛	丧礼或重大意外后用以除秽
3.　消炎	遭逢打击后恢复免疫功能
4.　抗感染	过劳引起的肠胃失调

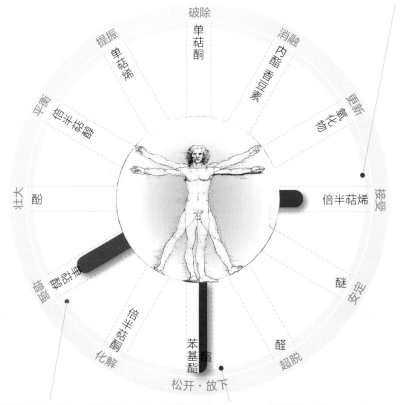

α-古巴烯 0.54%　大根老鹳草烯 1.96%

沉香醇 2.2%~30%　α-萜品醇 8.5%　乙酸沉香酯 40%~90%　乙酸牻牛儿酯

苦橙叶
Petitgrain

5 米左右高的小树，酸果不能入口，但叶片气味有生物防治效用。需要全日照与中度酸性土壤，水分不能过多。

药学属性	适用症候
1. 平衡神经	自主神经失调，睡眠困扰
2. 抗痉挛	神经性风湿
3. 消炎，抗肿瘤	白血病，肝癌
4. 抗感染，杀葡萄球菌和肺炎杆菌，抗氧化	呼吸道感染，感染性面疱，疖，慢性肝炎

学　　名 | *Citrus aurantium bigarade*

其他名称 | 回青橙叶 / Bitter Orange Leaf

香气印象 | 中学时期的青涩岁月

植物科属 | 芸香科柑橘属

主要产地 | 巴拉圭、埃及

萃取部位 | 叶片 (蒸馏)

适用部位　督脉、顶轮

核心成分
萃油率 0.71%，19 个可辨识化合物

心灵效益 | 放下行事历，躺在草地上看蓝天白云

柠檬烯 1.91%　月桂烯 1.23%

倍半萜烯 <1%：β-丁香油烃　α-荜草烯　金合欢烯

破除
单萜酮

消融

更新

提振
单萜烯

平衡
倍半萜醇

接受
倍半萜烯

壮大
酚

安定
醚

超脱
醛

松开·放下
苯基酯

酯 60%：乙酸沉香酯 54.64%

化解

单萜醇 30%：沉香醇 27.82%　α-萜品醇 2.97%

乙酸牻牛儿酯 2.75%　乙酸橙花酯 1.31%

注意事项

1. 佛手柑叶油和苦橙叶油作用类似，但是沉香醇 (34.62%) 多于乙酸沉香酯 (29.8%)，另含有比较多的乙酸橙花酯 (4.85%)、乙酸牻牛儿酯 (9.44%)，所以香气甜度比苦橙叶高，安抚神经的效果更好。

佛手柑
Bergamot

柠檬和苦橙的杂交品种，可能原生于意大利的卡拉布里亚。叶片如柠檬，结黄色圆果，冷天之外的日子都要时常给水。

学　　名 | *Citrus bergamia*

其他名称 | 香柑 / Bergamot Orange

香气印象 | 在西西里岛跟老奶奶学做意大利面

植物科属 | 芸香科柑橘属

主要产地 | 意大利（占90%）、巴西、希腊、科特迪瓦

萃取部位 | 果皮（冷压）

适用部位 督脉、顶轮

核心成分
萃油率 1.8%，28 个可辨识化合物

心灵效益 | 放下计较，转身去做让自己开心的事

注意事项

1. 冷压油有光敏性，先压榨再分馏油则不具光敏性（标示为FCF）。

2. 产季前段榨出的油色是绿的，产季后段榨出的油则转为黄棕色。

3. 真正的佛手柑是柑橘属枸橼的变种，精油中的佛手柑其实应叫香柑。

药学属性	适用症候
1. 抗感染，抗菌，消炎	上呼吸道与泌尿生殖道感染，痔疮，瘙痒，伤口，脂溢性皮炎
2. 镇静，抗痉挛，保护神经	情绪激动，失眠，多汗，长期压力，心律不齐
3. 健胃，抑制癌细胞增生	结肠积气，食欲不振，腹胀，肠痉挛，神经母细胞瘤
4. 驱蚊，驱虫	疟疾，寄生虫疾病

柠檬烯 25.62%~53.19%　　β-松油萜 5.15%~12.08%　　　　香豆素与呋喃香豆素 4%：

γ-萜品烯 10%　　　　　　　　　　　破除　　　　　　　　补骨脂素　香柑油内酯

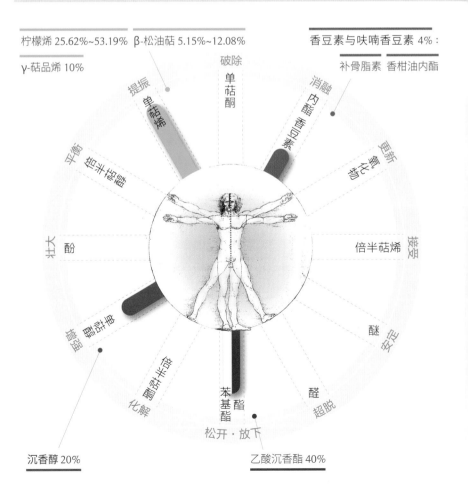

沉香醇 20%　　　　　　　　　　　　　　　　　乙酸沉香酯 40%

小飞蓬
Erigeron

原生于北美洲，现在遍布全世界。最喜欢粗干的土壤，能适应各种气候。对作物有侵扰性（占去生长空间），但也是环保指标（可吸附重金属，如镉和铬）。

药学属性	适用症候
1. 激素作用	+ 性晚熟
2. 舒张动脉，抗痉挛	+ 冠状动脉炎，跌打损伤，风湿骨痛
3. 提高肝脏与胰脏功能，改善肾的微循环	+ 痢疾，肠炎，肝炎，胆囊炎
4. 黑色素细胞的色素脱失作用，消炎	+ 晒黑肤色，斑点，疮疖，外伤出血，牛皮癣

学　　名 | *Conyza canadensis*

其他名称 | 加拿大飞蓬 / Canadian Fleabane

香气印象 | 嘴里叼着稻草的野孩子爬树

植物科属 | 菊科假蓬属

主要产地 | 加拿大

萃取部位 | 开花的全株药草（蒸馏）

适用部位　肝经、本我轮

核心成分
萃油率 0.72%，34 个可辨识化合物（占 98%）

心灵效益 | 放下旧模式，跟上新世代

柠檬烯 67%~79%

4Z,8Z-母菊内酯 微量

倍半萜烯 6.6%：α-反式佛手柑烯 2.9%

倍半萜醇 1.5%：

芳姜黄烯 + 紫穗槐-4,7(11)-二烯 1.8%

β-古巴烯-4-α-醇

匙叶桉油烯醇

破除

单萜酮

提振

单萜烯

消融

内酯

更新

氧化物

平衡

倍半萜醇

接受

倍半萜烯

壮大

酚

醚

安定

醛

超脱

苯基酯

酯

松开·放下

化解

倍半萜酮

2Z,8Z-母菊酯 2.1%~9.2%　8Z-2,3-双氢母菊酯 1%

注意事项

1. 根部所含的母菊酯可达 88%。若加入根部整株萃取，母菊酯的比例会大幅提高。母菊酯有淡斑的作用。

2. 本属植物和飞蓬属 (*Erigeron*) 极为相似，所以俗名时常混用。

3. 同属的另一品种美洲飞蓬 (*Conyza bonariensis*)，精油含有更多的酯与内酯（但不含母菊酯），抗霉菌与抗肿瘤作用更显著。而小飞蓬抗肝癌主要是利用总黄酮。

岬角甘菊
Cape Chamomile

原生于南非自由省龙山东北坡。商业生产于好望角东部，人工栽培困难。习惯干热与沙砾的环境，硬叶充满油点，密生的白花结子前会变得毛茸茸。

学　　名	*Eriocephalus punctulatus*
其他名称	非洲洋甘菊 / Kapok Bos
香气印象	光脚在石子路上快乐奔跑的孩子
植物科属	菊科雪灌木属
主要产地	南非
萃取部位	开花的全株药草（蒸馏）

适用部位　督脉、顶轮

核心成分
萃油率 0.2%，123 个可辨识化合物
（占 94.4%）

心灵效益 | 放下磨难，在新天地开垦幸福的未来

注意事项

1. 2011 年的一项化学分类研究指出，市面上的岬角甘菊精油其实是来自成分作用相似的另一品种 *E. tenuifolius*。

2. 另一时常混淆的品种岬角雪灌木（*Eriocephalus africanus*），又名野迷迭香，精油成分以单萜酮的艾蒿酮为主（50%）。

药学属性	适用症候
1. 强力抗痉挛	焦虑，压力，惊吓，沮丧
2. 消炎，抗菌	剧烈咳嗽，腹泻不止
3. 止痛，发汗，利尿	糖尿病（辅药）
4. 镇静	疾病与灾厄过后净化空间

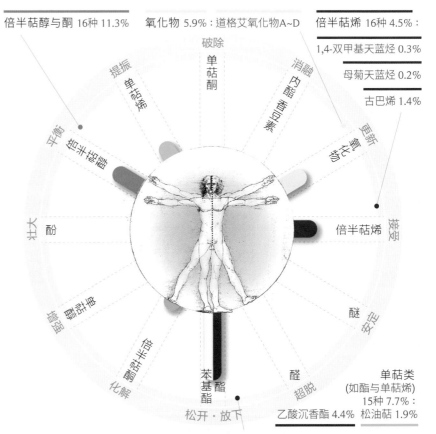

倍半萜醇与酮 16种 11.3%　　氧化物 5.9%：道格艾氧化物A~D　　倍半萜烯 16种 4.5%：

1,4-双甲基天蓝烃 0.3%

母菊天蓝烃 0.2%

古巴烯 1.4%

倍半萜烯　接受

醚　安定

单萜类
（如酯与单萜烯）
15种 7.7%：
乙酸沉香酯 4.4%　松油萜 1.9%

苯基酯

松开·放下

脂肪族酯 50种以上 50%：异丁酸2-甲基丁酯 21.2%　2-甲基丁酸2-甲基丁酯 5.6%

玫瑰尤加利
Paddys River Box

喜欢潮湿的黏土，接近溪流与冲积平原。
高 40 米的坚实大树，若生在高地草原则
常常独自伫立。

药学属性	适用症候
1. 消炎止痛	→ 子宫肌瘤，子宫脱垂
2. 抗肿瘤（桉叶醇抑制肿瘤的血管新生与细胞增生，牻牛儿醇也抑制增生）	→ 肝癌、子宫癌的防治
3. 抗氧化	→ 毛囊炎，痤疮
4. 抗白色念珠菌	→ 念珠菌引起的阴道瘙痒

学　　名｜*Eucalyptus macarthurii*

其他名称｜毛皮桉 /
　　　　　Camden Woollybutt

香气印象｜夏日夕阳下微温的沙滩

植物科属｜桃金娘科桉属

主要产地｜澳大利亚、南非

萃取部位｜叶片或树皮（蒸馏）

适用部位　任脉、性轮

核心成分
萃油率 0.69%，18 个可辨识化合物

心灵效益｜放下对伴侣的依赖，学习温柔自主

β-桉叶醇 5.5%　α-桉叶醇 4.9%

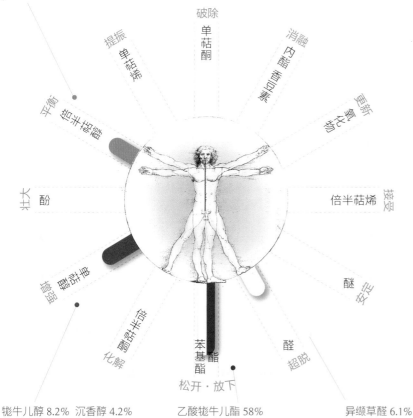

牻牛儿醇 8.2%　沉香醇 4.2%　　　乙酸牻牛儿酯 58%　　　　　异缬草醛 6.1%

注意事项

1. 在原产地澳大利亚分布不广，被列入需要保护的树种。

2. 过去曾用来萃取乙酸牻牛儿酯供香水业使用。

黄葵
Ambrette Seed

主要分布于亚洲热带地区、非洲和澳大利亚北部，高可达 2 米。需要湿润的土壤与充足的养分，无法在树荫下生长。

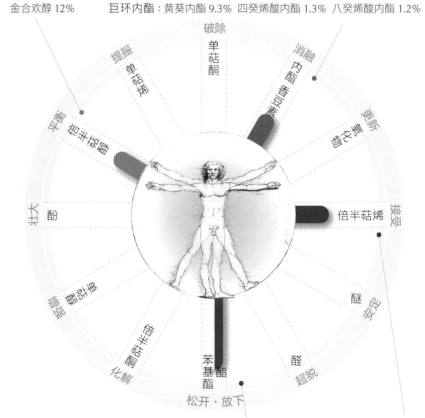

学　　名	Hibiscus abelmoschus / Abelmoschus moschatus
其他名称	麝香锦葵 / Musk Mallow
香气印象	画着烟熏妆的妩媚女子
植物科属	锦葵科秋葵属
主要产地	印度
萃取部位	种子 (蒸馏)

适用部位　心经、心轮

核心成分
萃油率 0.33%，35 个可辨识化合物

心灵效益 | 放下仇恨，找到爱这个世界的理由

注意事项

1. 过去被归在木槿属 (Hibiscus) 之下，现在独立为秋葵属 (Abelmoschus)。

2. 溶剂萃取的原精，则是以金合欢醇 (33.49%) 和黄葵内酯 (8.84%) 为主要成分。黄葵内酯是黄葵精油特色麝香气味的来源。

药学属性	适用症候
1. 抗痉挛，利神经	→ 减缓抗药性癌细胞引发的不适，安宁疗护
2. 补身，催情	→ 缺乏性吸引力
3. 强心，健胃，利尿	→ 情伤导致的憔悴无力
4. 促进头皮毛乳头细胞生长，除臭	→ 生发，除口臭，声音沙哑

金合欢醇 12%　　巨环内酯：黄葵内酯 9.3%　四癸烯酸内酯 1.3%　八癸烯酸内酯 1.2%

破除
单萜酮

提振
单萜烯

消融
内酯 + 香豆素

更新
氧化物

平衡
倍半萜醇

接受
倍半萜烯

壮大
酚

安定
醚

强壮
单萜醇

化解
倍半萜内酯

松开・放下
苯基酯

超脱
醛

脂肪酸：未经分离者仍含有棕榈酸　乙酸金合欢酯 50%　乙酸癸酯 6%　β-金合欢烯 9.8%

真正薰衣草
True Lavender

原生于地中海区，能耐低温，喜欢碱土（石灰岩），需水量少。海拔高度愈高愈甜（例如 800 米），栽种 12 年后需从地面强剪以利再生。

药学属性	适用症候
1. 强力抗痉挛，镇静，安抚，放松肌肉，降血压	抽筋，神经紧张（太阳神经丛痉挛），失眠，睡眠困扰，躁郁症
2. 消炎，止痛，促进伤口愈合	感染性皮肤炎，过敏，伤疤，静脉溃疡，烫伤，发痒
3. 抗金黄色葡萄球菌，抗霉菌，驱蠹虫（螟蛾科）	白色念珠菌感染，陈年衣柜书柜里的蠹虫
4. 补身，强心，抗凝血，促血液流动	胃灼热，心跳过速，静脉炎，血栓

学　　名 | *Lavandula angustifolia /
L. vera / L. officinalis*

其他名称 | 英国薰衣草 /
English Lavender

香气印象 | 翻开毕业纪念册，追忆逝水年华

植物科属 | 唇形科薰衣草属

主要产地 | 法国、保加利亚、克什米尔、塔斯马尼亚岛

萃取部位 | 开花的全株药草（蒸馏）

适用部位 心经、心轮

核心成分
萃油率 0.5%（鲜花）~ 4.75%（干花），300 个化合物（29 个可辨识）

心灵效益 | 放下高标，以无条件的爱浸润滋养

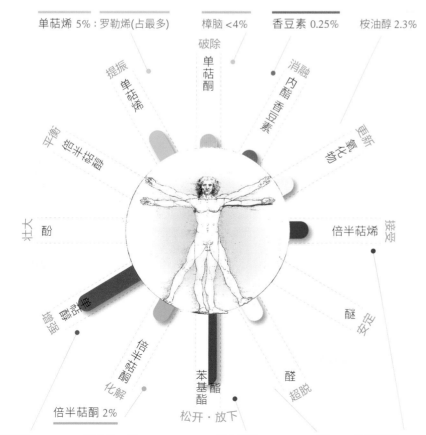

单萜烯 5%：罗勒烯（占最多）　樟脑 <4%　香豆素 0.25%　桉油醇 2.3%

提振　单萜烯　破除　单萜酮　消融　酯　内酯　香豆素　更新　氧化物

平衡　倍半萜醇

壮大　酚

接受　倍半萜烯

安定　醚

化解　醛品　倍半萜酮 2%　松开·放下　苯基酯　醛　超脱

沉香醇 32%~42%　萜品烯-4-醇 0.1%~13.5%　乙酸沉香酯 42%~52%　醛 2%　倍半萜烯 3%

注意事项

1. 同一品种在不同产地生长，成分会出现很大差异。主要判断依据是乙酸沉香酯与沉香醇的比例多寡。

2. 栽培种众多，比如 Maillette 与 Matheronne 是过去出名的品种，Hemus 则是新兴的优势品种（产量大，气味甜）。

醒目薰衣草
Lavandin

宽叶薰衣草与窄叶薰衣草的杂交品种，开花时间在三者之间最晚。高大的三叉枝型和艳紫花色为特征，只要有向阳面和好的排水就能生长。

学　名	*Lavandula × intermedia*
其他名称	杂交薰衣草 / Hybrid Lavender
香气印象	在自家阳台啜饮花草茶
植物科属	唇形科薰衣草属
主要产地	法国、克罗地亚、英国、俄罗斯
萃取部位	开花的全株药草（蒸馏）

适用部位　三焦经、喉轮

核心成分
萃油率 1.49%（鲜花）～ 7.75%（干花），53 个可辨识化合物（占98.26%）

心灵效益 | 放下遗憾，珍惜现有的幸福

注意事项

1. 同一产区的醒目薰衣草比真正薰衣草含有更多桉油醇和樟脑，有些甜度（酯类）直逼真正薰衣草，可能会让一般人感觉气味更鲜明。

2. 栽培种极多，Grosso 属于沐浴肥皂等级，Abrial 富于小清新，超级甜醒目则是替身等级（气味最接近真正薰衣草）。

药学属性

1. 抗痉挛，放松肌肉，降血压
2. 消炎，分解黏液，促进伤口愈合
3. 抗金黄色葡萄球菌，抗霉菌，驱虫
4. 补身，强心，促血液流动

适用症候

1. 坐骨神经痛，慢性运动伤害，心情烦乱
2. 鼻咽炎，支气管炎，擦伤刀伤
3. 消化道感染，室内净化
4. 缺乏运动而心脏无力，疲劳过度而精神涣散

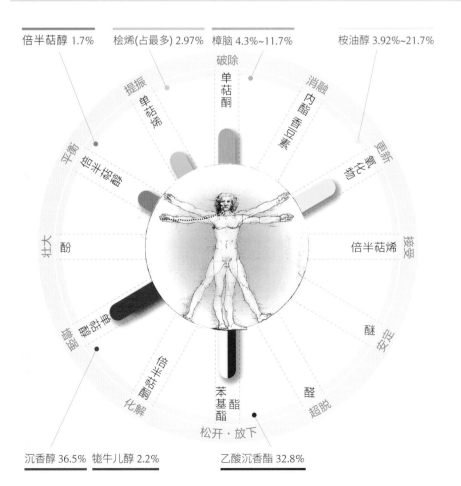

倍半萜醇 1.7%　桧烯(占最多) 2.97%　樟脑 4.3%~11.7%　桉油醇 3.92%~21.7%

沉香醇 36.5%　牻牛儿醇 2.2%　乙酸沉香酯 32.8%

柠檬薄荷
Bergamot Mint

喜欢林地中近水处，易于生长，只要土壤不要过干。若要香气强，则需全日照。种在高丽菜与番茄之间可以避免虫害。

药学属性	适用症候
1. 补身，补强卵巢，增强男性性功能（作用于骶神经丛）	卵巢功能不良，男性性功能减退
2. 平衡神经（作用于延髓和自主神经系统），抗痉挛	神经疲劳，心跳过速
3. 抗感染，抗寄生虫（蛔虫、阿米巴虫），激励腺体（肝与胰）	肠内寄生虫，吞气症，痉挛性肠炎，肝胰功能不佳
4. 消炎，抗氧化，抗肿	膀胱炎，肝癌，子宫颈癌

学　　名 | *Mentha citrata*

其他名称 | 柑橘薄荷 / Orange Mint

香气印象 | 发型设计师拿镜子让自己看剪好的样子

植物科属 | 唇形科薄荷属

主要产地 | 印度、阿根廷、法国

萃取部位 | 开花的全株药草（蒸馏）

适用部位 | 肾经、性轮

核心成分
萃油率 1.1%，28 个可辨识化合物（占 92.8%）

心灵效益 | 放下柴米油盐，给自己一个利落的造型

倍半萜醇 <1%　　单萜烯 <1%　　桉油醇 2.3%　顺式与反式沉香醇氧化物 1.2%＆1.3%

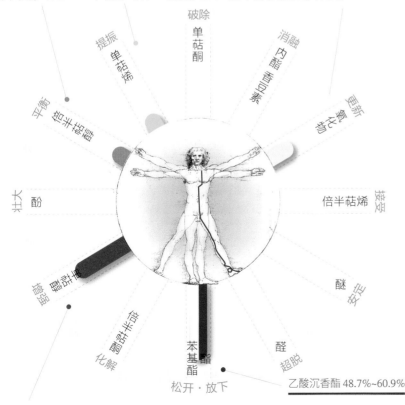

破除　单萜酮

提振　单萜烯

平衡　倍半萜醇

壮大　酚

消融　内酯、香豆素

更新　氧化物

接受　倍半萜烯

安定　醚

超脱　醛

松开·放下　苯基酯

化解　酮与倍半萜酮

沉香醇 23.8%~35.4%　α-萜品醇 1%~2.8%

乙酸沉香酯 48.7%~60.9%

乙酸牻牛儿酯 0.7%~1.8%

注意事项

1. 其实是水薄荷（*Mentha aquatica*）的一个栽培种。

2. 短期疲劳时可以用来提神，遇到长期疲劳则可发挥补眠的效果。

含笑
Dwarf Chempaka

原生于中国南方，喜欢温暖潮湿、微酸的壤土，不耐干燥瘠薄，但也怕积水。见于杂木林，溪谷沿岸尤其茂盛，性喜半阴，忌强烈阳光直射。

学　　名｜*Michelia figo /*
　　　　　Magnolia figo

其他名称｜香蕉花 / Banana Shrub

香气印象｜19 世纪初追求独立的
　　　　　贵族女孩

植物科属｜木兰科含笑属

主要产地｜中国

萃取部位｜花 (蒸馏)

适用部位 肺经、心轮

核心成分
萃油率 0.08%~0.17%，31 个可辨识化合物 (占 93%~96%)

心灵效益｜放下挡箭牌，给自己的
　　　　　情感解锁

药学属性	适用症候
1. 去瘀生新	面疱坑洞，陈年伤疤，整形手术后的修复
2. 活血止痛	月经不调，痛经，胸肋间隐隐作痛
3. 安定神经	工作狂，埋首备考，家务繁重，心力交瘁
4. 降低肿瘤细胞有丝分裂能力，诱发肿瘤细胞凋亡，抑制肿瘤细胞的生长	喉癌，大肠癌

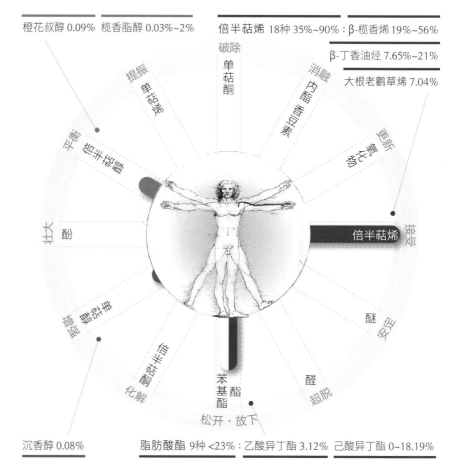

橙花叔醇 0.09%　榄香脂醇 0.03%~2%

倍半萜烯 18种 35%~90%：β-榄香烯 19%~56%

β-丁香油烃 7.65%~21%

大根老鹳草烯 7.04%

橙花叔醇 0.09%

脂肪酸酯 9种 <23%：乙酸异丁酯 3.12%　己酸异丁酯 0~18.19%

沉香醇 0.08%

红香桃木
Red Myrtle

需要无死角的全日照，但过于干热的空气会使叶片凋萎。冬季若有 7℃ 的冷却期将生长得更好，不能忍受潮湿的土壤。

药学属性	适用症候
1. 抗菌，抗念珠菌，抗病毒（α-丁香油烃的作用），杀蚊虫	牙齿的根管治疗，呼吸道与泌尿道的感染，停留于环境污染严重地区
2. 抗痉挛	紧张时的肠胃不适，过度疲劳引起的经期不适
3. 降血糖，疏通静脉与淋巴	四体不勤的生活形态导致的贪嗜甜食、水肿、静脉曲张
4. 消炎，抗氧化	皮肤松弛

学　　名｜*Myrtus communis*, CT *Myrtenyl acetate*

其他名称｜摩洛哥香桃木 / Moroccan Myrtle

香气印象｜在秋风中飘飞的粉红丝巾

植物科属｜桃金娘科香桃木属

主要产地｜摩洛哥、葡萄牙、阿尔巴尼亚、希腊

萃取部位｜连枝带叶（蒸馏）

适用部位 三焦经、喉轮

核心成分
萃油率 0.74%，35 个可辨识化合物

心灵效益｜放下评分表，笑看成败

α-松油萜 10%~21.5%

1,8-桉油醇 40%

破除
单萜酮

消融
内酯·香豆素

更新
氧化物

提振
单萜烯

平衡
倍半萜醇

壮大
酚

接受
倍半萜烯

醚
安定

糖酯
倍半萜酮

化解

苯基酯

醛
超脱

松开·放下

沉香醇 6.2%

乙酸桃金娘酯 25%

注意事项

1. 地中海地区的香桃木分两类化学品系，以乙酸桃金娘酯的有无来区别。

2. 即使是相同化学品系的香桃木，也会因为地形、气候、萃取部位和季节差异而使精油的气味（成分比例）产生很大的差距。

水果鼠尾草
Fruity Sage

原生于洪都拉斯，1950 年之后才成
为园艺新宠，开大型洋红色花。耐寒
(1℃ ~2℃ 仍可存活)，冬天开花。喜欢
潮湿、砂质土以及全日照。

学　　名	*Salvia dorisiana*
其他名称	水蜜桃鼠尾草 / Peach Sage
香气印象	加了许多热带水果的鸡 尾酒
植物科属	唇形科鼠尾草属
主要产地	中南美洲
萃取部位	开花的全株药草 (蒸馏)

适用部位 心包经、心轮

心灵效益 | 放下一成不变的生活，
　　　　　享受跳线与作怪

药学属性	适用症候
1. 消炎，舒张支气管， 减轻支气管黏膜肿胀	气喘，支气管炎
2. 驱蚊，杀孑孓	户外活动，阴暗潮湿的环境
3. 皮肤瘙痒	蚊虫叮咬，食物引起的皮肤发痒
4. 镇静安抚	人多拥挤引起的胸闷与烦躁

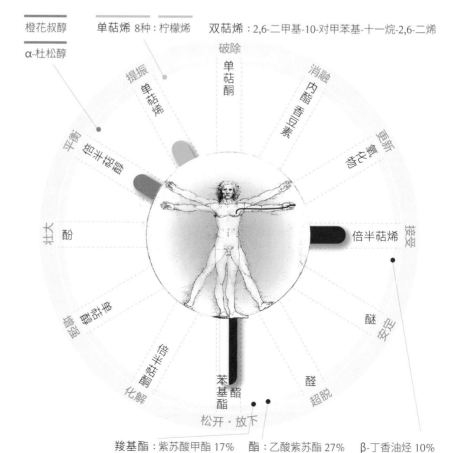

橙花叔醇　　单萜烯 8种：柠檬烯　　双萜烯：2,6-二甲基-10-对甲苯基-十一烷-2,6-二烯
α-杜松醇

羧基酯：紫苏酸甲酯 17%　　酯：乙酸紫苏酯 27%　　β-丁香油烃 10%

注意事项

1. 存在另外两种化学品系：倍半
   萜醇型 (以喇叭茶醇 45.8% 为
   主)，及倍半萜烯型 (以香树烯
   25.7% 和古芸烯 17% 为主)。

快乐鼠尾草
Clary Sage

原生于地中海北部盆地与中亚，喜欢日照，耐旱，无法忍受高温潮湿。土壤愈肥沃，植株愈高大。但在贫瘠之地也能短小精悍地活着。

药学属性	适用症候
1. 类雌激素，催情	＋月经不至，少经，前更年期综合征，阴道感染（激素不足引起）
2. 补强静脉、抗菌、抗真菌	＋静脉曲张，痔疮，静脉瘤，皮肤真菌感染，皮肤粗干
3. 抗高胆固醇，诱发细胞凋亡	＋胆固醇过高，直肠癌，白血病
4. 抗痉挛、抗癫痫、补神经（延髓与小脑），启动鸦片类受体，调节多巴胺	＋慢性疲劳综合征，抑郁症（实验效果超过薰衣草与罗马洋甘菊）

学　　名 ｜ *Salvia sclarea*

其他名称 ｜ 麝香鼠尾草 / Muscatel Sage

香气印象 ｜ 赤裸上身、手捧龙涎香的法老王俊奴

植物科属 ｜ 唇形科鼠尾草属

主要产地 ｜ 俄罗斯、美国、法国、保加利亚

萃取部位 ｜ 开花的全株药草（蒸馏）

适用部位　任脉、性轮

核心成分
萃油率 0.3%，59 个可辨识化合物（占94.2%，总共约 250 个组成成分）

心灵效益 ｜ 放下矜持，跟着自己的心跳摆动

含硫化合物：薄荷硫化物　　双萜醇：香紫苏醇 1.2%　泪杉醇 0.2%　　香豆素 微量

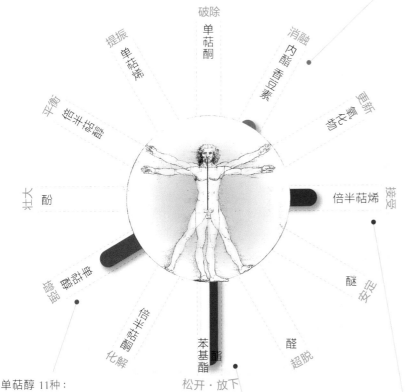

破除
单萜酮
提振
单萜烯
消融
酯内酯香豆素
更新氧化物
平衡倍半萜醇
壮大
酚
接受
倍半萜烯
醚
安定
增强倍半萜酮
松开·放下
苯基酯
醛
超脱
化解

单萜醇 11种：
沉香醇 16%　　　酯 11种：乙酸沉香酯 62%~75%　　β-丁香油烃 3%　　大根老鹳草烯 4%

鹰爪豆
Spanish Broom

通常都长在干燥石灰岩上，生长快速。和许多豆科植物一样有固氮作用。耐空气污染，耐盐分，耐贫瘠，但不耐阴。日照愈强，香气愈足。

学　　名	Spartium junceum
其他名称	金雀枝 / Genet
香气印象	杜丽娘与柳梦梅的游园惊梦
植物科属	豆科鹰爪豆属
主要产地	意大利、法国
萃取部位	花（溶剂萃取）

适用部位 心经、心轮

核心成分
萃油率 0.027%，48 个可辨识化合物

心灵效益 | 放下反复和迟疑，给出爱的承诺

药学属性

1. 消炎，止痛 ——— 胃溃疡，腹脘长期闷痛，胸口紧缩
2. 通便，通经，利尿 ——— 便秘，少经，经期推迟，水肿
3. 抗氧化，强心，收缩血管 ——— 心脏水肿，心肌衰弱
4. 镇静 ——— 心绪不宁，心烦意乱

适用症候

丁香酚 0.06%

游离酸 10种以上 >50%：辛酸 次亚麻油酸 棕榈酸
饱和植物石蜡：二十五烷 0~16%

沉香醇 10.91%

金合欢烯 1.73%

苯基醇：苯乙醇 1.3% 　 酯 >30%：棕榈酸乙酯 14.56% 亚麻酸甲酯 7.13% 油酸乙酯 4.86%

注意事项

1. 过量会导致反胃与血压降低。
2. 可缓慢释放与长效止痛，用后 3~6 个小时可持续发挥作用。

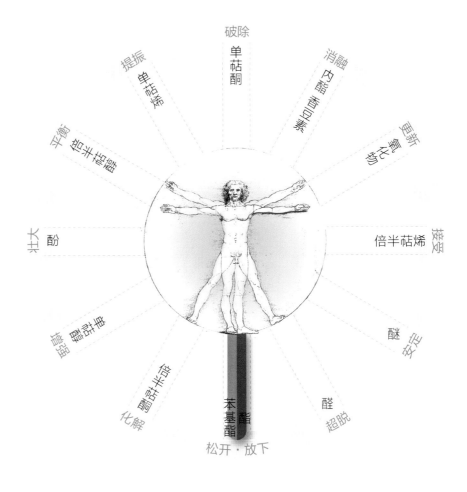

破除
单萜酮

提振 单萜烯

消融 内酯 香豆素

平衡 倍半萜醇

更新 氧化物

壮大 酚

倍半萜烯 接受

单萜醇 增强

醚 安定

化解 倍半萜酮

醛 超脱

苯基酯

松开 · 放下

VII
2

苯基酯类

Benzene-based Ester

即指含有苯环（又叫芳香环）的酯类。另外，苯
基醇（芳香醇）的作用也类似，因此归在同一组。

银合欢
Mimosa

原生于澳大利亚东南部，广布地中海气候区，是灌木林火灾后的先驱植物。可以快速长到 30 米高，但树龄到 30 年左右便会让位给其他树种。

学　　名	*Acacia dealbata*
其他名称	银栲 / Silver Wattle
香气印象	沉鱼落雁，闭月羞花
植物科属	豆科含羞草亚科金合欢属
主要产地	摩洛哥
萃取部位	花（溶剂萃取）

适用部位　肺经、心轮

核心成分
萃油率 0.018%，37 个可辨识化合物

心灵效益 | 松开紧锁的眉头，抿嘴而笑

药学属性	适用症候
1. 抗炎症，抗氧化，抑制酪氨酸酶	关节炎，整形手术后的伤口修复，淡化肤色
2. 抑制雄性激素受体的信息，抑制 NF-kB，抗细胞突变	降低前列腺癌的死亡率及再发率，化解化疗的副作用，皮肤黑色素瘤，胰脏癌，乳腺癌
3. 抑制 TH2 淋巴细胞，减少分泌白介素 IL-4，保护肾脏，抗疟原虫	气喘，肾结石，疟疾
4. 降坏胆固醇 LDL，抑制生物酵素 PTP-1B	心血管疾病，糖尿病

碳氢化合物：8-十七烷烯 6%　　　　三萜化合物：羽扇烯酮 20% 羽扇豆醇 7.8%

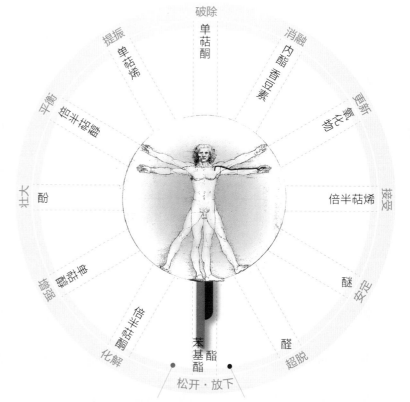

苯基酯与醇：苯乙醇　洋茴香酸甲酯　　棕榈酸乙酯　　　酸：棕榈酸

大高良姜
Galanga

常生于海拔 100~1300 米的阴湿草丛、灌木丛及林下，土质需肥沃。3 个月即可采收做香料，7 个月以后可萃油，制药最好等 36~42 个月。

药学属性	适用症候
1. 抗菌，抗霉菌（白色念珠菌），抗卡他	卡他性与气喘性支气管炎，肺结核
2. 消炎，止痛	风湿，骨关节炎，腰痛，胸口痛
3. 抗痉挛，降血糖，抗溃疡	胀气，腹泻，胃炎，晕船呕吐，食物中毒导致的肠绞痛，糖尿病，消化性溃疡
4. 抗肿瘤，抗HIV（这两个作用取决于 1'- 乙酰氧基胡椒酚乙酸酯）	腹水瘤，骨髓瘤，艾滋病

学　　名	*Alpinia galanga*
其他名称	山姜 / Greater Galangal
香气印象	蒲公英的种子飞飞飞
植物科属	姜科山姜属
主要产地	印度、中国、印尼、马来西亚
萃取部位	根茎（蒸馏）

适用部位 脾经、本我轮

核心成分
萃油率 0.27%~0.56%，47 个可辨识化合物（占 87.7%）

心灵效益 | 松开上紧的螺丝，做个开心的自由落体

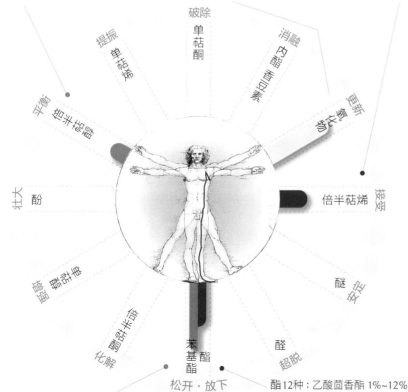

倍半萜醇 12种：姜稀醇 1.6%　1,8-桉油醇 20%~50%　倍半萜烯 12种：β-倍半水茴香萜 5%

破除
单萜酮
提振
单萜烯
消融
内酯·香豆素
平衡
倍半萜醇
更新
氧化物
壮大
酚
接受
倍半萜烯
安定
醚
超脱
醛
化解
松开·放下

肉桂酸甲酯 4%~48%　1'-乙酰氧基胡椒酚乙酸酯(CO₂萃取)　酯12种：乙酸茴香酯 1%~12%　乙酸姜叶酯 6%

注意事项

1. 大高良姜的成熟果实也是一味中药，名为"红豆蔻"。

2. 大高良姜有五种化学品系，桉油醇通常都是占比最高的成分。不过不同产地的精油组成与比例差距很大。

3. 另外有一品种小高良姜 (*A. officinarum*)，中药称"高良姜"，效用相近。请见本书 71 页。

黄桦
Yellow Birch

树皮黄铜色，性喜冷凉北坡，见于沼泽
与溪涧，不耐干热，遍布北美东部。因
为生长条件类似，常与东部铁杉并立，
会像糖枫一样流出大量的树汁。

学　　名	*Betula alleghaniensis*
其他名称	黄金桦 / Golden Birch
香气印象	印度安战士渗着汗滴的 二头肌
植物科属	桦木科桦木属
主要产地	美国
萃取部位	枝条（蒸馏）

适用部位　膀胱经、本我轮

核心成分
萃油率 0.2%~0.41%

心灵效益 │ 松开上班族的白衬衫，
　　　　　 挑战户外体能活动

药学属性	适用症候
1. 抗痉挛	风湿肌痛，肌腱炎，抽筋，关节炎，肱骨上髁炎
2. 消炎	高血压，头痛
3. 激励肝脏，净化血液	肝功能轻度失调

注意事项

1. 甜桦（*Betula lenta*）和黄桦的气味都和白珠树相同。

2. 真正的桦树精油极难得见，目前市场上的桦树精油多是合成的水杨酸甲酯，存在有害人体的同分异构物。

破除
单萜酮
提振
单萜烯
消融
内酯
香豆素
更新
平衡
倍半萜醇
氧化物
壮大
酚
倍半萜烯
接受
增强
倍半萜酮
醚
安定
化解
苯基酯
醛
超脱
松开·放下

水杨酸甲酯 99%

波罗尼花
Boronia

原生于澳大利亚西南潮湿低地，与赤桉、白千层共生。种子善于休眠，一旦冒出地表便会飞快生长。

药学属性	适用症候
1. 抗痉挛	＋胸闷，空调引起的咳嗽，经前综合征导致的腹部沉重
2. 抑制肿瘤细胞生长，抗转移	＋乳腺癌，肝癌，白血病
3. 费洛蒙作用	＋缺乏性吸引力，缺乏性趣

学　名｜*Boronia megastigma*

其他名称｜棕色波罗尼 / Brown Boronia

香气印象｜穿着 YSL 品尝马卡龙

植物科属｜芸香科波罗尼属

主要产地｜澳大利亚

萃取部位｜花（溶剂萃取）

适用部位 肾经、性轮

核心成分
凝香体萃油率 0.4%~0.8%，从中可得 60% 原精，160 个可辨识化合物

心灵效益｜松开四维八德的教条，拿到爱的悠游卡

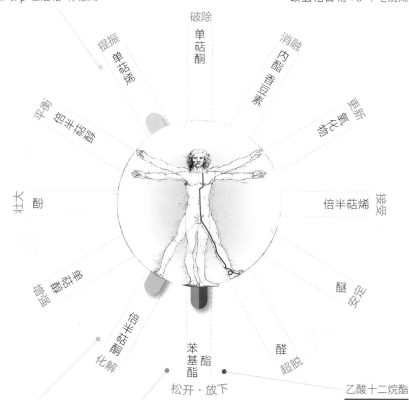

碳氢化合物：8-十七烷烯

α- & β-松油萜　柠檬烯

破除　单萜酮

提振　单萜烯

消融

更新

平衡　倍半萜醇

壮大　酚

接受

倍半萜烯

醚　安定

化解

醛　超脱

苯基酯

松开·放下

乙酸十二烷酯

β-紫罗兰酮　4-牻牛儿氧基肉桂酸甲酯　4,5-羟基牻牛儿氧基肉桂酸甲酯　8-羟基沉香酯

注意事项

1. 这种原精被食品加工业用来增添水果风味。它也是萃取 β-紫罗兰酮的重要天然资源。

苏刚达
Sugandha Kokila

高 24 米，生长于潮湿地区，最高分布海拔为 1300 米。叶片油绿，树皮暗灰，木材坚实耐用，全株芳香。

学　　名	*Cinnamomum glaucescens* / *C. cecicodephne*
其他名称	灰樟浆果 / Cinnamon Berry
香气印象	猎人在阔叶林里临时搭的小屋
植物科属	樟科樟属
主要产地	尼泊尔
萃取部位	果实（蒸馏）

适用部位 胃经、本我轮

心灵效益 松开令人窒息的熊抱，独自一人出去走走

药学属性	适用症候
1. 抑制黄曲霉毒素生长，杀虫（如绿豆象）	谷物和豆类坚果的防蛀
2. 消胀气、助消化、健胃	暴饮暴食后遗症，情绪引起的茶饭不思
3. 放松肌肉，止痛	关节炎，感冒与经期的关节酸痛，抽筋
4. 补强神经	受到过度关注的疲惫感，无所适从的空虚感

注意事项

1. 这种干燥浆果是尼泊尔使用最广的香料，木材也常被砍伐使用，在野外已成为濒危树种。尼泊尔政府规定不能以植物原料出口，必须先萃取成油，并开始执行人工栽种计划。

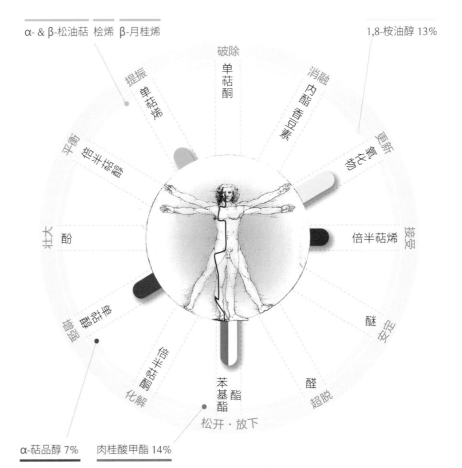

α- & β-松油萜　桧烯　β-月桂烯　　　　1,8-桉油醇 13%

α-萜品醇 7%　　肉桂酸甲酯 14%

橘叶
Petitgrain Mandarin

喜欢温暖湿润但排水良好的山坡地，是今日各种柑橘水果的四大元祖之一。主要分四类：地中海橘、国王橘、萨摩橘和各种橘。

学　　名	*Citrus reticulata* Blanco var. *Balady*
其他名称	桔子叶 / Mandarin Orange Leaf
香气印象	松风吹解带，山月照弹琴
植物科属	芸香科柑橘属
主要产地	埃及、意大利
萃取部位	叶片（蒸馏）

适用部位　心包经、心轮

核心成分
萃油率 0.1%~0.4%，42 个可辨识化合物（占 88.2%）

心灵效益 | 松开牢牢抓住的爱，让彼此自由

药学属性	适用症候
1. 止痛，抗痉挛	呼吸道敏感引起的咳嗽，消化道敏感引起的腹泻与绞痛
2. 保护神经	神经官能症，自主神经失调，精神分裂症
3. 助眠	失眠
4. 镇静安神	创伤后压力综合征，暴力倾向

γ-萜品烯 12.6%　对伞花烃 3.1%

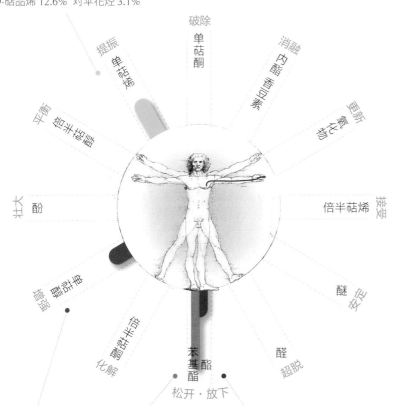

萜品烯-4-醇 1.63%　邻氨基苯甲酸甲酯 65.71%　棕榈酸乙酯 1.83%　亚麻酸乙酯 2.64%

注意事项

1. 橘的栽培种很多，橘叶精油因此可分出三种化学品系：

   a. 氨基苯甲酸甲酯——来自 var. *Balady*，是经典型，其他变种均不含此成分。

   b. 沉香醇 / 百里酚——来自 var. *Yussuf Effendy*，var. *Dancy*，var. *Maya*。

   c. 桧烯 / 萜品烯-4-醇——来自 var. *Clementine*，var. *Michal*，var. *Nectarine*，var. *Satsuma*。科西嘉岛产的克莱蒙橘叶精油就属于这一类，激励效果较强。

2. 中国也有很多橘，而中国橘叶的精油成分以萜品烯与沉香醇为主，比较接近 b 型。

沙枣花
Persian Olive

落叶有小刺的乔木，生命力极强，抗旱抗风沙，耐盐碱贫瘠，根能固氮。野生时只分布于荒漠，16℃以上开花，20℃以上结果（盛夏高温期）。

学　　名	*Elaeagnus angustifolia*
其他名称	银柳 / Silver Berry
香气印象	容妃和卓氏入宫，带来祥瑞（荔枝在北方结果）
植物科属	胡颓子科胡颓子属
主要产地	中国（甘肃、新疆）、土耳其、伊朗、俄罗斯（中亚与西亚地区）
萃取部位	花朵（溶剂萃取）

适用部位 肺经、心轮

核心成分
萃油率 0.62%，17 个可辨识化合物（占 89.27%）

心灵效益 | 松开盖头，大方展现美丽

药学属性	适用症候
1. 保护神经	神经衰弱，嘈杂喧闹的环境
2. 抗痉挛，止咳平喘	胸闷气短，肺热咳嗽，支气管炎
3. 健胃	胃痛，腹泻，胃腹胀痛，食欲不佳，消化不良
4. 补身	大病初愈，身体虚弱

注意事项

1. 花的使用见于苗药、维吾尔药、蒙药。是波斯传统中过年必备七样摆桌供品之一。

2. 蒸馏所得的精油含 54 个化合物（占 96.89%），主要成分为反式肉桂酸乙酯（77.36%）、(E)-2- 甲氧基 -4- 丙烯基苯酚（3.03%）、乙缩醛（2.70%）、顺式肉桂酸乙酯（1.09%）、苯乙酸乙酯（1.06%）、苯甲酸乙酯（1.03%）、反式橙花叔醇（1.03%）。

3. 超临界萃取的花油含 60 个化合物：正二十烷（29.48%）、9-辛基十七烷（29.48%）、二十一烷（13.52%）、苯甲酸烷基酯（13.63 %）。

双萜醇：3,7,11,15-四甲基-2-十六碳烯-1-醇 0.25%　　烷酮：6,10,14-三甲基-2-十五烷酮 0.1%

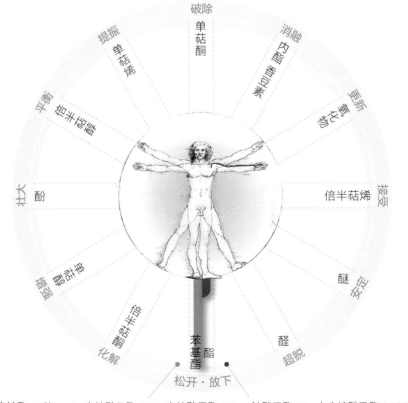

苯基酯 11种 82%：肉桂酸乙酯 77%　肉桂酸甲酯 2%　　油酸乙酯 1%　十八烷酸乙酯 0.13%

芳香白珠
Fragrant Wintergreen

高 1.75 米的小树，长在喜马拉雅海拔 1500~2700 米山区。习惯很大的雨量和空气湿度，适应酸性土壤，需要遮荫。

学　名	*Gaultheria fragrantissima*
其他名称	尼泊尔冬青 / Wintergreen Nepalese
香气印象	在深夜食堂里无限畅饮
植物科属	杜鹃花科白珠树属
主要产地	尼泊尔、印度
萃取部位	叶片（蒸馏）

适用部位 膀胱经、本我轮

核心成分
萃油率 1.22%~1.79%，20 个可辨识化合物

心灵效益 | 松开职场伦理的瓶塞，释出积压已久的怨气

药学属性	适用症候
1. 抗痉挛	肌腱炎，抽筋，背痛，网球肘，风湿，关节炎
2. 扩张血管	高血压，冠状动脉炎（发作时有治愈作用）
3. 消炎，抗菌，抗霉菌，杀虫	着凉症状，肠绞痛，牙齿退化
4. 激励肝脏	头痛（肝毒循环所致），发热

注意事项

1. 30ml 白珠树精油 =171 颗阿司匹林药片，过量使用会产生气喘等过敏反应，外用亦然。

2. 传统的冬青油，来自匍匐白珠（*Gaultheria procumbens*，美国冬青），高约 10 厘米，生长缓慢，萃油率 0.66%~1.30%，现已罕见生产。

3. 中国西南也有芳香白珠，另外广泛用来制药与萃油的是滇白珠（*Gaultheria yunnanensis*），市场上叫天然冬青油。

α-松油萜　月桂烯　δ3-蒈烯　　愈疮木-3,7-二烯　δ-杜松烯

破除
单萜酮

提振
单萜烯

消融
内酯　香豆素

更新
氧化物

平衡
倍半萜醇

壮大
酚

拔萃
倍半萜烯

安定
醚

化解
酮甜半倍

醛
超脱

松开・放下
苯基酯

二丙酮醇：5.84%

水杨酸甲酯 94.16%　苯甲酸苄酯　　乙酸甲酯　己醛　β-细辛脑

大花茉莉
Jasmine

原生于南亚，喜爱温暖湿润的气候、充足的阳光和具黏质的壤土。枝条柔长而垂坠，常绿攀缘，须用屏架扶起。

学　　名	*Jasminum officinale* var. *grandiflorum*
其他名称	法国素馨 / Spanish Jasmine
香气印象	地平线上方缤纷璀璨的烟火
植物科属	木犀科素馨属
主要产地	摩洛哥、埃及、印度
萃取部位	花（溶剂萃取）

适用部位 任脉、性轮

核心成分
萃油率 0.2%，60 个可辨识化合物

心灵效益 | 松开冷硬的隔阂，引爆热情与自信

注意事项

1. 蒸馏而得的精油，可辨识组分有 30 个（占 99.28%），占比高的为植醇 25.77%，苯基酯 <10%，不含吲哚和素馨酮。

2. 可能降低黄体酮含量，怀孕初期不建议使用。

3. 另一品种天星茉莉（*Jasminum auriculatum*）的花形较接近大花茉莉，枝条具半蔓性，花期长而花苞量大，又能抗瘿螨，所以原精价格较低。印度传统用它的花抗尿路结石与肺结核，关键成分为硬脂酸甲酯-D35 和 4-甲基-2-丙基-1-戊醇。

药学属性	适用症候
1. 启动过氧化物酶体增殖物活化受体 α（PPAR-α），调节肝脏脂肪代谢，抗结核	肝炎，口腔炎，皮肤瘙痒，淋巴结结核
2. 提高性欲，促进催产素	阳痿，性冷淡，分娩
3. 抑制过高的雌激素，减缓环境激素的刺激	月经不调，痛经，白带，睾丸炎，乳腺炎
4. 提高脑中 γ-氨基丁酸的效用，抗抽搐	辗转反侧，焦躁不安，癫痫，头痛

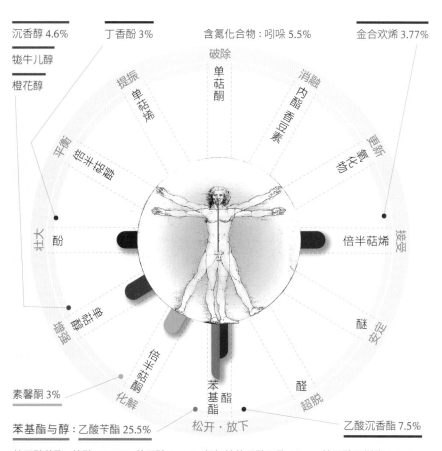

沉香醇 4.6%　丁香酚 3%　含氮化合物：吲哚 5.5%　金合欢烯 3.77%

牻牛儿醇

橙花醇

素馨酮 3%

苯基酯与醇：乙酸苄酯 25.5%

苯甲酸苄酯+植醇 24.25%　苯甲醇 0.38%　邻氨基苯甲酸甲酯 0.5%　苯甲酸己烯酯 1.18%

乙酸沉香酯 7.5%

小花茉莉
Sambac

半落叶的蔓性小灌木，来自潮湿的热带气候，耐雨力强，下雨不易落蕾。畏寒、畏旱，不耐碱土，砂质壤土较适合。通风良好、半阴环境生长最好。

药学属性	适用症候
1. 促进 β 脑波，调节自主神经，解郁，抗肿瘤	重度抑郁，达尔顿腹水淋巴瘤，子宫颈癌，肿瘤相关成纤维细胞
2. 抗痉挛，止痛，血管舒张	支气管敏感引起的咳嗽，胸口紧闷，耳痛，头痛，下痢腹痛，心动过速
3. 抑制过高的血浆泌乳素，强力催情	宫冷不孕，产后抑郁症，闭经，睾丸功能不全，性功能障碍
4. 疗愈伤口，抗菌消炎	敏感肌，疮毒疔瘤，黑眼圈

学　　名｜*Jasminum sambac*

其他名称｜阿拉伯茉莉 /
　　　　　Arabian Jasmine

香气印象｜佛罗伦萨的窗外有蓝天

植物科属｜木犀科素馨属

主要产地｜印度、中国

萃取部位｜花（溶剂萃取）

适用部位 肝经、性轮

核心成分
萃油率 0.1%，81 个可辨识化合物（占 46%，剩余成分的含量皆小于0.03%）

心灵效益｜松开搅取神志的鬼魅，
　　　　　让阳光照进心坎

香榧醇 4.86%　　含氮化合物：吲哚 0.08%~5.5%　　α-丁香油烃 6.9%

破除
单萜酮
提振
单萜烯
消融
内酯香豆素
更新氧化物
平衡
倍半萜醇
接受
倍半萜烯
壮大
酚
安定
醚
增强
醛甜半香
超脱
醛

沉香醇 11%~23%
素馨酮 1.4%~5.2%
化解

酮甜半香

苯基酯
松开·放下

苯基酯与醇：乙酸苄酯 26.09%

丙酸苄酯 9.65%　　苯甲醇 5.79%　　邻氨基苯甲酸甲酯 4.1%　　苯甲酸己烯酯 17.19%

注意事项

1. 蒸馏所得的精油中，吲哚与素馨酮的含量明显低于原精，而单萜醇的占比则高于苯基酯。

2. 怀孕初期最好暂停使用。

苏合香
Styrax

原生于小亚细亚南部的冲积平原，年雨量 1000 毫米，年均温度 18℃。特别喜欢肥沃潮湿的土壤，例如河岸。树高 30 米，6 月开始取树脂。

学　　名	*Liquidambar orientalis*
其他名称	帝膏 / Oriental Sweetgum
香气印象	温文儒雅的书生临窗挥毫
植物科属	枫香科枫香属
主要产地	中国、土耳其、叙利亚
萃取部位	树脂（蒸馏）

适用部位　心包经、心轮

核心成分
52 个可辨识化合物（占 73%）

心灵效益 | 松开成功立业的紧箍咒，做个和光同尘的原子

药学属性	适用症候
1. 杀白蚁，强力抗霉菌	阴暗潮湿的空间
2. 降低过度的钙离子内流，提高血脑屏障通透性，促进 γ-氨基丁酸以抗惊厥	脑部缺血缺氧的损伤，猝然昏倒，阿尔兹海默病，癫痫，延长持续睡眠的时间
3. 祛痰，降低血清 NO、丙二醛及肿瘤坏死因子 α 含量	痰湿体质，胃溃疡，坏疽与伤口不愈
4. 抗氧化、抗血小板聚集及抗血栓作用	心肌缺血缺氧导致的损伤，高山病

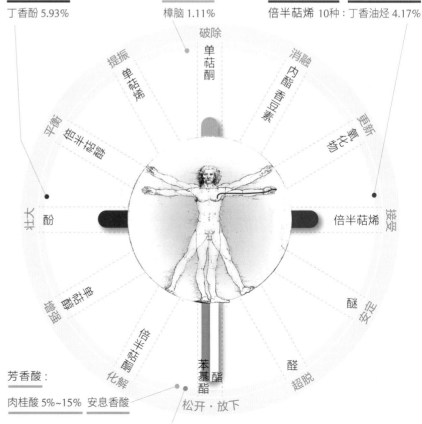

丁香酚 5.93%　樟脑 1.11%　倍半萜烯 10 种：丁香油烃 4.17%

芳香酸：
肉桂酸 5%~15%　安息香酸

苯基酯 50%：苯甲酸苄酯 30%　肉桂酸苄酯 2.7%　乙酸苄酯 3%　肉桂酸异丁酯 2.13%

松开·放下

注意事项

1. 本品在中药被归类为芳香开窍药，只宜暂用，不可久服。

白玉兰
Magnolia Blossom

20 米高的常绿乔木，喜欢日照充足温度高、保湿力强且微酸的土壤。根部肥厚多肉，不易移植，但植株发育快且树冠大，需要很大的生长空间。

学　　名	*Michelia alba /* *Magnolia × alba*
其他名称	白兰 / Champaca, White
香气印象	神父把圣水洒在婴儿头上
植物科属	木兰科含笑属
主要产地	中国、印度
萃取部位	花（溶剂萃取）

适用部位 肺经、心轮

核心成分
萃油率 0.96%，100 个可辨识化合物（含量小于 0.05% 的成分占 70% 以上）

心灵效益｜松开追逐斗争的发条，虚心谦让

药学属性	适用症候
1. 止咳化痰	咳嗽，百日咳，鼻炎流涕，鼻塞不通
2. 开胸散郁，抗痉挛	中暑胸闷，气滞腹胀，晕车晕船
3. 除湿化浊，抗菌，抗念珠菌，消炎	脾湿型白带，狐臭，皮肤敏感
4. 安神	心悸，紧张，脑子转不停

注意事项

1. 玉兰叶 (Magnolia Leaf) 也可蒸馏萃油，含沉香醇 80%，长于治疗慢性支气管炎。

2. 蒸馏所得的玉兰精油萃油率较高，含有压倒性的沉香醇 (66%~72.8%)、微量吲哚，但不含苯乙醇与脂肪族酯类。脂吸法则可得到高比例的吲哚 (35.49%)。原精中未见吲哚的原因或许要归因于己烷的极性与混溶作用。

3. 木兰属植物 *Magnolia denudata* 也被称作白玉兰，两者花形气味均不同。

沉香醇 29%~43.76%　　　　　　　　　酸：2-甲基丁酸 33%

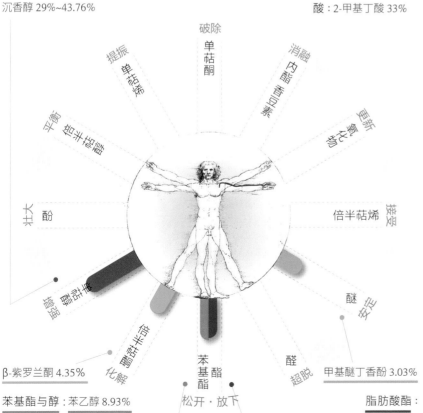

β-紫罗兰酮 4.35%

苯基酯与醇：苯乙醇 8.93%　　　　甲基醚丁香酚 3.03%

甲酸苄酯 0~4.71%　异丁酸苯乙酯 5%　　γ-亚麻酸甲酯 9.7%　亚油酸甲酯 7.47%

脂肪酸酯：

黄玉兰
Champaca

原生于喜马拉雅山东麓海拔 1000 米以下，高可达 50 米。与山含笑杂交而得白玉兰，树形与花都和白玉兰相仿，但花色金黄。

学　　名	*Michelia champaca* / *Magnolia champaca*
其他名称	金厚朴 / Red Champaca
香气印象	小女孩梦想中的粉红蓬蓬裙
植物科属	木兰科含笑属
主要产地	印度、中国、印尼
萃取部位	花 (溶剂萃取)

适用部位 心包经、心轮

核心成分
萃油率 0.03%，250 个可辨识化合物

心灵效益 | 松开缠绕心田的藤蔓，喜悦重生

药学属性	适用症候
1. 止咳化痰，退热	咳嗽，支气管炎，发热
2. 降血糖，抗胃酸过多	糖尿病，胃溃疡，胃灼热
3. 愈合伤口	麻疯，外伤流血，皮肤病
4. 抗痉挛，止痛	呕吐，肠绞痛，风湿，痛风，排尿困难，痛经

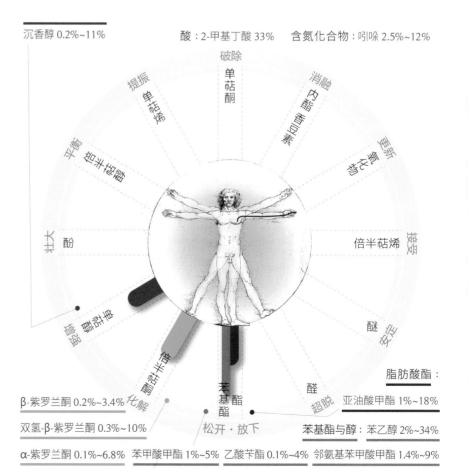

沉香醇 0.2%~11%　　　酸：2-甲基丁酸 33%　　含氮化合物：吲哚 2.5%~12%

β-紫罗兰酮 0.2%~3.4%

双氢-β-紫罗兰酮 0.3%~10%

α-紫罗兰酮 0.1%~6.8%　　苯甲酸甲酯 1%~5%　　乙酸苄酯 0.1%~4%　　邻氨基苯甲酸甲酯 1.4%~9%

脂肪酸酯：亚油酸甲酯 1%~18%

苯基酯与醇：苯乙醇 2%~34%

注意事项

1. 蒸馏所得的精油含有比较多的倍半萜烯以及单萜烯，鲜花经过顶空分析则是以倍半萜烯与苯基酯为主。

秘鲁香脂
Peru Balsam

原生于中美洲，高约 18 米，近亲吐鲁香脂则可长到 40 米高。分布在海拔 200~690 米之间的热带森林，常见于河流旁，木质耐蛀防腐。

药学属性	适用症候
1. 抗黏膜发炎，止咳化痰	各类支气管炎（急性、慢性、气喘性），咳嗽，流行性感冒，肺结核
2. 抗感染，抗菌	大肠杆菌引起的膀胱炎，尿道炎，肾盂炎，拔牙后的干槽症
3. 促进伤口愈合（促进表皮细胞的生长），消炎，抗寄生虫，消毒，止痒	烧烫伤，冻疮，寄生虫引起的皮肤病（疥癣、虱子病、头癣）
4. 强心，提升血压，温暖人心	低血压，无精打采，冷淡

学　　名 | *Myroxylon balsamum var. pereitae*

其他名称 | 奎纳 / Quina

香气印象 | 南欧宗教庆典吃的甜点糕饼

植物科属 | 豆科南美槐属

主要产地 | 萨尔瓦多

萃取部位 | 树脂（溶剂萃取）

适用部位　肺经、心轮

核心成分
萃油率 50%，10 个可辨识化合物

心灵效益 | 松开领结，抛下身份，和大家狂欢同乐

橙花叔醇 3.6%　金合欢醇

破除
单萜酮

消融
内酯 香豆素

香豆素 微量

提振
单萜烯

更新
氧化物

平衡
倍半萜醇

壮大
酚

接受
倍半萜烯

醚
安定

芳香醛：香草素 微量

化解
酮 倍半萜酮

醛
超脱

苯基酯

松开·放下

芳香酸：肉桂酸 11.5%　苯甲酸 6.9%　　肉桂酸苄酯 10.5%　苯甲醇 1%　肉桂酸甲酯 0.6%

苯基酯与醇：苯甲酸苄酯 49.5%

水仙
Narcissus

原生于南欧，喜欢全日照，花朵总是朝向太阳，球茎两三年就要换一次。不怕湿土，通常长在山涧旁，小动物不敢啃食，也几乎没有虫害。

学　名	*Narcissus poeticus*
其他名称	口红水仙 / Poet's Daffodil
香气印象	红磨坊里的绝代舞伶
植物科属	石蒜科水仙属
主要产地	法国、意大利
萃取部位	花（溶剂萃取）

适用部位 肺经、心轮

核心成分
萃油率 0.1%，16 个可辨识化合物（占 91.3%）

心灵效益 松开发带，飘洒浪漫情怀

注意事项

1. 中国水仙（*Narcissus tazetta* var. *chinensis*，单瓣品种）以顶空分析时可得 35 个组分，香气主轴是乙酸苄酯 25% 和 β-罗勒烯 62%，吲哚 0.33%，也具备以上效用。

2. 剂量过高可能引起头晕反胃。

药学属性	适用症候
1. 调经	子宫疾病，月经不调，更年期脸潮红
2. 抗肿瘤，抗氧化，抑制乙酰胆碱酯酶	乳腺癌，老年痴呆
3. 消炎，止痛，抗敏，清热解毒	腮腺炎，痈疔疔毒初期的红肿热痛，痢疾，疮肿
4. 调节血清素，抗抑郁	神疲头昏，小儿惊风，颓废枯槁

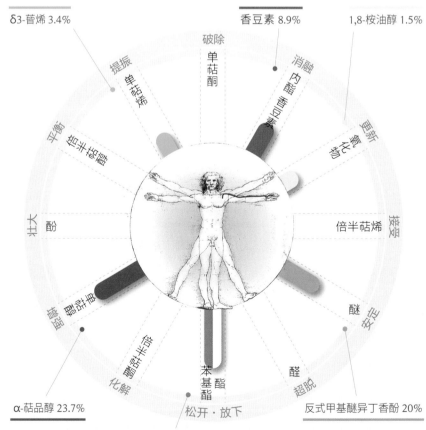

δ3-蒈烯 3.4%　　香豆素 8.9%　　1,8-桉油醇 1.5%

α-萜品醇 23.7%

苯基酯与醇 31.5%　苯甲酸苄酯 19.4%　丙酸苯酯 1.7%　肉桂醇 2%　苯乙醇 2.2%

反式甲基醚异丁香酚 20%

牡丹花
Peony

需要充足的阳光、凉爽干燥的环境，不耐酸性或黏重土壤及高温高湿。可存活30~60年，中国是其发源地，药用栽培品种的花多为白色。

药学属性	适用症候
1. 镇静	狂躁，钻牛角尖，强迫症
2. 消炎	长期疲劳，发低热
3. 调节内分泌	月经周期紊乱，性冷淡，产后血瘀腹痛
4. 抗氧化	皮肤暗沉，色斑，老人斑，痤疮，皱纹

学　　名｜*Paeonia suffruticosa*

其他名称｜木芍药 / Tree Peony

香气印象｜孔雀开屏

植物科属｜芍药科芍药属

主要产地｜中国

萃取部位｜花（蒸馏）

适用部位 肝经、本我轮

核心成分
萃油率 0.005%，27 个可辨识化合物（占 96.04%）

心灵效益｜松开保护主义的门闩，慷慨大度，兼善天下

注意事项

1. 顶空固相萃取可得 38 个组分，以醚类占比最高 (1,3,5-三甲氧基苯 29%)，另含酯类七种（丙酸橙花酯 6%、丙酸牻牛儿酯 5%），醇类八种（香茅醇 5%、牻牛儿醇 2%）。

2. 中药入药的是根部，药名"牡丹皮"。

3. 牡丹是木本，芍药是草本，花形和叶片都相似，但芍药开花较晚，也比牡丹耐寒。

愈疮木醇 2.35%

破除 单萜酮

提振 单萜烯

消融 内酯香豆素

更新 氧化物

平衡 倍半萜醇

接受 倍半萜烯

壮大 酚

安定 醚

镇定 单萜醇

化解 醇类半倍

松开·放下 苯基酯

超脱 醛

单萜醇 26%：
香茅醇 7.78%

2,7-二甲基-2,6-辛二烯-4-醇 13.4%

苯基酯与醇：苯乙醇 38.2%　3-甲基苯甲酸丁-3-炔-2-酯 0.19%

3,7-二甲基-6-辛醛 1.59%

乙酸家蚕酯 10.76%

红花缅栀
Frangipani

阳性落叶小乔木，原生于中美洲，生命力强，不怕干旱。体内多汁，无需常浇水，太潮湿则叶大花少，受伤时会流出白色乳汁。

学　　名	*Plumeria rubra*
其他名称	鸡蛋花 / Temple Tree
香气印象	英国女教师与遥罗国王翩翩起舞
植物科属	夹竹桃科缅栀属
主要产地	印度
萃取部位	花（溶剂萃取）

适用部位　脾经、本我轮

核心成分
萃油率 0.037%，31 个可辨识化合物（占 89%）

心灵效益 | 松开阴沉的死结，拥抱明媚的春光

注意事项

1. 蒸馏所得的精油成分与原精相仿，但水杨酸苄酯较少（26.7%），苯甲酸苄酯较多（22.3%）。

2. 叶片也可以萃取精油，以倍半萜烯（金合欢烯、广藿香烯、古巴烯）和植醇为主，具有抗菌和抗肿瘤的作用。

药学属性	适用症候
1. 抗焦虑，抗抑郁	失败的阴影，心碎的记忆，受打压的委屈
2. 降血脂，抗氧化	高血压，糖尿病，发痒与脚底皲裂，皮肤粗黑
3. 消炎，促进代谢	支气管炎，百日咳，发热，不汗不尿不饥不渴
4. 抗菌	细菌性痢疾，消化异常

橙花叔醇 5.5%　双醇：香叶基芳樟醇 0.2%　饱和植物石腊：十九烷 3.8%　正二十三烷 1.1%

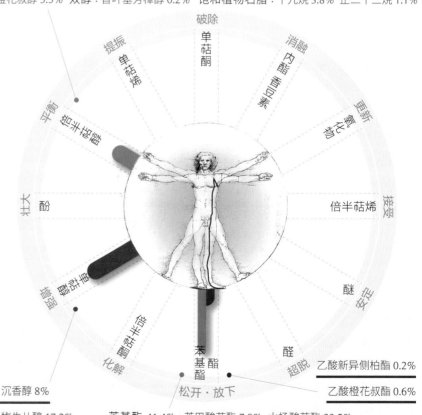

沉香醇 8%　　松开·放下　　乙酸新异侧柏酯 0.2%

牻牛儿醇 17.2%　苯基酯 41.4%：苯甲酸苄酯 7.9%　水杨酸苄酯 33.5%

乙酸橙花叔酯 0.6%

晚香玉
Tuberose

原生于墨西哥，喜欢充足的阳光，春末花芽分化时要求最低气温在 20℃。对土壤要求不严，微碱性的重壤土最好，对湿度比较敏感，耐旱力差。

药学属性	适用症候
1. 止痛，抗痉挛，消炎	膝盖、小腿发炎扭伤，经常性落枕，腰伤
2. 放松神经肌肉组织，减轻生理疾病加诸随意肌与不随意肌的压力，抗焦虑	高血压，中枢神经不平衡，失眠，恍神，考试紧张
3. 排毒，利尿，抗霉菌	婴儿脸部湿疹，胎毒
4. 有益于呼吸与循环，抗氧化	气喘，胸闷，血液黏稠，心悸

学　　名｜*Polianthus tuberosa*

其他名称｜月下香 / Nardo

香气印象｜在巴厘岛泡露天 SPA 眺望梯田

植物科属｜龙舌兰科晚香玉属

主要产地｜印度、摩洛哥、阿根廷

萃取部位｜花 (溶剂萃取)

适用部位　大肠经、本我轮

核心成分
萃油率 0.028%，14 个可辨识化合物

心灵效益｜松开塑身马甲，优雅接受原来的我

含氮化合物：吲哚 0.36%~2.15%
饱和植物石蜡：二十五烷 19.23%

内酯 6 种：茉莉内酯 14.96%

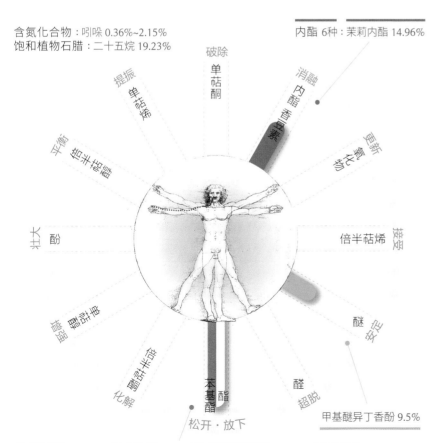

破除
单萜酮
提振
单萜烯
消融
内酯
更新
平衡
倍半萜醇
壮大
酚
接受
倍半萜烯
醚
安定
超脱
醛
松开·放下
苯基酯
化解
酮

甲基醚异丁香酚 9.5%

苯甲酸苄酯 24.25%　苯甲酸甲酯 30%　邻氨基苯甲酸甲酯 4.15%　水杨酸甲酯 12.11%

注意事项

1. 过量令人呆滞。

2. 单瓣的晚香玉吲哚含量一般高于重瓣。晚上九点至凌晨三点香气最浓，下午三点香气最弱。夜间释放的香气含有较多的邻氨基苯甲酸甲酯、茉莉内酯。

五月玫瑰
Rose de Mai

17 世纪才由荷兰培育出来的杂交品种，大马士革玫瑰是其亲株之一。习惯中性土壤全日照，喜肥，积水易致病，枝条不宜过密，需要通风良好。

学　　名	*Rosa centifolia*
其他名称	卷心玫瑰 / Cabbage Rose
香气印象	卡拉瓦乔名画《年轻的酒神》
植物科属	蔷薇科蔷薇属
主要产地	法国、摩洛哥、巴基斯坦
萃取部位	花（溶剂萃取）

适用部位　心经、心轮

核心成分
萃油率 0.128%，13 个可辨识化合物（色谱峰在 100 个以上）

心灵效益 | 松开长年压抑的向往，从平庸单调中透出意想不到的光芒

注意事项

1. 蒸馏的精油中苯乙醇只有 0.38%（其他成分为乙醇 0.12%，香茅醇 + 橙花醇 15.3%，牻牛儿醇 6.75%，饱和植物石腊：十七烷 4.5%、十九烷 17%、正二十一烷 8.4%），因此原精对情绪帮助更大。

2. 这个品种是格拉斯名产，花形在油玫瑰中最大 [另两种为大马士革玫瑰和药师玫瑰 (*R. gallica*)]。

药学属性	适用症候
1. 局部麻醉，抑制血管收缩，放松消化道平滑肌，扩张支气管	偏头痛，情绪刺激血压升高，心脏疼痛，肠胃痉挛，喉咙紧缩，咳嗽
2. 促进脑内啡与血清素分泌	消极，自暴自弃，萎靡不振，情绪化
3. 抑制不正常增生的淋巴细胞，强心（保护心脏不受化疗药物毒害），抗氧化，抗肿瘤	急性淋巴细胞性白血病，化疗病患，心脏方面疾病，乳腺癌，肺癌，子宫颈癌
4. 消炎，保湿，除体臭，退热	皮肤莫名的突起与发痒，极度干燥，狐臭，不明原因发热

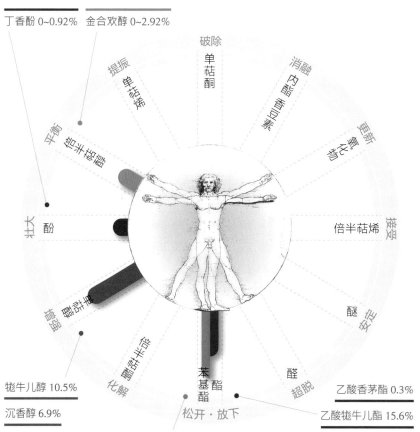

丁香酚 0~0.92%　金合欢醇 0~2.92%

牻牛儿醇 10.5%

沉香醇 6.9%

香茅醇 21%　　苯基醇与醛：苯乙醇 43%　苯甲醇 3.3%　苯甲醛 1.5%

乙酸香茅酯 0.3%

乙酸牻牛儿酯 15.6%

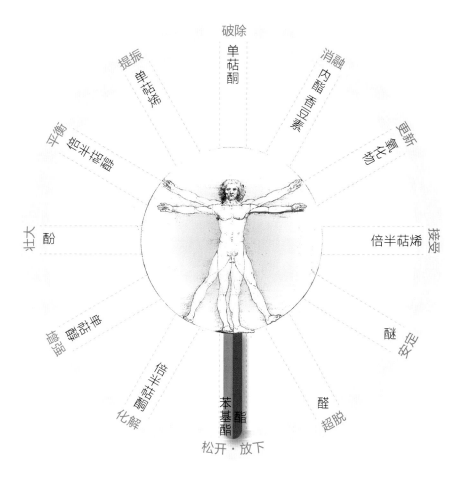

破除
单萜酮

消融 内酯 香豆素

提振 单萜烯

更新 氧化物

平衡 倍半萜醇

接受 倍半萜烯

壮大 酚

安定 醚

增强 单萜醇

超脱 醛

化解 芳香酸 香草素

松开·放下 本基酯 苯基酯

VII
3

芳香酸与芳香醛类

Aromatic Acid &
Aromatic Aldehyde

即指含有苯环的酸与醛类,作用近似苯基酯,因此归在同一组。不过,芳香醛的作用比较复杂,本书会归在不同两组:(1)相对较具激励作用的芳香醛,例如肉桂醛,抗感染强,高量会刺激皮肤,因此归在"酚类"组。(2)相对较具舒缓作用的芳香醛,例如香草素,适合放松身心,因此归在"芳香酸"组。但在"化学成分中英对照"中,则统一放在"酚与芳香醛类",以方便读者查询。

苏门答腊
安息香
Sumatra Benzoin

原生于印尼苏门答腊北部的高地森林，现在多栽种于较平坦的烧垦火耕地。8岁以上树木开始割取树脂，一年两次，可持续 20 年。

学　　名	*Styrax benzoin*
其他名称	拙具罗香 / Gum Benjamin
香气印象	敦煌石窟看飞天
植物科属	安息香科安息香属
主要产地	印尼（苏门答腊）
萃取部位	树脂（溶剂萃取）

适用部位 心包经、心轮

核心成分

每树可收成 1~3 千克树脂，直接溶于酒精类溶剂备用，6 个可辨识化合物

心灵效益 | 松开威胁恫吓的捆绑，得到安全的保障

注意事项

1. 敏感皮肤宜避免使用。

2. 现今的苏门答腊安息香，多采自印尼另一品种 *Styrax paralleloneurum*，该品种的采集时间可长达 60 年。

3. 安息香属于香脂类 (Balsam)。树脂成分中含有安息香酸（苯甲酸）或肉桂酸才能称作香脂，所以班杰明树胶 (Gum Benjamin) 这个名称是不正确的，因为安息香树脂并不是多糖类。

4. 安息香其名源于古代波斯（安息帝国），当地产的安息香树脂来自 *Styrax officinalis* 这个品种。

药学属性	适用症候
1. 抗黏膜发炎，化痰，抗胸腔病菌，抗生物膜	肺炎，支气管炎
2. 杀虫，防腐，抗病毒，抗肿瘤	防蠹虫，疟疾，利什曼病，HIV 感染，唇疱疹，子宫颈癌，肺癌
3. 促进伤口愈合，强力抗氧化	粉刺，伤口，痛，溃疡，冻疮，皮肤老化
4. 安定神经系统	阴沉，暗黑，胆战心惊，噩梦连连

≤ 1% 的微量无法辨识成分：19%~40%　　　≥ 1% 的非挥发性无法辨识成分：6%~20%

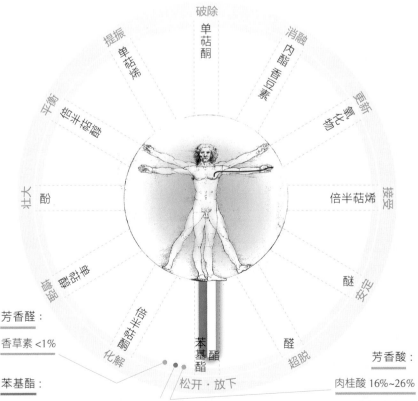

芳香醛：

香草素 <1%

苯基酯：

苯甲酸苄酯 <1%　肉桂酸肉桂酯 5%~8%　苯甲酸-对-香豆醇酯 5%~19%

芳香酸：

肉桂酸 16%~26%

安息香酸 2%~4%

暹罗安息香
Siam Benzoin

典型的东南亚条件：年雨量 1500~2200 毫米，年均温度为 15℃~26℃，长日照。7 岁以上树木开始割取树脂，一年一次，可持续 10 年。

学　　名	*Styrax tonkinensis*
其他名称	白花树 / Saigon Benzoë
香气印象	在雪地围着篝火烤手
植物科属	安息香科安息香属
主要产地	缅甸、泰国、越南
萃取部位	树脂（溶剂萃取）

适用部位　心包经、心轮

核心成分
每树可收成 1~3 千克树脂，直接溶于酒精类溶剂备用，7 个可辨识化合物

心灵效益｜松开冷酷无情的限制，得到温暖的肯定

药学属性

1. 抗黄曲霉菌，抗菌，抗黏膜发炎，化痰

2. 消炎止痛，抗肿瘤

3. 促进伤口愈合

4. 安定神经系统

适用症候

- 上呼吸道发炎，喉炎，口腔卫生

- 肌肉酸痛，关节炎，白血病

- 皮肤炎，粉刺，湿疹，干癣，糠疹，伤口，冻疮

- 害羞，挫败，软弱，运衰

≤1% 的微量无法辨识成分：8%~20%　　≥1% 的非挥发性无法辨识成分：1%~10%

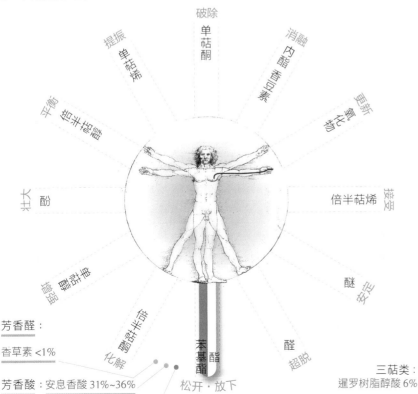

芳香醛：
香草素 <1%

芳香酸：安息香酸 31%~36%

苯基酯：苯甲酸苄酯 1%　苯甲酸松醇酯 29%~56%　苯甲酸松醇酯衍生物 5%

三萜类：
暹罗树脂醇酸 6%

注意事项

1. 敏感皮肤避免使用。

2. 有时被称作 Storax，因此容易与苏合香混淆。

3. 暹罗安息香属落叶树，苏门答腊安息香则是长青树。两者香气最大的分别在于苏门答腊比暹罗多了肉桂酸及其酯类。

4. 苏门答腊安息香的树脂感较重，多用于制药，暹罗安息香的甜感较浓，是香料香精产业的首选。

香草
Vanilla

原产于墨西哥，攀缘藤本，喜爱温暖湿润、雨量充沛。土壤最好是富含腐植质的微酸性，夜间开花，须人工授粉。

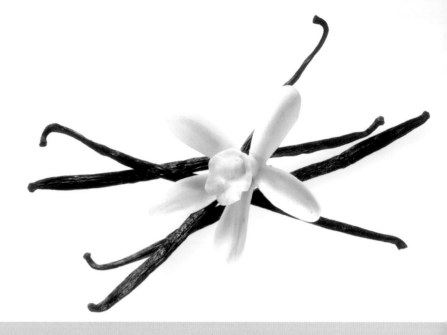

学　　名	*Vanilla planifolia*
其他名称	香荚兰 / Flat-leaved Vanilla
香气印象	桑德罗·波提切利的 《维纳斯的诞生》
植物科属	兰科香荚兰属
主要产地	马达加斯加、留尼汪岛
萃取部位	豆荚 (溶剂萃取)

适用部位 任脉、性轮

核心成分
萃油率 2.35%，64~130 个可辨识化合物

心灵效益 松开思想的栅栏，享受百花齐放

注意事项

1. 早在 1874 年已由松柏苷合成香草素，许多商品中的 "香草萃取" 就是这类合成物质，而纯的原精则会溶于酒精中备用。

2. 不同产地的香草素含量差异很大：马达加斯加 (85%) 和留尼汪岛 (50%) 是第一级，墨西哥 (30%)，加勒比海、印尼、大溪地属于次一级。印度和斯里兰卡最少。其中大溪地的气味因为多了胡椒醛而与众不同。

药学属性	适用症候
1. 抑制细菌的群聚效应 (QS)，消炎，止痛	食物不洁引起的腹泻，肠胃绞痛，痛经，牙痛
2. 抗氧化 (于肝脏)，解肝毒，抗肿瘤，强化细胞膜，降三酸甘油脂	酒精性肝病变，肝癌，反复感染 (感冒)，心血管疾病，胰腺炎
3. 提高性能量，改善性功能	不举，早泄，性冷淡，无性趣
4. 收惊，镇定安抚	重大检测与手术前的压力，生活平淡无味的苦闷

脂肪族酸 20 种：次亚麻油酸 1%　醋酸 0.55%

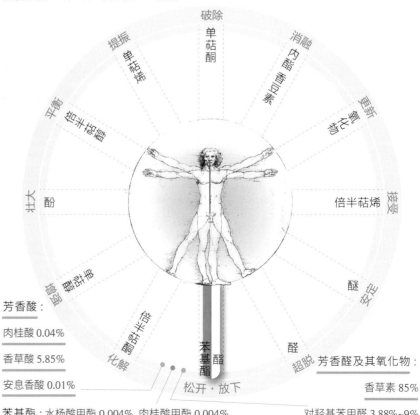

芳香酸：

肉桂酸 0.04%

香草酸 5.85%

安息香酸 0.01%

苯基酯：水杨酸甲酯 0.004%　肉桂酸甲酯 0.004%

芳香醛及其氧化物：

香草素 85%

对羟基苯甲醛 3.88%~9%

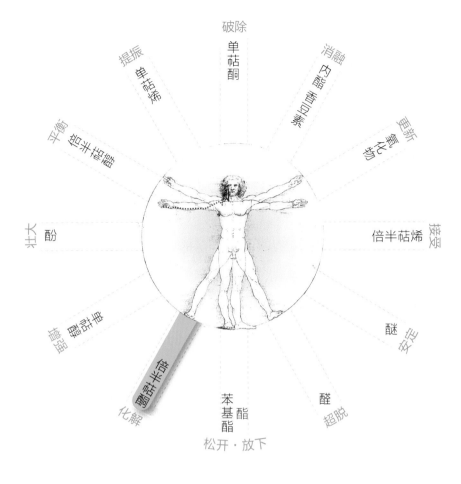

破除
单萜酮

提振 单萜烯

消融 萜内酯倍半萜

更新 氧化物

平衡 倍半萜醇

壮大 酚

接受 倍半萜烯

醚 安定

倍半萜醇高 化解

醛 超脱

单萜醇 增强

苯基酯 酯

松开·放下

VIII

倍半萜酮类

Sesquiketone

无与伦比的疗伤圣手,不论是针对体表还是心灵,尤其是积累已深,看似不可动摇的硬痂。不存在单萜酮的神经毒性,但同样善于修补受创细胞,还拥有阵容坚强的抗肿瘤军团(大西洋酮、芳姜黄酮、莎草酮、大根老鹳草酮……)。配合启动小肠经,就能把生命里的糟粕化作精微。是精神分析与心理咨商的最佳搭档,也是研究疾病人格与处理情志病的必修课。

印蒿酮白叶蒿
White Mugwort, CT Davanone

喜欢沙漠地带。丛高 40 厘米，茎与叶都毛茸茸的。

学　　名	*Artemisia herba-alba*
其他名称	白苦艾 / White Wormwood
香气印象	孤高的脸庞上浮现一抹微笑
植物科属	菊科艾属
主要产地	摩洛哥、西班牙南部
萃取部位	全株药草（蒸馏）

适用部位 肺经、心轮

核心成分
萃油率 0.68%~1.93%，20 个可辨识化合物（占 99.36%）

心灵效益 | 化解揪心的沉重，学会放手和看淡

注意事项

1. 孕妇与婴幼儿避免使用。
2. 尚有多种化学品系，成分与作用各异。

药学属性	适用症候
1. 抗痉挛	气喘
2. 抗霉菌，消解黏液	慢性气管炎，呼吸短促，胸闷
3. 抗心肌梗死（菊烯酮的作用）	冠心病

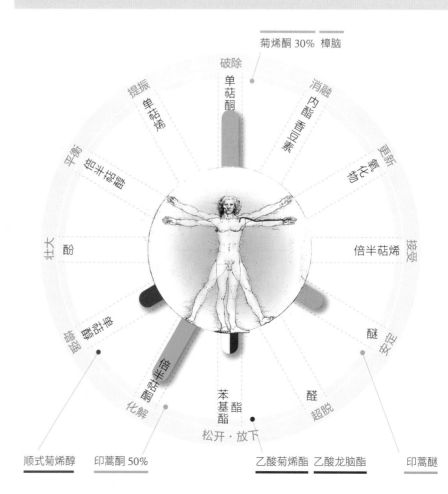

菊烯酮 30% 樟脑

破除 单萜酮

提振 单萜烯

消融 内酯 香豆素

平衡 倍半萜醇

更新 氧化物

壮大 酚

接受 倍半萜烯

增强 倍半萜酮

醚 安定

化解 倍半萜酮

醛 超脱

苯基酯

松开·放下

顺式菊烯醇　印蒿酮 50%　　乙酸菊烯酯　乙酸龙脑酯　印蒿醚

银艾
Silver Wormwood

喜欢全日照和干燥砂土。披针形叶片呈银绿色，叶端锯齿状。长势迅猛，地下茎绵延，可长成 120 厘米高、60 厘米宽的草丛。

学　　名	*Artemisia ludoviciana*
其他名称	白鼠尾草 / White Sage
香气印象	甜度最高的艾属植物，宛如春夏之交、被太阳晒暖的草地
植物科属	菊科艾属
主要产地	美国、加拿大西部、墨西哥
萃取部位	全株药草（蒸馏）

适用部位 督脉、顶轮

核心成分
萃油率 0.4%，45 个可辨识化合物（占 75%）

心灵效益 | 化解集体意识带来的焦虑和恐惧，净化与自己不相合的磁场

*　北美印地安人在蒸气仪式（Sweat Lodge）中用来洗涤灵性

药学属性

1. 止痛（启动脑内啡机转）
2. 抗痉挛
3. 抗菌，化痰，排除堆积的黏液
4. 修复神经与皮肤组织，止汗

适用症候

→ 头痛，风湿痛
→ 腹绞痛，胃痉挛
→ 感冒，扁桃体炎，痰湿咳嗽
→ 昆虫咬伤，湿疹，多汗，体味，鼻血

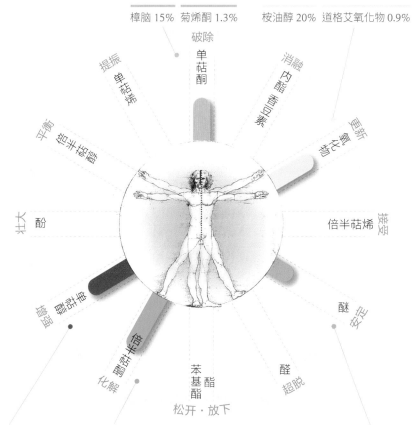

樟脑 15%　菊烯酮 1.3%　桉油醇 20%　道格艾氧化物 0.9%

龙脑 20%　倍半萜酮 25%：印蒿酮 11.5%　呋喃：苏式印蒿呋喃 0.3%　印蒿醚 2.9%

注意事项

1. 孕妇与婴幼儿需在专业芳疗师指导下使用。
2. 吸闻时剂量过高可能使精神过于亢奋。
3. 有多个亚种，成分颇有差异。

印蒿
Davana

喜欢肥沃壤土，无法承受太多雨量，最好阳光充足而冬季爽冽。高 60 厘米，耐旱，跟其他类似的艾属植物一样外观灰白。

学　　名	*Artemisia pallens*
其他名称	神明草 / Dhavanam
香气印象	长年受人供奉的神龛
植物科属	菊科艾属
主要产地	南印度的红土地带
萃取部位	开花时的全株药草（蒸馏）

适用部位 肾经、基底轮

核心成分
萃油率 3.2%，26 个可辨识化合物

心灵效益 化解无法停止的忧虑，仿佛得到神明庇佑

药学属性	适用症候
1. 抗焦虑（低剂量），抗痉挛，退热	神经衰弱，精神异常，收惊
2. 消解黏液，降血糖，降血压	脓痰引发的咳嗽，糖尿病，高血压
3. 抗霉菌，抗蜡样芽孢杆菌，抗病毒	变质食物引发的呕吐，麻疹
4. 愈合伤口，收紧皮肤	妊娠纹

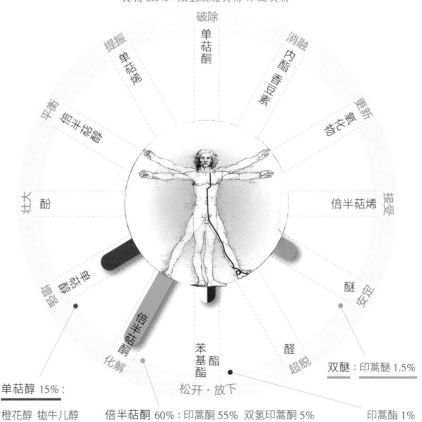

呋喃 5.5%：双氢玫瑰呋喃 印蒿呋喃

破除

提振 单萜烯　消融 单萜酮 内酯 香豆素

平衡 倍半萜醇　更新 氧化物

壮大 酚　接受 倍半萜烯

旋转 醚 安定

化解 倍半萜酮　超脱 醛

苯基酯

松开·放下

双醚：印蒿醚 1.5%

单萜醇 15%：橙花醇 牻牛儿醇　倍半萜酮 60%：印蒿酮 55% 双氢印蒿酮 5%　印蒿酯 1%

注意事项

1. 孕妇与婴幼儿需在专业芳疗师指导下使用。
2. 精油几乎都集中于花，枝叶的含量甚少。

大西洋雪松
Cedarwood

喜欢在海拔 1370~2200 米的高度形成雪松纯林。树高 30~35 米，比大多数的针叶树更能容忍干热。

药学属性

药学属性	适用症候
1. 促进伤口愈合，促进毛发生长	脂溢性皮炎，圆秃，产后大量脱发
2. 促进淋巴液流动，消解脂肪，促进动脉再生力	橘皮组织，水分滞留，动脉硬化
3. 抗肿瘤，抑制产生抗药性的癌细胞	白血病
4. 抗菌，抗霉菌，抗痉挛（喜马雪松醇的作用）	淋病，手术后止痛

学　名	*Cedrus atlantica*
其他名称	北非雪松 / Atlas Cedar
香气印象	软厚密实、图案繁复的手工织毯
植物科属	松科雪松属
主要产地	摩洛哥的亚特拉斯山（原生地）、阿尔及利亚、法国南部
萃取部位	木材锯屑（蒸馏）

适用部位 肾经、基底轮

核心成分
萃油率 2.5%，23 个可辨识化合物（占 73%~96%）

心灵效益 化解深埋的耻辱，长出重如泰山的自尊

倍半萜醇 <10%：喜马雪松醇 5.26%　　倍半萜烯 60%：α- & γ- & β-喜马雪松烯 40%

破除
单萜酮
提振
单萜烯
消融
内酯 香豆素
更新 氧化物
平衡 倍半萜醇
倍半萜烯
接受
壮大 酚
醇
醛 超脱
酯
安定
倍半萜酮
化解
苯基酯
松开·放下

倍半萜酮 <30%：α-大西洋酮　γ-大西洋酮

注意事项

1. 黎巴嫩雪松 (*Cedrus libani*) 与大西洋雪松的外观与香气都很接近，差别在黎巴嫩雪松年老时树冠状如平顶，精油中的喜马雪松醇和大西洋酮较多。黎巴嫩雪松分布在黎巴嫩、叙利亚、土耳其。

2. 大西洋雪松的针叶精油含有比例较高的单萜烯，气味更接近其他松树。

喜马拉雅雪松
Himalayan Cedar

喜欢和煦的冬天与凉夏，长在海拔 1500~3200 米的氤氲圣地，树高 50 米。有别于大西洋雪松针叶的坚挺上扬，喜马拉雅雪松的叶端温柔下垂。

药学属性	适用症候
1. 化解黏液堆积，抗肿瘤（α-大西洋酮的作用），调节免疫	气喘，花粉热，发热，癌症，皮肤溃疡
2. 消解脂肪	肥胖，高血脂
3. 强化大脑前扣带回	躁郁症，自闭症
4. 驱虫，抗霉菌	帮助家畜与储粮防虫害

注意事项

1. 市面上很多喜马拉雅雪松精油都经过精馏与提纯，油色与气味较不浊重，但 α-大西洋酮比例甚少。
2. 喜马拉雅雪松的针叶精油以单萜醇为主，气味大不同。

学　　名 │ *Cedrus deodara*

其他名称 │ 神木雪松 /
　　　　　　Deodar Cedar

香气印象 │ 若隐若现的透光亚麻布窗帘

植物科属 │ 松科雪松属

主要产地 │ 原生于喜马拉雅山西麓（印度、尼泊尔、中国西藏）

萃取部位 │ 根部与枝干的木片（蒸馏）

适用部位 胆经、顶轮

核心成分
萃油率 0.98%，34 个可辨识化合物（占 98.3%）

心灵效益 │ 化解难与人亲近的距离感，安详融入环境或团体

倍半萜醇 <10%：喜马雪松醇　　　　倍半萜烯 40%：α- & γ- & β-喜马雪松烯

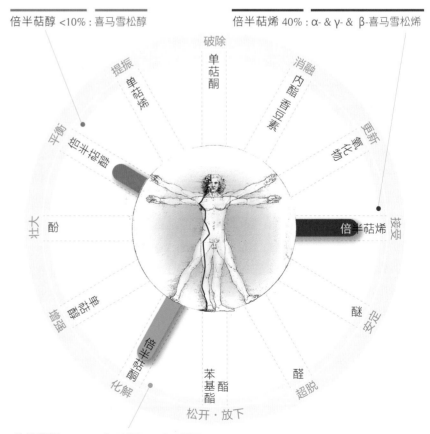

倍半萜酮 50%：α-大西洋酮　γ-大西洋酮

杭白菊
Chrysanthemum

耐寒，不耐高温。适应性强，不择土壤，但长期过湿会造成烂根。喜欢充足的阳光，光照不足易开花不良。水旱轮作可减轻病虫害。

学　　名	*Chrysanthemum morifolium*
其他名称	甘菊 / Florist's Daisy
香气印象	清风徐来，水波不兴
植物科属	菊科菊属
主要产地	中国 (浙江桐乡市)
萃取部位	花 (蒸馏)

适用部位　肝经、本我轮

核心成分
萃油率 0.19%，55 个可辨识化合物 (占 63.64%)

心灵效益 | 化解伴随热望的煎熬，学会欣赏虚静之美

药学属性	适用症候
1. 消炎，解热，抗菌，抗敏 (减少前列腺素 E2)，祛痰	胃溃疡，皮肤发红浮肿，肺炎
2. 抗氧化，抗衰老	脑血管病变，脑功能退化，形容枯槁
3. 舒血管、降血脂、明目，提高心肌细胞对缺氧的耐受能力	高血压，胆固醇过高，身躯臃肿，眼睛疲劳发红，头痛眩晕
4. 抗肿瘤，驱铅，养肝	肝癌，喉癌，大肠癌，饮水污染造成的肝功能受损及神经受损

反式长松香芹醇 6.18%　　α-没药醇 0.86%

天蓝烃-2-醇 0.64%

艾蒿酮 2.47%　　3-甲基-2-环己烯-1-酮 0.43%

二表雪松烯-1-氧化物 7.77%

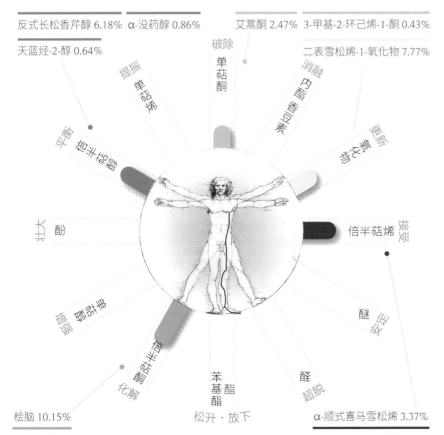

桧脑 10.15%

大根老鹳草酮 6.82%　　长松香芹酮 1.97%

α-顺式喜马雪松烯 3.37%

α-姜黄烯 2.86%

注意事项

1. 本品就是菊花茶所用的菊花，分白菊花和黄菊花两种，精油主要萃取自白菊花。

姜黄
Turmeric

喜欢雨量丰沛、温度20℃~30℃的环境。可以连作，无需换地栽种。根茎在冬季茎叶枯萎时采收，比姜浑圆而分枝少，切开为橘黄色。

药学属性	适用症候
1. 养肝，降血糖（活化 PPAR-γ 受体），抗凝血（胜过阿司匹林），降胆固醇	脂肪肝，糖尿病，高血压
2. 抗肿瘤，使神经干细胞增生80%（皆来自芳姜黄酮的作用）	子宫颈癌，乳腺癌，白血病，阿尔兹海默病
3. 收敛伤口	晒伤烫伤，皮肤老化，毒素充塞的皮肤（如严重面疱）
4. 抗菌，抗霉菌，抗氧化，消炎	眼睛感染，颈椎病和肩周炎，蛇毒

注意事项

1. 孕妇与婴幼儿需在专业芳疗师指导下使用。
2. 中医药典的"郁金"来自另一品种 *Curcuma aromatica*。
3. 姜黄精油不含姜黄素，春姜黄与紫姜黄的精油含量高于秋姜黄。

学　　名	*Curcuma longa*
其他名称	宝鼎香 / Curcuma
香气印象	土地饱吸阳光后散放的幸福烟尘
植物科属	姜科姜黄属
主要产地	南亚（印度为原产地）、东南亚、中国
萃取部位	根茎（蒸馏）

适用部位　肝经、本我轮

核心成分
萃油率 0.6%~3%，18 个可辨识化合物（占99%）

心灵效益 | 化解鬼打墙似的执念，展开新的关系与生活

* 印度教用来连结象头神 Ganesha 排除万难的智慧

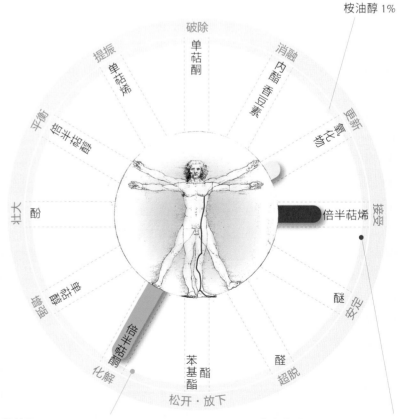

倍半萜酮 75%：芳姜黄酮 33%~60% α- & β-姜黄酮　　倍半萜烯 15%：芳姜黄烯 姜烯

莪蒁
Zedoary

喜欢热带雨林。叶片中勒为紫色，可和姜与姜黄区别。地下茎貌似姜黄，剖开内里则像姜（淡黄色）。

药学属性	适用症候
1. 通经，健胃，止痛	痛经，脘腹胀痛
2. 抗肿瘤（激发巨噬细胞活性，启动癌细胞凋亡，主要为异莪醇和莪二酮的作用）	皮肤癌，非小细胞肺癌，子宫颈癌，卵巢癌，膀胱癌，鼻咽癌
3. 消炎，抗组胺	减轻癌症晚期的肿胀不适，子宫颈糜烂
4. 吸收血块（化瘀）	跌打损伤

学　　名｜*Curcuma zedoaria*

其他名称｜蓬莪术 / White Turmeric

香气印象｜久未打开的木桌抽屉

植物科属｜姜科姜黄属

主要产地｜印度、印尼

萃取部位｜根茎（蒸馏）

适用部位　脾经、本我轮

核心成分
萃油率 1.5%，36 个可辨识化合物（占 77.33%）

心灵效益｜化解忍气吞声的卑微感，冲淡见不得光的悲哀

倍半萜醇 8 种 10%：异莪蒁醇

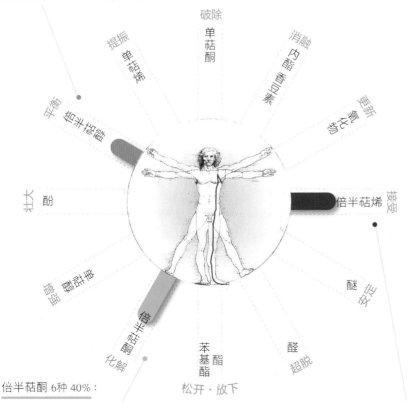

破除　单萜酮
提振　单萜烯
消融　内酯 内酯香豆素
更新　氧化物
平衡　倍半萜醇
接受　倍半萜烯
壮大　酚
安定　醚
增强　倍半萜醇
超脱　醛
化解　酮倍半萜
松开·放下　苯基酯 酯

倍半萜酮 6 种 40%：

表莪蒁烯酮 24%　莪蒁二酮

倍半萜烯 14 种 22%：莪蒁烯 10%　β-没药烯

注意事项

1. 孕妇避免使用。

莎草
Cypriol

喜欢湿热的贫瘠之地，如沼泽、水塘。
繁衍快速。地表下 3 厘米可挖出集结的
根茎，状如小芋头，大小不一。

学　　名	*Cyperus scariosus*
其他名称	香附 / Nagarmotha
香气印象	静谧森林中的一潭深水
植物科属	莎草科莎草属
主要产地	印度、中国、南非、太平洋岛屿
萃取部位	根茎（蒸馏）

适用部位 肝经、性轮

核心成分
萃油率 0.5%~1%， 51 个可辨识
化合物

心灵效益 | 化解期待落空的失重
感，不再为维护梦想而
拒绝真相

* 印度传统 Vashikarana 以此增
强爱的运势

药学属性	适用症候
1. 通经，抗沮丧（抑制去甲肾上腺素的回收），止痛，抗痉挛	月经困难，经期沮丧，癌症
2. 养肝，抗糖尿，抗菌，抗霉菌，消炎	乙型肝炎，糖尿病，腹泻，发热，中暑
3. 抗肿瘤（其特有的倍半萜类对卵巢癌细胞有抗癌作用）	压力引发的各种退化现象，含脱发、贫血、湿疹
4. 收敛伤口，防晒	UVB 引起的斑点、皱纹和皮炎

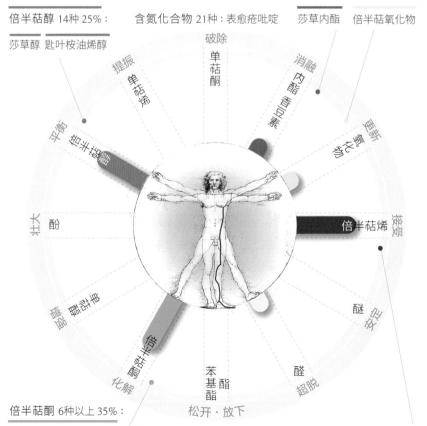

倍半萜醇 14种 25%：
莎草醇 匙叶桉油烯醇

含氮化合物 21种：表愈疮吡啶

莎草内酯　倍半萜氧化物

倍半萜酮 6种以上 35%：
香附酮 莎草酮 广藿香烯酮

倍半萜烯 10种以上 30%：莎草烯 香附烯

大根老鹳草
Bigroot Geranium

喜欢温带多岩石的林地，高 50 厘米，常被当作地被植物。摘采后仍可长时间保持挺立不垂软。

学　　名	*Geranium macrorrhizum*
其他名称	保健草 / Zdravets
香气印象	愈嚼愈有味，先苦后回甘的腌橄榄
植物科属	牻牛儿科老鹳草属
主要产地	巴尔干半岛（保加利亚）、阿尔卑斯山东南
萃取部位	开花时的全株药草（蒸馏）

适用部位　大肠经、性轮

核心成分

萃油率 0.08%，16 个可辨识化合物

心灵效益 | 化解长年的悔恨与遗憾，完整承受生命中的资产与负债

药学属性	适用症候
1. 抗肿瘤（大根老鹳草酮的作用），逆转癌细胞的多重抗药性	肝癌，乳腺癌，神经胶质瘤（脑癌），前列腺癌
2. 抗病毒	流行性感冒，猫卡加西病毒感染（猫的呼吸道疾病）
3. 抗枯草杆菌	因伤口或肠道感染导致的脑膜炎、肺炎、败血症
4. 调节雄性激素，类费洛蒙	雄性秃，前列腺肥大，痤疮

蛇床烯醇　　　单萜烯 4%

破除
单萜酮

提振
单萜烯

消融
内酯、香豆素

更新
氧化物

平衡
倍半萜醇

接受
倍半萜烯

壮大
酚

安定
醚

强迫症
单萜醇

超脱
醛

化解
倍半萜酮

松开·放下
苯基酯

倍半萜酮 50%：

大根老鹳草酮 49.7%　榄香烯酮

倍半萜烯 5种 16%：愈疮天蓝烃　芳姜黄烯

注意事项

1. 质地黏稠，甚至结晶凝固。

2. 能提高药性成分的渗透效果（通过皮肤和黏膜），复方调油必备。

3. 根部萃取的精油，含 δ-愈疮木烯 50%，成分与全株大不相同。

意大利永久花
Immortelle

喜欢陡峭的岩岸或不毛的沙地。植株高25~50 厘米。花簇由鹅黄、金黄到棕黄，能够一直保持色调，不会凋谢。

学　　名	*Helichrysum italicum*
其他名称	蜡菊 / Helichrysum
香气印象	散落着贝壳与海草，有寄居蟹出没的海滩
植物科属	菊科蜡菊属
主要产地	科西嘉岛、萨丁岛、托斯卡纳、克罗地亚、克里特岛
萃取部位	开花时的全株药草（蒸馏）

适用部位 心经、心轮

核心成分
萃油率 0.2%，54 个可辨识化合物

心灵效益 | 化解失去所爱的创痛，打破自我禁锢的囚笼

注意事项

1. 有三个亚种与五个化学品系：南法型，意大利暨克罗地亚型，希腊型，葡萄牙型，群岛型。以群岛型里的科西嘉岛拥有最多的意大利双酮。

2. 科西嘉岛的永久花愈北含双酮愈多，愈南含酯类愈多。

3. 蒸馏时间短（2 小时左右），所得以酯为主，味较甜；蒸馏时间长（4~5 小时），所得双酮较多，味较重。

药学属性	适用症候
1. 去瘀（所有精油中效果最强者），抗血肿，通经络	体内或体表瘀血，静脉炎，皮肤红变，酒糟鼻
2. 降低胆固醇，激励肝细胞，分解黏液，抗痉挛	前庭大腺炎，子宫内膜异位
3. 减缓组织纤维化	腱膜挛缩症，多发性关节炎，硬皮病，红斑狼疮
4. 促进伤口愈合，促进胶原生成	整形手术预后处理，老化皮肤

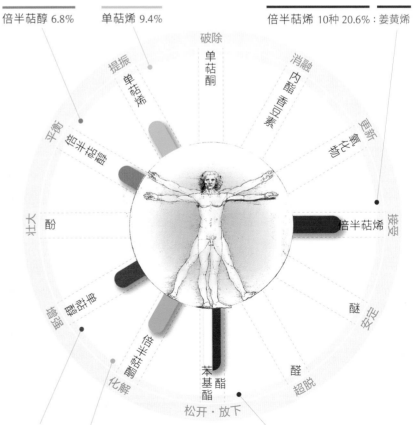

倍半萜醇 6.8%　单萜烯 9.4%　　倍半萜烯 10 种 20.6%：姜黄烯

单萜醇 8%　倍半萜酮（β-双酮 6 种）：意大利双酮 13%　酯 4 种 36.6%：乙酸橙花酯 31%

鸢尾草
Iris

喜欢地中海的岩石地带，植株高 50~80 厘米。根茎需要养 2~3 年才采收，采下的根茎还要再干燥 2~3 年才能萃油。

学　　名	*Iris pallida*
其他名称	香根鸢尾 / Orris
香气印象	一整篮黑森林现采的鲜甜蘑菇与浆果
植物科属	鸢尾科鸢尾属
主要产地	原生地是克罗地亚的达尔马提亚海岸，原精产于北非、法国、中国
萃取部位	根茎（溶剂）

适用部位　三焦经、顶轮

核心成分
萃油率 0.04%，45 个可辨识化合物

心灵效益 | 化解背叛的伤害，散发出崇高大度的气息

药学属性

1. 缓减松果体的钙化，抗胆碱酯酶
2. 抗肿瘤（鸢尾醛的作用，鸢尾酮是由鸢尾醛缓慢氧化而成）
3. 调节激素

适用症候

睡眠质量低，时差，多发性硬化症，慢性疲劳综合征，老年痴呆

多重性神经胶母细胞瘤（最严重的恶性脑瘤），及多种肿瘤

与激素相关疾病

脂肪族酸 6 种 >40%：肉豆蔻酸 棕榈酸 月桂酸

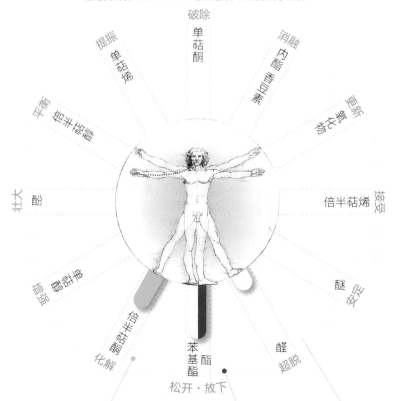

倍半萜酮 >13%：α-鸢尾酮 γ-鸢尾酮 β-鸢尾酮　　酯 25%：肉豆蔻酸乙酯 鸢尾醛 糠醛

注意事项

1. 萃油的品种有二个，法国和意大利是 *I. pallida*，摩洛哥是 *I. germanica*。这两个品种的香型很接近。中国用的是 *I. pallida* 的杂交品种。
2. 新鲜根部不具鸢尾酮，鸢尾酮含量和萃油率会随时间增长。
3. 市售品常把原精溶在酒精中以利使用，所含原精比例约占 70%。

马缨丹
Lantana

喜欢各种环境，可以快速扩充地盘。茎上长有倒刺，使动物不敢践踏。条件适合时，甚至终年开花、大量结果，周围往往不见其他植物。

学　　名	*Lantana camara*
其他名称	五色梅 / Tickberry
香气印象	野草恣意生长的热带园林
植物科属	马鞭草科马缨丹属
主要产地	原生于南美洲与西印度群岛，现在遍布热带与亚热带。精油多来自马达加斯加
萃取部位	枝叶（蒸馏）

适用部位　肾经、基底轮

核心成分

萃油率 0.1%~0.17%，43 个可辨识化合物（占 97%）

心灵效益 | 化解霸凌的阴影，走进理直气壮的阳光里

注意事项

1. 马缨丹的护肝、抗肿瘤、抗病毒作用主要来自枝叶的齐墩果酸，精油虽不含此成分，但研究显示仍具抗肿瘤可能性。

2. 各地马缨丹的精油成分差异很大，只有东非外海的马达加斯加与留尼汪岛所产马缨丹富于印蒿酮，而且必须为花色粉紫的品种。花色橘黄的以倍半萜烯为主要成分。

药学属性	适用症候
1. 修复神经组织	抑郁症，强迫症，思觉失调
2. 修复黏膜与皮肤组织，抗霉菌	过敏性鼻炎，皮肤痒，胯下痒，汗疱疹
3. 通经，消炎	妇科手术后的粘连
4. 促进伤口愈合	下肢静脉溃疡，糖尿病病患的伤口处理

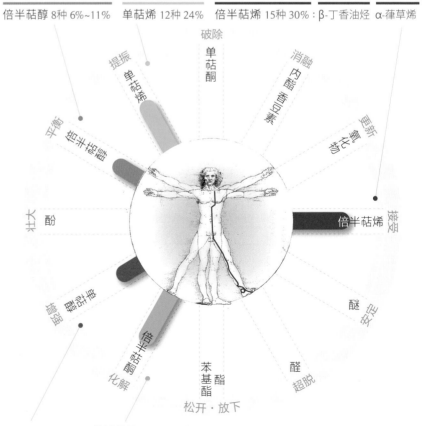

倍半萜醇 8种 6%~11%　　单萜烯 12种 24%　　倍半萜烯 15种 30%：β-丁香油烃　α-葎草烯

沉香醇 6%　　倍半萜酮 30%：印蒿酮

松红梅
Manuka

喜欢干燥的低营养土壤，大火烧林后常以先驱灌木的姿态出现。一般高 2~5 米，有机会也能长到 15 米。与卡奴卡的分别在于叶片会扎手。

药学属性	适用症候
1. 保护神经系统，调节神经传导物质如组胺，抗痉挛	创伤后压力综合征
2. 促进皮肤与黏膜组织再生	皮肤过敏，所有因情绪引起的皮肤问题
3. 抗皮肤感染，抗单纯疱疹病毒 I 和 II 型	口唇疱疹，生殖器疱疹
4. 类费洛蒙，增强性吸引力，抗皮肤霉菌	阴道瘙痒、分泌物多

学　　名 | *Leptospermum scoparium*

其他名称 | 麦芦卡 (毛利语) / New Zealand Teatree

香气印象 | 最幽微敏感的私密角落

植物科属 | 桃金娘科薄子木属

主要产地 | 澳大利亚东南部 (原生地)、新西兰

萃取部位 | 叶 (蒸馏)

适用部位 肾经、基底轮

核心成分
萃油率 0.3%，51 个可辨识化合物

心灵效益 | 化解怕被批评的紧绷，勇于尝试新事物

单萜烯 >2%：α- & β-松油萜　　倍半萜烯 35种 60%：白菖烯　δ-杜松烯

破除
单萜酮
消融
内酯香豆素
更新氧化物
提振
单萜烯
单萜酮
平衡
倍半萜醛
倍半萜烯
接受
壮大
酚
醚
安定
醒醐
酯
醛
超脱
倍半萜酮
化解
苯基酯
松开·放下

倍半萜酮 (β-三酮 6种) >30%：薄子木酮　四甲基异丁酰基环己三酮

注意事项

1. 有四种成分差异颇大的化学品系，三酮型产自新西兰北岛的东北部。
2. 澳大利亚产的松红梅三酮含量远低于新西兰产。

桂花
Osmanthus

喜欢温暖湿润、微酸性砂质壤土。能耐氯气、二氧化硫、氟化氢等有害气体，所以在城市也能自在生长。

学　　名	*Osmanthus fragrans*
其他名称	岩桂 / Sweet Osmanthus
香气印象	树影摇曳、月光皎洁的秋夜
植物科属	木犀科木犀属
植物科属	原产于中国西南，现在广泛栽种于淮河流域以南
萃取部位	花（溶剂）

适用部位　肝经、性轮

核心成分
萃油率 0.025%，19 个可辨识化合物

心灵效益 │ 化解不被认可的愤怒，脱掉工作狂的紧身衣

药学属性

1. 排毒肝肾（苯酞的作用）
2. 抗肿瘤（紫罗兰酮的作用）
3. 保护神经，防衰老
4. 排除堆积的黏液

适用症候

— 发炎性痤疮，丹毒，蜂窝织炎
— 肝癌，乳腺癌
— 偏头痛，神经疲劳
— 咳喘痰多

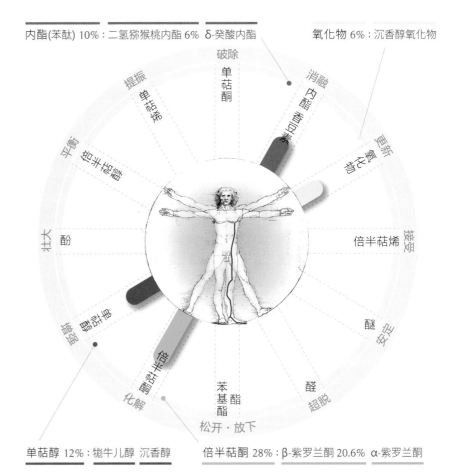

内酯(苯酞) 10%：二氢猕猴桃内酯 6%　δ-癸酸内酯

氧化物 6%：沉香醇氧化物

单萜醇 12%：牻牛儿醇　沉香醇

倍半萜酮 28%：β-紫罗兰酮 20.6%　α-紫罗兰酮

注意事项

1. 共有四个种群（金桂、银桂、丹桂、四季桂），13~17 个品种。主要用来萃取原精的是花色偏黄的金桂（*O. fragrans* var. *thunbergii*）。

紫罗兰
Violet

分布于地中海地区以及小亚细亚，喜欢冷凉的林边空地，植株高 15 厘米。只在空气最干净的地方生长。

药学属性	适用症候
1. 放松神经，强力助眠	长期失眠（依赖药物助眠者）
2. 抗肿瘤（紫罗兰最著名的功能）	肺癌，乳腺癌，咽喉癌，肠癌
3. 清除黏附在肺泡的 PM2.5	慢性支气管炎，干咳
4. 消解结石	肾结石，胆结石

学　　名 | *Viola odorata*

其他名称 | 香堇菜 / Sweet Violet

香气印象 | 众里寻他千百度，那人却在灯火阑珊处

植物科属 | 堇菜科堇菜属

主要产地 | （原精）埃及

萃取部位 | 叶（溶剂）

适用部位 三焦经、顶轮

核心成分
萃油率 0.05% 凝香体中再萃出 4% 原精，26 个可辨识化合物（占 92.77%）

心灵效益 | 化解草木皆兵的戒心，用深长的呼吸挺过莫测风云

酸 6种

内酯：二氢猕猴桃内酯 12.03%

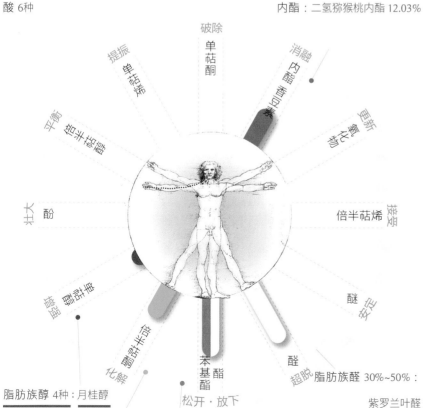

破除 单萜酮

提振 单萜烯

消融 内酯

平衡 倍半萜醇

更新 氧化物

壮大 酚

接受 倍半萜烯

增强 单萜醇

醚 安定

化解 倍半萜酮

苯基酯 松开·放下

醛 超脱

脂肪族醇 4种：月桂醇

倍半萜酮 <10%：β-紫罗兰酮 α-紫罗兰酮

脂肪族醛 30%~50%：紫罗兰叶醛

邻苯二甲酸丁基酯2-乙基己基酯 30.1%

注意事项

1. 紫罗兰花的气味和叶很不一样，但现在已经没有商业生产。市面上的紫罗兰花都是人工合成的香精。

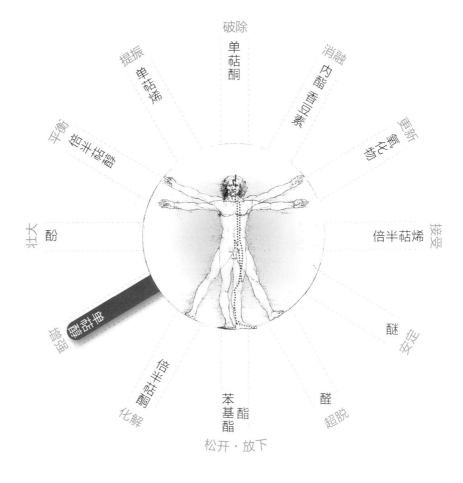

破除
单萜酮

消融
内酯 香豆素

更新
氧化物

接受
倍半萜烯

安定
醚

超脱
醛

松开·放下
苯基酯
酯

化解
倍半萜酮

镇定
单萜醇

壮大
酚

平衡
倍半萜醇

提振
单萜烯

IX

单萜醇类

Monoterpenol

免疫系统的盟友，抵抗力的保障，一旦出现虚弱或衰败的迹象，便可请它上场。能迅速筑起第一道防线阻挡风寒及各种感染，用在膀胱经最为相得益彰。有些理论将它们一律视为"阳性"精油，但由于各分子间的协同作用，使单萜醇类精油充满阳光而未必阳刚，表现在气味上也不乏赏心悦鼻者，如花梨木（沉香醇）、玫瑰（牻牛儿醇）、薄荷（薄荷脑）。

花梨木
Rosewood

高 30 米直径 2 米的大树，是南美热带雨林特产，习惯炎热潮湿的气候。因为生长在亚马逊偏远地区，通常在放倒后顺流而下送去蒸馏。

学　　名	*Aniba rosaeodora*
其他名称	巴西玫瑰木 / Bois De Rose
香气印象	英挺暖男骑自行车滑行于伯朗大道
植物科属	樟科安尼樟属
主要产地	巴西
萃取部位	心材（蒸馏）

适用部位　膀胱经、基底轮

核心成分
萃油率 1%，31 个可辨识化合物（占 98.5%）

心灵效益 | 增强永续的底气，韬光养晦准备走更长的路

注意事项

1. 本树已被《华盛顿公约》列为濒危植物，不受节制的生产将会使之绝种。2012 年巴西发布研究成果，显示树龄 4 岁的幼木枝叶可萃出成分非常相近的精油（萃得率 0.75%），无须砍伐树木。除了人工种植以外，未来叶油应可取代木油，使花梨木得以永续发展。

药学属性	适用症候
1. 抗感染，抗菌，抗病毒，抗寄生虫，祛痰，放松支气管	成人与婴幼儿的耳鼻喉部感染，以及胸腔支气管的感染
2. 抗霉菌	阴道的念珠菌感染
3. 激励补身	沮丧，虚弱无力，工作过度、过劳
4. 强化免疫，消炎，抗肿瘤（促使癌细胞凋亡）	化疗期间，白血病，子宫颈癌

氧化物（带呋喃环）：反式沉香醇氧化物 0.79%　顺式沉香醇氧化物 0.83%

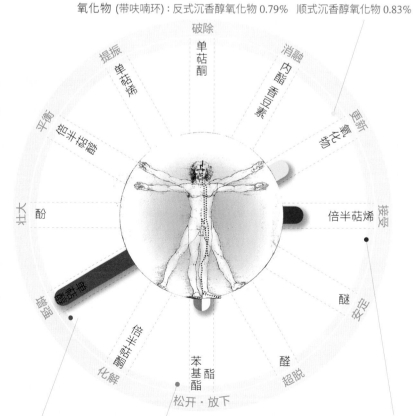

沉香醇 78%~93%　α-萜品醇 3.6%　苯甲酸苄酯 0.75%　α-蛇床烯 1.05%　δ-愈疮木烯 0.79%

芳樟
Ho Wood

喜欢温暖湿润、日照充足风力弱之处，不耐干旱，土壤越肥沃越好。根系庞大，生长环境需土层深厚疏松，多分布于丘陵地，能抗空气污染。

药学属性	适用症候
1. 镇痛（急性与慢性疼痛反应），强化吗啡的作用	肠绞痛，坐骨神经痛，终末期癌症患者安宁疗护
2. 抗焦虑，提高纹状体多巴胺，镇静，降血压	社交紧张，幽闭恐惧，帕金森病，多噩梦，轻度高血压
3. 强力抗感染，抗病毒，抗霉菌，抗菌（金黄色葡萄球菌、牙周致病菌、致龋细菌）	呼吸道、消化道与泌尿生殖道的感染问题，牙周病，蛀牙
4. 消炎，抗肿瘤（与他汀类药物联用可抑制肿瘤细胞增长），抗氧化	肺炎，白血病，肝癌

学　　名 │ *Cinnamomum camphora Sieb.* var. *linaloolifera*

其他名称 │ 香樟 / Ho-Sho

香气印象 │ 英气勃发的伊顿公学男学生

植物科属 │ 樟科樟属

主要产地 │ 中国大陆、台湾岛

萃取部位 │ 叶（蒸馏）

适用部位 膀胱经、心轮

核心成分
萃油率 3.94%，68 个可辨识化合物（占 100%）

心灵效益 │ 增强承担责任的肩膀，好整以暇迎接挑战

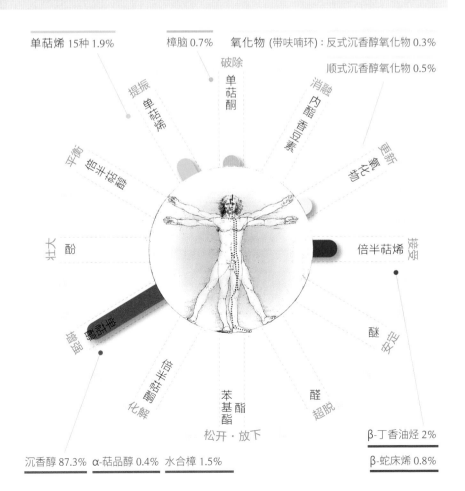

单萜烯 15种 1.9%　　樟脑 0.7%　　氧化物 (带呋喃环)：反式沉香醇氧化物 0.3%
破除　　　　　　　　　　　　　顺式沉香醇氧化物 0.5%
提振　单萜烯　　单萜酮　消融　内酯 香豆素　更新 氧化物
平衡　倍半萜醇　　　　　　　　　　　　　　　　　接受
壮大　酚　　　　　　　　　　　　　　　　倍半萜烯
增强　　　　　　　　　　　　　　　　　醚　安定
　　酮萜半醇　　　　　　　　醛 超脱
化解　　　苯基酯　　松开·放下
沉香醇 87.3%　α-萜品醇 0.4%　水合樟 1.5%　　β-丁香油烃 2%　　β-蛇床烯 0.8%

注意事项

1. 在台湾的樟树造林中占 18.2%~26.0%。

2. 花与果也能萃油，花的萃油率为 2.77%，组分有 77 个化合物（沉香醇占 72.4%，倍半萜烯比叶多），果实萃油率 0.55%~0.57%，含黄樟素较多。

橙花
Neroli

无霜且排水良好的环境，壤土与黏土都
能生长，酸碱皆宜。虽然只需要少量灌
溉，但土壤必须保持湿润，而且最好不
要遮荫。

学　　名｜*Citrus aurantium*

其他名称｜尼罗利／Orange Blossom

香气印象｜成群蝴蝶翩翩落至湿地
　　　　　吸水

植物科属｜芸香科柑橘属

主要产地｜摩洛哥、突尼斯、埃及

萃取部位｜花（蒸馏）

适用部位　大肠经、本我轮

核心成分
萃油率0.12%，26个可辨识化合
物（占99.44%）

心灵效益｜增强筑梦的志向，不受
　　　　　世俗牵绊

药学属性	适用症候
1. 抗感染，抗菌（大肠杆菌、分枝杆菌），抗寄生虫（钩虫、鞭毛虫）	支气管炎，肺结核，胸膜炎，细菌性与寄生虫性结肠炎
2. 强化静脉	静脉曲张，痔疮
3. 利消化	肝胰功能低下
4. 补强神经（充电、平衡），抗沮丧，降血压	疲劳，抑郁，高血压，生产（强化肌肉的弹性）

倍半萜醇6%：橙花叔醇 金合欢醇　单萜烯35%：α- & β-松油萜 柠檬烯

破除 单萜酮　含氮化合物0.5%~1.2%：邻氨基苯甲酸甲酯 吲哚

提振 单萜烯　消融 内酯 香豆素　更新 含氮化合物

平衡 倍半萜醇　接受 倍半萜烯

壮大 酚　醚 安定

单萜醇40%：　化解 雷半萜醇　苯基酯酯　醛 超脱

沉香醇30% 牻牛儿醇2.5%　松开·放下　素馨酮

橙花醇1.5%　酯6.7%：乙酸沉香酯 乙酸橙花酯

注意事项

1. 柑橘属另有一栽培品种"玳玳花"（*Citrus × aurantium Amara*），也能生产精油，香气与橙花接近。

芫荽籽
Coriander

原生地中海东部，性喜阳光但不耐高温，宁在冷凉环境生长。有两个变种：大粒香菜香气弱，生长快产量高；小粒香菜香味浓，但生长慢产量低。

药学属性	适用症候
1. 激励，补身，使人愉悦，调节神经 (抑制脑神经瘤和腺苷酸环化酶 I 型)	虚弱，疲劳，失眠，抑郁症，神经母细胞瘤，自闭症
2. 抗感染，杀菌，杀霉菌，杀病毒，杀寄生虫	气喘，流行性感冒，大肠杆菌性膀胱炎，狐臭
3. 止痛，抗氧化	关节炎，月经不至，卵巢囊肿，粉刺面疱
4. 调节消化功能	食欲不振，消化不良，吞气症，发酵性肠炎，口臭，压力引起的消化性溃疡

学　　名 | *Coriandrum sativum*

其他名称 | 香菜 / Cilantro

香气印象 | 唯美的芭蕾双人舞

植物科属 | 伞形科芫荽属

主要产地 | 匈牙利、埃及、土耳其、印度

萃取部位 | 果实 (蒸馏)

适用部位 膀胱经、顶轮

核心成分
萃油率 0.31%，38 个可辨识化合物 (占 99.3%)

心灵效益 | 增强与人相交的热忱，得到水乳交融的感动

单萜烯 25%：γ-萜品烯 1%~8%　对伞花烃 3.5%　樟脑 0.9%~4.9%

破除
单萜酮

提振　单萜烯

消融　内酯香豆素

更新　氧化物

平衡　倍半萜醇

壮大　酚

接受　倍半萜烯

增强　醛

安定　醚

化解　酮倍半萜

松开・放下　苯基酯

超脱　醛

沉香醇 60%~80%　牻牛儿醇 1.2%~4.6%　乙酸牻牛儿酯 0.1%~4.7%　乙酸沉香酯 0~2.7%

注意事项

1. 芫荽叶精油以脂肪族醛如反式-2-癸烯醛为主，气味较难被接受。萃油率约 0.23%，组分比芫荽籽精油复杂，可多达 60 个化合物。芫荽叶的作用在于消炎镇静，改善压力型的肠胃炎，尤其擅长重金属排毒。

巨香茅
Ahibero

原生于非洲热带莽原，高 2.5 米，大火过后能快速占领空地。习惯干燥、高温的环境，土壤要有足够养分。

药学属性	适用症候
1. 抗疟疾（抑制具抗药性的约氏疟原虫），抗扁虱，抗布氏锥虫	疟疾，扁虱叮咬，黄热病，非洲人类锥虫病（昏睡病）
2. 抗自由基，抗氧化	高血压，长时间使用电脑后的肩颈僵硬，消除疲劳
3. 消炎（抑制 5-脂氧合酶），止痛	风湿，发热，黄疸，咳嗽，喉咙痛，流产后的调养，偏头痛
4. 抗菌，抗白色念珠菌	阴道瘙痒，足癣，孩童口腔炎与牙龈发炎

学　　名｜*Cymbopogon giganteus*

其他名称｜燥离草 / Tsauri Grass

香气印象｜母狮领着小狮昂首阔步

植物科属｜禾本科香茅属

主要产地｜马达加斯加、尼日利亚、布基纳法索、贝南、科特迪瓦

萃取部位｜叶（蒸馏）

适用部位　大肠经、本我轮

核心成分
萃油率 0.4%，55 个可辨识化合物

心灵效益｜增强接地的能量，展现四两拨千斤的功力

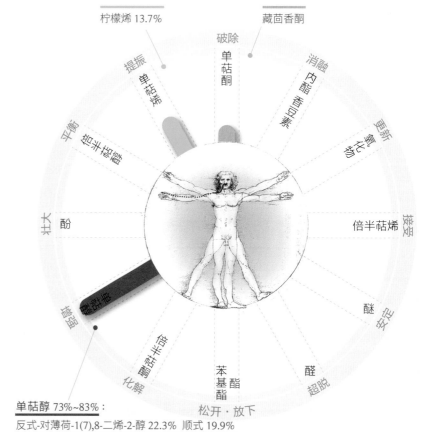

柠檬烯 13.7%

藏茴香酮

单萜醇 73%~83%：

反式-对薄荷-1(7),8-二烯-2-醇 22.3%　顺式 19.9%

反式-对薄荷-2,8-二烯-1-醇 14.3%　顺式 10.1%

注意事项

1. 西非重要的民间药，常与莱姆并用。

玫瑰草
Palmarosa

广泛栽种在炎热潮湿之处，选择 pH 值在 7~8 的低氮砂土，需要大量水分。生长速度不快，三个月才会开花，一开花即可采收，一年可收 3~4 次。

药学属性	适用症候
1. 抗多种病菌，抗霉菌，抗病毒，驱线虫，补子宫	鼻咽炎，耳炎，肠炎，膀胱炎，阴道炎，子宫颈炎，输卵管炎，分娩
2. 补身，补神经，抑制单胺氧化酶，抗痉挛	神经痛，癫痫，厌食症，抑郁症
3. 强化皮肤抵抗力，消炎，调节免疫，抗蜱虫	白色葡萄球菌感染导致的粉刺面疱，干性与渗水性湿疹，预防莱姆病
4. 抗氧化，补心脏，扩张支气管与血管，降胆固醇，养肝，控制血糖	心脏无力，病毒血症，脂肪肝，药物性肝损害，糖尿病

学　　名	Cymbopogon martinii var. motia
其他名称	摩提亚 / Motia
香气印象	在草原上嬉闹打斗的幼狮
植物科属	禾本科香茅属
主要产地	尼泊尔、印度、巴基斯坦
萃取部位	叶（蒸馏）

适用部位　膀胱经、心轮

核心成分
萃油率 3.61%，33 个可辨识化合物（占 99.8%）

心灵效益 | 增强乐观的心态，摆脱自卑感和罪恶感

金合欢醇 2.33%　榄香醇 0.2%~1%　罗勒烯 1.3%~3.1%　丁香油烃氧化物 0.1%~1.8%

破除　单萜酮

提振　单萜烯

消融　内酯与香豆素

更新氧化物

平衡　倍半萜醇

壮大　酚

接受　倍半萜烯

醚　安定

苯基酯　醛　超脱

酮与倍半萜酮　化解

松开・放下　牻牛儿醛 1%

牻牛儿醇 83.6%~91.3%　沉香醇 1.72%　乙酸牻牛儿酯 2.3%　β-丁香油烃 0.48%

忍冬
Japanese Honeysuckle

喜阳光充足，耐寒耐旱也耐涝，但干旱和低温可促使绿原酸含量增多。酸性岩石风化而成的棕壤能提供干旱的立地条件，也有利于绿原酸的形成。

学　　名｜*Lonicera japonica*

其他名称｜金银花 / Golden-and-Silver Honeysuckle

香气印象｜杨过绝情谷重逢小龙女

植物科属｜忍冬科忍冬属

主要产地｜中国 (山东、河南)、日本、韩国

萃取部位｜花 (蒸馏)

适用部位 肺经、心轮

核心成分
萃油率 0.025%，34 个可辨识化合物 (占 85%)

心灵效益｜增强爱的憧憬，维持干净的信念

注意事项

1. 萃取方式会使成分呈现巨大差异。如果用溶剂萃取，将得到压倒性比例的沉香醇，CO₂ 萃取者主含饱和烷烃 (二十九烷 26.15%，二十六烷 9.29%)，而 CO₂ 萃取加夹带剂以有机酸和有机酸酯 (二甲基 -1- 十六烷酯 14.92%，二十四烷酸甲酯 14.91%) 为主。另外，欧洲产比亚洲产的含较多倍半萜醇。

药学属性	适用症候
1. 抗菌，抗霉菌，抗病毒	流感，急慢性扁桃体炎，牙周病
2. 增强免疫，解热消炎 (散风热，解血毒)	各种热性病，如中暑、发疹、痱子、发斑、疮痈肿毒、咽喉肿痛
3. 保肝利胆，降血脂降糖，抗氧化	不当外食引起的身体疲倦，高血压，动脉粥样硬化
4. 止泻，通经络	痢疾，关节红肿热痛不利屈伸

酸：十六烷酸 6.47%　　　　碳氢化合物：十六烷 3.72%　三十烷 1.48%

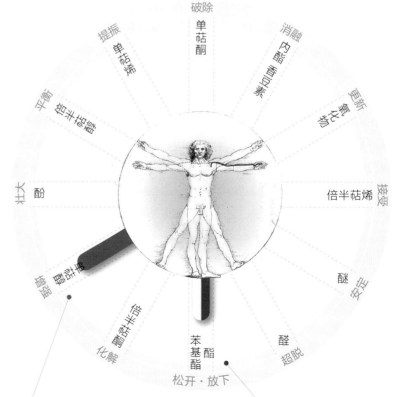

沉香醇 15.35%　　牻牛儿醇 8.17%　　α-萜品醇 10.57%　　乙酸乙酯 12.3%　　亚麻酸甲酯 6.17%

茶树
Tea Tree

在原产地的分布范围并不大，多沿着溪流或沼泽湿地生长。生性强健的优势物种，18 个月采收一次，可持续采收至树龄 27 岁。

药学属性	适用症候
1. 强力抗菌，抗霉菌，抗病毒，抗寄生虫，激励抗体与补体	牙龈炎，口腔溃疡，口咽炎，唇疱疹，化脓性支气管炎，肺气肿，阑尾炎
2. 消炎，保护表皮免受放射线伤害	慢性念珠菌性外阴炎，滴虫性阴道炎，卵巢充血，放射疗法前预防皮肤损伤
3. 强心，缓解静脉充血症状，补强静脉	大脑毛细血管循环迟缓，心脏无力，静脉曲张，动脉瘤
4. 补身，补强神经	筋疲力竭，虚弱，沮丧，经前或经期的神经紧张，畏寒，开刀后的受惊状态

学　　名 | *Melaleuca alternifolia*

其他名称 | 互生叶白千层 / Narrow-leaved Paperbark

香气印象 | 身上刺满图腾的南岛语族

植物科属 | 桃金娘科白千层属

主要产地 | 澳大利亚

萃取部位 | 枝叶（蒸馏）

适用部位 膀胱经、本我轮

核心成分
萃油率 1%~2%，100 个可辨识化合物

心灵效益 | 增强利他心与博爱情怀，离开斗鸡眼式的自我关注

注意事项

1. 本身有六个化学品系，产业看重的是萜品烯-4-醇型。

2. 小河茶树（*M. dissitiflora*）的精油有如粗犷版的茶树，萜品烯-4-醇与对伞花烃的比例较高；夏雪茶树（*M. linariifolia*）则像文雅版的茶树，成分非常接近，可作为澳大利亚茶树的替身。

3. 台湾岛产的茶树普遍含较高的桉油醇 (27.7%) 与较少的萜品烯-4-醇 (33%)。

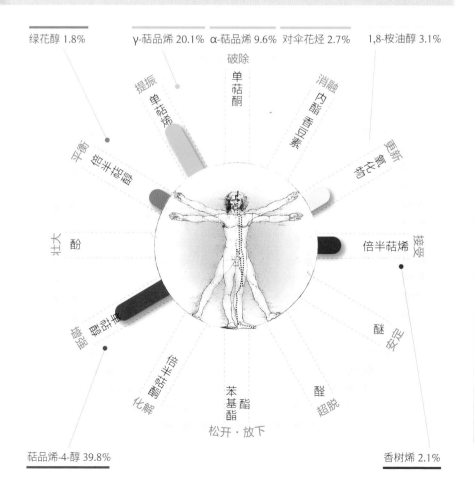

绿花醇 1.8%　γ-萜品烯 20.1%　α-萜品烯 9.6%　对伞花烃 2.7%　1,8-桉油醇 3.1%

萜品烯-4-醇 39.8%　香树烯 2.1%

沼泽茶树
Rosalina

喜爱接近海岸的沼泽地带，耐盐耐湿耐阴。高 9 米，比白千层瘦长。开花时的香气能够吸引鸟类，是沼泽生态的指标树。

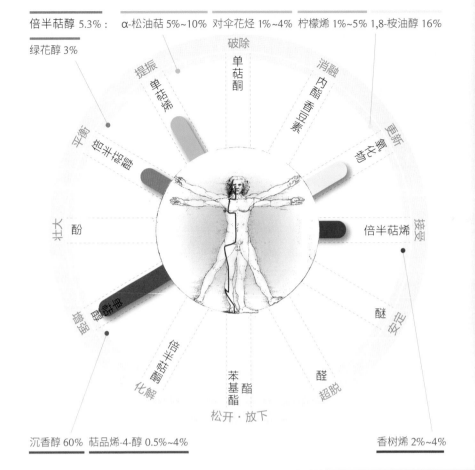

倍半萜醇 5.3%：　α-松油萜 5%~10%　对伞花烃 1%~4%　柠檬烯 1%~5%　1,8-桉油醇 16%
绿花醇 3%

破除
单萜酮
提振　单萜烯　消融
内酯　香豆素
平衡　倍半萜醇　更新　氧化物
壮大　酚　接受　倍半萜烯
苯酚　醚　安定
醛　超脱
酯　苯基酯
化解　醇类半倍半　松开·放下

沉香醇 60%　萜品烯-4-醇 0.5%~4%　香树烯 2%~4%

学　　　名 | *Melaleuca ericifolia*

其他名称 | 石南叶白千层 /
Swamp Paperbark

香气印象 | 民国时期，带着金框眼镜的留洋书生

植物科属 | 桃金娘科白千层属

主要产地 | 澳大利亚东南部

萃取部位 | 枝叶 (蒸馏)

适用部位　胃经、本我轮

核心成分
萃油率 0.6%~3.2%

心灵效益 | 增强信赖感，不再用犬儒的姿态拒人于千里之外

药学属性	适用症候
1.　镇静，抗痉挛	经前乳房胀痛
2.　抗病毒，抗肿瘤	着凉腹泻，紧张腹泻
3.　调节油脂分泌， 　抗菌，抗霉菌	痤疮
4.　促进血液循环	手脚、膝盖、小腹冰凉

注意事项

1. 澳大利亚新南威尔士州产的沉香醇最多，愈往南沉香醇愈少、桉油醇愈多。到了维多利亚州和塔斯马尼亚省，沉香醇只剩下 3%，而桉油醇可高达 34%，几乎已经是完全不同的精油了。

野地薄荷
Field Mint

全日照或部分遮荫，土壤 pH 值在 6.5~8.5，基本上喜欢温暖潮湿。生长容易，无需特别照顾，一年可以采收两次。

药学属性	适用症候
1. 止痛，调节运动和感觉神经	头痛，偏头痛，神经痛，牙痛，坐骨神经痛，肾绞痛
2. 抗感染，抗菌，抗肿瘤	鼻炎，鼻咽炎，喉炎，鼻窦炎，口腔癌，子宫颈癌
3. 较高剂量：抑制感觉敏锐度	荨麻疹，湿疹，皮肤发痒
4. 较低剂量：激励消化腺体分泌（胃、胆），促进血管收缩	低血压，消化性溃疡，肠炎，肝区疼痛，呕吐，便秘，寄生虫病

学　　名	*Mentha arvensis*
其他名称	玉米薄荷 / Corn Mint
香气印象	挥汗爬上峰顶后吹来的第一阵风
植物科属	唇形科薄荷属
主要产地	尼泊尔、印度
萃取部位	开花的全株药草（蒸馏）

适用部位　胆经、顶轮

核心成分
萃油率 0.6%~1%，43 个可辨识化合物（占 99%）

心灵效益 | 增强续航力，不轻言放弃

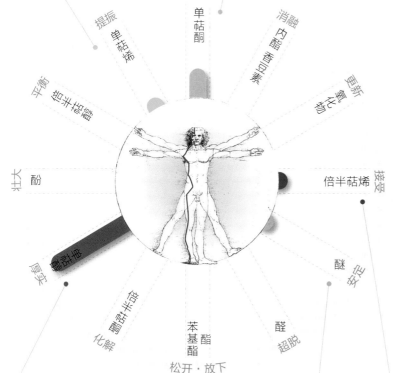

对伞花烃 0.8%
异薄荷酮 3.7%　左旋薄荷酮 3.1%　胡椒烯酮 0.9%
破除
提振　单萜烯
单萜酮
消融
醋酸龙脑酯　内酯与香豆素
平衡　倍半萜醇
更新　氧化物
壮大　酚
倍半萜烯　接受
厚实
醚　安定
酮萜半倍　化解
苯基酯
醛　超脱
松开·放下
薄荷脑 84.6%　新薄荷脑 2.1%
甲基醚丁香酚 0.1%　金合欢烯 0.2%

注意事项

1. 也被称作日本薄荷，因为日本曾经是其最大的产国，现在则已被印度取代。

2. 心室颤动与蚕豆病患者避免使用，婴幼儿的头脸部也应避开。

3. 市售的野薄荷油多半经过冷冻以去除 50% 的薄荷脑，使薄荷酮的比例相对提高。

胡椒薄荷
Peppermint

绿薄荷 (M. spicata) 和水薄荷 (M. aquatica) 的杂交种，喜欢有遮荫的湿地。靠匍匐茎繁衍，生长快速，很容易就成为野生的驯化植物。

学　　名	Mentha × piperita
其他名称	欧薄荷 / Menthe Poivree
香气印象	恢复速度惊人的金钢狼
植物科属	唇形科薄荷属
主要产地	印度、美国
萃取部位	开花的全株药草（蒸馏）

适用部位　肝经、顶轮

核心成分
萃油率 0.7%，61 个可辨识化合物（占 99.7%）

心灵效益 | 增强创造力，化腐朽为
　　　　　神奇

药学属性	适用症候
1. 强肝利胆，促肝细胞再生，强化胰脏，杀细菌霉菌，杀寄生虫，消胀气，止吐	肝胰功能低下，病毒性肝炎，肝硬化，黄热病，胆绞痛，胃痛，痉挛性结肠炎，吞气症，结肠胀气，晕车晕船，呕吐
2. 止痛，麻醉，补强神经，抗感染，杀病毒，抗氧化，抗肿瘤	头痛，偏头痛，坐骨神经痛，带状疱疹，病毒性神经炎（影响视神经），肺癌，胃癌，白血病
3. 祛痰，抗黏膜发炎，肠道与泌尿道消炎，解除前列腺充血症状	鼻窦炎，耳炎，喉炎，膀胱炎，前列腺炎，肾绞痛，瘙痒（荨麻疹、湿疹）
4. 强心，升血压，补强子宫，类激素，调经（调节卵巢功能），激励补身	循环不良引发的视力障碍，低血压，分娩，晕厥，自主神经性肌张力不全

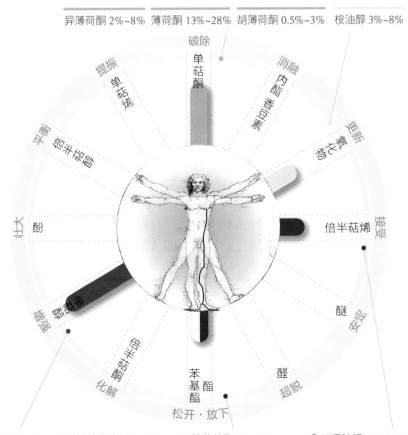

异薄荷酮 2%~8%　薄荷酮 13%~28%　胡薄荷酮 0.5%~3%　桉油醇 3%~8%

薄荷脑 32%~49%　新薄荷脑 2%~6%　乙酸薄荷酯 2%~8%　β-丁香油烃 1%~3.5%

蜂香薄荷
Monarda

原产于加拿大草原地带，耐干冷，花色为烟粉红且偏紫。喜欢全日照与排水良好的潮湿土壤，植株抗病性高，有许多变种和杂交种。

药学属性	适用症候
1. 抗感染，抗病毒，抗霉菌(念珠菌)，抗菌(作用范围广泛)	呼吸道与泌尿生殖道的各种感染症状，单纯疱疹，天花
2. 补身，强化神经，强化子宫，抗溃疡，促胰岛素分泌	无力，发热，少经，消化性溃疡，糖尿病
3. 遏止纤维化，消炎，抗老化	动脉粥样硬化，念珠菌性皮肤炎，脂溢性皮炎，粉刺，肌肤下垂
4. 抗氧化，抗肿瘤，强化抗癌药物对癌细胞的作用	大肠癌，乳腺癌，肺癌，前列腺癌，胰脏癌，肝癌

学　　名 | *Monarda fistulosa*

其他名称 | 佛手柑草 /
Bergamot Herb

香气印象 | 如波浪起伏的草裙舞

植物科属 | 唇形科美国薄荷属

主要产地 | 法国、美国

萃取部位 | 开花的全株药草(蒸馏)

适用部位 脾经、本我轮

核心成分
萃油率 1.2%，25 个可辨识化合物

心灵效益 | 增强宽大的胸襟，如海纳百川

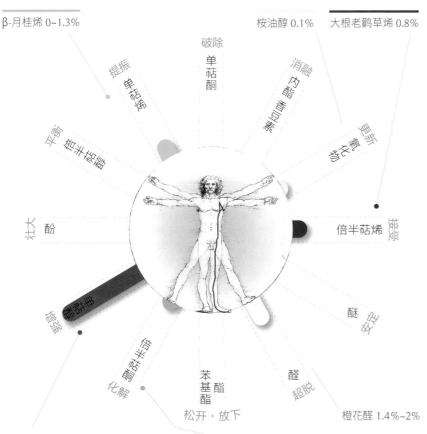

β-月桂烯 0~1.3%　　　按油醇 0.1%　　大根老鹳草烯 0.8%

破除
单萜酮

提振
单萜烯

消融

平衡
倍半萜醇

更新

壮大
酚

接受
倍半萜烯

增强

醛
超脱

安定
醚

化解

松开·放下
橙花醛 1.4%~2%

苯基酯

牻牛儿醇 86.8%~93.2%　沉香醇 0.8%~3.1%　素馨酮 0.1%　　牻牛儿醛 1.2%~1.6%

注意事项

1. 另一品种"管蜂香草"(*Monarda didyma*)是一个红花品种，成分以沉香醇为主(64.5%~74.2%)，常与蜂香薄荷杂交，产生五种化学品系：百里酚型、香荆芥酚型、牻牛儿醇型、龙脑型、对伞花烃型。

可因氏月橘
Sweet Neem Leaves

喜欢全日照、略带酸性而排水良好的土壤，尤其耐湿热。这种小树一旦长成，即使土壤贫瘠或气候极端，也能毫发无伤地活下去。

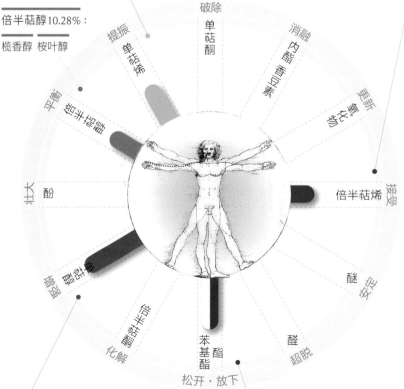

学　名	Murraya koenigii
其他名称	咖喱叶 / Curry Leaf
香气印象	远渡重洋，乘风破浪
植物科属	芸香科月橘属
主要产地	印度、斯里兰卡
萃取部位	叶（蒸馏）

适用部位 大肠经、本我轮

核心成分
萃油率1%，33个可辨识化合物（占97.56%）

心灵效益 | 增强心灵的防火巷，避免思虑过多而作茧自缚

药学属性	适用症候
1. 消炎（抑制脂氧化酶），抗氧化作用大于BHT与丁香酚	口干舌燥，发热，头皮与皮肤干痒
2. 降血糖，降血脂，降血压，健胃整肠，消胀气	糖尿病，高血压，思虑过度导致的消化不良，反胃
3. 抗肿瘤，调节免疫 [白介素 "(IL)-2, 4,10" 和肿瘤坏死因子 - α "TNF- α "]	乳腺癌，子宫颈癌，白血病
4. 比抗生素优越的抗菌效用，抗霉菌，杀虫卵	牙龈炎，口腔炎，除跳蚤与蟑螂

单萜烯 16.81%：月桂烯 别罗勒烯 萜品烯　　倍半萜烯 3.12%：β-丁香油烃 紫穗槐烯

倍半萜醇10.28%：
榄香醇 桉叶醇

破除
单萜酮

提振

消融
内酯 香豆素

更新
氧化物

单萜烯

平衡

倍半萜醇

壮大

酚

倍半萜烯

接受

醚

安定

酚类

苯基酯

醛 超脱

化解

松开·放下

沉香醇 32.83%　α-萜品醇 4.9%　　　乙酸沉香酯 16%　乙酸牻牛儿酯 6.18%

注意事项

1. 叶片不能制作咖喱粉，气味也不具一般熟悉的"咖喱味"，但确实是南印度和斯里兰卡地区料理的必备香料。

柠檬荆芥
Nepeta

喜爱全日照，耐旱。高度可达 100 厘米，枝叶舒展而柔软，花色比猫薄荷更紫。

药学属性	适用症候
1. 消炎，安抚，镇静	精神疾病，抑郁症
2. 消结石	胆结石
3. 抗病毒，抗特定类型的感染	疱疹
4. 调节多巴胺	男性不举，减轻性行为前的紧张

学　　名 | *Nepeta cataria* var. *citriodora*

其他名称 | 柠檬猫薄荷 / Lemon Catnip

香气印象 | 刚梳过毛的猫，懒洋洋躺在西晒的窗台上

植物科属 | 唇形科荆芥属

主要产地 | 南欧、东欧

萃取部位 | 花（蒸馏）

适用部位 任脉、性轮

核心成分
萃油率 1.5%，17 个可辨识化合物

心灵效益 | 增强自在感，像备受尊宠的猫科动物一样我行我素

三萜醇：α-脂檀素 0.81%（熊果酸的前驱物）

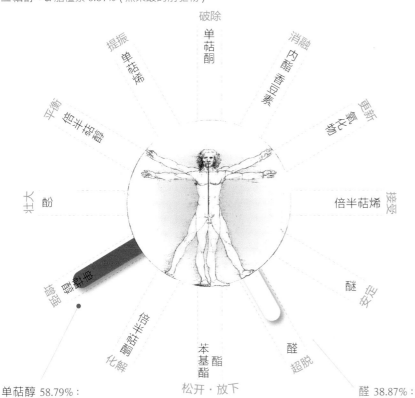

单萜醇 58.79%：
牻牛儿醇 32.89%　香茅醇 25.21%

醛 38.87%：
牻牛儿醛 20.85%　橙花醛 14.52%　香茅醛 1.09%

注意事项

1. 这个品种是寻常猫薄荷的一个化学品系，但香气大不同。猫薄荷让猫咪着迷的成分是荆芥内酯，柠檬荆芥中其含量微乎其微。

甜罗勒
Sweet Basil

喜欢温暖，8℃便停止生长，最好保持全日照，怕旱也怕积水。氮肥愈少，沉香醇的比例愈高（钾肥则可助长沉香醇）。

学　　名	*Ocimum basilicum*
其他名称	热那亚罗勒 / Genovese Basil
香气印象	舒适柔软的大抱枕
植物科属	唇形科罗勒属
主要产地	埃及、尼泊尔、印度
萃取部位	开花的全株药草（蒸馏）

适用部位　肾经、基底轮

核心成分
萃油率 0.48%，65 个可辨识化合物（占 99%）

心灵效益 | 增强抗压性，以不变应万变

药学属性	适用症候
1. 补身，激励，补强神经	虚弱，肾上腺皮质激素不足，沮丧，干性湿疹
2. 补强消化功能（帮助消化、消胀气、养肝）	肝胆功能低下，胃积气，胃炎，胃溃疡
3. 解除充血阻塞症状（前列腺、子宫），具中度抗感染力	前列腺阻塞充血，子宫充血，大肠杆菌引起的膀胱炎
4. 抗动脉粥样硬化	冠状动脉功能不良，冠状动脉炎，心律不齐，心动过速，动脉硬化，低血压

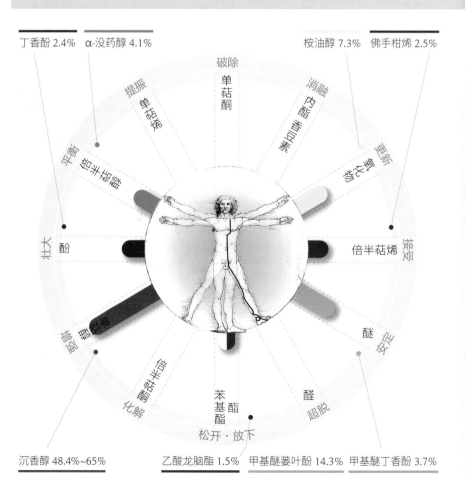

丁香酚 2.4%　　α-没药醇 4.1%　　桉油醇 7.3%　　佛手柑烯 2.5%

破除
单萜酮

提振　单萜烯

消融　内酯 香豆素

平衡　倍半萜醇

更新　氧化物

壮大　酚

接受　倍半萜烯

醚　安定

化解　酮

松开·放下

苯基酯

醛　超脱

沉香醇 48.4%~65%　　乙酸龙脑酯 1.5%　　甲基醚蒌叶酚 14.3%　　甲基醚丁香酚 3.7%

甜马郁兰
Sweet Marjoram

对冷度很敏感的地中海植物，但也无法忍受过于湿热，生长缓慢。需要全日照和 pH 值为 6.7~7.0 的土壤，减少盐分与提高水分都能增加精油含量。

药学属性	适用症候
1. 强化神经，尤其有益副交感神经（降血压、扩张血管、镇静、节欲）	自主神经失调，甲状腺功能亢进引发的问题：心脏血管方面（心悸、过度亢奋、心律不齐、高血压、昏厥），肺部方面（呼吸困难），消化方面（胆固醇过高、十二指肠溃疡、肠炎、结肠炎），性功能方面（性器亢奋、性执迷、乙醚上瘾），神经心理方面（焦虑、压力引起的躁郁、神经衰弱、心情沉重、精神病、失眠、麻痹、癫痫、眩晕）
2. 镇痛	各种疼痛：神经痛，风湿痛
3. 抗感染，抗菌（肺炎球菌、金黄色葡萄球菌、大肠杆菌），健胃，利尿	呼吸道感染（鼻炎、鼻咽炎、鼻窦炎、支气管炎、耳炎、百日咳）与消化道感染（口腔溃疡、腹泻、肠胃炎）
4. 抗氧化，抗乙酰胆碱酯酶	老年痴呆

学　名｜*Origanum majorana*

其他名称｜墨角兰 / Knotted Marjoram

香气印象｜动漫世界中拯救人类的新世纪福音战士

植物科属｜唇形科牛至属

主要产地｜埃及、突尼斯、土耳其

萃取部位｜开花的全株药草（蒸馏）

适用部位　膀胱经、眉心轮

核心成分
萃油率 0.82%，35 个可辨识化合物（占 96.3%~98.6%）

心灵效益｜增强正义感，挣脱浑沌暧昧而恢复秩序

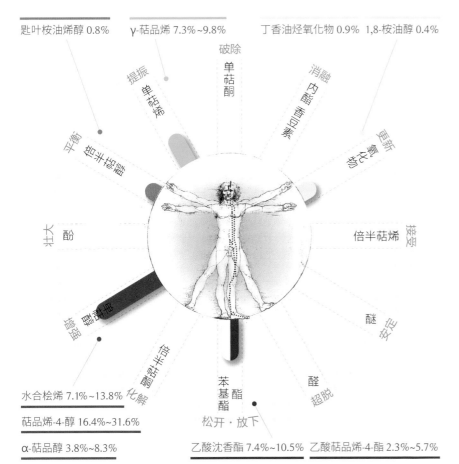

匙叶桉油烯醇 0.8%
γ-萜品烯 7.3%~9.8%
丁香油烃氧化物 0.9%　1,8-桉油醇 0.4%
水合桧烯 7.1%~13.8%
萜品烯-4-醇 16.4%~31.6%
α-萜品醇 3.8%~8.3%
乙酸沈香酯 7.4%~10.5%　乙酸萜品烯-4-酯 2.3%~5.7%

野洋甘菊
Wild Chamomile

原生于地中海地区，10~40 厘米高，从平地到海拔 500 米都有分布。习惯碱性砂质土和半干旱的气候，但在潮湿肥沃的土壤上能长得更好。

学　　名	*Cladanthus mixtus /* *Ormenis mixta*
其他名称	摩洛哥洋甘菊 / Moroccan Chamomile
香气印象	在石砾堆中敏捷穿梭的 变色龙
植物科属	菊科枝花属
主要产地	摩洛哥
萃取部位	花（蒸馏）

适用部位　大肠经、本我轮

核心成分
萃油率 0.3%，55 个可辨识化合物
（占 73.9%）

心灵效益 | 增强适应力，快速融入
新环境

注意事项

1. 这种植物过去有多个通用名称，如 *Ormenis mixta*，*Anthemis mixta*，*Ormenis multicaulis*，*Chamaemelum mixtum*。但是学界近年根据基因研究，又把 *Ormenis*（升月属）重新命名为 *Cladanthus*（枝花属）。

2. 摩洛哥各地的气候与地形变化多，精油成分差异颇大，而油色因此有蓝有黄。油色黄者以棉杉菊醇为主，浅蓝者以樟脑为主（兼微量天蓝烃）。

药学属性	适用症候
1. 养肝	肝功能不全，胃功能不全，干性湿疹，皮肤瘙痒
2. 抗菌（大肠杆菌），杀寄生虫（蛲虫、阿米巴虫）	大肠杆菌性结肠炎，肠道寄生虫，阿米巴囊肿
3. 抗感染	性病，淋球菌病，大肠杆菌性膀胱炎，前列腺炎
4. 补身，补强神经，催情	性功能低下，抑郁症

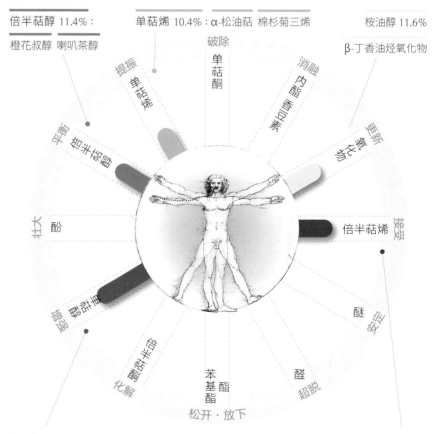

倍半萜醇 11.4%：
橙花叔醇　喇叭茶醇

单萜烯 10.4%：α-松油萜　棉杉菊三烯

桉油醇 11.6%
β-丁香油烃氧化物

提振　单萜烯　单萜酮　内酯 香豆素　消融　更新 嫩芽

平衡　倍半萜醇

壮大　酚

接受　倍半萜烯

醚　安定

增温　单萜醇

化解　酮 倍半萜醇

松开·放下　苯基酯　苯酯　醛　超脱

棉杉菊醇 17.4%~33%　艾蒿醇　萜品烯-4-醇

倍半萜烯 11.4%：榄香烯　金合欢烯

天竺葵
Geranium

发源于南非，喜爱温暖气候，年降雨需 1000 毫米，但怕黏重土壤与积水。低于 15℃和高于 35℃就不会开花，日照愈 多，含油量愈高。

学　　名	*Pelargonium graveolens* / *Pelargonium × asperum*
其他名称	香叶天竺葵 / Sweet Scented Geranium
香气印象	脱我战时袍、着我旧时裳 的花木兰
植物科属	牻牛儿科天竺葵属
主要产地	中国、埃及、摩洛哥、留 尼汪岛
萃取部位	叶 (蒸馏)

适用部位　任脉、性轮

核心成分
萃油率 0.2%，45 个可辨识化合物 (占 95%)

心灵效益 | 增强自我肯定的信念，命 好不怕运来磨

药学属性	适用症候
1. 抗感染，抗菌，抗霉菌，抗肿瘤	尖锐湿疣，疱疹感染后的神经痛，下痢，大肠癌，鼻咽癌，子宫颈癌
2. 消炎，止痛，抗痉挛，放松平滑肌，抗氧化，补强淋巴与静脉，止血	风湿性骨关节炎，神经性结肠炎，男性不孕，尿路结石，痔疮，月经过多
3. 清洁毛孔，净化油性肤质，提高皮肤吸收力 (48 倍)，收敛紧实	痔疮性瘙痒，割伤，溃疡，霉菌皮肤病，面疱，脓疱，预防妊娠纹
4. 降血糖，激励肝脏与胰脏，排肝毒，补身	糖尿病，胆囊炎，胃溃疡，黄疸，肝脏与胰脏功能低下，烦躁不安、焦虑

注意事项

1. 本品栽培种有三类：

   A. "留尼汪岛型"→香茅醇、牻牛儿醇 (1:1)、甲酸香茅酯、愈疮木 -6,9 -二烯、异薄荷酮。

   B. "非洲型 (埃及、摩洛哥)"也有 1:1 的香茅醇、牻牛儿醇，但占比略低，另外 10 - 表 -γ-桉叶醇是其特色成分，占比高于愈疮木 -6,9 - 二烯。

   C. "中国型"则是香茅醇、甲酸香茅酯具压倒性比例，而牻牛儿醇在三者中最少。数量不多的波旁型很接近留尼汪岛型。由此可知，留尼汪岛型 / 波旁型的气味比较甜美。

2. 所谓的玫瑰天竺葵乃栽培种，由 *P. capitatum* 与 *P. radens* 杂交而成。亲株 *P. radens* 又称波旁天竺葵。

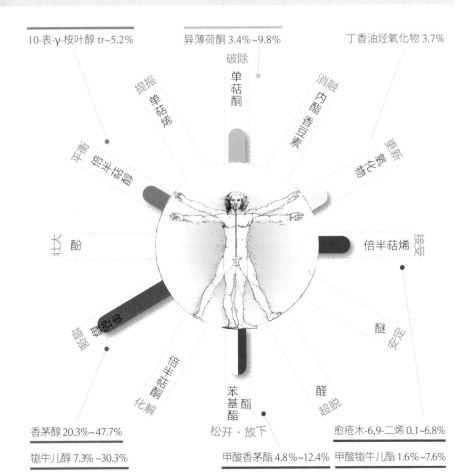

10-表-γ-桉叶醇 tr~5.2%

异薄荷酮 3.4%~9.8%

丁香油烃氧化物 3.7%

香茅醇 20.3%~47.7%

牻牛儿醇 7.3% ~30.3%

甲酸香茅酯 4.8%~12.4%

甲酸牻牛儿酯 1.6%~7.6%

愈疮木-6,9-二烯 0.1~6.8%

大马士革玫瑰
Damask Rose

喜爱排水佳、含粉砂、pH 值在 6.0~6.5 的土壤，并不需要温暖的气候，唯独怕干燥的风。湿度在 70% 可免油分蒸发，每 8~10 年将植株修到与地面等高便可再生。

学　　名｜*Rosa × damascena*

其他名称｜突厥玫瑰 / Rose of Castile

香气印象｜拜访春天的香格里拉

植物科属｜蔷薇科蔷薇属

主要产地｜保加利亚、土耳其、摩洛哥

萃取部位｜花（蒸馏）

适用部位　任脉、性轮

核心成分
萃油率 0.032%~0.049%，60 个主要成分（占 83%），共 400 个可辨识化合物

心灵效益｜增强美的感受力，在任何逆境中都能找到生存的意义

注意事项

1. 为 *R. gallica* 和 *R. phoenicia* 的杂交种。世界各地，包括中国，虽已引种并大范围栽种，但品质（组分）仍与保加利亚和土耳其所产的有较大的差距。

2. 微量的 β-大马士革酮、β-紫罗兰酮和玫瑰醚是大马士革玫瑰独有香气的关键成分。另外香茅醇 / 牻牛儿醇的比例在 1.25~1.3 之间最佳。烷类多则香气较持久。

3. 溶剂萃取的原精可得 78.38% 的苯乙醇，抗抑郁与催情效果突出，也能抗 MRSA。

4. 白玫瑰（*R. alba*）能在较恶劣的条件生长，精油含较多玫瑰蜡与倍半萜烯，香气较淡，但是组分复杂性超过大马士革玫瑰，消炎作用更好。

药学属性	适用症候
1. 激励脑内啡与多巴胺生成，血清素受体的拮抗效应，抗惊厥，抗痉挛	抑郁症，长期压力，癫痫，肾绞痛，术后疼痛
2. 抗氧化，增大生精小管，提高精子数量与活动力，调节雌激素受体	衰老，记忆减退，不孕，性冷淡，不举，经前综合征，更年期综合征，痛经
3. 抑制血管收缩素转化酶、胰脂肪酶、α-葡萄糖酶，抑制组胺受体	高血压，心血管疾病，糖尿病，肥胖，喘咳
4. 轻泻 / 排毒，抗甲醛，抗肿瘤，抗菌，抗病毒（HSV-1、副流感病毒 III 型），抗 HIV	过敏，头痛，大肠癌，肝癌，黑色素瘤，疱疹，流感，艾滋病

丁香酚 1.6%　烷类：十七烷 1.4%　十九烷 7.78%~10.2%　二十烷 0.51%　二十一烷 1.77%~3.9%

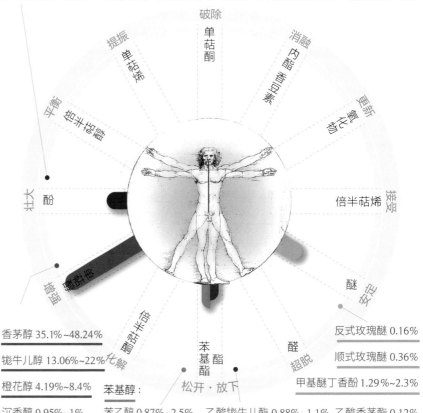

香茅醇 35.1%~48.24%

牻牛儿醇 13.06%~22%

橙花醇 4.19%~8.4%

沉香醇 0.95%~1%

苯乙醇 0.87%~2.5%

反式玫瑰醚 0.16%

顺式玫瑰醚 0.36%

甲基醚丁香酚 1.29%~2.3%

乙酸牻牛儿酯 0.88%~1.1%　乙酸香茅酯 0.12%

苦水玫瑰
Chinese Kushui Rose

钝叶蔷薇与中国玫瑰的杂交品种，耐寒耐旱抗病虫害耐瘠薄的土壤。开花前大量在土中灌水叫作花前水，可以使玫瑰增产 15%~20%。

学　　名	*Rosa sertata × Rosa rugosa*
其他名称	刺玫花 / Rose, Chinese Kushui Type
香气印象	红色娘子军
植物科属	蔷薇科蔷薇属
主要产地	中国（甘肃、陕西）
萃取部位	花（蒸馏）

适用部位 任脉、性轮

核心成分
萃油率 0.04%，105 个可辨识化合物

心灵效益 | 增强玻璃心的防弹程度，把人世的污泥变成修练的沃土

药学属性

1. 抗血栓
2. 抗氧化，抗衰老
3. 抑制中枢神经，镇静催眠
4. 抑制前列腺素合成（消炎止痛）

适用症候

→ 动脉粥样硬化
→ 食品添加剂产生的肝毒，空气污染导致的头痛，皮肤松弛，劣级食用油引起的痤疮
→ 睡眠困扰，躁郁
→ 慢性胃炎，经期不适

烷类：二十烷 0.1%　10-甲基二十烷 1.4%　2-甲基十八烷 0.2%

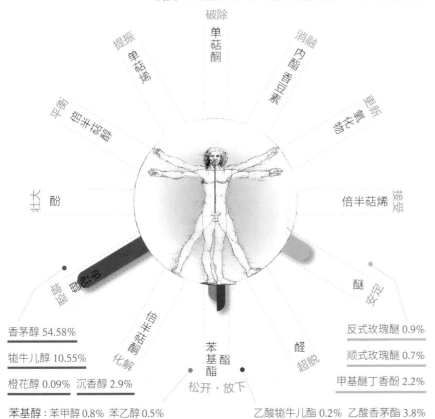

香茅醇 54.58%

牻牛儿醇 10.55%

橙花醇 0.09%　沉香醇 2.9%

苯基醇：苯甲醇 0.8%　苯乙醇 0.5%

反式玫瑰醚 0.9%

顺式玫瑰醚 0.7%

甲基醚丁香酚 2.2%

乙酸牻牛儿酯 0.2%　乙酸香茅酯 3.8%

注意事项

1. 水玫瑰油的烷烃类（玫瑰蜡）含量极低，不会在低温时凝结。苦水玫瑰提取液中黄酮类和总酚含量高于大马士革玫瑰。

2. 平阴玫瑰 (*Rosa rugosa*) 的甲基醚丁香酚较高 (4.67%)，丁香酚 (0.25%) 和苯乙醇 (0.17%) 极少。此外平阴玫瑰和苦水玫瑰的香茅醇偏高，所以香气浓重但不以甜润见长。

凤梨鼠尾草
Pineapple Sage

原生于中美洲海拔 1800~2700 米的高地温带森林，是一种短日植物。耐高温高湿也耐霜，冬季枯败而春季重生。

学　　名 | *Salvia elegans*

其他名称 | 柑橘鼠尾草 / Tangerine Sage

香气印象 | 在舞蹈中晃动大耳环，摇曳民族风的鲜艳长裙

植物科属 | 唇形科鼠尾草属

主要产地 | 墨西哥、危地马拉

萃取部位 | 叶片 (蒸馏)

适用部位 督脉、顶轮

核心成分
萃油率 0.23%，28 个可辨识化合物 (占 94.71%)

心灵效益 | 增强生聚教训的能量，蓄势待发

注意事项

1. 凤梨鼠尾草目前所知共有三种化学品系：意大利产的单萜酮型 (顺式侧柏酮 38.7%)，印度产的倍半萜醇型 (匙叶桉油烯醇 38.73%)，与墨西哥产的单萜醇型 (沉香醇 >30%)。

药学属性

1. 补强神经 (CNS)，抗沮丧，抗焦虑
2. 杀孑孓，驱蚊
3. 调节免疫功能，抑制白细胞不正常增生
4. 保护缺血的脑组织，抑制血管紧张素转换酶

适用症候

- 综合性压力，躁郁症
- 阴暗潮湿的环境，防治登革热
- 化疗后的调养
- 脑中风后的调养，高血压

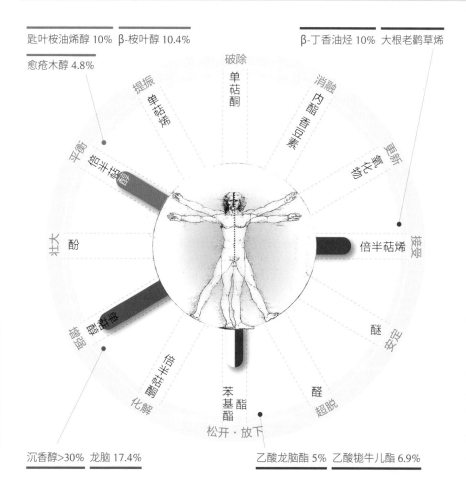

匙叶桉油烯醇 10%　β-桉叶醇 10.4%　β-丁香油烃 10%　大根老鹳草烯

愈疮木醇 4.8%

沉香醇 >30%　龙脑 17.4%　乙酸龙脑酯 5%　乙酸牻牛儿酯 6.9%

龙脑百里香
Thyme, CT Borneol

摩洛哥特有品种，分布于高地亚特拉斯山（海拔 1300~2162 米）。年雨量 310 毫米，气候温暖（12℃~27℃），一般而言海拔愈高含油量愈多。

药学属性	适用症候
1. 激励免疫系统，抗过高的 γ- 球蛋白，抗肿瘤	慢性发炎，自身免疫系统疾病，关节炎，小鼠肥大细胞瘤
2. 强肝利胆，助消化，驱虫	肝功能不良，胆囊运动失调，胆结石，吞气症，咽峡炎，肠道寄生虫病
3. 抗感染	粉刺，肺结核，病毒性与细菌性鼻窦炎，膀胱炎（感染与发炎）
4. 补强身体各个功能，补子宫，抗衰弱，催情	一般疲劳，虚弱无力，性功能衰弱，子宫脱垂

学　名｜*Thymus satureioides*

其他名称｜摩洛哥百里香 / Moroccan Thyme

香气印象｜家道殷实、内敛寡言的士绅

植物科属｜唇形科百里香属

主要产地｜摩洛哥

萃取部位｜开花的全株药草（蒸馏）

适用部位　任脉、性轮

核心成分
萃油率 0.2%~2.3%，26 个可辨识化合物（占 95%）

心灵效益｜增强能撑船的肚量，笑纳人生的各种"礼物"

香荆芥酚 9.83%~21.21%
百里酚 1.37%~5.31%
δ3-蒈烯 1.5%~10.5%　对伞花烃 2.3%~8%　樟烯 13%~21%
甲酸异龙脑酯 0.81%~4.62%
龙脑 22.7%~37.5%　α-萜品醇 3.1%~10.6%
乙酸龙脑酯 3.15%~7.09%

注意事项
1. 摩洛哥不同产区的龙脑含量相差颇大，最高可达 52%。也有一些化学品系是以酚类占压倒性比例。

沉香醇百里香
Thyme, CT Linalool

喜爱高温耐干旱，年雨量 500~1000 毫米即可存活，水多易烂根。本种只生长在海拔 800 米左右的山区，栽培种的萃油率高于野生品种。

学　　名 | *Thymus vulgaris*

其他名称 | 甜百里香 /
Thyme, Sweet

香气印象 | 勤奋采花蜜的小蜜蜂

植物科属 | 唇形科百里香属

主要产地 | 法国、西班牙

萃取部位 | 开花的全株药草 (蒸馏)

适用部位 膀胱经、基底轮

核心成分
萃油率 1.6%，57 个可辨识化合物

心灵效益 | 增强自立自强的决心，
不受他人情绪勒索

药学属性	适用症候
1. 杀霉菌 (白色念珠菌)，抗菌，杀病毒，驱虫 (绦虫、蛔虫、蛲虫)	口腔炎 (念珠菌性)，肠炎 (葡萄球菌性与寄生虫性)，胃炎，糖尿病 (作为辅药)
2. 补身，补强神经 (中枢神经系统、延髓、小脑)，轻度抗痉挛	神经疲劳，风湿肌痛
3. 抗微生物，抗感染，补强子宫，催情	输卵管炎和子宫发炎 (葡萄球菌性)，阴道炎和膀胱炎 (念珠菌性)，肾盂肾炎，肾上腺结核 (爱迪生氏病)，前列腺炎 (病毒性)
4. 强化皮肤与呼吸道	干癣，疣，婴儿尿布疹，皮肤念珠菌感染，支气管炎，肺炎，胸膜炎，肺结核

注意事项

1. 百里香有20种不同的化学品系。

2. 甜百里香当中，抗霉菌的效果是侧柏醇型 < 沉香醇型 < 牻牛儿醇型。

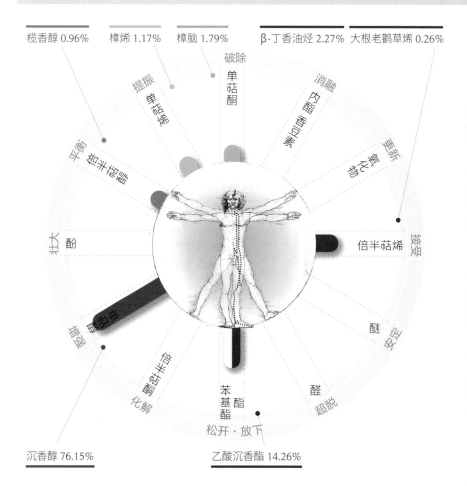

榄香醇 0.96%　　樟烯 1.17%　　樟脑 1.79%　　β-丁香油烃 2.27%　　大根老鹳草烯 0.26%

沉香醇 76.15%　　　乙酸沉香酯 14.26%

侧柏醇百里香
Thyme, CT Thujanol

生长于普罗旺斯德隆省海拔 300~950 米的山丘，相对较为冷凉。春季采收的植株所含的侧柏醇比例高于秋季。

药学属性	适用症候
1. 抗感染，杀菌（披衣菌），强力杀病毒	膀胱炎，外阴炎，子宫颈炎，子宫内膜异位，输卵管炎，龟头炎，尿道炎，前列腺炎，尖锐湿疣
2. 激励免疫系统 (IgA)，使身体温暖（促进循环）	耳炎，鼻窦炎，鼻炎，鼻咽炎，流行性感冒，支气管炎，肺泡炎
3. 类激素作用，抗糖尿病，激励肝细胞	口腔炎，扁桃体炎，小肠结肠炎，糖尿病，吞气症，肝功能不良，皮肤炎
4. 平衡与补强神经（中枢神经系统、延髓、小脑）	关节炎，肌腱炎，神经问题，虚弱无力

学　　名 | *Thymus vulgaris*

其他名称 | 温和百里香 / Thyme, Mild

香气印象 | 拯救父亲的缇萦

植物科属 | 唇形科百里香属

主要产地 | 法国

萃取部位 | 开花的全株药草（蒸馏）

适用部位 膀胱经、本我轮

核心成分
萃油率 0.2%~0.8%，24 个可辨识化合物

心灵效益 | 增强东山再起之力，愈挫愈勇

百里酚<1.6%　α-松油萜 1.6%~3%　桧烯 1.6%~2.3%　β-丁香油烃 1.2%~4.2%

破除
单萜酮
提振
单萜烯
消融
内酯香豆素
平衡
倍半萜醇
更新氧化物
壮大
酚
倍半萜烯
接受
醚
安定
醛
超脱
苯基酯
松开·放下
酯甜半倍
化解
单萜醇>60%：
反式侧柏醇 39.4%~54.8%　顺式侧柏醇 4.5%~8.2%　沉香醇 0.2%~6.2%
乙酸月桂-8-烯酯 3%~8.1%

注意事项

1. 侧柏醇 (Thujanol) 有时又称作"水合桧烯"(Sabinene hydrate)。

牻牛儿醇百里香
Thyme, CT Geraniol

习惯全日照与排水良好的山区。最合适的海拔高度是 800 米，比沉香醇百里香的分布区域略低。

学　　名	Thymus vulgaris
其他名称	甜百里香 / Sweet Thyme
香气印象	晒过太阳的蚕丝被
植物科属	唇形科百里香属
主要产地	法国南部德龙省
萃取部位	开花的全株药草 (蒸馏)

适用部位 膀胱经、基底轮

核心成分
56 个可辨识化合物

心灵效益 | 增强母性，提高付出的
意愿与能力

药学属性	适用症候
1. 激励雌激素 (高剂量)	月经失调，更年期综合征，骨质疏松
2. 补强子宫功能，助产	子宫脱垂，分娩
3. 抗肿瘤	大肠癌，乳腺癌，皮肤癌，肝癌，肺癌
4. 抗氧化，消炎	老化皮肤 (低剂量)

注意事项

1. 通用百里香共有九个重要的化学品系：醇类有四种，单萜烯两种，酚类两种，氧化物一种。

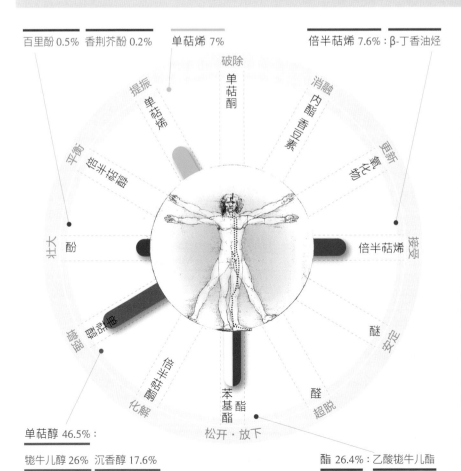

百里酚 0.5%　香荆芥酚 0.2%　　单萜烯 7%　　　　倍半萜烯 7.6% : β-丁香油烃

破除
单萜酮

提振　单萜烯　　消融 内酯 醛
平衡 倍半萜醇　　　　　更新 氧化物

壮大 酚　　　　　　　　　　接受 倍半萜烯

　　　　　　　　　　　　　　　　醚 安定

增强 酮萜半倍　　　　　　　　　醛 超脱
化解　　苯基酯 酯　　　　松开·放下

单萜醇 46.5% :

牻牛儿醇 26%　沉香醇 17.6%　　　　　酯 26.4% : 乙酸牻牛儿酯

竹叶花椒
Timur

浑身是刺，三叶相连，常见于印北海拔1300~2500米山区的山谷混交林。喜欢温暖的环境以及黑色冲积土，可以长到5米高。

药学属性

1. 胜过 DMP 的驱蚊效果，杀虫卵，驱虫

2. 钙离子拮抗剂，抗痉挛

3. 消炎，抑制皮肤过敏

4. 抗菌，抗霉菌

适用症候

1. 登革热，小黑蚊，家蝇，感染蛔虫

2. 高血压，腹泻，痢疾，霍乱，肚子痛，高山病，晕眩，手脚发麻

3. 疖疮，特定食物引起的唇部肿胀，日光浴晒伤，剃须脱毛后的红痒，蚊虫咬伤

4. 维护口腔卫生

学　　名 | *Zanthoxylum alatum / Z. armatum*

其他名称 | 印度花椒 / Indian Prickly Ash

香气印象 | 长臂猿在树林间荡来荡去

植物科属 | 芸香科花椒属

主要产地 | 印度、尼泊尔

萃取部位 | 果实外皮（蒸馏）

适用部位　大肠经、本我轮

核心成分
萃油率 1.5%，56 个可辨识化合物（占 99.5%）

心灵效益 | 增强胆识，化险为夷

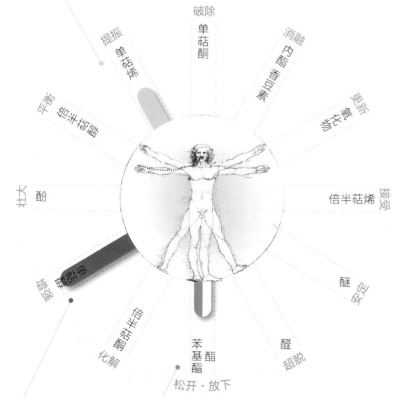

柠檬烯 8.2%　β-水茴香萜 5.7%

沉香醇 58%~71%　顺式肉桂酸甲酯 4.9%　反式肉桂酸甲酯 5.7%

注意事项

1. 另外一种印度花椒，学名为 *Zanthoxylum rhetsa*（爪哇双面刺），气味在花椒属中最为甜美，以单萜烯为主，适合安抚神经紧张，也能处理热带地区寄生虫病。

2. 竹叶花椒在日本叫做冬山椒，在韩国则称为犬山椒。但真正的山椒其实是另一品种 *Zanthoxylum piperitum*，精油以柠檬烯、香茅醛与双萜烯为主。

食茱萸
Ailanthus-Leaved Pepper

老干长满瘤状尖刺，叶片密布透明油腺，是重要的蜜源植物，生于低海拔山坡疏林、旷地及溪流附近的湿润地带，喜欢肥厚的土壤。

学　　名	*Zanthoxylum ailanthoides*
其他名称	椿叶花椒 / Ailanthus-like Prickly Ash
香气印象	啜饮着柠檬红茶逛部落
植物科属	芸香科花椒属
主要产地	中国大陆、台湾岛、日本、菲律宾
萃取部位	叶片（蒸馏）

适用部位 大肠经、本我轮

核心成分
萃油率2.5%，33个可辨识化合物（占99.99%）

心灵效益 | 增强好奇心，提高探索世界的热情和力气

药学属性	适用症候
1. 抗氧化，促使癌细胞凋亡	白血病
2. 温中，燥湿	感冒，中暑
3. 祛风湿，通经络，活血散瘀，止痛	跌打损伤，腰脊酸痛，风湿痛，关节炎，头痛
4. 防止皮肤瘙痒，杀虫	蛇咬肿痛，蚊虫叮咬，外伤出血

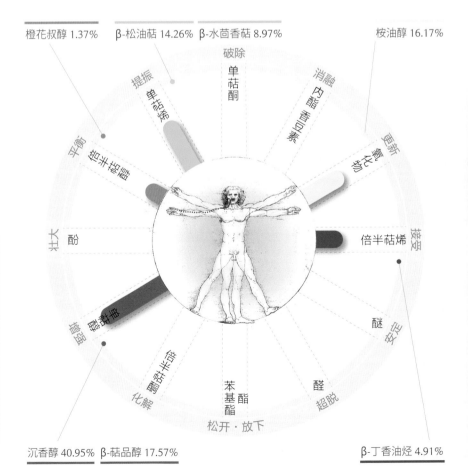

橙花叔醇 1.37%　β-松油萜 14.26%　β-水茴香萜 8.97%　桉油醇 16.17%

破除 单萜酮

提振 单萜烯

消融 内酯香豆素

更新 氧化物

平衡 倍半萜醇

壮大 酚

接受 倍半萜烯

醚 安定

增强 倍半萜酮

醛 超脱

化解 醛半缩醛

苯基酯

松开·放下

沉香醇 40.95%　β-萜品醇 17.57%　β-丁香油烃 4.91%

注意事项

1. 中国长江以南资源丰富，叶片精油以酮为主，如2-十一酮或2-壬酮（42.87%），另含沉香醇（19.12%）、β-水茴香萜（14.4%）。果实精油以单萜烯为主，含柠檬烯（22.3%）、2-甲基-2-苯基丙烷（15.85%）、桉油醇（15.69%），有杀蚊活性。

2. 台湾的食茱萸在春季以外，叶片精油以β-松油萜为主。

花椒
Sichuan Pepper

落叶小乔木，7~10 月结果。性喜温暖，不耐严寒，浅根阳性树种，需光性强而耐干旱。只要不是黏重土壤都能生长，背风的丘陵山坡比较适合。

学　　名 | *Zanthoxylum bungeanum*

其他名称 | 大红袍 /
Chinese Prickly Ash

香气印象 | 在漫天黄土中跳安塞腰鼓

植物科属 | 芸香科花椒属

主要产地 | 中国（陕西与四川为主）

萃取部位 | 果实外皮（蒸馏）

适用部位　脾经、本我轮

核心成分
萃油率 1.2%~4%，56 个可辨识化合物（占 88.38%）

心灵效益 | 增强苦中作乐的本领，同时保有猛劲与巧劲

药学属性

1. 强力除湿祛寒，止痒，抗痉挛，麻醉，止痛，止泻

2. 消炎，抗氧化，保肝利胆，抗肿瘤

3. 抗菌，抗霉菌，杀虫（烟草甲、赤拟谷盗、猪蛔虫、蠕形螨）

4. 降血压，抗动脉粥样硬化

适用症候

— 下肢水肿，风湿，气喘，牙痛，腹泻

— 子宫颈癌，肺癌，白血病，肝癌

— 足癣，仓储危害，螨虫引起的过敏

— 心血管疾病

注意事项

1. 避开口舌以免发麻，涂抹皮肤亦须降低剂量。

2. 中国药典里的花椒包含两种：红花椒与青花椒，本条所载为红花椒。红花椒香甜醇厚，带果香与木香；青花椒清凉透发，有芳草香。但花椒栽培区域广大，各地香气成分的差异也非常大。

3. 青花椒的学名为翼柄花椒（*Zanthoxylum schinifolium*），精油含 55 个组分，以 β-水茴香萜、香茅醛、乙酸牻牛儿酯为主，可抑制环氧化酶 2、细胞黏附因子、细胞因子与诱导型一氧化氮合酶，药理活性与红花椒相近。

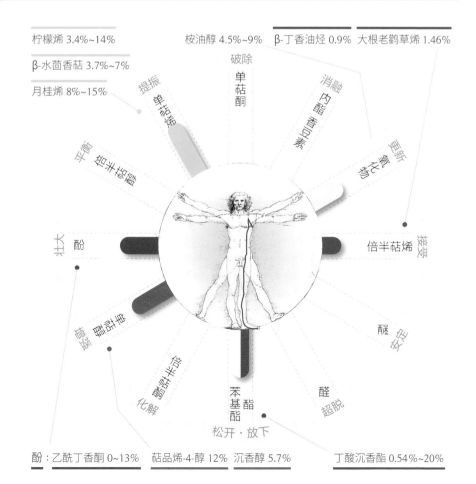

柠檬烯 3.4%~14%　　桉油醇 4.5%~9%　β-丁香油烃 0.9%　大根老鹳草烯 1.46%

β-水茴香萜 3.7%~7%

月桂烯 8%~15%

破除　单萜酮

提振　单萜醇

消融　内酯香豆素

更新　氧化物

平衡　倍半萜醇

接受　倍半萜烯

壮大　酚

安定　醚

欣喜　倍半萜酮

超脱　醛

化解　苯基酯

松开·放下

酚：乙酰丁香酮 0~13%　　萜品烯-4-醇 12%　　沉香醇 5.7%　　丁酸沉香酯 0.54%~20%

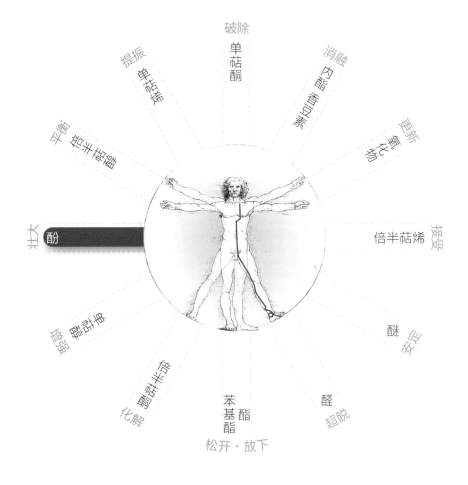

破除
单
萜
酮

提振 单萜烯

消融 内酯 香豆素

平衡 倍半萜醇

更新 氧化物

壮大 酚

倍半萜烯 接受

醚 安定

增强 单萜醇

化解 倍半萜酮

苯基酯

醛 超脱

松开·放下

X

酚与芳香醛类

Phenol &
Aromatic Aldehyde

火神的化身,具备重量级的战斗力与刺激性,短时间用高剂量可以立竿见影控制病症,持续低剂量则能护养元阳,支持肾经,对于两性的性功能都有正面的影响。普遍抗氧化与抗肿瘤,全面巩固消化系统,应用范围从牙痛、腹泻到糖尿病,无所不包。芳香醛是酚类的兄弟,属性一致,两者既是排寒的王牌,也是热带瘴疠之气的克星。

中国肉桂
Cassia

原产于广西南部，但从越南引进变种（大叶清化桂）而广泛栽培，喜温暖潮湿。多植于海拔 200~1300 米的斜坡，属半阴性植物，需肥沃砂壤土或酸性红土。

学　　名	Cinnamomum cassia
其他名称	菌桂 / Chinese Cinnamon
香气印象	你侬我侬，忒煞情多，情多处，热如火
植物科属	樟科樟属
主要产地	中国（两广）
萃取部位	树皮（蒸馏或超临界）

适用部位 肾经、性轮

核心成分
萃油率 1.5%（超临界），37 个可辨识化合物（占 93.48%）

心灵效益 | 壮大爱的翅膀，负载承诺与期望飞向太阳

注意事项

1. 极度刺激，健康皮肤的安全剂量为 0.05%，5 岁以下幼童不宜。

2. 按照不同生长年限可分为官桂（5~6 年）、企边桂（十多年）和板桂（老树），精油成分会因而不同。肉桂醛含量随树龄增加而逐渐减少，倍半萜烯则递增。

药学属性	适用症候
1. 抑制群聚效应，活化 T 细胞 B 细胞与巨噬细胞，抗病毒（HIV-1 和 HIV-2）	念珠菌病，食物中毒，腹泻，甲型流感，艾滋病
2. 抗血小板聚集，抑制单胺氧化酶，提高大脑衍生神经滋养因子表现	脑缺血后再灌注组织的损伤，血栓，抑郁症
3. 消炎，改善老化带来的性功能衰退	阳痿，寒凝血瘀型痛经，腰膝冷痛
4. 降血糖，抑制黄嘌呤氧化酶，降胆固醇，抗氧化，抗肿瘤（抑制 NF-kB）	糖尿病，痛风，直肠癌，乳腺癌，肺癌

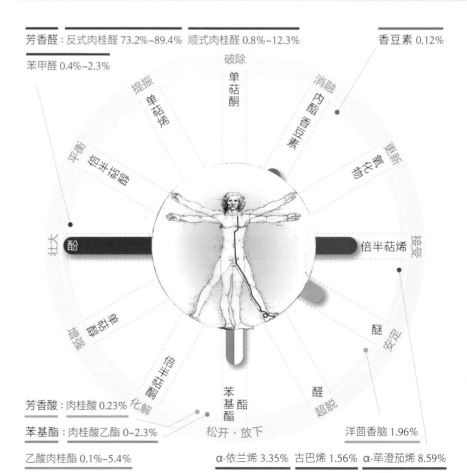

芳香醛：反式肉桂醛 73.2%~89.4%　顺式肉桂醛 0.8%~12.3%　　香豆素 0.12%

苯甲醛 0.4%~2.3%

芳香酸：肉桂酸 0.23%

苯基酯：肉桂酸乙酯 0~2.3%

乙酸肉桂酯 0.1%~5.4%　　α-依兰烯 3.35%　　古巴烯 1.56%　　α-荜澄茄烯 8.59%

洋茴香脑 1.96%

台湾土肉桂
Indigenous Cinnamon

分布于台湾海拔 400~1500 米的阔叶林中，以缓坡地栽种为好，一年只长 30 厘米。冬季应维持不低于 5℃ 的棚室温度，盛夏则需要增湿降温 。

药学属性	适用症候
1. 抗菌，抗霉菌，抗病毒，杀孑孓，抗冈比亚疟蚊，抗螨，抗红火蚁	退伍军人症，小黑蚊，登革热，疟疾，植物病虫害
2. 抑制巨噬细胞分泌细胞激素 IL-1β 和 IL-6，消炎，提高性功能	肠胃炎，心血管慢性发炎，关节炎，性冷淡，早泄
3. 抑制黄嘌呤氧化酶，抗高尿酸血，抗结石，降血糖	痛风，胆结石，肾结石，糖尿病
4. 抗肿瘤，调节免疫，抗氧化，抑制酪胺酸酶	肝癌，直肠癌，乳腺癌，淋巴癌，白血病，肤色黯黑，斑点

学　　名 | *Cinnamomum osmophloeum*

其他名称 | 假肉桂 / Pseudocinnamomum

香气印象 | 世界甜点博览会

植物科属 | 樟科樟属

主要产地 | 台湾岛

萃取部位 | 叶片 (蒸馏)

适用部位 肾经、性轮

核心成分
萃油率 1.02%~2.19%，20 个可辨识化合物 (占 99.3%~100%)

心灵效益 | 壮大审美情怀，无惧现实摧磨

芳香醛：反式肉桂醛 33.93%~85.32%
苯丙醛 1.22%~4.5%
苯甲醛 0.87%~1.74%

丁香油烃氧化物 0.26%~3.59%

破除
单萜酮
消融
内酯香豆素
更新
氧化物
提振
单萜烯
平衡
倍半萜醇
壮大
酚
倍半萜烯
接受
增强
倍半萜酮
化解
丁香酚 1.63%~4.59%
乙酸肉桂酯 7.54%~44.94%
苯基酯
松开·放下
乙酸龙脑酯 0.48%~4.69%
醛
超脱
醚
安定
洋茴香脑 0.38%~1.78%
β-丁香油烃 1.07%~4.71%

注意事项

1. 另有沉香醇型 (90.61%)、樟脑型 (43.99%)、杜松醇型 (29%) 三个化学品系。

2. 土肉桂枝干萃油率 0.08%，25 个化合物 (占 97.63%)。含肉桂醛 4.07%，乙酸龙脑酯 15.89%，丁香油烃氧化物 12.98%，杜松醇 10%。具良好的消炎作用，实验中显示可抑制肝肿瘤细胞株。

3. 相当刺激皮肤，宜微量使用。

印度肉桂
Indian Cassia

分布在海拔 900~2000 米高的喜马拉雅山区坡地和谷地。高 20 米，橄榄绿的叶片比月桂叶长约三倍。

学　　名	Cinnamomum tamala
其他名称	柴桂 / Tejpat
香气印象	身披纱丽，漫步在午后的阔叶林间
植物科属	樟科樟属
主要产地	印度、巴基斯坦、尼泊尔、中国（云南）
萃取部位	叶（蒸馏）

适用部位 胃经、本我轮

核心成分
萃油率 1.5%，54 个可辨识化合物

心灵效益 | 壮大自主性，不再被他人的言语牵动神经

注意事项

1. 在印度有四个化学品系：丁香酚，肉桂醛，沉香醇，甲基醚丁香酚。其中以丁香酚为主的最常见。

2. 自古即是阿育吠陀常用的药材，以及印度烹调常用的香料，是"肉桂"类精油在使用上最安全的一种。皮肤建议剂量为 0.6%。

药学属性	适用症候
1. 降血糖，抗高血脂	糖尿病
2. 抗霉菌，抗菌，杀螨剂	肠绞痛，腹泻，蛇咬
3. 抗氧化，消炎，健胃，养肝	肝中毒
4. 抗肿瘤（丁香酚和 β-丁香油烃可干扰癌细胞的拓扑异构酶），调节免疫功能	卵巢癌，肾癌，脾肿大，螨虫引起的过敏

丁香酚 41.8%~78%　　水茴香萜 2.5%

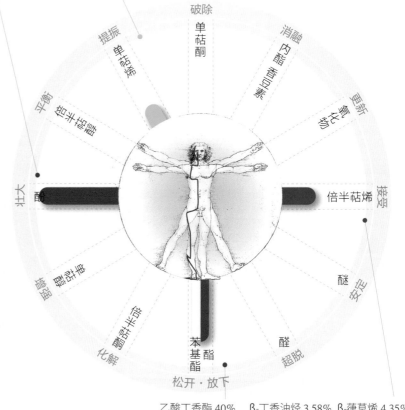

乙酸丁香酯 40%　　β-丁香油烃 3.58%　　β-荜草烯 4.35%

锡兰肉桂
Cinnamon Bark

原生于斯里兰卡与印度最南端，欢迎全日照，但仍需少量遮荫。不能缺水，需要护根，土壤应含有机质，生长缓慢。

药学属性	适用症候
1. 抗感染，强效抗菌（对 98% 的病菌均有效），抗病毒，抗霉菌（念珠菌、曲霉菌），抗寄生虫	齿槽漏脓，腹泻，感染性与痉挛性结肠炎，伤寒，肠道寄生虫病，阿米巴痢疾，成人型肠毒血症，结肠积气，热带地区的感染性与发热性疾病
2. 壮阳（提高精虫质量），催经（强化子宫收缩），麻醉效果	白带，阴道炎，细菌性膀胱炎，尿道感染，少经，男性性功能减退
3. 利呼吸及神经（强化交感神经系统），强化认知能力，激励补身，抗氧化	支气管炎，胸膜炎，老年痴呆，帕金森病，嗜睡，虚弱，沮丧
4. 改善胰岛素抵抗情况，使局部皮肤充血，轻度抗凝血，降血脂，降胆固醇	糖尿病，手脚冰冷，动脉粥样硬化

学　　名 | *Cinnamomum verum* / *Cinnamomum zeylanicum*

其他名称 | 真肉桂 / Ceylon Cinnamon

香气印象 | 抖擞壮游海上丝路

植物科属 | 樟科樟属

主要产地 | 斯里兰卡、印度、马达加斯加

萃取部位 | 树皮（蒸馏）

适用部位 肾经、性轮

核心成分
萃油率 0.5%~1%，37 个可辨识化合物（占 93.48%）

心灵效益 | 壮大抱负，超越颠峰

芳香醛：

反式肉桂醛 63.1%~75.7%

苯甲醛 微量 ~2.2%

对伞花烃 1.7%~2.5%
破除 单萜酮

樟脑 微量 ~1.4%

桉油醇 0.4%~2.3%

提振 单萜烯

平衡 倍半萜醇

消融 内酯 香豆素

更新 氧化物

壮大 酚

接受 倍半萜烯

醚 安定

化醛 醛 超脱

丁香酚 2%~13.3%

沉香醇 0.2%~7%

α-萜品醇 0.4%~1.4%

乙酸肉桂酯 0.3%~10.6%

苯基酯 苯甲酸苄酯 微量 ~1%

松开·放下

黄樟素 0~0.04%

葎草烯 0~1%

β-丁香油烃 1.3%~5.8%

注意事项

1. 极度刺激皮肤，健康皮肤的安全剂量为 0.07%，5 岁以下幼童不宜。

2. 肉桂叶精油成分以丁香酚为主 (68.6%~87%)，萃油率为 0.75%，共有 32 个化合物。皮肤建议剂量为 0.6%。肉桂花与果实的精油成分则以乙酸肉桂酯为主。

3. 香豆素比例极微，安全性高于中国肉桂。

头状百里香
Conehead Thyme

喜爱干燥低地，不能忍受树荫。紫花盛开时会吸引大批蜜蜂，是极重要的蜜源植物。

学　　名	Corydothymus capitatus

其他名称 | 西班牙野马郁兰 / Spanish Oregano

香气印象 | 牛樟五斗柜里藏着一颗小小的榴梿

植物科属 | 唇形科百里香属

主要产地 | 西班牙、希腊、土耳其

萃取部位 | 开花的植株（蒸馏）

适用部位 肾经、基底轮

核心成分
萃油率 1.1%，40 个可辨识化合物
（占 99.8%）

心灵效益 | 壮大持久性，不畏劳苦勤奋打拼

注意事项

1. 酚类比例高，需调和倍半萜类或是低剂量使用，以免刺激皮肤。尽量避免接触黏膜组织。健康皮肤的安全剂量为 1.1%。

2. 生长在低海拔者较多香荆芥酚，海拔越高者则百里酚越多。

药学属性	适用症候
1. 强力抗感染，抗病毒，全方位抗菌，抗霉菌，抗寄生虫	各个部位与系统的感染
2. 滋补强身	瘫痪、半身不遂的康复（泡浴或蒸气浴）
3. 抗痉挛	大考过后或是完成任务之后的空虚感（病恹恹）
4. 使皮肤发红	苍白无力，过于害羞，怯于求爱

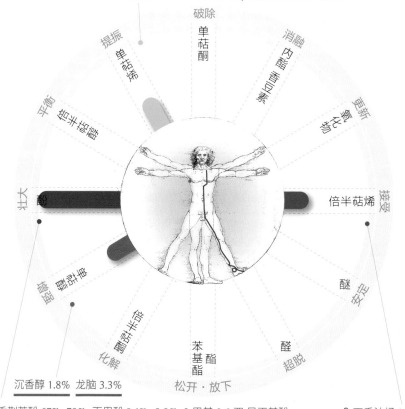

月桂烯 1.5%~1.8%　　α- & γ-萜品烯 1.2% & 5.3%

沉香醇 1.8%　龙脑 3.3%

香荆芥酚 67%~79%　百里酚 0.1%~9.8%　3-甲基-2,6-双-异丙基酚　　β-丁香油烃 3%

小茴香
Cumin

原生于地中海东岸，现在遍布中东与中亚，耐旱不耐荫 。一边开花，一边结果，生长期间最怕狂风。

药学属性	适用症候
1. 促进消化、开胃、消胀气，止吐，抗霉菌，抗溶血	消化不良，吞气症，上腹疼痛，结肠积气，痉挛性肠炎，肝炎
2. 助眠，抗痉挛，止痛，保护神经，抗淀粉样蛋白，抑制 α-突触核蛋白原纤维化	失眠，气喘，癫痫，吗啡耐药性，压力综合征，老年痴呆，帕金森病
3. 消炎，降血糖，抑制醛糖还原酶，抗血管栓塞，抑制精子生成，抗骨质疏松	甲状腺功能减退，关节炎，风湿，睾丸炎，糖尿病，高血压，避孕，骨质疏松
4. 抗氧化，抗肿瘤，提高细胞色素 P450 水平，调节免疫，抑制酪胺酸酶	子宫颈癌，胃癌，代谢药物、致癌物、食品添加物、环境污染物、肤色黯黑

学　　名 | *Cuminum cyminum*

其他名称 | 孜然 / Zeera

香气印象 | 夜市里的欢乐时光

植物科属 | 伞形科孜然芹属

主要产地 | 印度、埃及、土耳其、中国

萃取部位 | 种子 (蒸馏)

适用部位 脾经、本我轮

核心成分
萃油率 2.5%~4.5%，37 个可辨识化合物 (占 98%)

心灵效益 | 壮大兼容并包的肚量，顺畅消化各种歧异

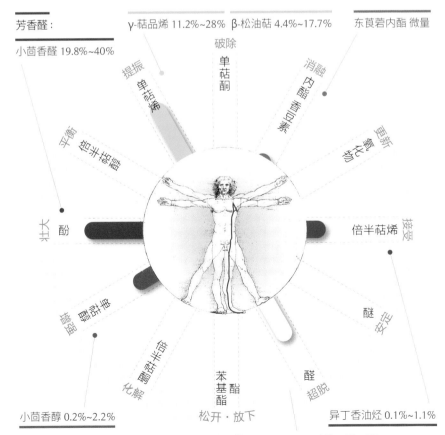

芳香醛：

小茴香醛 19.8%~40%

γ-萜品烯 11.2%~28%　β-松油萜 4.4%~17.7%　东莨菪内酯 微量

破除

单萜酮

提振　单萜烯

消融

更新

平衡　倍半萜醇

壮大　酚

倍半萜烯　接受

醚　安定

超脱

强壮　单萜醛

化解　酮　苯基酯　醛

小茴香醇 0.2%~2.2%

松开·放下

异丁香油烃 0.1%~1.1%

1,3-对孟二烯-7-醛 3.2%~7.2%　1,4-对孟二烯-7-醛 2.1%~8.6%　3-对孟二烯-7-醛 0.5%~2.5%

注意事项

1. 可能刺激皮肤，略具光敏性，健康皮肤的安全剂量为 0.4%，超过此用量，12 小时内不宜接受日晒。

丁香花苞
Clove Bud

原生于印尼东部的摩鹿加群岛海拔 10~1400 米处。生长缓慢但相当长寿，可超过 100 岁，需要潮湿温暖且富饶的土质。

学　　名	*Eugenia caryophyllus / Syzygium aromaticum*
其他名称	丁子香 / Cengkeh
香气印象	弗里达·卡罗的两道浓眉
植物科属	桃金娘科蒲桃属
主要产地	马达加斯加、印尼、坦桑尼亚、斯里兰卡
萃取部位	花苞（蒸馏）

适用部位 任脉、性轮

核心成分
萃油率 7.05%，35 个可辨识化合物

心灵效益｜壮大逆转力，从苦难里面长出花朵

注意事项

1. 可能刺激皮肤，健康皮肤安全剂量为 0.5%，幼童宜格外小心。
2. 印尼产的花苞、叶片、枝干精油中，丁香酚含量分别为 84.44%、86.04%、98.83%；β-丁香油烃为 4.6%、16.16%、1.73%；乙酸丁香酯为 15.02%、3.05%、0.73%。
3. 印尼叶油的萃油率为 3.21%、枝干精油的萃油率为 3.58%。印尼花苞油的丁香酚高而酯类少于马达加斯加花苞油。

药学属性	适用症候
1. 抗感染，强力抗菌，抗病毒，抗霉菌，抗寄生虫，消毒	牙痛，扁桃体炎，唇疱疹与生殖器疱疹，病毒性肝炎，病毒性和细菌性肠炎，霍乱（上吐下泻与发热），胃溃疡，阿米巴性消化道疾病，痉挛性结肠炎，疟疾
2. 整体性的激励功能，补强子宫，升高血压，略具催情作用，烧灼表皮	体力与心智的无力感，极度疲劳，低血压，生产困难，甲状腺功能不规律，表皮寄生虫病，疥疮，面疱感染，感染性皮疹
3. 补强神经，非类固醇性消炎止痛	病毒性神经炎，神经痛，风湿性关节炎，带状疱疹，多发性硬化症，脊髓灰质炎，膀胱炎，输卵管炎，子宫炎，鼻窦炎，支气管炎，流行性感冒，结核病
4. 强力抗氧化，抗肿瘤	子宫颈癌，直肠癌，霍奇金淋巴瘤，白血病，皮肤癌，前列腺癌，肝癌，乳腺癌

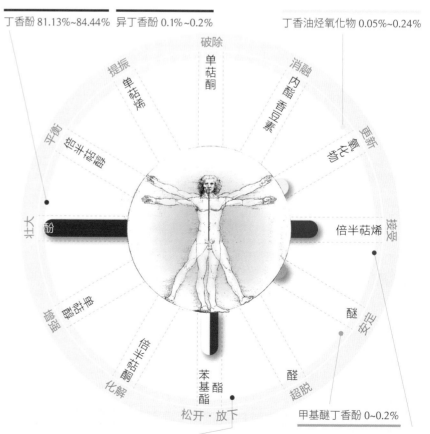

丁香酚 81.13%~84.44%　异丁香酚 0.1%~0.2%　　丁香油烃氧化物 0.05%~0.24%

甲基醚丁香酚 0~0.2%

乙酸丁香酯 11.6%~15%　β-丁香油烃 3.45%~4.6%　葎草烯 0.38%~0.5%

丁香罗勒
Clove Basil

日照需六小时以上，夜间温度不能低于12℃，在非洲喜欢海滨与湖畔。植株比九层塔高大，叶片比九层塔宽圆并披覆柔毛。

药学属性	适用症候
1. 抗糖尿病，抗高血脂，抑制肝脏星状细胞活化	糖尿病，肝炎，预防肝硬化
2. 止痛，减轻躁动不安	牙痛，头痛，腰痛；神经病变，多发性硬化症；过动，仪式性的安魂除秽
3. 消炎，抗感染，抗霉菌	中暑，发热，耳鼻喉炎症，颈椎关节炎，肠胃不适，皮肤瘙痒
4. 驱赶小黑蚊（台湾铗蠓），抗利什曼原虫、兰氏贾弟鞭毛虫、钩虫	蚊虫叮咬，肠道寄生虫病

学　　名 │ *Ocimum gratissimum*

其他名称 │ 七层塔 / African Basil

香气印象 │ 脖子上挂满鲜花的非洲巫师

植物科属 │ 唇形科罗勒属

主要产地 │ 马达加斯加、印度、越南

萃取部位 │ 开花的植株（蒸馏）

适用部位 脾经、本我轮

核心成分
萃油率 0.8%~1.2%，31 个可辨识化合物（占 99.87%）

心灵效益 │ 壮大防备力，兵来将挡、水来土掩

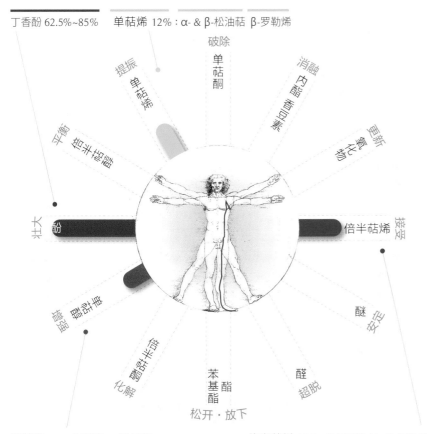

丁香酚 62.5%~85%　　单萜烯 12%：α- & β-松油萜　β-罗勒烯

破除
单萜酮

提振 单萜烯

平衡 倍半萜醇

消融 倍半萜内酯

更新 氧化物

壮大 酚

接受 倍半萜烯

松开·放下

苯基酯

醛 超脱

醚 安定

化解

单萜醇 4%：沉香醇　α-萜品醇　　　倍半萜烯 15%：β-丁香油烃　β-檀香烯

神圣罗勒
Holy Basil

原生于印度次大陆的中北部，需要全日照、湿润富饶的土壤。对生的叶片为绿色或紫色，略带锯齿，茎干有毛，紫花轮生。

学　　名	*Ocimum sanctum* / *Ocimum tenuiflorum*
其他名称	克里希那罗勒 / Tulsi
香气印象	机敏勇敢的神猴哈努曼
植物科属	唇形科罗勒属
主要产地	印度、尼泊尔
萃取部位	开花的全株药草（蒸馏）

适用部位　督脉、顶轮

核心成分
萃油率 0.16%~0.55%，24 个可辨识化合物（占 95.09%）

心灵效益 | 壮大情绪的稳定性，坚强面对恐惧或哀伤

药学属性	适用症候
1. 补强消化道，降血糖，降胆固醇，保护心脏，适应原作用，抗辐射与基因毒性	压力性胃溃疡，慢性肝病，糖尿病，心肌梗死，铬与汞引起的染色体畸变
2. 补强神经（修复海马回），强力抗压，抗惊厥，抑制环氧合酶（非类固醇性消炎止痛）	压力性心身疾病，头痛，学习障碍，多发性硬化症，非炎性关节病（颈椎、腰椎）
3. 抗感染，杀菌，杀病毒，驱蚊，杀寄生虫，疗愈伤疤	肺结核，气喘，淋病，阴道毛滴虫病，虫咬，登革热，肥厚性疤痕和蟹足肿
4. 抑制精虫数量，抗氧化，抗肿瘤，降甲状腺素 T4	避孕，前列腺阻塞充血，化学性致癌物，甲状腺功能亢进

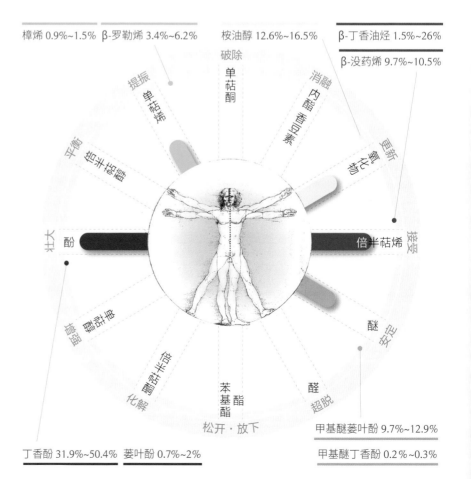

樟烯 0.9%~1.5%　β-罗勒烯 3.4%~6.2%　桉油醇 12.6%~16.5%　β-丁香油烃 1.5%~26%

β-没药烯 9.7%~10.5%

破除

单萜酮

提振　单萜烯　消融　内酯　香豆素　更新　氧化物

平衡　倍半萜醇

壮大　酚　倍半萜烯　接受

增强　醚　安定

酮倍半萜　苯基酯　醛　超脱

化解　松开·放下

甲基醚萎叶酚 9.7%~12.9%

丁香酚 31.9%~50.4%　萎叶酚 0.7%~2%　甲基醚丁香酚 0.2%~0.3%

野马郁兰
Oregano

原生于摩洛哥西部山麓，喜欢偏碱的土壤，不能忍受阴影和过潮。在摩洛哥是最受看重的家庭万灵丹，开粉紫色花。

药学属性	适用症候
1. 强力抗感染，应用范围广泛（呼吸道，消化道，泌尿生殖道，神经，血液循环方面，淋巴结），杀病毒，杀菌，杀霉菌，杀寄生虫	呼吸系统感染，淋巴结炎，咽喉炎，结肠炎，消化不良，病毒性败血症，疟疾
2. 止痛，消炎，抗痉挛	肾炎，膀胱炎
3. 抗氧化，抗肿瘤，抗基因毒性，抗肝毒，保护肝脏，抗蛋白质酶	乳腺癌，肺腺癌，肝癌，直肠癌，环境污染，病毒复制（如 HIV）
4. 激励补身，保护神经，乙酰胆碱酯酶抑制，提升免疫功能	神经炎，虚弱无力，神经疲劳，老年痴呆，低血压

学　　名｜*Origanum compactum*

其他名称｜结实牛至 / Zaatar

香气印象｜在大地与苍穹之间飘荡摇曳的五色经幡

植物科属｜唇形科牛至属

主要产地｜摩洛哥

萃取部位｜开花的全株药草（蒸馏）

适用部位　肺经、喉轮

核心成分
萃油率 0.31%~2.44%，26 个可辨识化合物（占 99.37%）

心灵效益｜壮大抗污力，即便误入泥沼也不被染

对伞花烃 17.87%　γ-萜品烯 8.43%　　　甲基烷：十二甲基二氢六硅氧烷 8.6%

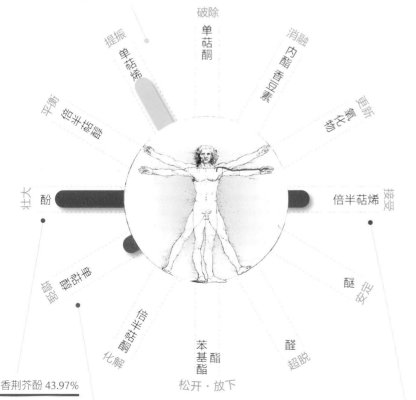

破除　单萜酮
提振　单萜烯
消融
酯　内酯香豆素
更新　氧化物
平衡　倍半萜醇
壮大　酚
接受　倍半萜烯
增强　倍半萜酮
化解
醚　安定
苯基酯
醛　超脱
松开·放下

香荆芥酚 43.97%

百里酚 11.56%　诺卜醇 0.23%　侧柏醇 0.29%　β-丁香油烃 1.85%　α-愈疮木烯 0.15%

岩爱草
Dittany

希腊克里特岛特产，需全日照，野生于偶感湿凉的陡峭岩壁。茎叶密布柔软细毛，灰绿的叶片丰厚，与一般牛至属植物的外观不同。

学　　名	Origanum dictamnus
其他名称	白藓牛至 / Erontas
香气印象	历经千辛万难重回沙漠洞穴拯救爱人
植物科属	唇形科牛至属
主要产地	克里特岛
萃取部位	开花的全株药草 (蒸馏)

适用部位 肾经、性轮

核心成分
萃油率 1.05%~3.14%，44 个可辨识化合物 (占 99.8%)

心灵效益 | 壮大追求幸福的决心，相信真爱

药学属性	适用症候
1. 消炎，止痛，通经，助产	牙龈发炎，风湿，肠胃绞痛，痛经，生产困难
2. 抗氧化，抗肿瘤，安抚神经	饮酒引起的肝毒，肝癌，乳腺癌，失恋或大受打击后的魂不附体
3. 抗菌，抗霉菌，驱虫，开胃补身	食物中毒 (生菜与肉品)，受寒后的腹痛腹泻，过度劳累后的感冒与咳嗽
4. 促进皮肤代谢，愈合伤口	排出刺入皮肤的尖细物体，感染性伤口，松弛干皱的皮肤

对伞花烃 6.1%　γ-萜品烯 8.4%

含氮化合物 : 吲哚 0.015%

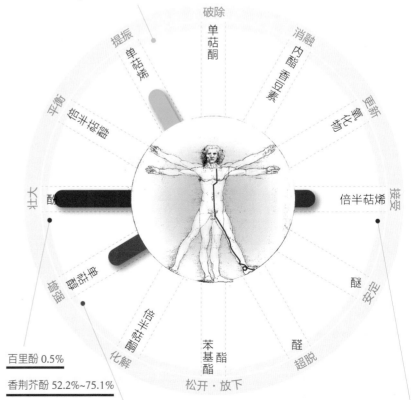

百里酚 0.5%

香荆芥酚 52.2%~75.1%

百里氢醌 0.383%　沉香醇 1.4%~13.4%　侧柏醇 0.4%　β-丁香油烃 1.3%　β-没药烯 0.32%

注意事项

1. 可能刺激皮肤，宜低剂量使用，孕妇不宜。
2. 在克里特岛，野生植株含香荆芥酚比例高于栽培种。希腊北部此无此虑，然而栽培种的化合物总数明显减少。

希腊野马郁兰
Greek Oregano

根系超级强壮，喜爱沃土但不喜过湿，栽种前三年土壤不能种其他作物。花色白而微黄，植株愈收割愈能生长。

药学属性	适用症候
1. 强力抗感染，抗菌，抗霉菌，抗病毒，抗寄生虫	呼吸道、消化道、泌尿生殖道的感染
2. 滋补强身	重大疾病后的复健（手术或疗程完毕后）
3. 调节免疫	罕见疾病与自体免疫疾病患者的辅助
4. 抑制瞬时受体电位通道以保护神经	神经衰弱，大脑创伤后之修复

学　　名 | *Origanum heracleoticum*

其他名称 | 白马郁兰 / White Marjoram

香气印象 | 幽黑隧道尽头的刺目白光

植物科属 | 唇形科牛至属

主要产地 | 南欧、东欧

萃取部位 | 开花的植株（蒸馏）

适用部位　肾经、基底轮

核心成分
萃油率 1.5%，26 个可辨识化合物

心灵效益 | 壮大耐受力，愈挫愈勇

对伞花烃 10.5%　γ-萜品烯 2.86%

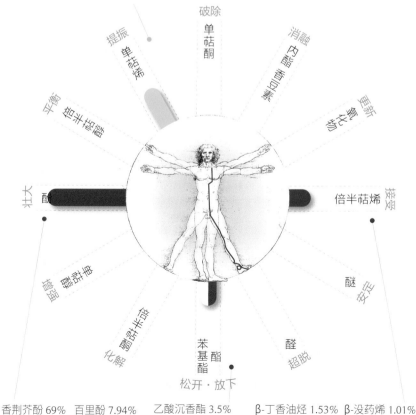

破除　单萜酮
提振　单萜烯
消融　内酯＋香豆素
平衡　倍半萜醇
更新　氧化物
壮大　酚
接受　倍半萜烯
醚　安定
化解　倍半萜酮
苯基酯　醛　超脱
松开・放下

香荆芥酚 69%　百里酚 7.94%　乙酸沉香酯 3.5%　β-丁香油烃 1.53%　β-没药烯 1.01%

注意事项

1. 本品种是各种野马郁兰中最辣的一种，气味比一般的野马郁兰"明亮"。

2. 分布区域重叠且成分接近的土耳其野马郁兰 / 土耳其牛至（*Origanum onites*），有抗纤维瘤的作用。

3. 含酚量高，用于皮肤和黏膜部位时宜特别谨慎。

多香果
Allspice

多香果属是加勒比海地区特有植物，也分布在中美洲的热带森林。果实在青绿阶段便采下，靠太阳曝晒成棕黑色。

学　　名	*Pimenta dioica*
其他名称	牙买加胡椒 / Jamaica Pepper
香气印象	加勒比海盗之神鬼奇航
植物科属	桃金娘科多香果属
主要产地	牙买加、墨西哥、洪都拉斯、古巴
萃取部位	果实（蒸馏）

适用部位 肾经、性轮

核心成分
萃油率 2.68%，45 个可辨识化合物（占 95.86%）

心灵效益 壮大果敢心，从冒险犯难中锻炼生存能力

药学属性	适用症候
1. 消炎，抗白色念珠菌，大范围抗菌，抗病毒，抗寄生虫	牙髓炎，扁桃体炎，病毒性肝炎与肠炎，膀胱炎，输卵管炎，尿道炎
2. 抗氧化，抗肿瘤（可与抗生素及抗癌药物产生协同作用）	子宫颈癌，白血病，黑色素瘤，皮肤癌，直肠癌，乳腺癌，前列腺癌，肝癌
3. 保护神经，抗沮丧，激励，抑制蛋白质糖化	抑郁症，压力，身心俱疲，带状疱疹，多发性硬化症，甲状腺失调，糖尿病
4. 提高雌二醇与抑制黄体酮，补强子宫，麻醉止痛，放松肌肉，使皮肤发热	更年期问题，痛经，生产困难，牙痛，风湿痛，神经痛，四肢僵硬冷痛

柠檬烯 微量~4.2%　α-水茴香萜 0~1.8%　1,8-桉油醇 0.2%~3%　β-丁香油烃 4%~6.6%
α-葎草烯 0~1.5%

破除 单萜酮
提振 单萜烯
平衡 倍半萜醇
壮大 酚
接受 倍半萜烯
化解 酮
松开·放下 苯基酯
超脱 醛
安定 醚
更新 氧化物
消融 内酯·香豆素

丁香酚 67%~80%　α-萜品醇 0.96%　甲基醚丁香酚 2.9%~13.1%

注意事项

1. 可能刺激皮肤，健康皮肤的安全剂量为 0.15%，孕妇不宜。

2. 果实是加勒比海地区最重要的香料，叶油的成分与果油接近，含丁香酚 58%~85.33%、β-丁香油烃 4.36%、桉油醇 4.19%、沉香醇 0.83%。

西印度月桂
Bay St. Thomas

原生于加勒比海地区，已在非洲与亚洲驯化，长在海拔 750 米以下的热带低地。需要勤劳灌溉与充足的阳光，一般而言生长缓慢，2~3 年换一次叶。

学　　名	*Pimenta racemosa*
其他名称	香叶多香果 / Bay Rum Tree
香气印象	跳着大量换气的舞蹈进入属灵的状态
植物科属	桃金娘科多香果属
主要产地	牙买加、埃及
萃取部位	叶（蒸馏）

适用部位 肾经、本我轮

核心成分
萃油率 0.9%~2.4%，26 个可辨识化合物（占 99.5%）

心灵效益 | 壮大翻转的能量，从贫民一跃成为百万富翁

药学属性

1. 消炎，抗溃疡，养肝
2. 抗氧化，抗肿瘤
3. 抗霉菌，抗菌，杀螨，杀壁虱，杀孑孓，抗病毒（登革热病毒）
4. 止痛

适用症候

- 胃溃疡，肝功能低下，胀气，发热
- 低密度胆固醇过高，乳腺癌，前列腺癌，口腔癌，直肠癌，胃癌，黑色素瘤
- 环境脏乱，登革热
- 痛经，肌肉酸痛，筋骨扭伤，胃痛

注意事项

1. 可能刺激皮肤，健康皮肤的安全剂量为 0.9%。

2. 叶油有三种化学品系：丁香型（丁香酚为主），洋茴香型（甲基醚蒌叶酚为主），柠檬型（柠檬醛为主）。

3. 花油以 1,8-桉油醇 (75.4%) 和沉香醇 (9%) 为主，有抗氧化与抗肿瘤的生物活性。

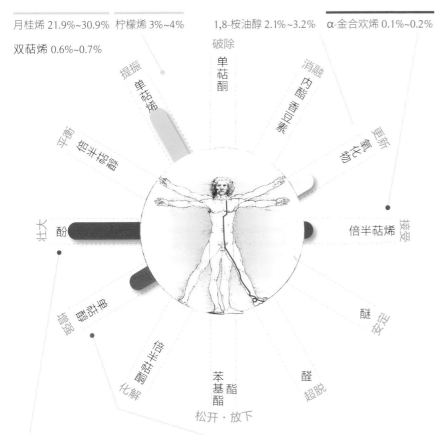

月桂烯 21.9%~30.9%　柠檬烯 3%~4%　　1,8-桉油醇 2.1%~3.2%　α-金合欢烯 0.1%~0.2%

双萜烯 0.6%~0.7%

丁香酚 46.6%~52.7%　蒌叶酚 7.2%~9.3%　1-辛烯-3-醇 1.3%~2.4%　萜品烯-4-醇 0.7%~0.9%

到手香
Indian Borage

原产于非洲东南部，现在遍及热带及亚热带。插枝即能活，生长快速。怕霜，需肥量不高，只要半遮荫和稍稍供水就能枝繁叶茂，9 月采收最佳。

学　　名｜*Plectranthus amboinicus*

其他名称｜左手香 /
　　　　　Broad-leaf Thyme

香气印象｜黝黑壮硕的南岛语族

植物科属｜唇形科香茶属

主要产地｜印度、印尼、埃及

萃取部位｜叶 (蒸馏)

适用部位 肾经、基底轮

核心成分
萃油率 0.2%，36 个可辨识化合物
(占 95.4%~99.9%)

心灵效益｜壮大雄心，勇于开发与
　　　　　拓展未知的领域

注意事项

1. 可能刺激皮肤。

2. 成分受季节与产地影响很大，夏末秋初以及印度南部所产者的酚类含量高，冬季以及湿度高地区如马来西亚、台湾岛所产者，酚类含量较低。

药学属性	适用症候
1. 抗菌 (MRSA)，抗霉菌，抗病毒 (VSV, HSV1 & HIV)，抗感染	感冒，咳嗽，慢性气喘，喉咙痛，鼻塞，口腔炎，唇疱疹
2. 消炎，止痛，强心，抗氧化，抗肿瘤	风湿，头痛，筋骨酸痛，暑热头晕，郁血性心衰竭，肺癌
3. 养肝，促消化，产后通乳	肝肾功能低下，胀气，腹泻，泌尿生殖道发炎，膀胱结石，乳腺阻塞
4. 抗惊厥，杀孑孓，愈合伤口	癫痫，抽搐，脑膜炎，蝎子和蚊虫咬伤，皮肤感染，晒伤与烧烫伤

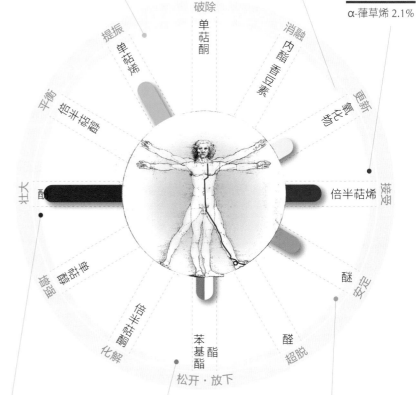

对伞花烃 6.5%~12.6%　　α-萜品烯 1.4%~6%　　丁香油烃氧化物 2.2%　　β-丁香油烃 7.4%

α-葎草烯 2.1%

香荆芥酚 53%~67%　　百里酚 7.2%　　水杨酸乙酯 3.2%　　甲基醚蒌叶酚 4.4%

重味过江藤
Scented Lippia

分布在海拔 350 米左右的干燥石砾坡，或是略湿的灌木丛，不耐霜。鲜艳的白花终年不断，尤爱在雨后绽放，需要全日照和质地较轻的土壤。

药学属性	适用症候
1. 抗霉菌 (黄曲霉菌)，抗菌，杀虫防螨	玉米的病虫害，食物感染，禽类感染 (动物饲料中取代抗生素)，狗的壁虱 (蜱)
2. 抗氧化，抗肿瘤	肺癌，乳腺癌，肝癌，子宫颈癌
3. 抗病毒 (单纯疱疹病毒 I 型，呼吸道融合病毒)	唇疱疹，幼儿及老年人下呼吸道感染
4. 抗痉挛，抗焦虑	心慌意乱，脆弱而濒临崩溃

学　　名 | *Lippia graveolens*

其他名称 | 墨西哥牛至 / Mexican Oregano

香气印象 | 打进甲子园的嘉农棒球队

植物科属 | 马鞭草科过江藤属

主要产地 | 萨尔瓦多、墨西哥

萃取部位 | 叶 (蒸馏)

适用部位 肾经、心轮

核心成分
萃油率 3%~4%，46 个可辨识化合物 (占 99.4%)

心灵效益 | 壮大志气，在世界的中心呼喊自己

绿花醇 3.71%　　对伞花烃 7.7%~28%　丁香油烃氧化物 2.29%　β-丁香油烃 1.45%

匙叶桉油烯醇 1.79%　　　　　　　　　　　　　　　　α-荜草烯 1.48%

破除

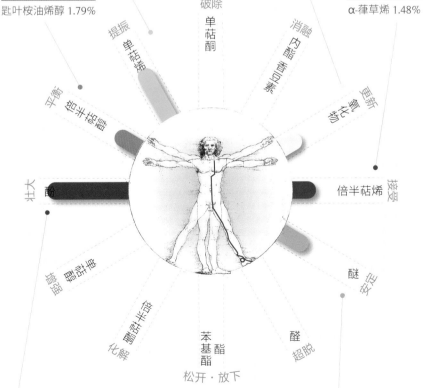

香荆芥酚 78.5%　百里酚 6.18%　　　丁基羟基茴香醚 3.32%　甲基醚百里酚 0.83%

黑种草
Black Cumin

X

原生于西南亚，所需水量不多，喜爱全日照和富含有机质的土壤。花形美丽，萃油品种的花瓣呈淡蓝色，观赏用品种花色较深。

学　　名	*Nigella sativa*
其他名称	黑小茴香籽 / Black Seed
香气印象	阿拉丁神灯
植物科属	毛莨科黑种草属
主要产地	伊朗、印度、阿尔及利亚
萃取部位	种子（蒸馏）

适用部位 肺经、喉轮

核心成分
萃油率 0.73%，46 个可辨识化合物（占 98.02%）

心灵效益 | 壮大避震性，让自己立于不败之地

注意事项

1. 可能刺激皮肤，两岁以下幼童应注意，孕妇及哺乳母亲不宜。

2. 醌是酚的氧化产物，结构接近酮，而作用接近酚。不同产地的黑种草所含百里醌 (Thymoquinone) 比例差异极大（微量~54.8%），印度产的以酚类前身对伞花烃为主成分（50%以上），伊朗产的以洋茴香脑为主 (38.3%)，北非产的百里醌比例最高。

药学属性	适用症候
1. 保护神经（调节 γ- 氨基丁酸，提高血清素），抗神经损伤与毒性，抗惊厥，止痛	沮丧，焦虑，阿尔兹海默病，帕金森病，缺血性脑中风，癫痫，坐骨神经痛
2. 调节免疫，抗敏，抗组胺，抗菌，抗霉菌，雌激素样作用	气喘，头痛，感冒，过敏性鼻炎，皮肤霉菌感染，避孕
3. 抗氧化，抗肿瘤	白血病，子宫颈癌，黑色素瘤，肝癌，肺癌，直肠癌，口腔癌
4. 降血糖，降高半胱胺酸，消炎，抗牙菌斑	糖尿病，血栓，风湿，齿槽骨炎，口腔黏膜炎，牙垢，龋齿，牙周病

对伞花烃 18.17%　α-侧柏烯 3.97%　双氢桧酮 2.46%　β-丁香油烃 0.24%　长叶烯 1.19%

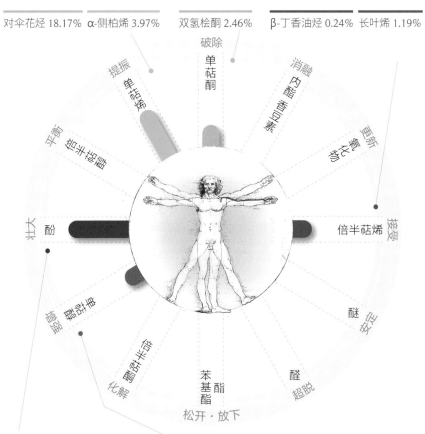

百里醌 44.35%　香荆芥酚 1.32%　萜品烯-4-醇 0.39%　对伞花烃-9-醇 0.64%

冬季香薄荷
Winter Savory

地中海特产，易生长，能冬眠，冬季无须修剪，枯枝逢春自会冒绿叶。常见于贫瘠多石的山区向阳面，与玫瑰共植可防蚜虫与霉菌。

药学属性	适用症候
1. 强力抗感染，抗病毒，抗菌，抗霉菌，抗寄生虫	细菌性支气管炎，肺结核，肾结核，念珠菌或淋球菌性引起的膀胱炎，阿米巴原虫病，疟疾
2. 提升免疫功能，抗氧化，抗肿瘤	结肠炎，淋巴结炎，子宫颈癌，乳腺癌，直肠癌，肺腺癌
3. 普遍的激励补身效果，修复睾丸损伤，提高睾丸酮水平	低血压，虚弱无力，神经疲劳，性功能减退，早泄
4. 镇痛 (经皮吸收)，补强神经，促进循环	风湿性关节炎，关节炎，牛皮癣

学　　名 | *Satureja montana*

其他名称 | 高地香薄荷 / Mountain Savory

香气印象 | 脚踩风火轮、手执火尖枪的哪吒

植物科属 | 唇形科风轮菜属

主要产地 | 法国、克罗地亚、阿尔巴尼亚

萃取部位 | 开花的全株药草 (蒸馏)

适用部位 肾经、性轮

核心成分
萃油率 1.56%~1.7%，32 个可辨识化合物 (占 99.85%)

心灵效益 | 壮大驾驭感，世界宛如在自己脚下

对伞花烃 13.03%　γ-萜品烯 13.54%　丁香油烃氧化物 0.43%　β-丁香油烃 2.23%

β-没药烯 1.3%

破除 单萜酮

提振 单萜烯

消融 内酯 香豆素

更新 氧化物

平衡 倍半萜酯

壮大 酚

接受 倍半萜烯

稳固 单萜醇

安定 醚

化解 酮 倍半萜醇

松开·放下

超脱 醛

苯基酯 酯

香荆芥酚 53.35%　百里酚 0.89%　沉香醇 1.84%　侧柏醇 0.87%　1-辛烯-3-醇 0.86%

龙脑 1.14%

注意事项

1. 刺激黏膜与皮肤，用于幼儿时尤其宜小心。健康皮肤的安全剂量为 1.2%。

2. 夏季香薄荷 (*Satureja hortensis*) 长相比冬季香薄荷纤细，气味也较单薄，因为分子总数少于冬香，此外 γ-萜品烯较多 (19.5%~42.8%)，香荆芥酚略少。夏香与冬香用法相当，但冬香效果更为突出。

希腊香薄荷
Greek Savory

喜欢温暖干燥的环境，最怕水多，土壤
也不宜过肥。开花时酚类含量到达顶
点，开花后可采鲜叶，开花前则宜采放
成干叶。

药学属性	适用症候
1. 抗病毒，强效抗菌，抗寄生虫	食物中毒，上吐下泻，螨虫感染，狗身上的壁虱(蜱虫)
2. 消炎止痛	鼻窦炎，关节痛
3. 抗氧化，抗肿瘤	口腔癌，食道癌，膀胱癌，乳腺癌，肾癌，前列腺癌，黑色素瘤
4. 强化免疫与心血管功能	疲劳引起的长期感冒，久坐引起的腰酸背痛及双腿无力

学　　　名 | *Satureja thymbra*

其他名称 | 粉红香薄荷 /
Pink Savory

香气印象 | 希腊神话中半人半羊的
精灵萨堤尔

植物科属 | 唇形科风轮菜属

主要产地 | 希腊、土耳其

萃取部位 | 开花的全株药草 (蒸馏)

适用部位 肾经、性轮

核心成分
萃油率 2.5%，22 个可辨识化合物
(占 99.5%)

心灵效益 | 壮大挑战的能耐，上山
下海如履平地

注意事项

1. 刺激黏膜与皮肤，用于幼儿时
尤其宜小心。健康皮肤的安全
剂量为 1.2%。

2. 生长于低地者含香荆芥酚较
多，生于高地者含百里酚较多。

3. 黎巴嫩产的组分与其他地区
不同：γ-萜 品 烯 (34.06%)、
香荆芥酚 (23.07%)、百里酚
(18.82%)。

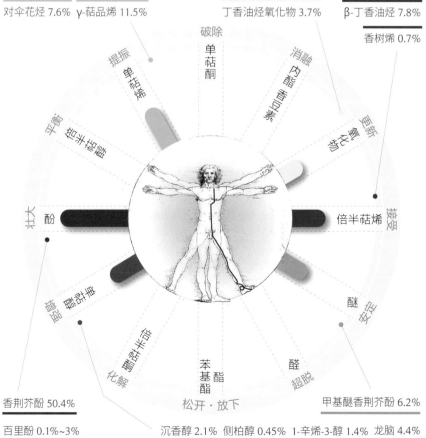

对伞花烃 7.6%　γ-萜品烯 11.5%　　丁香油烃氧化物 3.7%　β-丁香油烃 7.8%

香树烯 0.7%

香荆芥酚 50.4%　　　　　　　甲基醚香荆芥酚 6.2%

松开 · 放下

百里酚 0.1%~3%　　沉香醇 2.1%　侧柏醇 0.45%　1-辛烯-3-醇 1.4%　龙脑 4.4%

百里酚百里香
Thyme, CT Thymol

伊比利半亚岛的原生种，比通用百里香 (*Thymus vulgaris*) 小而叶片较窄。灌溉水量超过 30% 蒸散量，精油含量便会下降（水多则油少）。

学　　名 ｜ *Thymus zygis*

其他名称 ｜ 庭园百里香 / Tomillo Salsero

香气印象 ｜ 地表最强格斗士

植物科属 ｜ 唇形科百里香属

主要产地 ｜ 西班牙、葡萄牙

萃取部位 ｜ 开花的全株药草（蒸馏）

适用部位　肾经、本我轮

核心成分
萃油率 2.3%~3.6%，41 个可辨识化合物（占 93.4%）

心灵效益 ｜ 壮大求生意志，绝不向命运低头

药学属性	适用症候
1. 全面抗感染，杀虫，抗霉菌，抗病毒	各部位的感染，脏乱的环境
2. 补强身体各功能，促进胃液分泌	疲惫（一般性），摄食过多肉类、乳酪或油炸及烧烤食物
3. 消炎止痛	咽喉肿痛，关节痛，鼻窦炎
4. 抗氧化，抗肿瘤	乳腺癌，肺腺癌，肝癌

注意事项

1. 刺激黏膜与皮肤，用于幼儿时尤其宜小心。健康皮肤的安全剂量为 1.3%。

2. 商业上标注为"百里香精油"的多半来自这个品种，西班牙南部是最大的供应地，占世界八成的产量。

3. 所谓红百里香油是因为与蒸馏桶的铁起反应而油色偏红，再次蒸馏后得到油色透明者称为白百里香油。但品质良好者应呈现正常的油黄色。另外混掺的百里香油因为添加了合成香荆芥酚，反而不会因氧化而黏稠结晶。

对伞花烃 10.3%~37.7%　γ-萜品烯 0.9%~10.1%　樟脑 0~1.7%

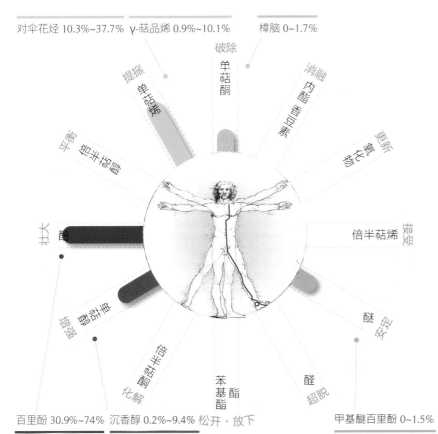

百里酚 30.9%~74%　沉香醇 0.2%~9.4%　松开·放下　甲基醚百里酚 0~1.5%

香荆芥酚 tr~5.9%　龙脑+α-萜品醇 0.3%~1.5%　侧柏醇 0~3.1%　甲基醚香荆芥酚 0~1.4%

野地百里香
Wild Thyme

原生于欧亚大陆的旧热带区，多见于土层较薄的灌木丛或溪流道旁。铺地生长耐踩踏，也能容忍少量的供水。

学　　名	Thymus serpyllum
其他名称	匍匐百里香 / Creeping Thyme
香气印象	拯救生态的返乡农青
植物科属	唇形科百里香属
主要产地	土耳其、克罗地亚
萃取部位	开花的全株药草 (蒸馏)

适用部位 肾经、心轮

核心成分
萃油率 1.5％，477 个可辨识化合物 (占 99.67％)

心灵效益 | 壮大行动力，默默地一偿宿愿

药学属性	适用症候
1. 补身，补强神经，止痛	虚弱疲惫，精神障碍，自主神经失衡，坐骨神经痛，腰痛，酒精中毒，关节痛
2. 抗感染，抗菌，抗病毒，抗霉菌，抗寄生虫，消毒	流感，支气管炎，咳嗽，百日咳，感染引发气喘与肺气肿，肺结核，皮肤感染，脓痂疹，脓肿，炭疽病，甲沟炎
3. 抗氧化，抗肿瘤	伤口不愈，脱发，乳腺癌，前列腺癌，肿瘤相关成纤维细胞
4. 健胃整肠	胃炎，消化不良，胀气，肠胃感染，膀胱炎，肾盂肾炎

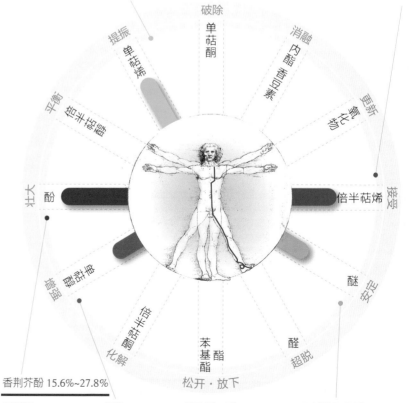

对伞花烃 5.7%~9.6%　γ-萜品烯 4.4%~12.3%　β-丁香油烃 6%~11.25%　β-没药烯 2.8%~7.6%

香荆芥酚 15.6%~27.8%

百里酚 16.7%~25.9%　龙脑 0.4%~3.3%　萜品烯-4-醇 0.3%~2.7%　甲基醚百里酚 7.2%~7.5%

印度藏茴香
Ajowan

原生于埃及，常见于贫瘠而盐分高的土壤，但能适应各种土质。不宜过湿，干湿分明可以长得更好。海平面到海拔2200 米的向阳面皆可生长。

药学属性	适用症候
1. 强力抗感染，抗病毒，抗菌，抗霉菌，消毒，止吐，杀积谷害虫（绿豆象），抗寄生虫	肠道感染，霍乱，丙型肝炎，上吐下泻，胀气，消化不良，皮肤感染
2. 激励补身，抗氧化，抗肿瘤，止痛，抑制黄曲霉毒素，养肝	食欲不振，腹腔肿瘤，肝毒反应（自由基压力）
3. 扩张支气管，止咳，降血压，降胆固醇，抗血小板凝结，利尿，抗草酸钙结石	鼻炎，支气管炎，气喘，心血管疾病，尿路结石
4. 通经，催情，催乳，杀精，反着床	月经不至，乳汁不足，避孕

学　　名｜*Trachyspermum ammi*

其他名称｜印度西芹子 / Carom

香气印象｜能跟牛鬼蛇神打交道的通灵少女

植物科属｜伞形科糙果芹属

主要产地｜印度、巴基斯坦、伊朗

萃取部位｜种子（蒸馏）

适用部位　肾经、本我轮

核心成分
萃油率 2%~4.4%，266 个可辨识化合物（占 96.3%）

心灵效益｜壮大阳气，无惧各种类型的摄魂怪

对伞花烃 20%~24%　γ-萜品烯 19%~23.2%　　　　　　β-蛇床烯 0.1%

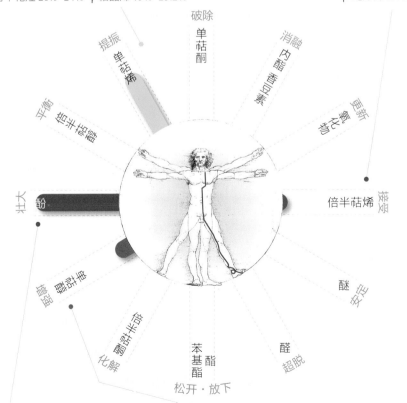

百里酚 36.9%~53.8%　香荆芥酚 14%~35%　　萜品烯-4-醇 0.8%

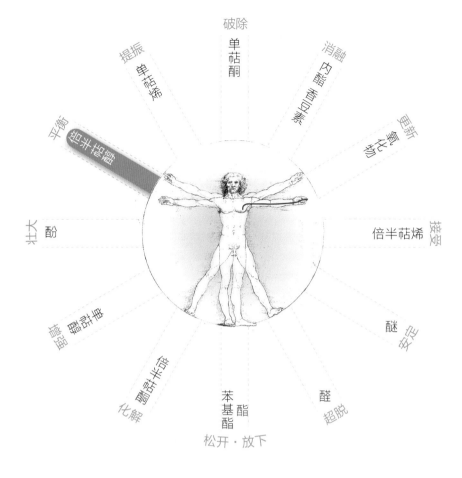

破除
单萜酮

提振 单萜烯

消融 香豆内酯

更新 氧化物

平衡 倍半萜醇

接受 倍半萜烯

壮大 酚

安定 醚

超脱 醛

苯基酯 酯

松开·放下

化解 倍半萜酮

滋养 单萜醇

XI

倍半萜醇类

Sesquiterpenol

修行、冥想的良伴,瑜珈、气功的推手,这类精油是都市生活与现代节奏的平衡杆。一方面促进身体微循环,活络静脉与淋巴,另一方面调节高血压、抚平躁郁的情绪,同时改善敏感、老化皮肤乃至湿疹。多见于植物的根部与木质,所以香气比较沉稳,贵重的沉香、檀香都属于此类。用在心包经能产生加乘的效果,用于脚底有助于接地气。

阿米香树
Amyris

高 3~6 米的小树，生长在少雨而含钙量高
的土地，或是冲刷边坡。含油量高又木质
坚硬，做木桩可以百年不倒，暗夜可燃烧
做蜡烛用。

学　　名	*Amyris balsamifera*
其他名称	西印度檀香 / West Indian Sandalwood
香气印象	劈柴砍草，安营扎寨
植物科属	芸香科阿米香树属
主要产地	海地、牙买加、多米尼 加、委内瑞拉
萃取部位	心材（蒸馏）

适用部位 心包经、基底轮

核心成分
萃油率 2%~4%，14 个可辨识化合物

心灵效益 | 平衡过度的脑力活动，
　　　　　找回尘封的身体感

药学属性	适用症候
1. 抗超级细菌（尤其是克雷伯肺炎 菌）	医院工作或长期住院
2. 驱虫（扁虱、蚊子），杀孑孓	野外生活，卫生环境差的空间
3. 畅通静脉与淋巴循环	长期伏案工作，生活习惯缺乏运动， 静脉曲张，痔疮
4. 强心	心肌缺氧，疲倦无力

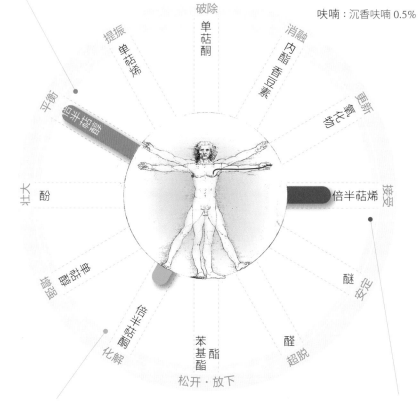

倍半萜醇 80%：缬草萜烯醇 21.5% 榄香醇 9% 杜松醇 30% 三种桉叶醇共20%

呋喃：沉香呋喃 0.5%

没药酮 0.9%　　倍半萜烯 20%：杜松烯 10.7% β-倍半水茴香萜 4.7% 姜黄烯 1.5%

1. 存放半年以上的木材（老木）
   能得到品质更佳的精油，但新
   木的萃油量较高。

沉香树
Agarwood

高 30 米的大树，生于潮湿而阳光充足的热带阔叶林中，因真菌感染而结香。在坡度较陡、含沙石较多的黄红色铁铝土上，能结出质量俱佳的香树脂。

学　　名	*Aquilaria agallocha / A. malaccensis*
其他名称	水沉香 / Eaglewood
香气印象	长长的楠木桌上摆着一盆池坊流插花
植物科属	瑞香科沉香属
主要产地	越南、马来西亚、印尼、中国
萃取部位	心材（蒸馏）

适用部位　肾经、基底轮

核心成分
萃油率 0.35%（人工结香）~ 0.8%（天然结香），36~42 个可辨识化合物

心灵效益 | 平衡一切不调和，即使水深火热也能心平气和

药学属性	适用症候
1. 解除平滑肌痉挛	气喘，呕吐，肠胃绞痛
2. 提高性功能	性冷淡，阳痿，草食男女
3. 麻醉，止痛，抗肿瘤	腰膝虚冷，乳腺癌
4. 镇静，安神	失眠，头晕耳鸣，潮热盗汗，健忘多梦

沉香螺旋醇 5.49%~18.86%　愈疮木醇 10%

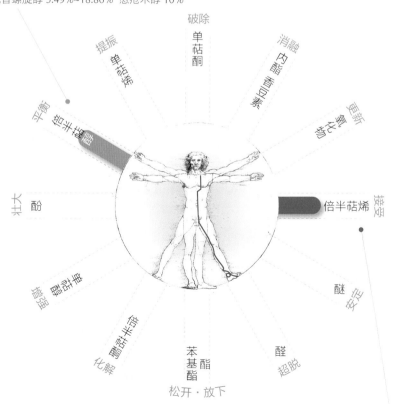

吪喃：α-沉香吪喃 1.5%~4.8%

α-愈疮木烯 14%

注意事项

1. 品质最好的是越南奇楠沉香，目前野生资源已经枯竭，透过人工栽种与植菌技术达成的聚脂率已有 50%，但香气无法与野生相比。

2. 近年评价较高的是马来西亚与印尼产沉香，前者带清雅药香，后者带活泼花香。

3. 中国地区的沉香有三个品种，现今主要栽种与推广的是白木香（*Aquilaria sinensis*）。香气成分以白木香醛最多，沉香的指标成分在比例上较奇楠沉香少。

玉檀木
Guaiac Wood

高 10 米的热带树木，是巴拉圭查科地区最有代表性的树种（占比 3/4）。生长在干燥但富于磷值的冲积土上，心材含草酸钙结晶，呈现美丽的墨绿色。

学　　名	*Bulnesia sarmientoi*
其他名称	巴拉圭愈疮木 / Paraguay Lignum Vitae
香气印象	印地安酋长的厚重斗篷
植物科属	蒺藜科维腊木属
主要产地	巴拉圭、巴西、玻利维亚、阿根廷
萃取部位	心材与木屑（蒸馏）

适用部位 胃经、本我轮

核心成分
萃油率 3%~4%，36 个可辨识化合物（占 88.85%）

心灵效益 │ 平衡过多的向往，一心不乱投入所爱

注意事项

1. 愈疮木其实是蒺藜科愈疮木属（*Guaiacum officinale*），玉檀木和它是近亲，气味作用都很相似，所以玉檀木油常被标示为 Guayacol 或 Guaiac Wood。

2. 直接萃出的油十分浓稠，呈半固体状，常会加入 25% 的酒精以利使用。

3. 具温暖柔软的气息，早期也是混掺玫瑰油的选项之一。

药学属性	适用症候
1. 修复皮肤，消炎	利什曼病，皮肤感染，伤口溃烂（如糖尿病与口腔癌伤口）
2. 抗结核杆菌，驱蚊，驱虫	肺结核，重度空气污染地区，园艺活动
3. 疏通淤塞的静脉与淋巴	长坐久站，下肢水肿，骨盆腔充血，静脉曲张，痔疮
4. 激励中枢神经，安抚太阳神经丛	三心两意，举棋不定，行动的侏儒，神经性胃炎

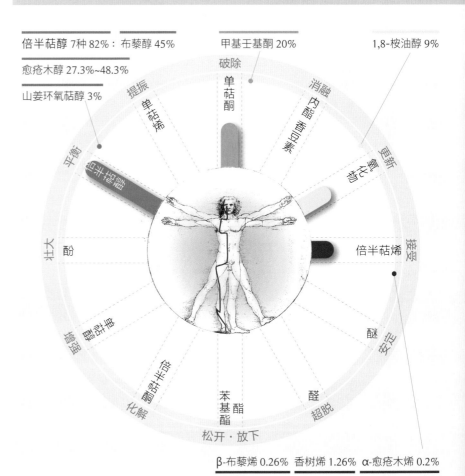

倍半萜醇 7种 82%：布藜醇 45%
甲基王基酮 20%
1,8-桉油醇 9%
愈疮木醇 27.3%~48.3%
山姜环氧萜醇 3%

β-布藜烯 0.26%　香树烯 1.26%　α-愈疮木烯 0.2%

降香
Jiang Xiang

原产地是海南岛海拔600米以下的地区，不畏瘦瘠但成材缓慢。喜光，适温为20℃~30℃，密林中无法生长，开阔疏林中则可长成直干大材。

学　　名	*Dalbergia odorifera*
其他名称	黄花梨 / Fragrant Rosewood
香气印象	听竹林七贤抚琴吟诗
植物科属	豆科黄檀属
主要产地	中国（福建、广东、海南、广西）
萃取部位	树干和根部（蒸馏）

适用部位　脾经、本我轮

核心成分
萃油率2.15%，13个可辨识化合物（占97.14%，共35组分）

心灵效益 | 平衡世俗的重压，体会山不在高、水不在深

药学属性

1. 疗伤，消肿生肌（传统金疮药），抗霉菌，促进酪胺酸酶活性
2. 抗氧化，抗凝血，抑制血栓止咳
3. 抗肿瘤，抗过敏
4. 保护神经，镇静

适用症候

- 跌打损伤，外伤，灰指甲，足癣，白癜风
- 瘀伤，重大手术后的调理，胸闷刺痛、心悸气短及冠心病
- 乳腺癌，子宫颈癌，白血病
- 帕金森病，焦虑

橙花叔醇 57.36%
金合欢醇 3.23%
α-松油萜 5.88%
丁香油烃氧化物 22.22%　桉油醇 1.76%

破除
单萜酮
提振
单萜烯
消融
内酯·香豆素
平衡
倍半萜醇
更新
氧化物
壮大
酚
接受
倍半萜烯
化解
倍半萜酮
安定
醚
松开·放下
苯基酯
超脱
醛

芳香醛：香草素 0.31%　(Z)-9-十八烯酸甲酯 3.59%

注意事项

1. 为明式家具的主要用材，因过度砍伐，在海南已成濒危种。现在都从越南进口以制作古典红木家具。

2. 市售降香的入药来源有多种，包括降香黄檀、海南黄檀（*Dalbergia hainanensis*）、印度黄檀（*Dalbergia sissoo*）、印度紫檀（*Pterocarpus indicus*）、芸香科山油柑（*Acronychia pedunculata*），精油含量和组成都不太一样。本条所列为降香黄檀。

胡萝卜籽
Carrot Seed

除了特别热的地区，几乎都能生长，但还是比较喜欢 15℃ ~18℃ 的冷凉。原产于亚洲西南部，阿富汗是其最早演化中心，约在 13 世纪从伊朗引入中国。

学　　名	*Daucus carota*
其他名称	野胡萝卜 / Bishop's Lace
香气印象	保存十年的高丽人参拿来泡酒
植物科属	伞形科胡萝卜属
主要产地	法国
萃取部位	种子 (蒸馏)

适用部位 肝经、本我轮

核心成分
萃油率 0.83%，34 个可辨识化合物 (占 98.94%)

心灵效益 | 平衡对他人过多的付出，把爱灌溉在自己身上

药学属性

1. 促进肝脏细胞再生，解肝肾毒，抗肿瘤
2. 调整皮肤细胞的代谢作用
3. 降低血胆固醇含量，略具抗凝血作用
4. 补强神经，提升血压

适用症候

- 长年外食，饮酒过量，葡萄球菌引发的肝脏脓肿，乳腺癌
- 湿疹，落屑皮疹，疖子，酒糟鼻，老人斑
- 三高症状
- 甲状腺功能失调，神经衰弱，低血压，贫血

注意事项

1. 会因产地不同而产生极大的成分差距。
2. 胡萝卜种子也可以榨取食用油，其主要脂肪酸为洋芫荽子酸，而此食用油中也含有高量的胡萝卜醇 (30.55%) 和胡萝卜脑 (12.6%)，所以对护肤很有帮助。

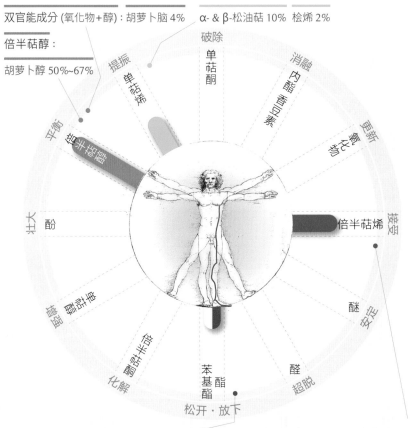

双官能成分 (氧化物+醇)：胡萝卜脑 4%　α- & β-松油萜 10%　桧烯 2%

倍半萜醇：

胡萝卜醇 50%~67%

乙酸牻牛儿酯 3%　胡萝卜烯 2%　β-没药烯 10%　β-丁香油烃 4%

暹罗木
Siam Wood

高 30 米，需要温和的气候与充分的雨水，长于山地的酸性潮湿土壤。浅根性阳性树种，喜欢花岗岩、砂页岩、流纹岩。

药学属性	适用症候
1. 强化脑下腺与睾丸、肾上腺的连结	男性激素不足，肾上腺疲劳
2. 抗氧化，抗肿瘤，抗病毒	乳腺癌，子宫颈癌，肝癌，大肠癌
3. 止痛，消炎，抗溃疡，杀虫（驱蚊与家蝇）	腹部绞痛，神经性胃炎，消化性溃疡，恶劣的环境卫生
4. 保护神经	神经系统的退化性疾病，如帕金森病，老年看护

学　　名｜*Fokienia hodginsii*

其他名称｜福建柏 / Pemou Oil

香气印象｜冷井情深

植物科属｜柏科福建柏属

主要产地｜中国（福建、云南、浙江）、越南、缅甸

萃取部位｜木质根部（蒸馏）

适用部位 肾经、基底轮

核心成分
萃油率 0.8%~1%，59 个可辨识化合物

心灵效益｜平衡生命里的各种贪恋，无欲则刚

倍半萜醇 17种 87.2%：

反式橙花叔醇 24%~35%

α- & β- & γ-桉叶醇

福建醇 24%~26%

柠檬烯

烷：十八烷

破除

单萜酮

提振

单萜烯

平衡

倍半萜醇

壮大

酚

接受

倍半萜烯

醚　安定

苯基酯　醛

超脱

松开·放下

倍半萜烯 32种 12.8%：δ-杜松烯 3.7%~6.5%　γ-杜松烯 2.3%~4.5%　α-依兰烯 1.8%~2.5%

注意事项

1. 被视为活化石，是纹理匀直的优良用材，天然林面积日益缩小，属渐危种，福建已开始培育人工林。

2. 女性要注意用量和使用频率。

白草果
Gingerlily

生于海拔 1200~2900 米的山地空旷处，外观很像野姜花。需要潮湿的土壤，但不能生长在树荫下。

学　　名	*Hedychium spicatum*
其他名称	土良姜 / Sanna
香气印象	行脚节目的主持人
植物科属	姜科姜花属
主要产地	印度、中国（云南、西藏）
萃取部位	根部（蒸馏）

适用部位 脾经、本我轮

核心成分
萃油率 0.24%~0.53%，29 个可辨识化合物（占 84.96%~91.33%）

心灵效益 ｜ 平衡过度低调与避世，坦然迎风而立

药学属性	适用症候
1. 消炎，平喘，解除前列腺充血症状	心包膜炎，肠胃炎，咳嗽，体格壮硕的气喘病患，发热，前列腺炎
2. 养肝，抗寄生虫，解蛇毒	曾因热带生活感染疾病而肝功能不良，呕吐，打嗝，蛇咬
3. 抗肿瘤	肺癌，乳腺癌，子宫颈癌，直肠癌，头颈部癌症
4. 镇静，抗癫痫	躁动不安，癫痫（减缓发作的强度）

倍半萜醇 12种 43%：β-桉叶醇 12.6%　榄香醇 8.5%　α-杜松醇 5.3%　　1,8-桉油醇 29.7%

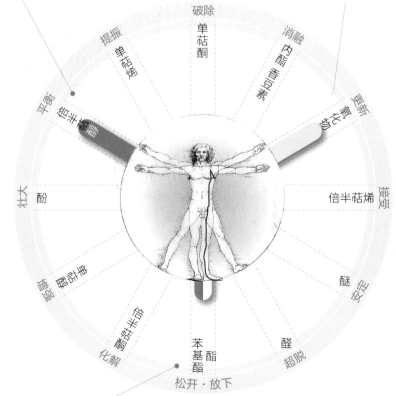

乙酸苄酯　肉桂酸乙酯　双官能基呋喃二萜化合物：草果药烯酮 7-羟基草果药烯酮

注意事项

1. 并非花香扑鼻的野姜花（*Hedychium coronarium*），英文俗名常令人混淆。

黏答答土木香
Sticky Fleabane

典型的地中海植物，常见于干涸的河床、路边和荒地。只要求光照。作为先驱植物，是土地含氮量与生态丰富性的指标，也能净化污染的土地。

药学属性	适用症候
1. 消炎，退热	+ 支气管炎，鼻窦炎，着凉发热
2. 抗病毒，抗幽门螺杆菌，抗肿瘤	+ 胃溃疡，胃癌
3. 止痛，疗愈伤口，驱虫	+ 风湿，关节炎，腰背酸痛，蚊虫叮咬，寄生虫感染
4. 抗菌、抗霉菌，抗氧化	+ 体癣，股癣，足癣

学　　名 │ *Inula viscosa* / *Dittrichia viscosa*

其他名称 │ 黄飞蓬 / Yellow Fleabane

香气印象 │ 周星驰电影里的小人物

植物科属 │ 菊科旋覆花属

主要产地 │ 约旦、以色列、土耳其、意大利

萃取部位 │ 开花的全株药草（蒸馏）

适用部位 膀胱经、心轮

核心成分
萃油率 0.05%~1.49%，47 个可辨识化合物（占 92.7%）

心灵效益 │ 平衡歧视或有色的眼光，人不知而不愠

倍半萜醇 18种：反式橙花叔醇 19.75%

α- & β-桉叶-6-烯-4α-醇 5.64%

福建醇 20.87%

丁香油烃氧化物 2.57%

倍半萜烯 11种 10%：

β-丁香油烃 1.52%

α-金合欢烯 0.89%

平衡　倍半萜醇
提振　单萜烯
破除　单萜酮
消融　内酯 香豆素
更新　氧化物
接受　倍半萜烯
壮大　酚
安定　醚
超脱　醛
化解　酮 倍半萜酮
松开·放下　苯基酯

α-岩兰草酮 3.6%　大根老鹳草酮 0.96%

乙酸丁香酯 1.35%　乙酸雪松烯酯 2%

昆士亚
Kunzea

大型灌木，满开白花，高可达 3 米，原生于澳大利亚的冷凉海岸地带。和红千层属是近亲，不太需要照顾。在砂石与花岗岩上坚挺站立。

学　　名	*Kunzea ambigua*
其他名称	蜱灌木 / Tick Bush
香气印象	从海底一百层楼处潜出水面
植物科属	桃金娘科昆士亚属
主要产地	澳大利亚（塔斯马尼亚东北部、巴斯海峡岛屿）
萃取部位	枝叶（蒸馏）

适用部位 肾经、基底轮

核心成分
萃油率 0.3%~3.8%，64 个可辨识化合物

心灵效益 | 平衡一意孤行的偏执，独乐乐不如众乐乐

注意事项

1. 新西兰的卡奴卡 (*Kunzea ericoides*) 也是昆士亚属。
2. 不同地区生长的昆士亚成分差距很大。

药学属性	适用症候
1. 抗病毒，抗超级细菌	流感症状
2. 伤口愈合，止痒，静脉注射后使静脉消肿	撞伤，烧烫伤，湿疹，皮肤排毒，化疗或其他点滴注射后
3. 止痛，消炎	痛风，风湿，关节炎，肌肉酸痛，头痛
4. 镇定神经	钻牛角尖，工作繁重，面临截止日期

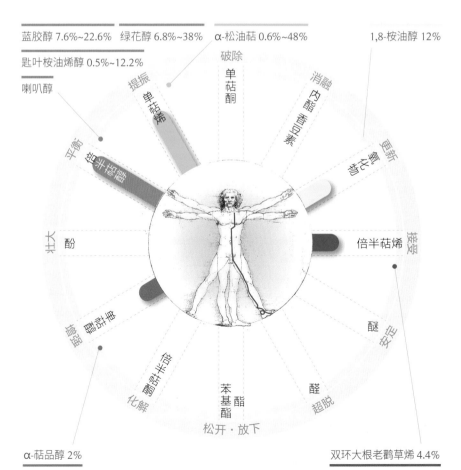

蓝胶醇 7.6%~22.6%　绿花醇 6.8%~38%　α-松油萜 0.6%~48%　　　　1,8-桉油醇 12%

匙叶桉油烯醇 0.5%~12.2%

喇叭醇

α-萜品醇 2%　　　　　　　　　　　　双环大根老鹳草烯 4.4%

厚朴
Houpu Magnolia

喜光，分布于海拔 300~1500 米的山地，喜凉爽、湿润、多云雾的环境。在腐植质丰富、排水良好的微酸性土壤生长良好。常混生于落叶阔叶林内。

药学属性	适用症候
1. 镇静，抑制中枢神经	躁郁症，胸闷，无事喘咳
2. 消炎，抗沙门氏菌，抗溃疡	时常外食引起的消化不良、肠胃发炎
3. 养肝	时常外食引起的肝毒表现
4. 抗肿瘤	胆管癌

学　　名 | *Magnolia officinalis*

其他名称 | 紫朴 / Magnolia-bark

香气印象 | 斗笠遮脸、乘船渡海的学问僧

植物科属 | 木兰科木兰属

主要产地 | 中国（四川、湖北、贵州、河南）

萃取部位 | 树皮（蒸馏）

适用部位　大肠经、本我轮

核心成分
萃油率 0.35%~1.15%，59~88 个可辨识化合物

心灵效益 | 平衡被外在事物牵动的情绪，八风吹不动

倍半萜醇 62%：α-桉叶醇 20.4%　β-桉叶醇 30.9%　β-丁香油烃氧化物 5.43%
γ-桉叶醇 11.4%

破除 单萜酮　提振 单萜烯　平衡 倍半萜醇　壮大 酚　接受 倍半萜烯　安定 醚　超脱 醛　松开·放下 苯基酯 酯　化解 倍半萜酮　消融 内酯 香豆素　更新 氧化物

乙酸龙脑酯 1.9%　倍半萜烯 13种 6%：α-杜松烯　β-丁香油烃

注意事项

1. 药材来源有二：厚朴与凹叶厚朴（*M. officinalis* subsp. *biloba*）。

2. 传统认为川朴（产于四川、贵州）的质量优于温朴（产于浙江、福建）。

3. 传统认为孕妇与脾胃虚寒者不宜食用厚朴，但精油外用则没有这个问题。

橙花叔醇
绿花白千层
Niaouli, CT Nerolidol

立足酸性潮湿的沼泽地或泛滥平原，森林大火后会迅速从徒长枝落地生根。密生的白花能为多种蝙蝠、鸟类和昆虫提供丰富的营养（花蜜）。

学　　名	*Melaleuca quinquenervia*
其他名称	宽叶白千层 / Broad- leaved Paperbark
香气印象	薄雾笼罩的草原迎接清晨第一道曙光
植物科属	桃金娘科白千层属
主要产地	澳大利亚东部海岸、巴布亚新几内亚、新喀里多尼亚
萃取部位	枝叶（蒸馏）

适用部位 任脉、性轮

核心成分
萃油率 1%~3%，40 个可辨识化合物

心灵效益 平衡过高的自我期许，增强一步一脚印的自信

注意事项

1. 澳大利亚的绿花白千层主要有两大化学品系：A. 绿花白千层醇 + 桉油醇（最常见）；B. 橙花叔醇 + 沉香醇。其中 B 型又可分高沉香醇型（含量在 40% 以上）和低沉香醇型（含量在 14% 以下）。低沉香醇型也就是橙花叔醇型。

2. 女性宜少量使用橙花叔醇绿花白千层，沉香醇绿花白千层则没有这个问题。但沉香醇型对激素和病毒的作用不及橙花叔醇型。

药学属性	适用症候
1. 补强神经（平衡交感神经）	过度紧绷后的瘫软无力与崩溃，高血压
2. 消炎（特别是呼吸道与泌尿生殖道的黏膜部位）	鼻窦炎
3. 激素作用（由下视丘调节与强化睾丸和肾上腺）	提高男性生殖力
4. 抗寄生虫，抗病毒，抗肿瘤	疟疾，带状疱疹，类风湿性关节炎，次级感染皮肤炎，乳腺癌与子宫颈癌

反式橙花叔醇 74%~95%　绿花醇　金合欢醇I,II　　　　　1,8-桉油醇

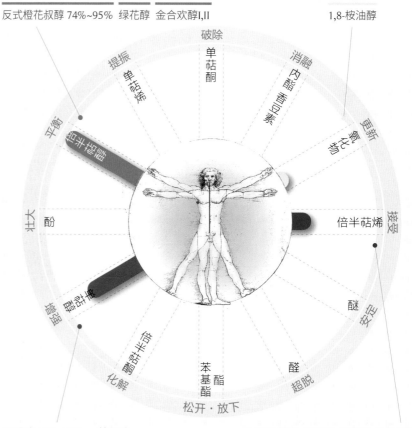

沉香醇 14%~40%　α-萜品醇　　　　β-丁香油烃　香树烯　葎草烯　δ-杜松烯

香脂果豆木
Cabreuva

见于热带雨林以及干树林到草原之间的过渡地带，喜欢肥沃的黏土。生长快速，但不像其他豆科植物那样与土中细菌有共生关系，不具固氮作用。

药学属性	适用症候
1. 提高药物的皮肤吸收率，抗疟原虫	皮肤粗干（不易吸收保养品或药品），疟疾
2. 抗肿瘤，抗病毒，消炎止痛，抗龋齿	乳腺癌与子宫颈癌，流感，风湿性关节炎，蛀牙
3. 神经发炎和退化，抗焦虑	帕金森病，功成名就的压力，人际关系的压力
4. 强化下视丘与睾丸和肾上腺的信息传导	用脑过度，筋疲力竭

学　　名	*Myrocarpus fastigiatus*
其他名称	巴西檀木 / Kaburé-Iwa ("Owl Tree")
香气印象	曾国藩带湘军平定太平天国
植物科属	豆科脂果豆属
主要产地	巴西（东部）
萃取部位	木材（蒸馏）

适用部位 任脉、性轮

心灵效益 ｜ 平衡面面俱到的企图，尽人事听天命

反式橙花叔醇 77%　反式金合欢醇 2.1%　没药醇 16%

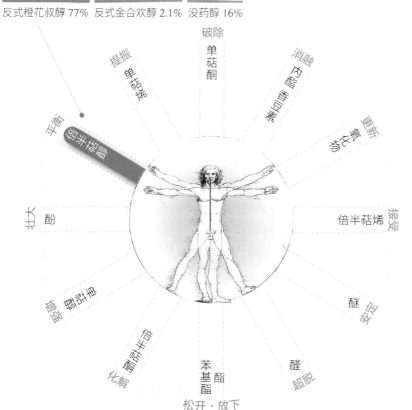

平衡　提振　破除　消融
单萜烯　单萜酮　内酯　香豆素
倍半萜醇
壮大　酚　更新　氧化物
　　　　倍半萜烯　接受
　　　酯　醚　安定
　　　倍半萜醇　醛　超脱
化解　苯基酯　松开·放下

新喀里多尼亚柏松
Araucaria

常绿针叶树，最高 10 米，生于潮湿的热带，多分布在河边。喜欢排水良好、富于矿物质的蛇纹岩土，能承受极碱的条件。

学　　名	*Neocallitropsis pancheri* / *Callitris pancheri*
其他名称	嘉稀木 / Carrière
香气印象	铺上花梨木地板的新家
植物科属	柏科新喀里多尼亚柏松属
主要产地	新喀里多尼亚
萃取部位	心材 (蒸馏)

适用部位 心包经、心轮

核心成分
萃油率 6.9%，40 个可辨识化合物

心灵效益 | 平衡快速刺激的步调，开始慢活

药学属性	适用症候
1. 抗肿瘤，抗血管增生	化疗病患，患癌后保健 (防复发)
2. 抗菌，杀螨剂	感染牛壁虱，居家防螨虫
3. 养肝	幼年曾罹患单核细胞增多症者，乙肝病毒携带者
4. 镇静 (对 CNS 有抑制作用)，降血压	躁郁症，高血压

注意事项

1. 孕妇与哺乳母亲不建议使用 (因为抗血管增生的作用)。

2. 接受大手术、胃溃疡、服用抗凝血药与血压过低者不建议使用 (因为 β-桉叶醇可能抑制血小板聚集)。

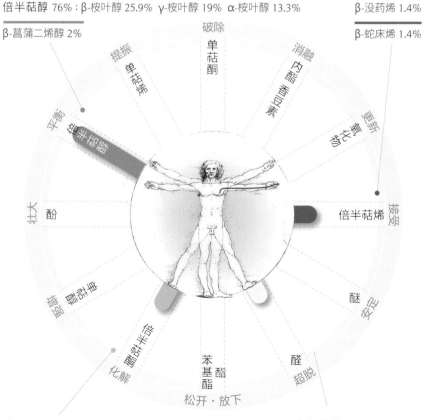

倍半萜醇 76% : β-桉叶醇 25.9%　γ-桉叶醇 19%　α-桉叶醇 13.3%　　β-没药烯 1.4%
β-菖蒲二烯醇 2%　　破除　　单萜酮　　β-蛇床烯 1.4%
嘉稀酮 2.4%　　倍半萜醛 : β-没药烯醛 1%

羌活
Qiang Huo

生长于海拔 2000~4000 米的林缘及灌木丛，喜凉爽湿润，耐旱耐阴。忌连作，对土壤要求不严，但以土层深厚、土质疏松的壤土或砂土为宜。

药学属性	适用症候
1. 消炎，抗过敏	感冒风寒，四肢浮肿，迟发性过敏反应
2. 镇痛（主散风邪寒湿）	风湿，头痛，关节痛，一身尽痛
3. 扩张冠状动脉，增加心肌营养性血流量	冠状动脉粥样硬化，脑下垂体后叶素引起的心肌缺血
4. 解热	感染发热

学　　名	*Notopterygium incisum*
其他名称	川羌 / Notopterygium Root
香气印象	在狂风吹袭的峭壁间缓步攻顶
植物科属	伞形科羌活属
主要产地	中国（西藏、青海、四川、甘肃、陕西）
萃取部位	根部（蒸馏）

适用部位　膀胱经、心轮

核心成分
萃油率 2.7%，83 个可辨识化合物（占 75.77%）

心灵效益｜平衡强迫症的心心念念，顺势而为

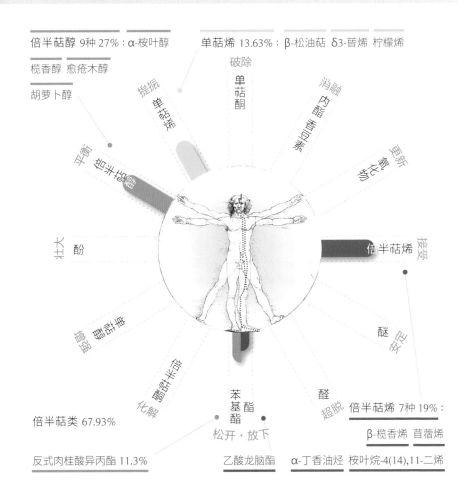

倍半萜醇 9种 27%：α-桉叶醇
榄香醇　愈疮木醇
胡萝卜醇
提振　单萜烯
平衡　倍半萜醇
破除　单萜酮
单萜烯 13.63%：β-松油萜　δ3-蒈烯　柠檬烯
消融
更新
壮大　酚
倍半萜烯　接受
醚　安定
苯基酯　醛　超脱
酮酯半萜
化解
松开·放下
倍半萜类 67.93%
反式肉桂酸异丙酯 11.3%
乙酸龙脑酯
α-丁香油烃
倍半萜烯 7种 19%：β-榄香烯　苜蓿烯
桉叶烷-4(14),11-二烯

注意事项

1. 药材来源有二，狭叶羌活 (*N. incisum*) 以倍半萜类为主，宽叶羌活 (*N. forbesii*) 则以单萜类为主。

2. 因为四川与青海过度采挖，野生资源面临枯竭的危机。甘肃已成功实现人工种植，稍微减轻供需的压力。

荜澄茄
Cubeb

攀缘植物，高可达 6 米，在原生地印尼常与咖啡种在一起。喜欢高温多湿。与黑胡椒很像，但果实较长，而且果实有柄，所以常被称为"尾胡椒"。

药学属性	适用症候
1. 抗感染，抗菌	泌尿生殖道感染，膀胱炎，尿道炎，阴道炎（白带型），性病
2. 健胃，补身，解热，抗疟原虫	肠胃炎，热带地区腹泻引起的消瘦，疟疾
3. 消炎，养肾（抗肾毒）	风湿病，各类肾脏疾病，预防前列腺癌
4. 保护神经	同样的噩梦反复出现，疑神疑鬼，胆小怕事

学　　名 | *Piper cubeba*

其他名称 | 爪哇胡椒 / Java Pepper

香气印象 | 敲击甘美朗的明亮回音

植物科属 | 胡椒科胡椒属

主要产地 | 印尼、印度、斯里兰卡

萃取部位 | 果实（蒸馏）

适用部位 肾经、基底轮

核心成分
萃油率 11.8%，105 个可辨识化合物（占 63.1%）

心灵效益 | 平衡忡忡忧心，驱散被害的迷雾

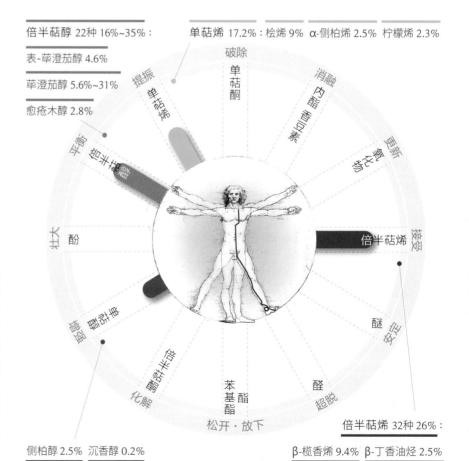

倍半萜醇 22 种 16%~35%：
表-荜澄茄醇 4.6%
荜澄茄醇 5.6%~31%
愈疮木醇 2.8%

单萜烯 17.2%：桧烯 9% α-侧柏烯 2.5% 柠檬烯 2.3%

侧柏醇 2.5% 沉香醇 0.2%

倍半萜烯 32 种 26%：
β-榄香烯 9.4% β-丁香油烃 2.5%

广藿香
Patchouli

生长在潮湿温暖的地带，极耗地力，但种植 8 个月便可采收。是农夫亲善型药草，很容易照顾。干叶摆放半年再蒸馏的话，品质更佳。

药学属性	适用症候
1. 促进组织再生，祛湿	— 湿疹，脂溢性皮炎，粉刺，手脚皲裂，头皮屑，足癣，褥疮，白癜风
2. 补身，激励，助消化（健胃），有钙拮抗活性	— 防止感冒恶化，宿醉，中暑，呕吐，鼻塞引起的头晕
3. 消炎，抗部分感染，抗菌抗霉菌，退热，驱虫	— 感染性结肠炎，寄生虫病，宅邸净化
4. 消除淤塞现象（如充血），补强静脉	— 内外痔，静脉曲张

学　　名｜*Pogostemon cablin*

其他名称｜藿香 / Kabling

香气印象｜20 世纪 60 年代的嬉皮文化

植物科属｜唇形科刺蕊草属

主要产地｜印尼、印度、中国（广东与海南）

萃取部位｜整株（蒸馏）

适用部位 脾经、本我轮

核心成分
萃油率 0.3%~1.5%，34 个可辨识化合物（占 97.38%）

心灵效益｜平衡太多的自我关注，开始意识到别人的存在

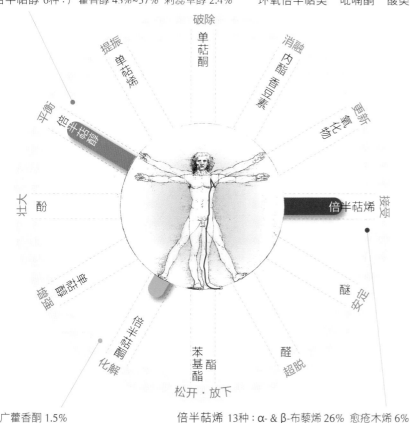

倍半萜醇 6种：广藿香醇 43%~57%　刺蕊草醇 2.4%　环氧倍半萜类　吡喃酮　酸类

破除

单萜酮

提振 单萜酮

消融

内酯

更新 氧化物

平衡 倍半萜醇

接受 倍半萜烯

壮大 酚

倍半萜烯

醚

安定

化解 倍半萜醛

苯基酯 酯

醛 超脱

松开·放下

广藿香酮 1.5%　　倍半萜烯 13种：α- & β-布藜烯 26%　愈疮木烯 6%

狭长叶鼠尾草
Blue Mountain Sage

生长在高海拔水道或潮湿地区的含钙或含盐土壤，需要全日照。窄长的叶片触感粗糙，多为野生，少见栽种。

学　　名 | *Salvia stenophylla*

其他名称 | 蓝山鼠尾草 /
　　　　　 African Tea Tree

香气印象 | 日正当中，正直的警长一人迎击匪徒

植物科属 | 唇形科鼠尾草属

主要产地 | 南非 (中部与东部)

萃取部位 | 叶片 (蒸馏)

适用部位 肺经、心轮

核心成分
萃油率 0.41%，33 个可辨识化合物 (占 95.63%)

心灵效益 | 平衡独孤求败的羞怯，渐渐走近人群

注意事项

1. 1976 年首现于市场，1980 年开始有成分研究发表，取得不易。

2. 另一新兴南非特有种鼠尾草为 *Salvia chamelaeagnea*，分布于开普敦西南部，主要成分为柠檬烯 (38.67%)、桉油醇 (16.2%)、绿花醇 (7%)。

药学属性	适用症候
1. 强力消炎，抗菌，除秽	呼吸道发炎，感冒咳嗽，肺结核，净化病宅
2. 伤口愈合	各种伤口护理，皮肤敏感
3. 收敛体液	多汗，多痰，多唾液
4. 驱虫，抗疟原虫	热带寄生虫病，疟疾

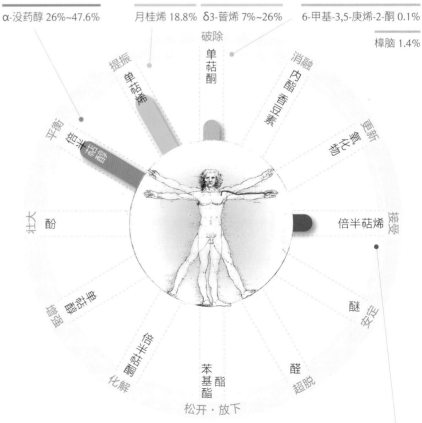

α-没药醇 26%~47.6%　　月桂烯 18.8%　　δ3-蒈烯 7%~26%　　6-甲基-3,5-庚烯-2-酮 0.1%

樟脑 1.4%

双萜醇：泪杉醇 8.6%　　　β-金合欢烯 0.9%　　α-佛手柑烯 0.7%

檀香
Sandalwood

高 4~20 米、生长缓慢的热带小树，以根部吸盘从多种寄生植物获得养分。种植时必须同时挑选适合与其共同生存的植物，寄主植物并不会因而凋零。

学　名	Santalum album
其他名称	印度白檀 / Indian Sandalwood
香气印象	泰姬玛哈陵的倒影
植物科属	檀香科檀香属
主要产地	印度、印尼、澳大利亚
萃取部位	心材（蒸馏）

适用部位　肾经、基底轮

核心成分
萃油率4%，53 个可辨识化合物 (占99.9%)

心灵效益 | 平衡大江东去的落寞，享受夕阳的美感

药学属性

	药学属性	适用症候
1.	解除淋巴与静脉壅塞，抑制酪胺酸酶	静脉曲张，盆腔充血，脸部皮肤的红血丝，美白
2.	强心，安抚神经，抑制乙酰胆碱酯酶，竞争血清素与多巴胺受体，强化听力	心脏无力，坐骨神经痛，腰痛，记忆力退化，抑郁症，耳鸣，听力受损
3.	抗肿瘤，抗病毒，抗感染，退热	皮肤癌，疱疹，H3N2 流感，扁平疣，尿道炎，淋病
4.	抗幽门螺杆菌，降血糖，护肝养肾	胃溃疡，糖尿病，化学制剂中毒，肾炎

倍半萜醇 30种 78.5%：α- & β-白檀醇 49%~70%

倍半萜的异构体 5种 4.4%

香柑醇 0.37%~10%

破除　消融　更新　提振　单萜酮　单萜烯　内酯香豆素　（氧化物）

平衡　倍半萜醇

壮大　酚

接受　倍半萜烯

化解　酮醛甜半倍　苯基酯　醛　醚

松开·放下

安定

超脱

酸：白檀酸 0.4%

倍半萜烯 9种 7.8%：大根老鹳草烯 5%　菖蒲二烯 1.39%

注意事项

1. 熟年树种的经济效益较高，适宜萃油的时间是 30 岁以后。因为需求量过大，为免于灭绝，印度政府已经禁止檀香木出口。

2. 许多地区积极投入印度白檀的栽种。斯里兰卡所产者含白檀醇 56%，萃油率 6.36%；澳大利亚所产者白檀醇可达 70%，萃油率 6.2%。印尼也有印度白檀，白檀醇为 49%，萃油率 1.3%。澳大利亚自己另有一原生品种，澳洲檀香 (S. spicatum)，香气和印度白檀大不同，白檀醇偏低。

太平洋檀香
Sandalwood Pacific

香气组成受环境影响大于基因，如寄生于苦楝根的檀香也会得其杀虫成分，α-& β-白檀醇则会受霉菌与四种细菌的影响而产生比例的变化。

学　　名	*Santalum austrocaledonicum*
其他名称	新喀里多尼亚白檀 / New Caledonian Sandalwood
香气印象	南岛风情的木刻版画
植物科属	檀香科檀香属
主要产地	新喀里多尼亚、瓦努阿图
萃取部位	心材（蒸馏）

适用部位 | 肾经、基底轮

核心成分
萃油率 2.2%，84 个可辨识化合物

心灵效益 | 平衡文明的扭曲，还原
心灵的原生态

药学属性	适用症候
1. 解除淋巴与静脉壅塞，抑制酪胺酸酶	静脉曲张，脸部皮肤的红血丝，淡斑
2. 安抚神经，竞争血清素与多巴胺受体，强化听力	神经痛，抑郁症，耳鸣
3. 抗肿瘤，抗病毒，抗感染，退热	皮肤癌，疱疹，扁平疣，尿道炎
4. 健胃，降血糖，护肝养肾	胃溃疡，糖尿病，化学制剂中毒，肾炎

1. 优质檀香油的国际标准是 α-白檀醇 >41%，β-白檀醇 >16%。瓦努阿图共和国的北方岛屿约有两成的树可达标。而太平洋檀香的香气组成是最接近印度檀香的一种。

2. 澳洲檀香 (*S. spicatum*) 含 α-白檀醇 9.1%，β-白檀醇 8%，属于轻版檀香。

3. 夏威夷檀香 (*S. paniculatum*) 含 α-白檀醇 34.5%~40.4%，β-白檀醇 11%~16.2%，也是比较接近印度檀香的品种。

白檀醇 70% (α- 47% & β- 24%)　β-姜黄烯-12-醇　顺式莲花醇

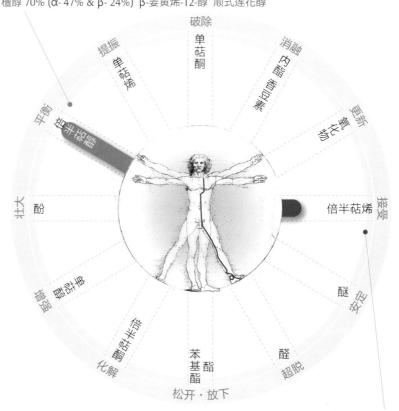

大根老鹳草烯　菖蒲二烯

塔斯马尼亚
胡椒
Tasmanian Pepper

高大的灌木，高 2~5 米，红棕枝干十分醒目，豌豆大的紫黑莓果成串。喜欢冷凉气候与非石灰岩的土壤，需要半遮荫，常见于高山的山沟中。

药学属性	适用症候
1. 抗菌防腐，抗霉菌，抗氧化	胃痛，肠绞痛，食物中毒
2. 抗感染，防虫	性病，户外活动，阴暗潮湿的室内环境
3. 消炎，抗敏，止痛，抗肿瘤	皮肤发痒，红疹，肺癌，白血病，腹水肿瘤，安宁疗护
4. 舒张血管，抗焦虑	情绪紧张引起的高血压

学　　名 | *Tasmannia lanceolata /*
Drimys lanceolata

其他名称 | 假八角 /
Mountain Pepper

香气印象 | 独角仙在光蜡树上安静地交配

植物科属 | 林仙科澳洲林仙属

主要产地 | 澳大利亚 (塔斯马尼亚)

萃取部位 | 果实 (溶剂萃取)

适用部位 大肠经、心轮

核心成分
萃油率 1%~6%

心灵效益 | 平衡高涨的竞争意识，
散放不刺眼的光亮

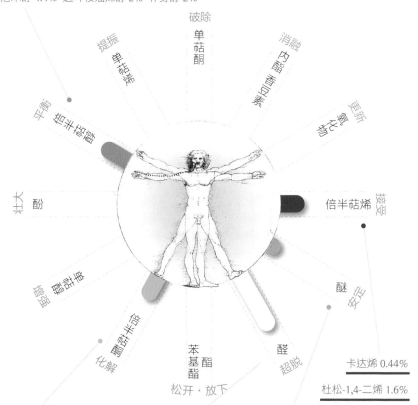

愈疮木醇 4.4%　匙叶桉油烯醇 2%　补身醇 2%

破除
单萜酮

提振
单萜烯

消融
内酯香豆素

更新
氧化物

平衡
倍半萜醇

接受
倍半萜烯

壮大
酚

安定
醚

增强
单萜醇

化解
酮酯半倍

松开 · 放下
苯基酯

超脱
醛

卡达烯 0.44%

杜松-1,4-二烯 1.6%

白菖脑 3.4%　倍半萜醛：水蓼二醛 37%~45%　黄樟素　肉豆蔻醚　双环大根老鹳草烯 1.2%

注意事项

1. 油色墨绿，相当黏稠。

2. 全株都有香气，叶片也能萃取精油，比果油含有更多倍半萜类。叶和果的抗氧化力是蓝莓的三倍。

缬草
Valerian

高海拔、肥沃、弱碱性砂质土壤能使产油率提高。耐寒，性喜湿润。挖出的根不可以用水洗，也不能曝晒，只能阴干，以免降低含油量。

学　　名｜*Valeriana officinalis*

其他名称｜鹿子草 / Baldrian

香气印象｜冥王之后波赛芬从地底回到人间

植物科属｜败酱科缬草属

主要产地｜东欧、中国

萃取部位｜根部（蒸馏）

适用部位　心经、基底轮

核心成分
萃油率 0.3％，84 个可辨识化合物（占 90％）

心灵效益｜平衡对于物质和精神的追求，信守中庸

注意事项

1. 栽培种与野生的精油成分差异不大，一年生含量要高于二年生，但储存后缬草含油量降低。

2. 中国产缬草精油与欧洲产的主要区别在于不含缬草烯酸。

3. 对神经系统影响最大的是缬草醛和缬草烯酸。

药学属性	适用症候
1. 镇静（降低中枢神经的反应，放松肌肉，尤其是呼吸系统与运动肌肉），抗痉挛，平衡神经，抗抑郁	失眠，神经衰弱，躁郁，神经痛，头痛，癫痫，多动，肠躁症，压力失忆症
2. 退热，肾脏保护作用	发热，II 型糖尿病的肾受损
3. 利胆，减少头皮屑	胆结石，胆囊炎，油腻的肤质和发质
4. 扩张冠状动脉血管，降血压，调节血脂，抗脂质过氧化	心肌缺血，冠心病，心绞痛，心律不齐

缬草萘烯醇 17%　匙叶桉油烯醇 4%　　　　　　　　酸：缬草烯酸 3%

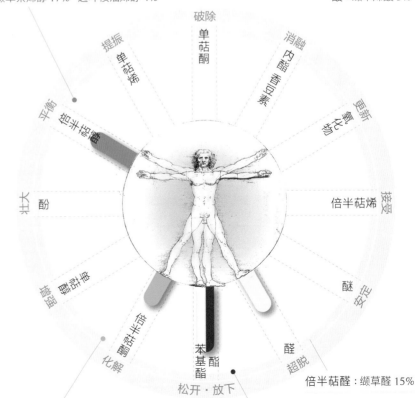

缬草烷酮 10%　乙酸龙脑酯 8%~37%　乙酸桃金娘酯 2%~7%　异戊酸桃金娘酯 1.1%~2.5%

倍半萜醛：缬草醛 15%

印度缬草
Indian Valerian

原生于喜马拉雅西北，海拔 1300~3300 米山区。小型药草 (高 14~45 厘米)，能够激励蚯蚓的活动，并增加土壤的含磷量。

药学属性	适用症候
1. 补强神经，抗痉挛，阿育吠陀的补药	发狂，癫痫，歇斯底里，疲倦无力
2. 消炎	皮肤病，毒蛇、蝎子、蜘蛛等有毒物种的叮咬
3. 抗糖尿，助消化，消胀气	肥胖，糖尿病后遗症 (如认知退化)
4. 解除静脉壅塞，强化静脉循环	内痔外痔，静脉曲张

学　　名 | *Valeriana wallichii* / *Valeriana jatamansi*

其他名称 | 蜘蛛香 / Tagar

香气印象 | 充满腐植质的森林黑土

植物科属 | 败酱科缬草属

主要产地 | 尼泊尔、印度、中国

萃取部位 | 根部 (蒸馏)

适用部位 | 脾经、本我轮

核心成分
萃油率 0.64%~1.67%，21 个可辨识化合物 (占 98.9%)

心灵效益 | 平衡思考多于行动的倾斜，带来大地的护佑与祝福

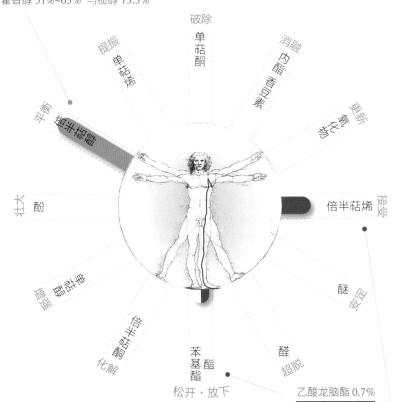

广藿香醇 51%~63%　马榄醇 13.3%

破除
单萜酮

提振 单萜烯

消融 内酯与香豆素

更新 (氧化物)

平衡 倍半萜醇

壮大 酚

接受 倍半萜烯

醚 安定

苯基酯 松开·放下

醛 超脱

乙酸龙脑酯 0.7%

烷：缬草烷 3.3%　　倍半萜烯 14 种：塞席尔烯 4.1%　β-古芸烯 0.8%　α-檀香烯 0.6%

注意事项

1. 本品种可分为两大化学品系，但都属于倍半萜醇类：广藿香醇型和马榄醇型。香水业需求较大的是广藿香醇型，本书所列也是广藿香醇型。

2. 喜马拉雅山区共有 16 个作用相近的缬草品种，本品种最常被拿来取代欧洲缬草。

岩兰草
Vetiver

原生于印度，适应各种土质，但现今遍布热带的植株都来自美国的栽培种。窄叶品种比宽叶品种茂盛而芳香，深密的根部可以强化水土保持。

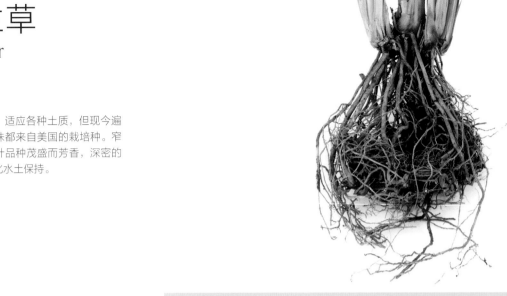

学　　名	Vetiveria zizanioides / Chrysopogon zizanioides
其他名称	香根草 / Khus-Khus
香气印象	演歌歌手忘词后潇洒道歉
植物科属	禾本科岩兰草属（金须茅属）
主要产地	海地、印度、中国、巴西、印尼
萃取部位	根部（蒸馏）

适用部位 脾经、本我轮

核心成分
萃油率 0.64%~1.67%，80 个可辨识化合物（占 94.5%）

心灵效益 | 平衡过于洁癖的态度，无入而不自得

药学属性	适用症候
1. 修复皮肤，保湿，抗皱，抑制酪胺酸酶	→ 缺水的皮肤，妊娠纹，鱼尾纹，荨麻疹，黑斑
2. 促进循环，增加红细胞数量，通经	→ 冠状动脉炎，肩颈腰背酸痛，闭经，少经
3. 激励免疫系统，激励淋巴，补强腺体	→ 口疮，发热，头痛，胃炎，肝脏充血
4. 镇静，强化神经	→ 分离焦虑，幽闭恐惧，怯场，失恋

倍半萜醇 23种 46%：库斯醇 13.7%

异瓦轮西亚桔烯醇 6.9%

岩兰蛇床醇 3.9%

诺卡醇 16.1%

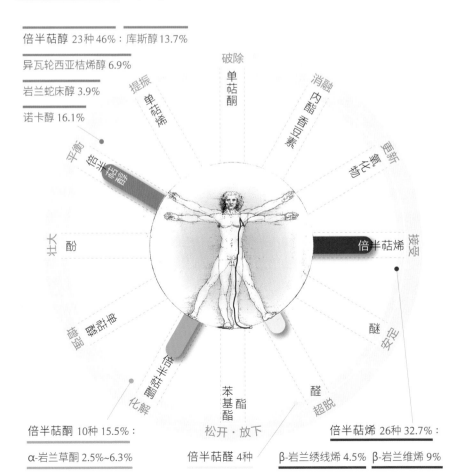

倍半萜酮 10种 15.5%：

α-岩兰草酮 2.5%~6.3%

倍半萜醛 4种

倍半萜烯 26种 32.7%：

β-岩兰绣线烯 4.5%　β-岩兰维烯 9%

香型主要分两类：

1. 海地与留尼汪岛所产属于较甜的花香调，所以香水业较偏爱。

2. 印度野生的属于香脂木质调，北印度所产富有土地感，南印度所产则较有香料感。

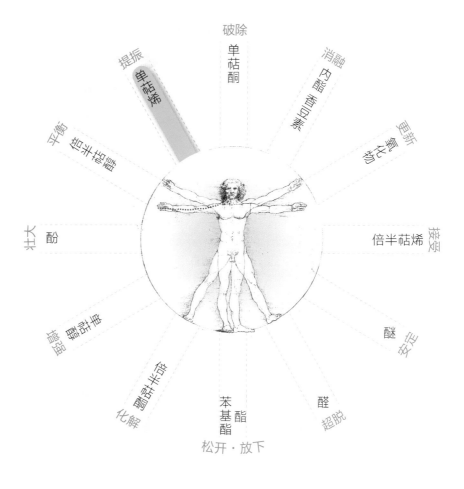

破除
单萜酮

提振
单萜烯

消融
内酯与香豆素

平衡
倍半萜醇

更新
氧化物

壮大
酚

接受
倍半萜烯

单萜醇 理智

醛 超脱

醚 安定

苯基酯

酯 化解

松开·放下

XII

单萜烯类

Monoterpene

数量最多的香气类型,以针叶树、果皮与树脂类
精油为核心。专门激励体内各种传导物质(神经、
免疫、内分泌),借牵一发动全身的方式,展现全
息疗效,比较常见的表现为消水肿、退热、止痛。
单萜烯类精油疏通三焦经,是恢复健康的关键。
从日常保健,到危机处理,乃至于术后调养,都
需要单萜烯类精油打基础。看似无甚出奇,实则
影响深远。

欧洲冷杉
Silver Fir

主要分布在海拔 500~1700 米的朝北山坡，年降雨超过 1000 毫米。树身既白又轻盈，最高可达 68 米，极耐阴，喜欢土壤潮湿微酸，无法忍受空气污染和强风。

学　　名	*Abies alba*
其他名称	银枞 / White Fir
香气印象	嵚崎磊落的汉子
植物科属	松科冷杉属
主要产地	法国、奥地利、保加利亚、罗马尼亚
萃取部位	针叶 / 树枝（蒸馏）

适用部位 三焦经、本我轮

核心成分

萃油率 0.25%~0.35%，20~39 个可辨识化合物（占 95.6%~99.9%）

心灵效益 | 提升自我的价值，不屈服于权威

注意事项

1. 毬果所萃的精油叫做 Templin，松油萜 (50%) 高于柠檬烯 (34%)，化合物的总数也更多，气味更为坚毅。

2. 喜马拉雅冷杉 (*Abies spectabilis*) 同样富含柠檬烯 (29.36%)，还有 20% 倍半萜烯 (β-丁香油烃，白菖油萜，β-波旁烯，β-马榄烯，α-葎草烯，δ-杜松烯)，是倍半萜烯最多的一种冷杉，研究显示具明显抗癌活性（大肠癌、乳腺癌）。

药学属性	适用症候
1. 中度抗菌，抗氧化，防腐保鲜	食物污染导致的肝脏负担
2. 祛痰，抗卡他	急性与慢性支气管炎，着凉感冒，人群中不由自主的咳嗽
3. 消炎，轻度抗肿瘤	关节病，莫名腰痛，肩颈僵硬
4. 激励	软弱无助，畏首畏尾，遗弃感，位高权重者或师长施加的压力

单萜烯 >90%：柠檬烯 34%~41% α-松油萜 13.8%~24% 樟烯 12.8%~21%

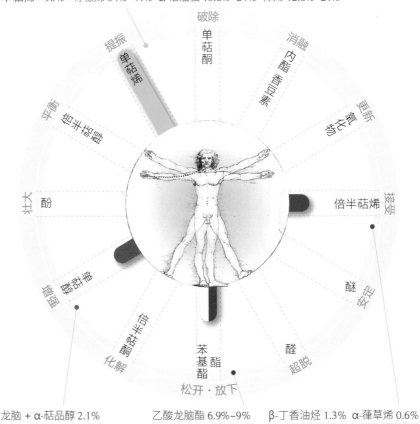

龙脑 + α-萜品醇 2.1%　　乙酸龙脑酯 6.9%~9%　　β-丁香油烃 1.3%　α-葎草烯 0.6%

胶冷杉
Balsam Fir

原生于北美洲寒冷潮湿的山区，高约 25 米，是加拿大最具优势的树种。硬木林中与云杉相伴时生长快速，在山顶或沼泽中则生长缓慢而细瘦。

药学属性	适用症候
1. 抗菌	鼻炎，支气管炎，鼻窦炎，着凉感冒，空气污染严重地区的呼吸困难
2. 抗痉挛，抗寄生虫	吞气症，蛔虫病
3. 抗氧化，抗肿瘤	关节病，乳腺癌，前列腺癌，肺腺癌，大肠癌，黑色素瘤
4. 激励	郁闷，透不过气，灰心丧志，悲恸哀伤

学　　名 | *Abies balsamea*

其他名称 | 加拿大枞 / Canadian Fir

香气印象 | 像毕达哥拉斯一样地玩数学

植物科属 | 松科冷杉属

主要产地 | 加拿大

萃取部位 | 针叶 (蒸馏)

适用部位 三焦经、心轮

核心成分
萃油率 0.591％，25 个可辨识化合物

心灵效益 | 提升理性，冷静幽默地化解难题

百里酚 0.45%　单萜烯 >96%：β-松油萜 38%　δ3-蒈烯 12%　水茴香萜 7.8%　樟脑 0.2%

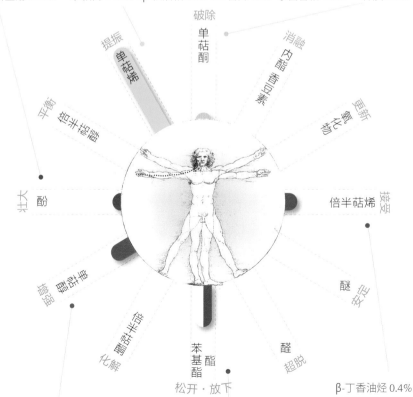

α- & β-萜品醇 1.5%　龙脑 1.1%　乙酸龙脑酯 14.6%　α-葎草烯 0.2%　右旋加拿大烯 0.1%

β-丁香油烃 0.4%

注意事项

1. 可分为两种化学品系，一种有略高的 δ3-蒈烯和百里酚，另一种则无。研究显示，胶冷杉的重要药效来自微量成分（倍半萜烯），而非占比高的单萜烯。

2. 冷杉属植物彼此之间有很多杂交与基因渗入的现象，所以精油成分的重叠性很高。

西伯利亚冷杉
Siberian Fir

西伯利亚优势树种，习惯副极地气候的湿冷，分布于海拔 1900~2400 米的山地或河谷。极度耐阴耐霜，可在零下 50℃ 存活，但树龄很少超过 200 岁。

学　　名	*Abies sibirica*
其他名称	俄罗斯枞 / Russian Fir
香气印象	和奇妙仙子一同飞翔的彼得潘
植物科属	松科冷杉属
主要产地	俄罗斯
萃取部位	针叶（蒸馏）

适用部位 三焦经、喉轮

核心成分
萃油率 0.8%~1.2%，31 个可辨识化合物

心灵效益 | 提升心灵的自由度，不受世俗制约

注意事项

1. 另一个富于酯类的冷杉是巨冷杉 Giant Fir (*Abies grandis*)，有 59 个化合物，单萜烯占 70%(β-松油萜、樟烯、β-水茴香萜)，乙酸龙脑酯 26.2%，另含特殊的双萜烯（冷杉二烯 0.1%）和倍半萜醇（左旋表荜澄茄油烯醇 0.5%）。和西伯利亚冷杉一样适用于被亲情绑架或被主流价值排挤的困境。

药学属性	适用症候
1. 消炎	– 气喘性支气管炎
2. 抗痉挛	– 痉挛性肠炎，长时间固定姿势引发的抽筋
3. 抗霉菌	– 齿槽漏脓，口腔卫生
4. 镇静（提高 α 脑波活动，降低 β 脑波活动）	– 时间或金钱短缺引发的压迫感，气急败坏

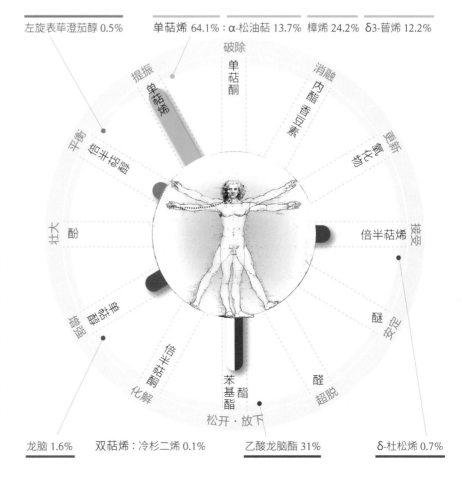

左旋表荜澄茄醇 0.5%　　单萜烯 64.1%：α-松油萜 13.7%　樟烯 24.2%　δ3-蒈烯 12.2%

龙脑 1.6%　　双萜烯：冷杉二烯 0.1%　　乙酸龙脑酯 31%　　δ-杜松烯 0.7%

莳萝（全株）
Dill Herb

原生于地中海与西亚，喜欢全日照和富饶松软的土壤。夏季的艳阳可以助长精油含量，遮荫则使油量减少，干燥将导致提早结实。

学　　名	*Anethum graveolens*
其他名称	土茴香 / Soya Leaf
香气印象	伊斯坦布尔的香料市场
植物科属	伞形科莳萝属
主要产地	法国、匈牙利、埃及
萃取部位	全株（蒸馏）

适用部位　三焦经、本我轮

核心成分
萃油率 0.08%~1.1%，19 个可辨识化合物（占 99.9%）

心灵效益 | 提升转换能力，总能从烂墙缝隙看见光

药学属性

1. 抗菌，消解黏液
2. 利胆，促进胆汁分泌，帮助消化
3. 抗氧化，消炎，抗肿瘤，提高适应原作用
4. 抗凝血，抗痉挛，提高胰岛素，降低甲状腺素

适用症候

- 急性支气管黏膜发炎
- 儿童消化问题（肠胃太娇嫩，食物太"营养"），成人肝胆功能不足，消化不良
- 肾功能低下，肾炎，压力导致的尿频，压力导致的健忘
- 心肌梗死，类固醇诱发的 II 型糖尿病

α-水茴香萜 19.12%~46.33%　柠檬烯 13.72%~26.34%　桉烯 11.34%　藏茴香酮 2.11%

橙花叔醇 0.71%~1.48%　胡椒酮 0.23%~4.6%

破除　单萜酮
提振　单萜烯
消融　内酯　香豆素
平衡　倍半萜醇
更新　氧化物
壮大　酚
接受　倍半萜烯
安定　醚
化解　倍半萜酮
松开·放下　苯基酯　酯
超脱　醛

丁香酚 0.79%~1.55%　蒌叶酚 0.24%~1.62%　香芹醇 0.66%~3.24%　苯基酯
莳萝脑 0.59%~4.16%　莳萝醚 0.45%~19.63%　肉豆蔻醚 1.07%

注意事项

1. 莳萝种子萃油率达 3.2%，成分以藏茴香酮为主（62.48%），另含莳萝醚（19.51%）和柠檬烯（14.61%），属于单萜酮类精油，孕妇与婴幼儿不宜使用。

2. 种子油的药学属性为抗菌、抗霉菌、杀虫、消炎、消胀气、抗痉挛、通乳、提高黄体酮与催产素、利尿、抗氧化、抗肿瘤（子宫颈癌与乳腺癌细胞株）、降血脂、降胆固醇、降血糖。

3. 种子油的适用症候包括痔疮、便秘、气喘、胃溃疡、肾绞痛、排尿困难、痛经、生产困难、神经痛、糖尿病等等。

欧白芷根
Angelica Root

身长 1~3 米，喜欢潮湿富饶的土壤，不惧零度以下的低温，属于先驱植物。这种北国药草需要一点遮荫，多见于针叶树间及溪流旁，浅根粗大，剖开呈黄白色。

学　　名	*Angelica archangelica*
其他学名	西洋当归 / Garden Angelica
香气印象	深夜加油站遇见苏格拉底
植物科属	伞形科当归属（白芷属）
主要产地	波兰、荷兰、法国、比利时
萃取部位	根部（蒸馏）

适用部位 三焦经、本我轮

核心成分
萃油率 0.1%~0.5%，60 个可辨识化合物（占 99.3%）

心灵效益 | 提升正能量，击退情绪的黑武士

注意事项

1. 有光敏性，用后 12 小时避免日晒。健康皮肤的安全剂量为 0.8%。能通经，孕妇与哺乳母亲避免使用。

2. 欧白芷种子萃油率达 0.6%~1.5%，成分以 β-水茴香萜为主 (62.48%)，也含微量呋喃香豆素（前胡内酯、花椒毒内酯），所以也有抗肿瘤作用。

3. δ3-蒈烯的比例与纬度成正比，来自愈高纬度地区的欧白芷根，所含 δ3-蒈烯愈多。另外生长温度愈低，萃油率愈高，因为较无病虫害破坏植物。

药学属性	适用症候
1. 镇静（局部作用于中枢神经），抗惊厥	焦虑，神经衰弱，失眠，腹部痉挛，癫痫，惊吓过度
2. 助消化，消胀气，抗黄曲霉菌，养肝，抗幽门螺杆菌	食欲不振，胀气，吞气症，便秘，痉挛性肠炎，酒精中毒，酒瘾，胃溃疡
3. 抗凝血，提高去甲肾上腺素，调节皮肤角质，消炎	血栓，坏血病，感冒，咳嗽，瘟疫，发烧，干癣，白癜风，痔疮
4. 抗氧化，抗肿瘤，强身，通经	痛风，乳腺癌，胃癌，T 细胞淋巴瘤，提高性能量，经期不顺

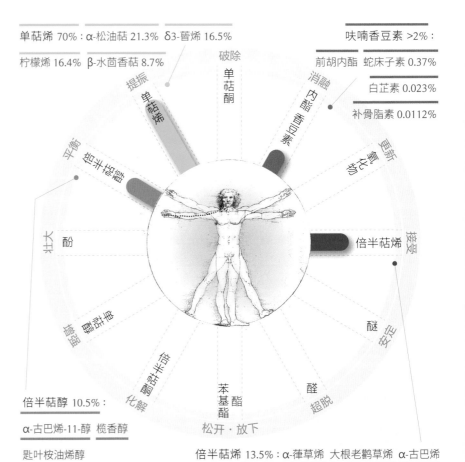

单萜烯 70%：α-松油萜 21.3% δ3-蒈烯 16.5%
柠檬烯 16.4% β-水茴香萜 8.7%

呋喃香豆素 >2%：
前胡内酯 蛇床子素 0.37%
白芷素 0.023%
补骨脂素 0.0112%

倍半萜醇 10.5%：
α-古巴烯-11-醇 榄香醇
匙叶桉油烯醇

倍半萜烯 13.5%：α-葎草烯 大根老鹳草烯 α-古巴烯

白芷
Dahurian Angelica

接近河岸溪流生长，植株可达 1 米高，夏秋季节叶黄时采收。对土质适应力佳，酸碱度 pH 5.5~7.5 均可，只要植在排水佳的砂质土；虫害亦少。

学　　名	*Angelica dahurica*
其他学名	白茝 / Chinese Angelica
香气印象	所谓伊人，在水一方
植物科属	伞形科当归属
主要产地	西伯利亚、俄罗斯远东地区、日本、韩国、中国东北、四川、台湾岛
萃取部位	根部 (蒸馏)

适用部位　三焦经、眉心轮

核心成分
萃油率 0.1%~0.5%，43 个可辨识化合物 (占 92.1%)

心灵效益 | 提升优雅气度，看淡尘世纷扰

药学属性 / 适用症候

药学属性	适用症候
1. 平喘，抗菌，解痉，解热，抗过敏，通窍	感冒，鼻塞，发烧，毒蛇咬伤
2. 美白 (抑制酪胺酸酶)，燥湿，消肿，排脓，抗发炎	肤色黯沉，痛疽，痤疮，皮肤燥痒，疥癣，肠漏，白带
3. 抗氧化，抗肿瘤，保肝，阻断醛糖还原酶	皮肤癌，白血病，肝癌，糖尿病
4. 祛风，止痛，扩张血管，改善血液循环	寒湿腹痛，眉棱骨痛，头痛，牙齿痛，风湿痹痛，高血压

单萜烯 62%：α-松油萜 46.3%　桧烯 9.3%　月桂烯 5.5%

愈疮木-6,10(14)-二烯-4β-醇 0.5%

呋喃香豆素：前胡内酯
异前胡内酯
水合氧化前胡素

破除
提振
单萜烯
单萜酮
消融
平衡
倍半萜醇
壮大
酚
更新
氧化物
香豆素
接受
倍半萜烯
醚
超脱
醛
化解
苯基酯
松开·放下
倍半萜酯
增强
烷醇：十二烷醇 5.2%　十三烷醇 2%

脂肪酸酯：月桂酸乙酯 5.43%　亚油酸乙酯 8.67%　β-榄香烯 1.6%　蛇床-4,11-二烯 0.5%

注意事项

1. 有光敏性，用后 12 小时避免日晒。健康皮肤的安全剂量为 0.8%。

2. 现代所用的白芷均为栽培种，依产地可分为川白芷、祁白芷、禹白芷、亳白芷、杭白芷等，成分差异颇大，但都以单萜烯与香豆素为主。本条所载为川白芷。

3. 蒸馏法易得低沸点的挥发性成分，精油长时间接触空气及光会逐渐氧化变质，形成树脂样物质，且萃油率较低。CO_2 萃取法萃油率高又能大量保存有效成分，但是有些极性大的或以结合状态存在的成分无法被此技术提取出来。

独活
Du Huo

分布于海拔 1500~2000 米的草丛或稀疏灌木林下。喜凉爽湿润。在肥沃、疏松的碱性土、黄砂土或黑油土生长良好，黏重土或贫瘠土不宜种植。

学　　名	*Angelica pubescens*
其他名称	重齿毛当归 / Pubescent Angelica Root
香气印象	园艺工作中沾满泥土的双手
植物科属	伞形科当归属
主要产地	中国（湖北、四川、浙江）
萃取部位	根部（蒸馏）

适用部位 膀胱经、心轮

核心成分
萃油率 0.22%，88 个可辨识化合物（占 78.23%）

心灵效益 | 提升独处能力，降低依赖性与不安感

药学属性	适用症候
1. 抑制 5-脂氧合酶和环氧合酶（消炎）	双脚沉重，行动困难，腰膝疼痛
2. 抑制乙酰胆碱导致的肠痉挛	缺乏运动者的消化困难及胀气腹痛
3. 抑制血栓形成，扩张血管，降血压	心血管疾病
4. 镇静	提高睡眠品质

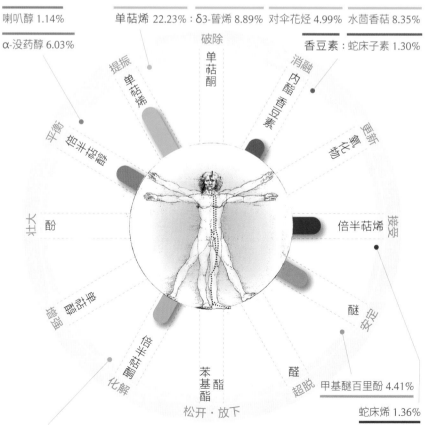

喇叭醇 1.14%　　单萜烯 22.23%：δ3-蒈烯 8.89%　对伞花烃 4.99%　水茴香萜 8.35%

α-没药醇 6.03%　　　　　　　　香豆素：蛇床子素 1.30%

提振　单萜烯　破除单萜酮　消融内酯香豆素　更新氧化物

平衡　倍半萜醇　　　　　　　　　　倍半萜烯 接受

壮大　酚

益　甲基醚酚

醛甜单萜酮 化解　苯基酯　醛 超脱　甲基醚百里酚 4.41%

松开·放下　　　　　　蛇床烯 1.36%

1,8-二甲基-4-异丙基-螺环(4,5)十碳-8-烯-7-酮 4.37%　　　桉叶烷-4(14),11-二烯 4.36%

醚 安定

乳香
Frankincense

分布于西非至阿拉伯半岛南端，乳香属 75% 集中在非洲东北隅。适应干热贫瘠的环境，但由于滥采，树木群落已逐年递减，种子萌芽率也大幅下降。

学　　名	*Boswellia carterii /* *B. sacra*
其他名称	多伽罗香 / Olibanum
香气印象	天堂的大门
植物科属	橄榄科乳香属
主要产地	埃塞俄比亚、阿曼
萃取部位	树脂（蒸馏）

适用部位 肝经、顶轮

核心成分
萃油率 3%，58 个可辨识化合物（占 97.9%）

心灵效益 ｜ 提升眼界，超越是非，与大地同在

药学属性 / 适用症候

药学属性	适用症候
1. 促进伤口愈合，生肌除疤消痕，活血行气止痛，化瘀伸筋蠲痹	伤口，溃疡，肌肤松弛（如眼袋），妊娠纹，整形后，开刀后，中风后
2. 抗黏膜发炎，化痰	支气管黏膜炎，气喘性支气管炎，气喘
3. 抗肿瘤，激励免疫系统，抗念珠菌	膀胱癌，胰腺癌，乳腺癌，肝癌，子宫癌，皮肤癌，免疫功能不全，鹅口疮
4. 抗抑郁，降低血液中的可的松水平	郁闷，沮丧，绝望，巨大的压力

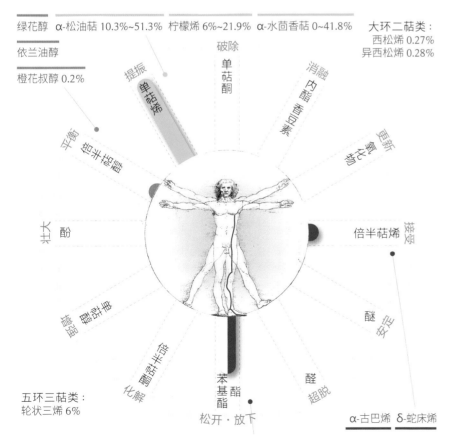

绿花醇　α-松油萜 10.3%~51.3%　柠檬烯 6%~21.9%　α-水茴香萜 0~41.8%

大环二萜类：
西松烯 0.27%
异西松烯 0.28%

依兰油醇

橙花叔醇 0.2%

破除　单萜酮

提振　单萜烯

消融　内酯　香豆素

更新　氧化物

平衡　倍半萜醇

接受　倍半萜烯

壮大　酚

醚　安定

化解　倍半萜酮

超脱　醛

松开·放下　苯基酯

五环三萜类：
轮状三烯 6%

酯 12 种 40%：乙酸度瓦三烯二醇酯 21.35%　乙酸辛酯 13.39%　乙酸乳香酯　没药烯

α-古巴烯　δ-蛇床烯

印度乳香
Indian Frankincense

原生于印度东边的中部和北部，3~4 月割划树皮，夏秋两季拾取树脂。乳香树脂只能连续生产三年，之后质量便会下降，传统要让树休息几年再采。

学　　名	Boswellia serrata
其他名称	莎赖 / Salai
香气印象	绵密厚实的云海
植物科属	橄榄科乳香属
主要产地	印度
萃取部位	树脂（蒸馏）

适用部位 肝经、顶轮

核心成分
萃油率 6.1%，28 个可辨识化合物
（占 92.3%）

心灵效益 提升包容力，整合歧见，完成使命

注意事项

1. 乳香属在品种上的争议很多，很多研究是依据树脂商品而非原物种所做的分析，更增加混淆性。印度乳香则是在分类学及精油成分方面较无疑点的一种。

2. 乳香树脂在疗效方面最有名的成分：11- 羰基 -β-乙酰乳香酸 AKBA(分子式 C32H48O5)，并不存于精油之中。但研究显示精油整体的协同作用仍能印证传统已知的功能。

药学属性	适用症候
1. 抗菌，抗霉菌	腹泻，发烧，咳嗽，喉炎，气喘
2. 强力消炎，止痛，养肝，降血脂，抗血管硬化	风湿性关节炎，骨关节炎，颈椎病，皮肤病，口疮，黄疸，心血管疾病
3. 抗氧化，抗肿瘤	脱发，肝癌，大肠癌
4. 调经	月经不调，白带，痔疮，梅毒

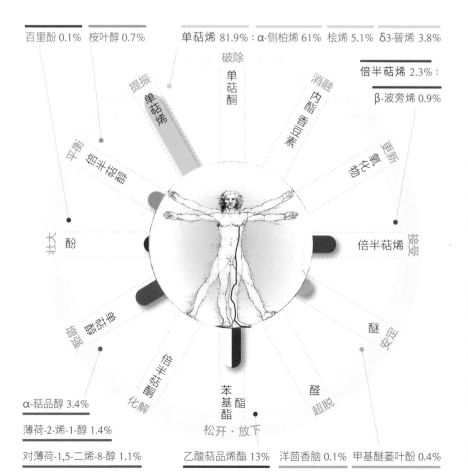

百里酚 0.1%　桉叶醇 0.7%　单萜烯 81.9%：α-侧柏烯 61%　桧烯 5.1%　δ3-蒈烯 3.8%

倍半萜烯 2.3%：
β-波旁烯 0.9%

α-萜品醇 3.4%
薄荷-2-烯-1-醇 1.4%
对薄荷-1,5-二烯-8-醇 1.1%　乙酸萜品烯酯 13%　洋茴香脑 0.1%　甲基醚蒌叶酚 0.4%

秘鲁圣木
Palo Santo

生长于美洲热带地区，由墨西哥到秘鲁都有分布，会流出树脂。习惯半枯干的低地，树龄愈老，含油量愈高。

药学属性		适用症候
1.	止痛	风湿痛，胃痛
2.	镇静，放松	惊慌失措，草木皆兵，噩梦连连，负能量缠身
3.	驱虫（无鞭毛体的利什曼原虫）	利什曼症
4.	发汗，抗肿瘤	久处空调房引起的循环不良，乳腺癌

学　名	Bursera graveolens
其他名称	印加老圣木 / Holy Wood
香气印象	印地安巫师在仪式中熬煮死藤水
植物科属	橄榄科裂榄属
主要产地	厄瓜多尔
萃取部位	心材（蒸馏）

适用部位　三焦经、顶轮

核心成分
萃油率 5.2%，81 个可辨识化合物（占 90.5%）

心灵效益　提升自我觉察的通透性，百毒不侵

单萜烯 78.2%：柠檬烯 58.6% 对伞花烃 0.5%　单萜酮 8种：藏茴香酮 2% 胡薄荷酮 1.1%

倍半萜醇 9种：　橙花叔醇 0.1%　桉叶醇

呋喃：薄荷呋喃 6.6%

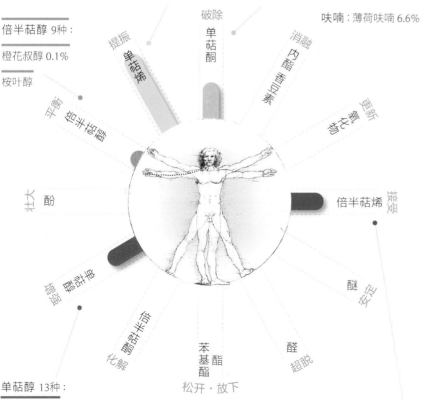

单萜醇 13种：
α-萜品醇 10.9% 香芹醇 1.1%　倍半萜烯 24种 9.6%：γ-依兰烯 1.2% 大根老鹳草烯 1.7%

提振　单萜烯
破除　单萜酮
消融　内酯
平衡　倍半萜醇
壮大　酚
松开·放下　苯基酯
接受　倍半萜烯
安定　醚
超脱　醛

榄香脂
Elemi

生于热带雨林，雨季开始时割取树脂，
每隔一天割一回，一个月采收一次。几
乎全年可采，但干季流量少。成熟的树
一年可生产 45 千克的树脂。

学　　名	*Canarium luzonicum*
其他名称	马尼拉树脂 / Malapili
香气印象	盲歌手高唱《海阔天空》
植物科属	橄榄科橄榄属
主要产地	菲律宾
萃取部位	树脂 (蒸馏)

适用部位　三焦经、顶轮

核心成分
萃油率 12%，14~39 个可辨识化
合物 (占 96.3%)

心灵效益 | 提升奋斗意志，不轻易
认输

药学属性	适用症候
1. 激励腺体，健胃	消化不良
2. 抗卡他	支气管炎
3. 抗菌，抗霉菌 (白色念珠菌)，抗阿米巴原虫	鹅口疮，阿米巴痢疾，腹泻，结肠痉挛
4. 促进细胞再生，伤口愈合，强化皮肤	静脉溃疡，伤口不愈，脓肿，皱纹

榄香醇 21.4%　柠檬烯 45.6%　α-水茴香萜 6%　对伞花烃 3%　桧烯 4.5%　1,8-桉油醇 1.1%

桉叶醇 0.9%

破除

提振　单萜酮　消融

内酯　香豆素

平衡　倍半萜醇　更新　氧化物

接受

壮大　酚　倍半萜烯

醚　安定

醛　超脱

苯基酯

化解　酮　倍半萜醇　松开·放下

单萜醇 13种：α-萜品醇 4.4%　萜品烯-4-醇 0.7%　榄香素 6.2%　2-甲氧基呋喃-二烯 0.7%

岩玫瑰
Cistus

外观特征为白色花瓣，花瓣底部有紫红色斑点，叶片细长而黏手。适应大陆化的地中海气候，能同时承受夏日久旱与寒冬，侵占性极强。

学　　名	*Cistus ladaniferus / Cistus ladanifer*
其他名称	岩蔷薇 / Gum Rockrose
香气印象	摩西带领以色列人出埃及，使红海分开
植物科属	半日花科岩蔷薇属
主要产地	葡萄牙、西班牙、科西嘉岛、摩洛哥
萃取部位	叶片 (蒸馏)

适用部位 三焦经、顶轮

核心成分
萃油率 0.16%~0.41%，45 个可辨识化合物 (占 83%)

心灵效益 | 提升断开能力，不再因循旧习和重蹈覆辙

药学属性 / 适用症候

1. 抗感染，抗病毒，抗菌 — 婴儿疾病，病毒性疾病，疱疹，水痘，麻疹，猩红热，百日咳

2. 促进伤口愈合，收敛与紧实皮肤 — 出血性伤口，皱纹，皮肤松弛下垂，毛孔粗大，痤疮

3. 抗动脉炎，强效止血 — 动脉炎，内外出血，出血性直肠炎，子宫内膜异位与子宫肌瘤导致的经血过量

4. 补强神经，调节中枢神经（作用于副交感）— 肌张力障碍，风湿性关节炎，多发性硬化症，自身免疫性疾病 (如红斑狼疮)

注意事项

1. 香水业用以替代龙涎香，或拿来合成琥珀的气味，是重要的定香剂。

2. 岩玫瑰树脂油 (labdanum oil) 其实是不同的产物，专取叶片表面流出的树胶蒸馏而得，特征气味来源为半日花烷型二萜。岩玫瑰叶油的独有气味则来自 2,2,6-三甲基环己酮。

3. 克里特岩玫瑰 (*Cistus creticus*)，开紫花，叶片只在持续 30℃ 高温下才会渗出树脂。此树脂是古埃及人制作木乃伊的关键成分，法老王执于右手的权杖，就是采集克里特岩玫瑰的工具。现在仅克里特岛有少量生产，买主为德国药厂与中东富豪。

α-松油萜 35%~56%　樟烯 1.9%~10%　2,2,6-三甲基环己酮 1.7%~5.7%　松樟酮 0.9%

绿花醇 0~11.8%　丁香油烃氧化物 0.4%

喇叭茶醇 0~6.6%

破除　单萜酮

提振　单萜烯

消融　内酯 · 香豆素

里新　氧化物

平衡　倍半萜醇

接受　倍半萜烯

壮大　酚

安定　醚

增强　醛

超脱　醛

化解　倍半萜酮

松开 · 放下　苯基酯

反式松香芹醇 0.8%~3.4%

萜品烯-4-醇 0.8%~2.6%　乙酸龙脑酯 2.1%~3.7%　α-樟烯醛 0.8%~2.3%　喇叭茶烯 0.9%

别香树烯 0.7%~1.9%

苦橙
Bitter Orange

原生于亚洲东南，是柚和橘的杂交种，喜欢微酸性的肥沃壤土与充足阳光。水量必须适中。安土重迁，定根后最好不要移植。

学　　名	*Citrus aurantium*
其他名称	塞维尔橙 / Seville Orange
香气印象	两个黄鹂鸣翠柳，一行白鹭上青天
植物科属	芸香科柑橘属
主要产地	意大利、埃及
萃取部位	果皮（压榨）

适用部位 三焦经、本我轮

核心成分
萃油率 0.46%~1.21%，19 个可辨识化合物

心灵效益 提升对生活的满意指数，转角就能遇见幸福

注意事项

1. 微具光敏性，健康皮肤的安全剂量为 1.25%，用油后 12 小时不宜日晒。含高量柠檬烯，氧化后可能刺激皮肤，应谨慎保存。

2. 甜橙（*Citrus sinensis*），主要产地为意大利和巴西。所谓红橙与血橙也属于这个品种。含柠檬烯 96.1%，柠檬醛 0.08%，辛醛 0.06%，沉香醇 0.18%。作用基本与苦橙同，包括抗肿瘤，扩香可抗霉菌，另能防止骨质流失。气味明显比苦橙松软甜香。

药学属性	适用症候
1. 安抚，镇静（调节血清素受体），抗惊厥	焦虑，神经紧张，难以入眠，癫痫（降低发作频率）
2. 促进消化，抗霉菌	消化不良，肠道痉挛，胃口不佳，厌食
3. 促进循环，抗凝血，杀孑孓	长坐久站，血栓，动脉粥样硬化，蚊虫滋生的环境
4. 消炎，抗肿瘤	大肠癌

柠檬烯 93.42%　月桂烯 2.05%

对伞花烃 1.66%

香豆素与呋喃香豆素 >0.09%：环氧香柑油内酯 0.082%

补骨脂素 0.007%

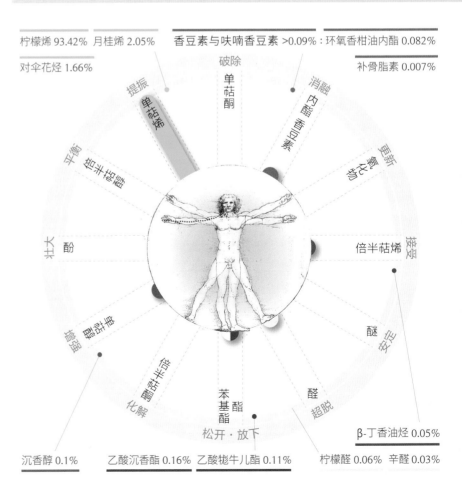

沉香醇 0.1%　乙酸沉香酯 0.16%　乙酸龙牛儿酯 0.11%　柠檬醛 0.06%　辛醛 0.03%

β-丁香油烃 0.05%

泰国青柠
Kaffir Lime

分布于亚洲热带地区、高 1.8~10.7 米的多
刺灌木。出名的葫芦型双叶和凹凸不平的
果皮，都能入菜。

药学属性	适用症候
1. 抗感染，抗菌	呼吸系统的传染病
2. 排出肝脏的毒素，促进胆汁流动	食品添加剂与农药、杀虫剂导致的肝毒，油脂不足导致的胆囊不收缩
3. 补强神经	无精打采，郁郁寡欢
4. 激素作用，促进子宫反着床作用	卵巢与睾丸功能低下，避孕

学　　名 | *Citrus hystrix*

其他名称 | 箭叶橙 / Combava

香气印象 | 河床旁的大小石块被烈日晒得发烫

植物科属 | 芸香科柑橘属

主要产地 | 泰国、马来西亚、印尼

萃取部位 | 果皮（蒸馏）

适用部位 | 胃经、本我轮

核心成分
萃油率 1%，102 个可辨识化合物

心灵效益 | 提升社交和运动的兴致，保持活力

β-松油萜 16%~35.9%　桧烯 22.8%~40%　柠檬烯 17.7%　　　　呋喃香豆素

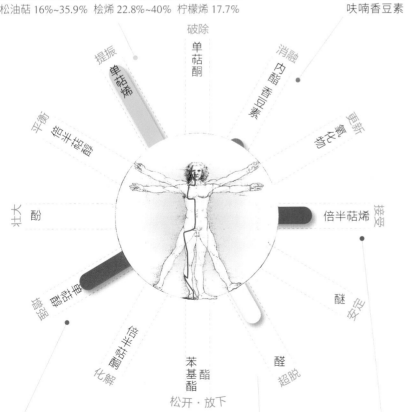

α-萜品醇 13%　香茅醇 3.24%　萜品烯-4-醇 13%　　香茅醛 10%　　β-丁香油烃 10%

日本柚子
Yuzu

宜昌橙和橘子的杂交品种，喜光，尤爱日间温暖夜间阴凉。无须费力照顾，可耐零度气温，土壤需要良好的排水。

学　　名 | *Citrus junos*

其他名称 | 香橙 / Japanese Lemon

香气印象 | 怀石料理的摆盘

植物科属 | 芸香科柑橘属

主要产地 | 日本、韩国

萃取部位 | 果皮（压榨）

适用部位 三焦经、心轮

核心成分
萃油率 0.18%~1.34%，69~77 个可辨识化合物（占 98.5%~99.6%）

心灵效益 | 提升主静的功夫，从容品味细节

药学属性	适用症候
1. 抗氧化，抗血小板凝结	血管硬化
2. 抑制 N-亚硝基二甲胺，抗肿瘤	肝癌，膀胱癌，乳腺癌，胰脏癌，肺癌，皮肤癌
3. 抗焦虑	完美主义，面试或上台焦虑，控制狂，幽闭恐惧症
4. 消炎，抑制细胞激素	气喘

注意事项

1. 含高量柠檬烯，氧化后可能刺激皮肤，应谨慎保存。

2. 中文的柚子指的是 Pomelo (*Citrus maxima / Citrus grandis*)，精油含柠檬烯 32.63%、脂肪酸 10.8%、含氮化合物（油酸酰胺 20.38%）。有改善心血管疾病、提高睡眠品质、抗菌、抗氧化、降血糖的作用。

单萜烯 96%：柠檬烯 63.1%~68.1%　γ-萜品烯 11.4%~12.5%　β-水茴香萜 4.6%~5.4%

大根老鹳草烯D-4-醇 0.3%~0.4%

含硫化合物：甲基三硫醚

百里酚 0.2%~0.3%

沉香醇 1.9%~2.9%

6-甲基-5-庚烯-2-醇

醛 6种 0.1%：辛醛 癸醛

双环大根老鹳草烯 1.5%~2%

反式-β-金合欢烯 0.9%~1.3%

提振　破除　消融　更新　接受　安定　超脱　松开·放下　化解　镇定　壮大　平衡

单萜烯　单萜酮　内酯　香豆素　氧化物　倍半萜烯　醚　醛　苯基酯　酮　醛甜半倍　酚　倍半萜醇　单萜醇

莱姆
Key Lime

原生于东南亚，常被亚热带与热带地区民众误认为柠檬（或被称作无籽柠檬）。喜欢全日照与排水通风良好，需忌避冷风。根系浅，宜种在沟壑或多岩块的土壤。

学　　名	*Citrus × aurantifolia*
其他名称	墨西哥莱姆 / Mexican Lime
香气印象	黑人女数学家演算太空船返航轨道
植物科属	芸香科柑橘属
主要产地	墨西哥、印度
萃取部位	果皮（蒸馏）

适用部位　三焦经、本我轮

核心成分
萃油率 0.1%，55 个可辨识化合物（占 99.6%）

心灵效益 | 提升判断力，专注于事理的逻辑而不被表象混淆

药学属性	适用症候
1. 抗感染，抗菌，抗霉菌，杀虫	尿道感染，热带感染性疾病
2. 降血糖，降血压，降血脂	糖尿病，高血压，动脉粥样化，肥胖
3. 消炎，抗氧化，抗肿瘤，抑制乙酰胆碱酯酶	直肠癌，老年痴呆
4. 保护肝脏，保护骨骼（冷榨油），抗痉挛	黄曲霉毒素造成的肝损害，更年期骨质流失（冷榨油），肠绞痛

注意事项

1. 蒸馏所得的莱姆精油不含呋喃香豆素，并无光敏性，但应防柠檬烯氧化。

2. 墨西哥莱姆是 *Citrus micrantha* 和 *Citrus medica*（香橼）的杂交种，亲株的香橼精油能健胃消炎止痛，用以排除消化障碍、抗糖尿与减重。

3. 甜莱姆 (*Citrus limetta*) 原生于南亚，其果汁是印度与巴基斯坦街头常见的饮料，果皮精油有抗菌、抗痉挛和抑制肿瘤生长的作用。

4. 波斯莱姆 (*Citrus latifolia Tanaka*) 的精油能抑制导致发炎的物质，进而发挥抗移转的作用，还可抗菌、镇静、健胃。

单萜烯 89.3%：柠檬烯 58.4%

β-松油萜 15.4%

γ-萜品烯 8.5%

倍半萜烯 3.6%：β-没药烯 1.3%

反式α-佛手柑烯 0.9%

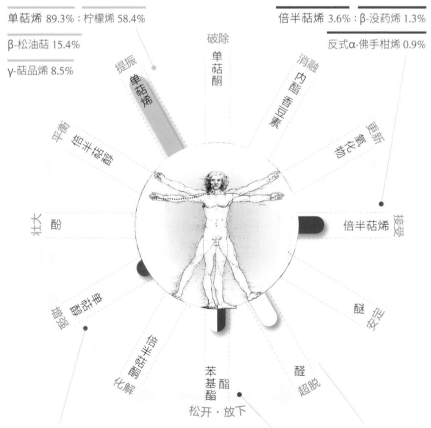

提振　单萜烯

破除　单萜酮

消融　内酯香豆素

更新　氧化物

接受　倍半萜烯

安定　醚

超脱　醛

松开·放下　苯基酯

化解　酮甜半萜

增强　醇甜半萜

壮大　酚

平衡　倍半萜醇

沉香醇 0.3%　橙花醇 0.3%　乙酸橙花酯 1.1%　乙酸牻牛儿酯 1.1%　柠檬醛 4.4%

柠檬
Lemon

原生于南亚，不耐寒，温度底线为 7 ℃，喜欢略带酸性、排水良好的土壤。需要充足的阳光和水分，也需要勤于修剪，以免徒长枝叶不长果。

学　　名	*Citrus × limon* / *Citrus limonum*
其他名称	柠果 / Citron
香气印象	本来无一物，何处惹尘埃
植物科属	芸香科柑橘属
主要产地	意大利、印度、巴西
萃取部位	果皮（压榨）

适用部位 三焦经、顶轮

核心成分
萃油率 1.3%，40 个可辨识化合物（占 93.55%）

心灵效益 | 提升悟性，保持清明的洞见

药学属性	适用症候
1. 抗链球菌，抵抗借芽胞繁殖的细菌，抑制已产生抗药性的不动杆菌	医院与幼儿园净化空气，传染病流行期间
2. 抗氧化，清血，排除四氯化碳产生的肝毒，抑制肿瘤生成	环境污染损害的肝功能，饮食作息引发的痤疮，贫血，血栓，白血病，大肠癌
3. 化解结石，消胀气，保护胃黏膜，消炎	肾绞痛，消化功能不良，胃溃疡
4. 镇静神经，镇痛，保护海马回	噩梦，神经退行性疾病，创伤后压力综合征

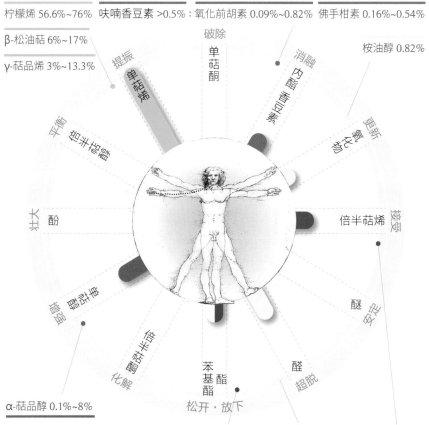

柠檬烯 56.6%~76%　呋喃香豆素 >0.5%：　氧化前胡素 0.09%~0.82%　佛手柑素 0.16%~0.54%

β-松油萜 6%~17%

γ-萜品烯 3%~13.3%

桉油醇 0.82%

α-萜品醇 0.1%~8%

萜品烯-4-醇 微量~1.9%　乙酸橙花酯 0.1%~1.5%　柠檬醛 0.9%~6.3%　大根老鹳草烯 1.35%

葡萄柚
Grapefruit

18 世纪在巴巴多斯由甜橙和柚子杂交而成，温度要求年均温 18℃ 以上，但比柠檬耐寒。需肥量较多，供水量要充足。

药学属性	适用症候
1. 提高交感神经活动，通过视交叉上核调节神经传导，抑制乙酰胆碱酯酶	时差，萎靡不振，夜猫子（昼夜颠倒的作息），老年痴呆
2. 解毒，抗氧化，抗肿瘤	带状疱疹，乳腺癌，皮肤癌
3. 收敛，抗菌，抗霉菌	念珠菌感染，粉刺
4. 促进肝脏分泌胆汁，降低食欲，促进脂肪分解，利尿	食欲过旺，肥胖，水肿，橘皮组织

学　　名	Citrus × paradisi
其他名称	西柚 / Pamplemousse
香气印象	集美貌与才华于一身的搞笑女子
植物科属	芸香科柑橘属
主要产地	美国、巴拉圭、古巴
萃取部位	果皮（压榨）

适用部位　三焦经、顶轮

核心成分
萃油率 16.41%，25 个可辨识化合物（占 95.26%）

心灵效益 | 提升自尊，从幽默感中焕发自信

单萜烯 98.52%：β-月桂烯 3.06%

侧柏烯 0.8%

柠檬烯 92.83%

呋喃香豆素：香柑油内酯 0.012%~0.19%

佛手柑素<0.11%

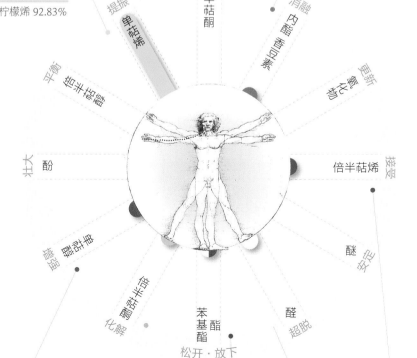

异胡薄荷醇 0.38%　　诺卡酮 0.19%　　棕榈酸甲酯 0.31%　　癸醛 1.11%　　β-丁香油烃 0.43%

注意事项

1. 有轻微的光敏性，健康皮肤的安全剂量为 4%。

2. 精油不含葡萄柚汁抑制药物代谢的成分（DHB，一种呋喃香豆素），所以不会与药物交互作用。

橘（红／绿）
Mandarin (red / green)

需要充足日照，否则徒长枝叶而不开花，也要通风良好。温度不能低于 -9℃，但比柚子甜橙耐寒。疏松肥沃的砂壤土较佳，忌积水。

学　　名	*Citrus reticulata*
其他名称	桔／Mandarin Orange
香气印象	除夕早晨洒扫完毕的前廊（绿橘）
	年初一茶几上的红包和软糖（红橘）
植物科属	芸香科柑橘属
主要产地	西西里岛、巴西
萃取部位	果皮（压榨或蒸馏）

适用部位 胃经、本我轮

核心成分
萃油率 2.7%，29 个可辨识化合物
（色谱峰共五十多个）

心灵效益 提升对生活的期许，不再自暴自弃

注意事项

1. 绿橘含油量高于红橘，红橘的柠檬烯和 γ-萜品烯多于绿橘。整体上红橘的抗菌力高于绿橘（但绿橘抗大肠杆菌较强），而绿橘更有益于心轮。

2. 另外有一相似的果皮精油 Tangerine，学名为瓯柑（*Citrus tangerina*）。

3. 压榨所得的精油中呋喃香豆素含量极微小，不致产生光敏性。

药学属性	适用症候
1. 安抚交感神经，镇静放松，轻微催眠	失眠，激动，恐慌
2. 轻微抗痉挛，健胃整肠，利胆，降血糖	过敏性血管炎，糖尿病
3. 抗菌，抗霉菌	积食不消，打嗝，吞气症，呼吸急促
4. 抑制脂肪堆积，防癌	情绪恶劣引起的暴饮暴食

右旋柠檬烯 60%~70%　　γ-萜品烯 15%~20%　　α-松油萜 0.62%　　多甲氧基黄酮 (PMF)

β-松油萜 1.18%

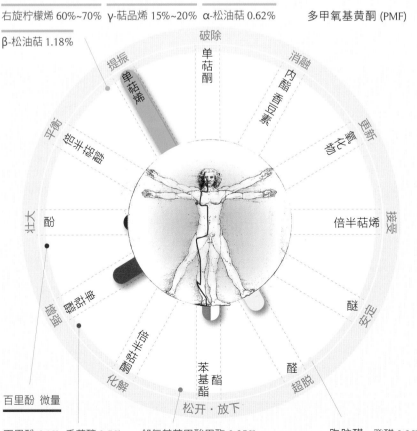

百里酚 微量

百里酚 6.1%　　香茅醇 0.5%　　邻氨基苯甲酸甲酯 0.85%　　脂肪醛：癸醛 0.9%

岬角白梅
Cape May

无惧强风的海岸植物，生长于海拔 750 米以下的山壁。常从砂岩和花岗岩间蹦出，但不爱石灰岩，长得紧密结实。

药学属性	适用症候
1. 驱虫 (蚂蚁和蚊子)，除腥臭	户外活动必备
2. 祛痰，解除平滑肌的痉挛现象，强力止痛	局促不安导致的咳嗽，切除手术后的疼痛
3. 抑制环氧化酶-2(COX-2)	橘皮组织，静脉发炎
4. 抗氧化，抗霉菌	焦躁时的皮肤发痒

学　　名 | *Coleonema album*

其他名称 | 白碎纸灌木 / White Confetti Bush

香气印象 | 刷洗过的钓鱼器具

植物科属 | 芸香科鞘丝属

主要产地 | 南非开普敦

萃取部位 | 叶 (蒸馏)

适用部位 肝经、本我轮

核心成分
萃油率 0.27%，43 个可辨识化合物

心灵效益 | 提升信念的坚定度，不为诱惑所动

单萜烯 20种 88%：β-水茴香萜 30.4% 月桂烯 20.5%

单萜酮 4.1%：月桂烯酮

松樟酮 马鞭草酮

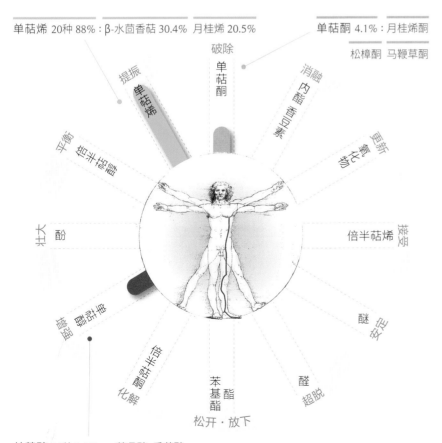

单萜醇 11种 3.8%：α-萜品醇 香茅醇

海茴香
Sea Fennel

海边岩块之间的兼性盐生植物，不一定需要盐分，盐分太高反而抑制生长。在岩岸和沙地都能看到，茎叶多肉含汁，种子也富于脂肪酸。

学　　名	*Crithmum maritimum*
其他名称	石海蓬子 / Rock Samphire
香气印象	沙蟹泥滩上轻快地挖洞筑穴
植物科属	伞形科海茴香属
主要产地	法国、希腊、意大利、土耳其
萃取部位	整株（蒸馏）

适用部位 大肠经、本我轮

核心成分
萃油率 0.2%，23 个可辨识化合物（占 99%）

心灵效益 提升意志力，穿越铜墙铁壁般的难关

注意事项

1. 原植物萃取物已证实能激励胶原蛋白和弹力蛋白生成，被广泛用于产品以促进皮肤回春。精油只占此萃取物的一部分，另外还有多酚类、黄酮类、矿物质与维生素 C。

药学属性	适用症候
1. 利尿，抗红细胞增多症	肾结石，水肿，橘皮组织
2. 驱虫	寄生虫引起的肠炎
3. 抗氧化，抑制乙酰胆碱脂酶	肌肤老化，老年痴呆
4. 轻泻，抗痉挛	排便不顺畅，四肢僵硬

单萜烯 89%：γ-萜品烯 34.22%　β-水茴香萜 25.28%　对伞花烃 11.8%

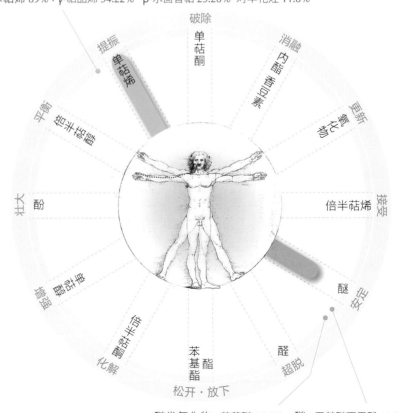

醚类氧化物：莳萝醚 19.7%　醚：甲基醚百里酚 11.2%

丝柏
Cypress

原生于地中海盆地，耐旱耐风耐空气污染，根系发达，土壤酸碱皆宜。生在空气污染或多粉尘地区会提高精油中的单萜烯，而倍半萜烯则大幅减少。

药学属性	适用症候
1. 排除静脉与淋巴郁积的毒素与废物	静脉曲张，内外痔，皮下组织水肿
2. 缓解前列腺的肿胀充血症状，抗氧化，抗肿瘤	遗尿，前列腺肥大，肾细胞癌，黑色素细胞瘤
3. 补身，滋补神经与肠，强化骨质（雌激素作用）	胰脏功能低下（外分泌腺），肠功能迟缓，虚弱无力，更年期骨质疏松
4. 抗感染，抗菌（肺炎克雷伯菌），抗霉菌，抗生物膜	各种支气管炎，百日咳，支气管痉挛，结核，肺结核，胸膜炎

学　名	*Cupressus sempervirens*
其他名称	意大利柏木 / Italian Cypress
香气印象	飞行速度接近光速的太空船上"看着"时间变慢
植物科属	柏科柏属
主要产地	法国、西班牙、摩洛哥
萃取部位	枝干 / 毬果（蒸馏）

适用部位　三焦经、顶轮

核心成分
萃油率 0.87%~0.51%，20~67 个可辨识化合物（占 98.1%~97.69%）

心灵效益｜提升专注力，知止而后有定，定而后能静

单萜烯 79.8%：α-松油萜 48.6%　樟脑 0.37%　二萜类及其氧化物：泪杉醇 0.38% 泪杉醇氧化物 0.2%

δ3-蒈烯 22.1%　柠檬烯 4.6%

α-雪松醇 3.5%

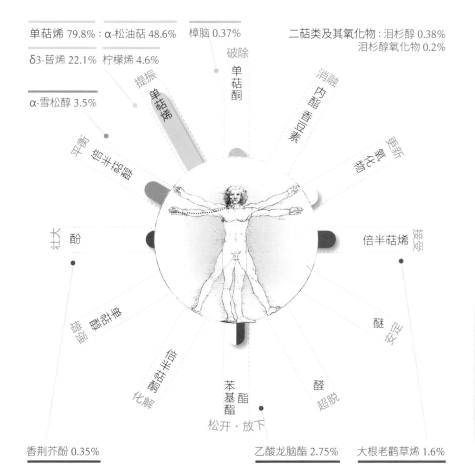

破除
单萜酮

提振
单萜烯

消融
内酯 香豆素

更新
氧化物

平衡
倍半萜醇

壮大
酚

接受
倍半萜烯

醚
安定

苯基酯 酯
醛
超脱

松开 · 放下

香荆芥酚 0.35%　乙酸龙脑酯 2.75%　大根老鹳草烯 1.6%

非洲蓝香茅
African Bluegrass

分布于南非山区草原和降雨较多的湿地，喜爱夹杂石块的壤土坡。强韧的茎叶长可达 2.4 米，花与根部的含油量也很高。

学　　名	*Cymbopogon validus*
其他名称	松节油草 / Turpentine Grass
香气印象	选美比赛中的民族服饰大观
植物科属	禾本科香茅属
主要产地	南非
萃取部位	叶（蒸馏）

适用部位 三焦经、本我轮

核心成分
萃油率 2.0%，28 个可辨识化合物

心灵效益 | 提升抗争力，找到为自己发声的方式

药学属性

1. 抗菌，抗霉菌，抗感染
2. 抗氧化，消炎，止痛，止吐
3. 驱蚊，驱虫与鼠类
4. 收敛皮肤，男性皮肤抗老化

适用症候

1. 食物中毒引起的肠胃炎
2. 舟车劳顿引起的疲惫，长途跋涉与久站引起的腿部酸痛，呕吐，害喜
3. 脏乱环境引起的皮肤瘙痒
4. 褥疮，皮肤过度出油，头皮屑，男性皮肤老化

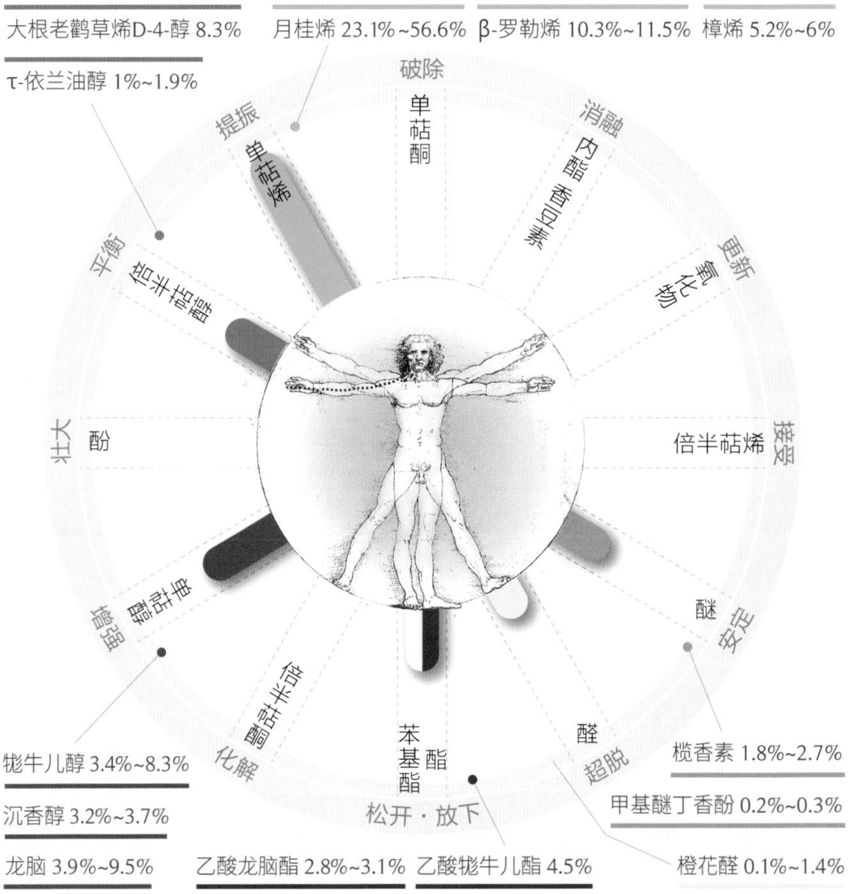

注意事项

1. 另有单萜酮型的化学品系（艾蒿酮 7.5%，马鞭草酮 13.5%），消炎作用更为突出。

大根老鹳草烯D-4-醇 8.3%　月桂烯 23.1%~56.6%　β-罗勒烯 10.3%~11.5%　樟烯 5.2%~6%

τ-依兰油醇 1%~1.9%

牻牛儿醇 3.4%~8.3%
沉香醇 3.2%~3.7%
龙脑 3.9%~9.5%　乙酸龙脑酯 2.8%~3.1%　乙酸牻牛儿酯 4.5%

榄香素 1.8%~2.7%
甲基醚丁香酚 0.2%~0.3%
橙花醛 0.1%~1.4%

（图中轮盘文字：提振 单萜烯 破除 单萜酮 消融 内酯 香豆素 更新 氧化物 接受 倍半萜烯 安定 醚 超脱 醛 松开·放下 苯基酯 化解 倍半萜酮 疏通 倍半萜醇 壮大 酚 平衡 倍半萜醇）

白松香
Galbanum Gum

生长在伊朗西部与北部山区海拔
1800~3000 米。习惯干旱，开黄花，茎干
坚实而中空，根部富含油腺，会流出树胶。

学　　名	*Ferula galbaniflua /* *F. gummosa*
其他名称	阿魏脂 / Bârzad
香气印象	吉尔伽美什与恩奇都大 战一场后结为好友
植物科属	伞形科阿魏属
主要产地	伊朗
萃取部位	树脂（蒸馏）

适用部位　三焦经、心轮

核心成分
萃油率 15%，16 个可辨识化合物
（占 99.9%）

心灵效益 | 提升稳重感，疏散极端
　　　　　或激烈的情绪

药学属性

1. 抗感染，抗菌，消肿
2. 补身，抗氧化，强化记忆
3. 强化生殖泌尿道，通经（雌激素样活性）
4. 消炎，镇痛，轻微抗痉挛，抑制局部膜电位作用

适用症候

- 咳嗽，感冒，溃疡，脓肿，淋巴结病变
- 头重脚轻（外用），感觉随时要翻船，头脑昏乱
- 白带，痛经
- 关节痛，肠绞痛，癫痫

注意事项

1. 白松香树脂有两种：硬白松香（Persian galbanum）、软白松香（Levant galbanum），通常都用软白松香树脂萃取精油，因其油含量较多。

2. 白松香油一般不会快速老化，一旦老化（摆放过长时间），就会产生聚合反应而变得极度黏稠。

3. 与中药阿魏（新疆阿魏）是同属不同种的植物，中药阿魏（Ferula sinkiangensis）可抗氧化与抗肿瘤，对脾胃疾病有帮助。

单萜烯 96.6%：β-松油萜 59%　α-松油萜 36.6%

(3Z,5E)-十一碳-1,3,5-三烯 0.3%

(6Z,8E)-十一碳-6,8,10-三烯-3-酮

含氮化合物：吡嗪

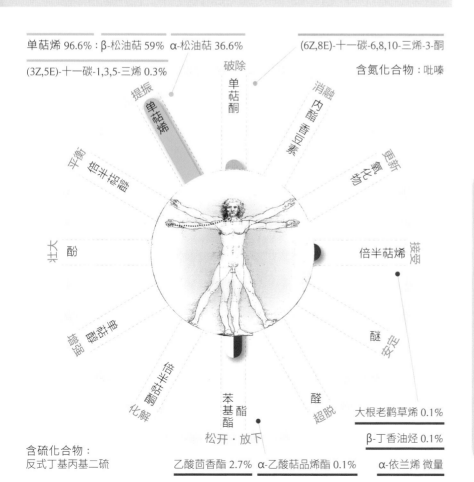

含硫化合物：
反式丁基丙基二硫

大根老鹳草烯 0.1%

β-丁香油烃 0.1%

乙酸茴香酯 2.7%　α-乙酸萜品烯酯 0.1%　α-依兰烯 微量

连翘
Weeping Forsythia

喜爱疏松肥沃、排水良好、背风向阳的山坡夹沙土地。耐寒耐贫瘠，就是怕涝。花开香气淡雅，满枝金黄，十分可爱，是早春优良观赏花灌木。

学　　名	*Forsythia suspensa*
其他名称	一串金 / Golden-bell
香气印象	武林高手一人在断崖上练绝世武功
植物科属	木犀科连翘属
主要产地	中国（东北、华北、长江流域）
萃取部位	果实（蒸馏）

适用部位 三焦经、喉轮

核心成分
萃油率 3.07%，19~21 个可辨识化合物（占 93.37%）

心灵效益 提升绝缘感，隔离环境的骚动与他人的情绪渲染

药学属性

1. 抗菌（金黄色葡萄球菌、肺炎链球菌），抗霉菌（黑曲霉、白色念珠菌），抑病毒
2. 消炎（抑制亢进的毛细血管通透性和炎症介质的释放）
3. 解热，止吐
4. 抗氧化，预防性抑制 NF-kB 核转位活化

适用症候

- 流感，胸膜炎，急性肺损伤，痈肿毒疮，小儿口腔溃疡，带状疱疹
- 皮肤过敏起疹发痒，皮肤银屑病，棉球肉芽肿
- 中暑，夏季热病，舌绛神昏
- 肝癌，胃癌

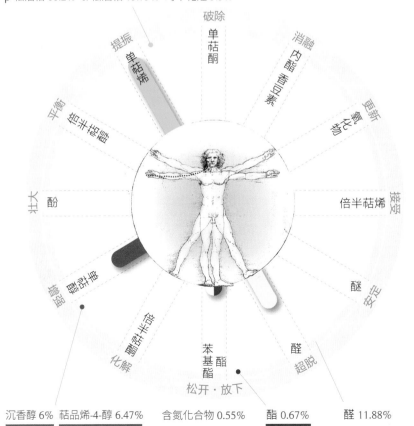

β-松油萜 60.2%　α-松油萜 15.79%　对伞花烃 3.5%

沉香醇 6%　萜品烯-4-醇 6.47%　含氮化合物 0.55%　酯 0.67%　醛 11.88%

注意事项

1. 连翘药材分为青翘与黄翘，秋季连翘果实初熟尚呈绿色时采集为青翘；果实完全成熟后采集为黄翘。

高地杜松
Mountain Juniper

分布于副极区和温带高海拔山区 (1700~2500 米)，叶片背面为一道白线。贴地生长，远望宛如草皮，一般高度约 50 厘米，浆果也比较小。

学　　名	*Juniperus communis* var. *montana* / J. c. var. *saxatilis* / J. c. subsp. *nana*
其他名称	娜娜杜松 / Alpine Juniper Nana
香气印象	初生之犊不畏虎
植物科属	柏科刺柏属
主要产地	法国普罗旺斯、科西嘉岛
萃取部位	针叶与浆果 (蒸馏)

适用部位　三焦经、基底轮

核心成分
萃油率 0.7%，82 个可辨识化合物 (占 96.05%)

心灵效益 | 提升明亮感，滤掉过往的偏振光，让天更蓝而草更绿

药学属性

1. 消炎、抗痉挛，止痛
2. 调节自主神经系统，保护神经
3. 保护肝脏，调节皮肤油脂分泌
4. 抗菌，防腐

适用症候

神经炎，坐骨神经痛，风湿，关节炎

自主神经性肌张力障碍，帕金森病

化学污染造成的肝损伤，油性面疱肤质，饮食不当造成的皮肤排毒

痉挛性与炎症性肠绞痛，发酵性肠炎

τ-杜松醇 0.2%　β-榄香醇 0.62%　柠檬烯 40.1%　α-松油萜 23.25%　β-水茴香萜 12.6%

破除
单萜酮

提振
单萜烯

消融
内酯·香豆素

更新
氧化物

平衡
倍半萜醇

壮大
酚

接受
倍半萜烯

酯
安定

醚
安定

化解
倍半萜醇

苯基酯
松开·放下

醛
超脱

倍半萜烯 7.9%

α-萜品醇 2.4%　α-乙酸萜品烯酯 5.3%　大根老鹳草烯 2%　δ-杜松烯 1.2%　榄香烯 1.1%

注意事项

1. 有些科西嘉岛产的高地杜松精油呈现某种荧光绿，那是当地娜娜杜松针叶与毯果特有的色泽。此外，科西嘉高地杜松的柠檬烯含量最多，因此气味的甜度也比其他地区高。

2. 高地杜松所含的化合物数量是针叶 > 浆果 > 枝干 > 根部。

3. 西伯利亚杜松也是高地杜松的一种，以 α-松油萜 (32%~55%) 和桧烯 (14%) 为主。

杜松浆果
Juniper Berry

刺柏属中唯一同时生长在东西半球的成员，也是分布区域最广大的木本植物。叶片背面的一道白线是其辨识特征，浆果在第一年呈绿色，第二年则转青黑色。

学　　名	*Juniperus communis*
其他名称	欧洲刺柏 / Common Juniper
香气印象	一元复始，万象更新
植物科属	柏科刺柏属
主要产地	西班牙、克罗地亚、法国
萃取部位	浆果状的毬果（蒸馏）

适用部位 三焦经、基底轮

核心成分
萃油率 0.4%~3.8%，42 个可辨识化合物（占 98.57%）

心灵效益 | 提升清爽度，扫除人生的淤泥和渣滓

注意事项

1. 杜松精油对孕妇没有风险。误解源自 1928 年一篇研究报告，该文以杜松的俗名 Juniper 指涉会导致流产的叉子圆柏（*Juniperus sabina*）。此外，大剂量的杜松浆果有反着床的作用，浆果制成的琴酒一直被视为可能导致流产，但琴酒中所含的杜松精油比例仅 0.006%。

2. 杜松枝干的萃油率为 0.19%，含 67 个化合物（占 94.41%），α-松油萜 56.1%，柠檬烯 7.4%，α-杜松醇 3.08%，δ-杜松烯 3%。药学属性包括保护肝脏、抗疟疾。也有同时萃取浆果与针叶的杜松精油，药学作用更为广泛。

药学属性	适用症候
1. 利尿、消结石	排尿困难，胆结石，肾结石
2. 激励与补强消化系统，利胰脏，降血糖与血脂，强力抗氧化	胀气，轻微的肝胰功能失调，糖尿病，胆固醇过高
3. 抗风湿，消炎，止痛，强化子宫的肌肉张力，保护神经（针叶）	膝关节炎，全身僵硬（针叶），子宫脱垂，帕金森病（针叶）
4. 抗菌，抗感染，抗黏膜发炎，化痰	感染性肠炎，支气管炎，气喘

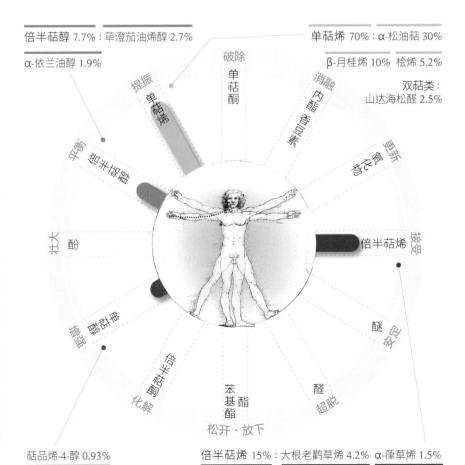

倍半萜醇 7.7%：荜澄茄油烯醇 2.7%
α-依兰油醇 1.9%
单萜烯 70%：α-松油萜 30%
β-月桂烯 10%　桧烯 5.2%
双萜类：山达海松醛 2.5%
萜品烯-4-醇 0.93%
倍半萜烯 15%：大根老鹳草烯 4.2%　α-葎草烯 1.5%

破除　提振　消融　更新
单萜酮　内酯　香豆素
平衡　倍半萜醇
壮大　酚
倍半萜烯　接受
镇静　单萜醇
醚　安定
化解　醛　超脱
苯基酯
松开·放下

刺桧浆果
Cade Berry

遍布地中海地区多石山丘，赭色浆果和叶片背面的两道白线是辨识特征。海平面至海拔 1600 米均可见，树形多样，有 2~3 米高的矮丛，也有 15 米高的小树。

药学属性	适用症候
1. 开胃，助消化，抗氧化，降血糖	被零食、外食搞坏的胃口（无法习惯少调味的全食物），糖尿病
2. 周围神经的止痛剂（机转异于阿司匹林和吗啡）	减轻安宁疗护病房病患的身心疼痛，戒酒戒毒
3. 提高 IgG 免疫反应（第一型辅助 T 细胞 Th1 的免疫反应）	肺结核，呼吸道慢性感染
4. 放松肌肉	运动前的暖身（慢跑、游泳、瑜珈）

学　　名	*Juniperus oxycedrus*
其他名称	刺柏 / Prickly Juniper
香气印象	无人山径回荡着绿绣眼的欢唱
植物科属	柏科刺柏属
主要产地	阿尔巴尼亚、希腊、法国（普罗旺斯）
萃取部位	浆果（蒸馏）

适用部位　三焦经、基底轮

核心成分
萃油率 0.49%~1.8%，27 个可辨识化合物

心灵效益 | 提升良好的自我感觉，无视他人的无视

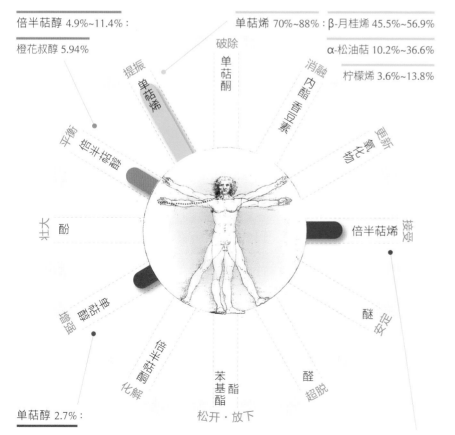

倍半萜醇 4.9%~11.4%：

橙花叔醇 5.94%

单萜烯 70%~88%：β-月桂烯 45.5%~56.9%

α-松油萜 10.2%~36.6%

柠檬烯 3.6%~13.8%

单萜醇 2.7%：

沉香醇 1.62%　　二萜烯 1.7%：西松烯 0.85%　　倍半萜烯 3.5%~11%：大根老鹳草烯 8.56%

1. 萃油率：腓尼基柏浆果（*Juniperus phoenicea* ssp. Turbinate）2.54% > 刺桧浆果 > 杜松浆果。腓尼基柏精油有抗肿瘤作用。

2. 因为含有高比例月桂烯，刺桧浆果气味比杜松浆果香甜。

卡奴卡
Kanuka

一般为 5~7 米高，叶片柔软开白花，耐风霜干旱，怕湿。从海平面到海拔 1800 米都可存活，不挑土壤，生长快速。

学　　名	*Kunzea ericoides*
其他名称	白茶树 / Burgan
香气印象	橄榄球队"全黑"赛前的毛利战舞
植物科属	桃金娘科昆士亚属
主要产地	新西兰
萃取部位	叶片（蒸馏）

适用部位 三焦经、顶轮

核心成分
萃油率 0.4%，41 个可辨识化合物
（占 98.5%）

心灵效益 | 提升士气，在逆境中保持战斗力

药学属性	适用症候
1. 抗菌（革兰阳性菌），对霉菌无作用	脓痂疹
2. 保护神经系统，促进去甲肾上腺素的生成，止痛	纤维肌痛症，风湿，关节痛，急性扭伤
3. 抗单纯疱疹病毒 I 型与小儿麻痹病毒 I 型	唇疱疹，预防小儿麻痹
4. 平衡激素，强化免疫力	结缔组织松软，淋巴体质，北方国家的冬季疾病

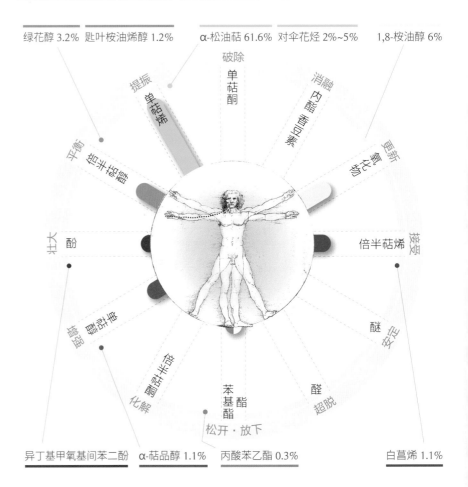

注意事项

1. 过量会导致痉挛现象（如头痛）。

2. 新西兰北岛的卡奴卡较多倍半萜醇，南岛的卡奴卡较多倍半萜烯。南北岛气候条件差异很大（北岛为亚热带雨林，南岛为温带高山甚至有冰川），植物成分因此也有差距。

落叶松
Larch

原生于加拿大，多见于沿泽与低地，喜欢潮湿的泥炭土，是火后先驱树种。虽是针叶树，却会变色与落叶。极耐寒，可忍受 -65℃ 的低温，但不耐阴。

药学属性	适用症候
1. 抗感染（肺炎链球菌），杀菌消毒	肺炎，支气管炎
2. 强化神经（补充能量，导入放松状态），作用于小脑	神经衰弱
3. 激励肾上腺	骨营养不良（受伤后骨骼生长发育不佳）

学　　名	*Larix laricina*
其他名称	美洲落叶松 / Tamarack
香气印象	绚丽壮阔的极光
植物科属	松科落叶松属
主要产地	意大利
萃取部位	针叶（蒸馏）

适用部位　三焦经、顶轮

核心成分
45 个可辨识化合物

心灵效益｜提升竞争力，由败部复活撑完全场

单萜烯 76.8%：α-松油萜 38.5%　δ3-蒈烯 14%　β-松油萜 10.2%

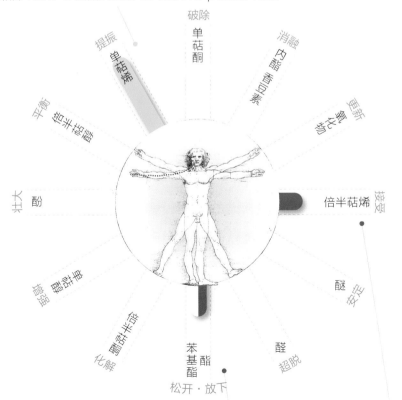

乙酸龙脑酯 7.9%　δ-杜松烯 2.1%　β-丁香油烃 1.4%

格陵兰喇叭茶
Labrador Tea

分布区域从格陵兰到阿拉斯加，常出现在沼泽或湖岸，长速缓慢。皮革般的叶片背面棕红而带毛，球状丛生的白花芳香而沾手。

学　　名	*Rhododendron groenlandicum* (旧名 *Ledum groenlandicum*)
其他名称	加茶杜香 / Greenland Moss
香气印象	印第安纳·琼斯背的男用皮包
植物科属	杜鹃花科杜鹃花属(旧：杜香属)
主要产地	加拿大
萃取部位	叶 (蒸馏)

适用部位　三焦经、顶轮

核心成分
萃油率 0.16%，66 个可辨识化合物 (占 89.8%)

心灵效益 | 提升应变力，老神在在地拆解层出不穷的机关

注意事项

1. 使用过量会使人昏沉。

2. 不同产区的精油成分差异颇大。本来"喇叭茶"泛指三种同属不同种的药草：杜香 (*R. tomentosum*)、加茶杜香、腺叶杜香 (*R. neoglandulosum*)。其中加茶杜香毒性最低。

3. 杜香 (旧名 *Ledum palustre*) 也是传统中药材，分布于大小兴安岭和长白山，精油可保湿去斑、抑菌、消炎、镇咳、祛痰、杀螨、驱虫、抗辐射、保肝、戒毒、抗肿瘤等，还可用于塑料降解。

药学属性	适用症候
1. 帮肝脏排毒，促进肝脏细胞再生，驱寄生虫，降血糖	各种肝毒反应，肝功能不良，病毒性肝炎后遗症，肠炎，胀气，糖尿病
2. 消炎，解除郁积壅塞现象，抗氧化，抗肿瘤	毒血性与细菌性肾炎，肾结石，感染性前列腺炎，前列腺阻塞充血，淋巴管炎，感染性与毒血性淋巴结炎，大肠癌，肺癌，口腔癌
3. 抗菌，净化空气	感冒，气喘，过敏
4. 镇静，抗痉挛	失眠，神经质，太阳神经丛痉挛，甲状腺功能失调

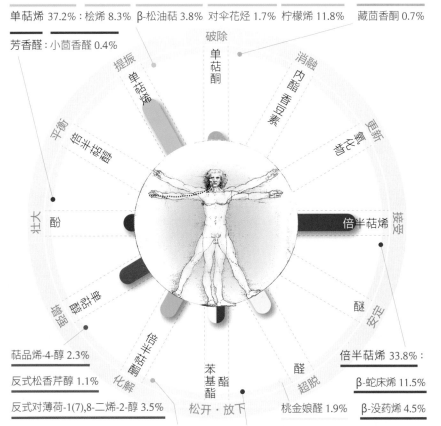

单萜烯 37.2%：桧烯 8.3% β-松油萜 3.8% 对伞花烃 1.7% 柠檬烯 11.8% 藏茴香酮 0.7%

芳香醛：小茴香醛 0.4%

萜品烯-4-醇 2.3%

反式松香芹醇 1.1%

反式对薄荷-1(7),8-二烯-2-醇 3.5%

大根老鹳草酮 1.8% 桉叶-3,11-二烯-2-酮 1.3%

倍半萜烯 33.8%：

β-蛇床烯 11.5%

乙酸龙脑酯 1.6%

桃金娘醛 1.9% β-没药烯 4.5%

大根老鹳草烯 1.8%

黑云杉
Black Spruce

原生于美国落基山，生长缓慢，浅根小树，易受风害。喜爱湿地，能忍受贫瘠的土壤，树龄年轻的针叶有较高的含油量。

药学属性	适用症候
1. 补身，补神经，重新赋予太阳神经丛能量，抗痉挛	太阳神经丛痉挛，虚弱无力，筋疲力竭
2. 抗感染，抗真菌，抗寄生虫，抗空气中的病菌	支气管炎，肺结核，念珠菌，兰式鞭毛虫与钩虫引起的肠炎
3. 消炎，提高胰岛素敏感性，抗氧化	粉刺与干性湿疹，前列腺炎，风湿肌痛，糖尿病
4. 类激素，激励胸腺，似可的松（脑下垂体-肾上腺，脑下垂体-卵巢）	甲状腺功能亢进

学　　名 | *Picea mariana*

其他名称 | 沼泽云杉 / Swamp Spruce

香气印象 | 西雅图酋长的宣言

植物科属 | 松科云杉属

主要产地 | 加拿大、美国东部

萃取部位 | 针叶（蒸馏）

适用部位 肾经、本我轮

核心成分
萃油率 1.4%，34 个可辨识化合物（占 92.7%）

心灵效益 | 提升柔软度，放弃逞强，虚怀若谷地接纳自己的不足

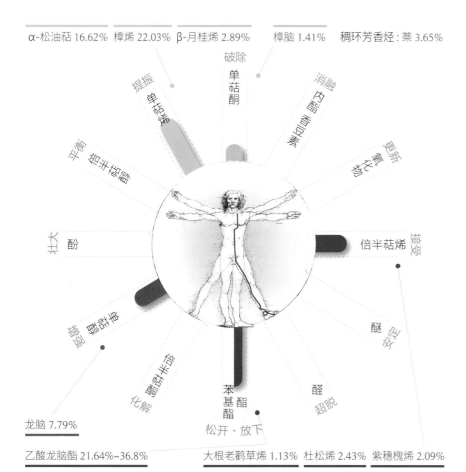

α-松油萜 16.62%　樟烯 22.03%　β-月桂烯 2.89%　樟脑 1.41%　稠环芳香烃：萘 3.65%

龙脑 7.79%

乙酸龙脑酯 21.64%~36.8%　　大根老鹳草烯 1.13%　杜松烯 2.43%　紫穗槐烯 2.09%

挪威云杉
Norway Spruce

原生于北欧与东欧，生长迅速而长寿，植株高大，可防土壤侵蚀。在针叶树中较为耐湿耐热，精油的品质受土壤与空气影响很大。

学　名	*Picea abies* / *Picea excelsa*
其他名称	依克萨尔莎云杉 / Excelsa Spruce
香气印象	圣诞老公公
植物科属	松科云杉属
主要产地	意大利
萃取部位	针叶（蒸馏）

适用部位 三焦经、心轮

核心成分
萃油率 1.01%，544 个可辨识化合物（占 96.3%~98.42%）

心灵效益 | 提升慈善心，不再受困于一己之利害得失

药学属性	适用症候
1. 抗菌，抗卡他，扩张肺泡	多痰，呼吸困难，儿童的呼吸道疾病
2. 缓解淋巴和静脉循环淤塞	淋巴滞留，肾结石，膀胱结石
3. 愈合伤口，溃疡	对阳光过敏的皮肤，发汗少而易瘙痒的皮肤，长期卧床者的皮肤问题
4. 调节女性生理功能	更年期综合症

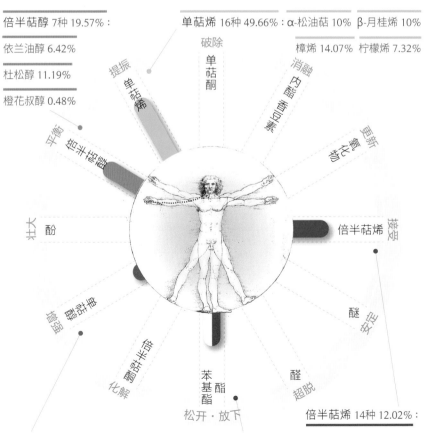

倍半萜醇 7种 19.57%：
依兰油醇 6.42%
杜松醇 11.19%
橙花叔醇 0.48%

单萜烯 16种 49.66%：α-松油萜 10%　β-月桂烯 10%
樟烯 14.07%　柠檬烯 7.32%

龙脑 0.43%　双醇：泪杉醇 3.4%　乙酸龙脑酯 12.05%　δ-杜松烯 6.06%　α-依兰烯 1.14%

倍半萜烯 14种 12.02%：

科西嘉黑松
Laricio Pine

分布在海拔 500~1500 米之间的山区，笔直挺拔 (40 米以上)。偏爱排水良好的砂质酸性土壤，但林下也常见蕨类生长。

学　　名	*Pinus nigra* subsp. *laricio*
其他名称	科西嘉岛松 / Corsican Pine
香气印象	吹着口哨、踮脚走路的小男孩
植物科属	松科松属
主要产地	科西嘉岛、西西里岛、意大利本土
萃取部位	针叶 (蒸馏)

适用部位	肾经、基底轮

核心成分
萃油率 0.2%~0.3%，354 个可辨识化合物

心灵效益	提升精神的敏锐度，活泼昂扬地探索世界

药学属性

1. 抗菌
2. 激励，滋养
3. 纾解呼吸道、淋巴、前列腺的充血症状
4. 补充肾水

适用症候

- 鼻窦炎，卡他性支气管炎
- 大病初愈的保养
- 前列腺充血，前列腺炎，风湿病
- 精神萎靡，不喝咖啡无法清醒的早晨

注意事项

1. 虽然气味轻快柔和，其实是很强劲的神经补品，有些专家认为青春期前的儿童没有使用它的必要。若要给 4 岁以上的孩子尝试针叶树的精油，冷杉是更合适的选择。

2. 欧洲黑松共有两大亚种，亚种底下又各有三四个变种。科西嘉黑松就属于其中的一个变种。

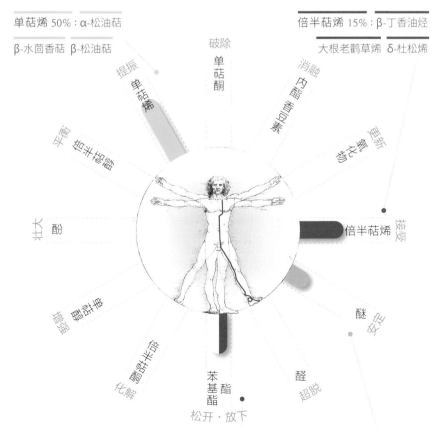

单萜烯 50%：α-松油萜　　　　倍半萜烯 15%：β-丁香油烃

β-水茴香萜　β-松油萜　　　　大根老鹳草烯　δ-杜松烯

双萜醇 0.5%　　　　酯 15种：乙酸沉香酯 15%　　　　甲基醚香荆芥酚 2%

海松
Sea Pine

地中海西部的品种，生长范围包括半干燥与海洋潮湿气候，是土耳其松的近亲。木质坚硬而生长快速，喜爱酸性土壤，容易侵夺矮灌木药草的生存空间。

学　　名	*Pinus pinaster*
其他名称	滨海松 / Maritime Pine
香气印象	鲁宾逊漂流记
植物科属	松科松属
主要产地	葡萄牙
萃取部位	针叶（蒸馏）

适用部位 三焦经、基底轮

核心成分
萃油率 0.82%，19 个可辨识化合物（占 94.34%）

心灵效益 | 提升开创性，放弃偏安格局，探索新天地

注意事项

1. 北非产的海松精油以倍半萜烯为主（β-丁香油烃 30.9%，β-蛇床烯 13.45%）。

2. 海松树皮的精油成分以倍半萜烯与倍半萜醇为主，主治慢性支气管炎、慢性膀胱炎、风湿。海松树脂的精油成分含 90% 松油萜，主治呼吸道黏膜感染、晕眩无力，搭配特殊扩香仪可强化细胞带氧性。

3. 树皮萃取物被申请专利，名为碧萝芷 Pycnogenol®，可抗氧化与抗老化。不过许多松科树皮都有类似功能，而 2012 年中立的考科蓝实证医学资料库则认定碧萝芷对许多慢性病的疗效还不够充分。

药学属性	适用症候
1. 杀菌	鼻窦炎，支气管炎
2. 促进循环，使皮肤发红	局部皮肤消毒，身体阴湿部位的瘙痒，小伤口
3. 利尿	久处空调房内引起的循环代谢低下，风湿
4. 驱虫	户外活动防虫

单萜烯 78.79%：α-松油萜 40.5% β-松油萜 25.42% 对伞花烃 4.02%

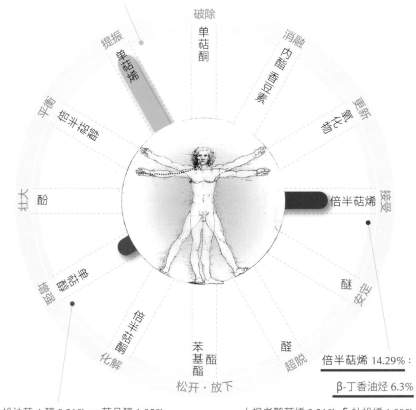

倍半萜烯 14.29%：
β-丁香油烃 6.3%

松油萜-4-醇 0.21%　α-萜品醇 1.05%　　大根老鹳草烯 3.21%　δ-杜松烯 1.09%

欧洲赤松
Scots Pine

分布范围广阔。在北部的生长高度为海平面至海拔 1000 米，在南方则成高山植物。是北欧唯一的原生松树，习惯贫瘠的沙石之地，树龄平均为 150~300 岁。

药学属性	适用症候
1. 类激素，激励性功能，解除淋巴阻塞与子宫卵巢充血的症状	睾丸功能减退，子宫充血淤塞
2. 激励性的补身，补神经，提升血压，抗糖尿病	虚弱无力，多发性硬化症，糖尿病
3. 抗感染，抗霉菌，抗菌	严重感染（辅药），支气管炎，鼻窦炎，气喘
4. 消炎（启动肾上腺），似可的松	任何发炎与过敏过程，关节炎，多重风湿性关节炎

学　　名｜*Pinus sylvestris*

其他名称｜挪威松 / Norway Pine

香气印象｜进击的鼓手

植物科属｜松科松属

主要产地｜法国、保加利亚

萃取部位｜针叶（蒸馏）

适用部位 肾经、基底轮

核心成分
萃油率 0.27%，40 个可辨识化合物（占 89.56%）

心灵效益｜提升自主意识，抵挡父权的威逼

单萜烯 76.93%：α-松油萜 43.04%　β-松油萜 17.09%　樟烯 4.78%　香桧醇 4.22%

τ-依兰油醇 0.63%

匙叶桉油烯醇 0.53%

香桧醇 0.27%

松香芹酮 0.37%

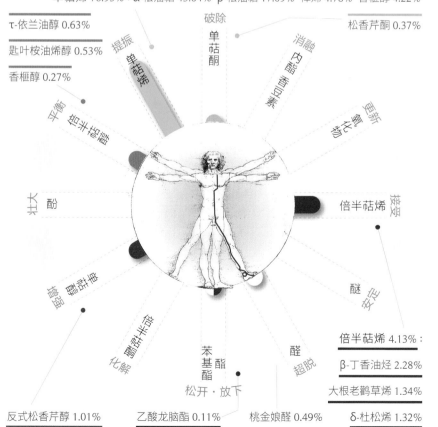

倍半萜烯 4.13%：
β-丁香油烃 2.28%
大根老鹳草烯 1.34%
δ-杜松烯 1.32%

反式松香芹醇 1.01%　乙酸龙脑酯 0.11%　桃金娘醛 0.49%

注意事项

1. 欧洲赤松同时含有左旋与右旋 α-松油萜，因此抗菌力高于其他松树。欧洲松树多半以左旋 α-松油萜为主，北美的松树则较多右旋 α-松油萜，右旋 α-松油萜的抗菌抗霉菌力较强，不过左旋 α-松油萜则能抗传染性支气管炎病毒。

黑胡椒
Black Pepper

原产于南印度的木本藤蔓植物，通过不同的加工方法，可得到黑白绿红四种胡椒。习惯热带雨林，要求高温、湿润、少风、土壤肥沃和排水良好的环境。

学　　名	*Piper nigrum*
其他名称	黑川 / Common Pepper
香气印象	葡萄牙船长用望远镜寻找马拉巴海岸
植物科属	胡椒科胡椒属
主要产地	马达加斯加、斯里兰卡、印度
萃取部位	果实 (蒸馏)

适用部位 肾经、性轮

核心成分
萃油率 1.24%，45 个可辨识的化合物 (占 98.4%)

心灵效益 | 提升想象力，走入前所未见的世界

注意事项

1. 绿胡椒 (Green Pepper) 由未成熟的浆果制成，冻干果实比风干果实含更多单萜烯 (84.2%)。因为倍半萜烯与含氧化物的比例高于黑胡椒，所以消炎和退热的作用更优。黑胡椒的精油含量会因储存时间拉长而降低，但绿胡椒储存一年后，含油量却翻倍增长。

药学属性	适用症候
1. 抗黏膜发炎，祛痰，使黏液流动	喉炎，慢性支气管炎，感冒
2. 退热，镇痛，止牙痛，降血压	发热，风湿性疾病，风湿痛，牙痛，高血压
3. 消炎，激励消化腺，抑制 II 型糖尿病酵素，抗氧化，抗肿瘤	咽峡炎，消化功能与肝胰功能不良，糖尿病，口腔癌，白血病
4. 强化性功能	性功能减退

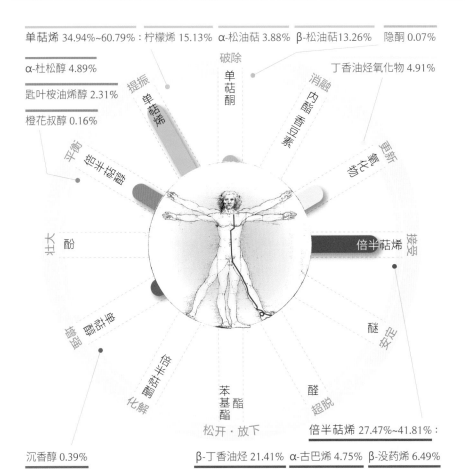

单萜烯 34.94%~60.79%：柠檬烯 15.13% α-松油萜 3.88% β-松油萜13.26% 隐酮 0.07%

α-杜松醇 4.89%

匙叶桉油烯醇 2.31%

橙花叔醇 0.16%

丁香油烃氧化物 4.91%

倍半萜烯 27.47%~41.81%：

沉香醇 0.39%　　β-丁香油烃 21.41%　α-古巴烯 4.75%　β-没药烯 6.49%

熏陆香
Mastic

强韧的先驱植物，遍布地中海周边，习惯多石的干燥地带。是芳香灌木丛 (maquis) 的代表，不挑土壤，甚至能适应盐土，海边也很常见。

药学属性	适用症候
1. 抗氧化，降血压	— 心血管疾病（如高血压），风湿性心内膜炎（辅药）
2. 缓解静脉与淋巴管的阻塞症状，缓解前列腺的充血症状，利尿	— 静脉曲张，内痔外痔，血栓性静脉炎，前列腺炎
3. 激励消化功能	— 吞气症，结肠积气，胃溃疡，结肠痉挛，糖尿病（辅药）
4. 抗菌，抗霉菌	— 鼻窦炎（消除阻塞感）

学　　名 | *Pistacia lentiscus*

其他名称 | 乳香黄连木 / Pistache

香气印象 | 十八铜人行气散

植物科属 | 漆树科黄连木属

主要产地 | 摩洛哥、克罗地亚

萃取部位 | 枝叶（蒸馏）

适用部位　胃经、本我轮

核心成分
萃油率 0.14%，40 个可辨识化合物（占 88.6%）

心灵效益 | 提升思想的流动程度，不在原地打转

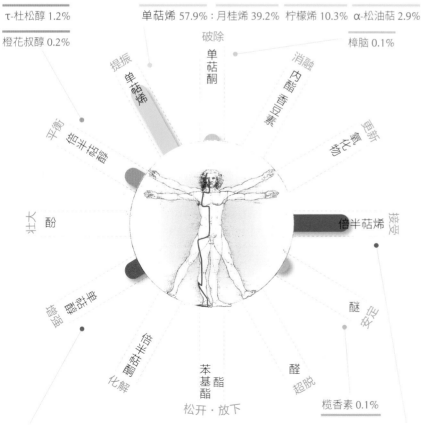

τ-杜松醇 1.2%
橙花叔醇 0.2%
单萜烯 57.9%：月桂烯 39.2% 柠檬烯 10.3% α-松油萜 2.9%
樟脑 0.1%

提振　单萜烯
破除　单萜酮
消融　内酯　香豆素
更新　氧化物
平衡　倍半萜醇
壮大　酚
接受　倍半萜烯
安定　醚
松开·放下
萜品烯-4-醇 1.6% 倍半萜烯 26%：大根老鹳草烯 4.3% α-荜草烯 2.6% α-古芸烯 7.8%
苯基酯　醛超脱
榄香素 0.1%

奇欧岛熏陆香
Mastic Gum

生在冬季不低于 11℃ 的温暖石灰岩环境，成长缓慢，40~50 岁才达熟龄。年产 150~180 克的树脂，产期从 15~70 岁。雄株的树脂产量较大。

学 名	*Pistacia lentiscus* var. *chia*
其他名称	黏胶乳香 / Mastiha
香气印象	童年记忆中最欢乐的画面
植物科属	漆树科黄连木属
主要产地	奇欧岛
萃取部位	树脂（蒸馏）

适用部位 胃经、本我轮

核心成分
萃油率 2%，69 个可辨识化合物（占 90.16%~99.13%）

心灵效益 | 提升谅解的跨度，接受这个世界和自己的不圆满

注意事项

1. 生在奇欧岛南方的熏陆香是全世界唯一能流出树脂的熏陆香品种，树脂本身的倍半萜烯含量高于精油。

2. 熏陆香树脂油比熏陆香枝叶油的气味甜度要高出许多。

3. 刚流出的液态树脂含 13.5% 的精油，干燥成块的树脂则只剩 2.8%。液态树脂里的月桂烯达 75%、松油萜达 16.8%，块状树脂中则分别含 30.9% 和 51%。储存时间愈长，这种变化愈明显。

药学属性	适用症候
1. 杀幽门螺杆菌（剂量 0.06 mg/ml），消炎	胃溃疡与十二指肠溃疡（两周疗程），胃痛，克罗恩病
2. 抗菌，抗霉菌，减少 41.5% 牙菌斑，强化牙龈，抑制牙龈卟啉单胞菌	口臭，蛀牙，牙周病，齿列矫正（辅助）
3. 抗氧化，降三酸甘油脂与低密度胆固醇，排肝毒，强化免疫，抗肿瘤	动脉硬化，糖尿病，白血病
4. 疗伤，促进皮肤新生	术后伤口愈合，老化皮肤，烫伤，冻疮

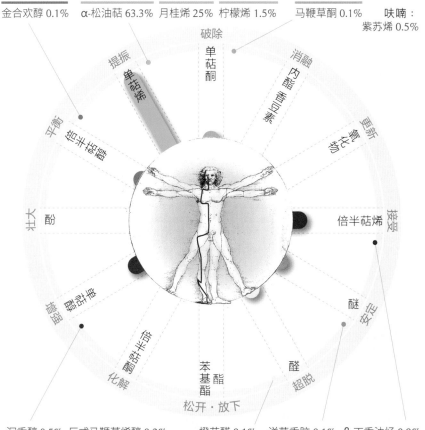

金合欢醇 0.1%　α-松油萜 63.3%　月桂烯 25%　柠檬烯 1.5%　马鞭草酮 0.1%　呋喃：紫苏烯 0.5%

沉香醇 0.5%　反式马鞭草烯醇 0.3%　橙花醛 0.1%　洋茴香脑 0.1%　β-丁香油烃 0.9%

巴西乳香
Brazilian Frankincense

高 10~20 米，树冠浓密，见于阔叶林和热带草原，湿土与沙地均能生长。最喜欢向阳的高地河岸，树脂割取后须置放 4~5 个月再使用。

学　　名	*Protium heptaphyllum*
其他名称	七叶白蹄果 / Breu Branco
香气印象	穿过虫洞到达另一个银河
植物科属	橄榄科马蹄果属
主要产地	南美洲（巴西、玻利维亚、圭亚那）
萃取部位	树脂（蒸馏）

适用部位　胆经、顶轮

核心成分
萃油率 0.9%~1.38%，40 个可辨识化合物（占 98.59%）

心灵效益 | 提升意识的维度，超越眼前的生存限制

药学属性

1. 抗菌，抗霉菌，止咳化痰，净化鼻腔
2. 消炎，促进伤口愈合，抗氧化
3. 促进脑部血液循环，强化学习力
4. 抗肿瘤，抗痉挛，抗痛觉过敏，扩张血管，减缓心跳

适用症候

- 鼻窦炎，支气管炎，胸膜炎，肺结核，雾霾期的呼吸不畅
- 风湿，各式皮肤病
- 健忘，学习迟缓
- 乳腺癌，安宁疗护，高血压，心动过速

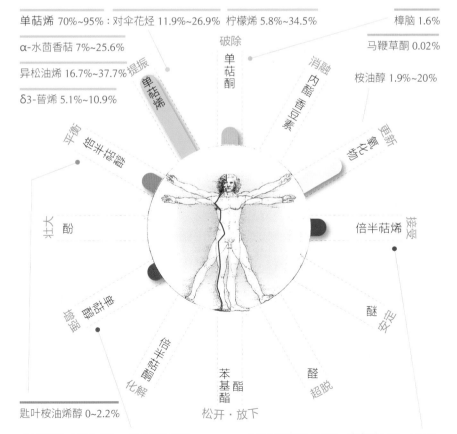

单萜烯 70%~95%：对伞花烃 11.9%~26.9%　柠檬烯 5.8%~34.5%　樟脑 1.6%

α-水茴香萜 7%~25.6%

异松油烯 16.7%~37.7%

δ3-蒈烯 5.1%~10.9%

马鞭草酮 0.02%

桉油醇 1.9%~20%

匙叶桉油烯醇 0~2.2%

对伞花烃-8-醇 0.6%　α-萜品醇 0.15%

大根老鹳草烯 0.23%　波旁烯 0.1%~1.25%

注意事项

1. 市售的巴西乳香有黑树脂与白树脂之分，白树脂的精油品质较优。

2. 此树分布巴西全境，但各地成分差异颇大。北部一般含压倒性的单萜烯，南部的则会有稍多的倍半萜烯与酯类。另外新树脂萃得的精油单萜烯多，老树脂油则多苯基化合物。

道格拉斯杉
Douglas-Fir

原产于美国西北部，因为生长快且材积大，是引进欧洲比例最高的树种。偏爱湿润的酸性土壤，不耐阴，耐强风，但不耐海风。高可达100米。

学　　名	*Pseudotsuga menziesii*
其他名称	花旗松 / Oregon Pine
香气印象	在雷雨天气中放风筝
植物科属	松科黄杉属
主要产地	法国、美国
萃取部位	针叶 (蒸馏)

适用部位 三焦经、喉轮

核心成分
萃油率 0.67%，28 个可辨识化合物 (占 91.08%)

心灵效益 | 提升对公众事务的关注，挣脱小情小爱的束缚

药学属性	适用症候
1. 抗霉菌，抗菌，驱虫	皮肤割伤，烫伤，性病，口腔卫生，食物感染引起的肠胃不适
2. 抗卡他，祛痰	咳嗽，喉咙痛，呼吸道感染
3. 促进发汗和血液循环	风湿，关节痛，瘫痪

蛇床烯醇 0.24%　　　　单萜烯 57.1%：α-松油萜 11.65%　檀烯 5.45%　樟烯 29.82%

破除　　　　　　　　　　　　　　柠檬烯 4.51%

提振　单萜酮　消融　　　　　　　桉油醇 0.18%

平衡　倍半萜醇　　　　　　内酯 香豆素　　更新

壮大　酚　　　　　　　　　　　　倍半萜烯　接受

　　　　　　　　　　　　　　　　　　　醚　安定

　　单萜醇　　　　　　　　　　醛　超脱

化解　倍半萜酮　　苯基酯　　松开 · 放下

萜品烯-4-醇 14.82%　茴香醇 0.41%　　乙酸龙脑酯 34.65%　香茅醛 0.24%

雅丽菊
Iary

高可达 5 米的灌木，喜欢热带湿热的雨季。在农民砍烧过的休耕地是优势物种，也常见于山坡地。

药学属性	适用症候
1. 消毒杀菌，杀虫，镇定	创伤后压力综合征，全身莫名的疼痛
2. 止血，止泻，消胀气	消化系统的过敏反应，肠道溃疡出血
3. 激励呼吸系统	呼吸系统的过敏反应，感冒
4. 消炎，消水肿	皮肤过敏反应，牛皮癣，双腿沉重

学　　名 | *Psiadia altissima*

其他名称 | 丁加丁加 (意指一步一步迈出) / Arina

香气印象 | 童年的泰山拨开树上垂下的爬藤，跨过地上的倒木

植物科属 | 菊科滴叶属

主要产地 | 马达加斯加

萃取部位 | 整株药草 (蒸馏)

适用部位 三焦经、基底轮

核心成分
萃油率 0.5%，52 个可辨识化合物 (占 97.2%)

心灵效益 | 提升独立精神，走出昨日的记忆，建立全新的生活

倍半萜醇 14 种 17.2%：
τ-依兰油醇 + β-桉叶醇 2.15%
δ-杜松醇 1.18%

单萜烯 12 种 57.6%：β-松油萜 39.7%
β-罗勒烯 7% 柠檬烯 3.8%

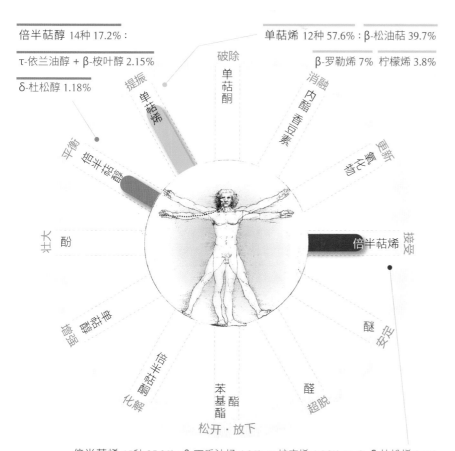

破除 单萜酮
提振 单萜烯
消融
更新
平衡 倍半萜醇
接受 倍半萜烯
壮大 酚
醚 安定
醛 超脱
苯基酯 酯
松开·放下
化解

倍半萜烯 19 种 25.3%：β-丁香油烃 4.9% α-蛇麻烯 4.86% γ- & δ-杜松烯 3.7%

注意事项

1. 4~6 年的休耕地上长出的雅丽菊精油含量最高。许多休耕地上只长雅丽菊。

髯花杜鹃
Rhododendron

来自海拔 3000~4500 米的喜马拉雅山麓的潮湿开阔坡地，高约 60 厘米。喜欢酸性高、排水好的轻质土壤，可接受半遮荫，与铺地长的植物不相容。

学　　名	*Rhododendron anthopogon*
其他名称	圣帕地 / Sunpati
香气印象	女娲补天
植物科属	杜鹃花科杜鹃花属
主要产地	尼泊尔、中国、印度北部
萃取部位	茎叶（蒸馏）

适用部位 三焦经、心轮

核心成分
萃油率 0.3%，17 个可辨识化合物（占 97.8%）

心灵效益 提升轻盈感，使人不再卷进情绪漩涡

注意事项

1. 髯花杜鹃与同属其他植物的成分有明显差异，杜鹃花属的叶片精油多半以倍半萜烯为主。

2. 枝叶和花都是藏药塔勒嘎保的原植物之一，有止吐、发汗、开胃的作用，常用于治疗咳嗽与皮肤病。西藏南部所产的花精油成分达 47 种（97.44%），主要成分为含氮化合物 N- 乙酰-1,2,3,4- 四氢异喹啉（29.23%，强力抗真菌）、2- 乙氧丙烷（12.47%）、3-甲基-6- 叔丁基苯酚（10.83%，强力抗氧化）、δ-橙花叔醇（1.92%）。

药学属性	适用症候
1. 消炎，似可的松，止痛	肌肉酸疼，风湿，痛风，喉咙痛
2. 激励去甲肾上腺素与多巴胺的合成，调节前列腺素的合成，补强神经	虚弱无力，思虑无序，自怜，厌世，水土不服
3. 强力抗菌，抗白色念珠菌，抗病毒，强化免疫系统	感染性疾病（着凉、支气管炎、流行性感冒、肺结核）
4. 净化，抗肿瘤	肝脏疾病，卵巢癌，子宫颈癌，直肠癌

单萜烯 76.1%：α-松油萜 37.4%　β-松油萜 16.1%　柠檬烯 13.3%

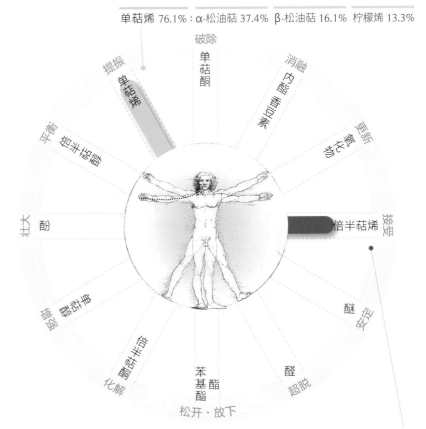

倍半萜烯 20.19%：α-紫穗槐烯 3.15%　α-依兰烯 2.74%　δ-杜松烯 9.1%

马达加斯加盐肤木
Tana

分布在马达加斯加沿海的潮湿常绿林内，树高9米。叶片有羽状脉，叶缘状如波浪，树干会流出清澈乳胶，结不开裂果。

药学属性	适用症候
1. 促进静脉与淋巴的循环	静脉曲张，长时间伏案，经济舱综合征，四肢沉重，水肿
2. 助消化	肠胃不适，吞气症
3. 安抚过度运作的肾上腺	男性性功能障碍，前列腺肥大
4. 安抚中枢神经系统	慢性疲劳综合征，长期压力过大

学　　名 | *Rhus taratana*

其他名称 | 以撒 / Issa

香气印象 | 刚刚涂上护木漆的坚实栏栅

植物科属 | 漆树科盐肤木属

主要产地 | 马达加斯加

萃取部位 | 叶片（蒸馏）

适用部位 三焦经、本我轮

核心成分
13 个可辨识化合物

心灵效益 | 提升屏障力，挡下诸事不顺的魔咒

单萜烯 11种以上 >79%：

β-月桂烯 +α-水茴香萜 12%~15%

右旋柠檬烯 25%~30%

α-松油萜 16%~23%

1,8-桉油醇 +β-水茴香萜 16%~22%

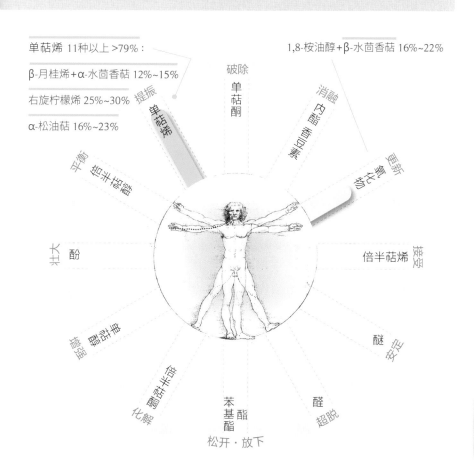

破除
单萜酮

消融
内酯·香豆素

提振
单萜烯

更新
氧化物

接受
倍半萜烯

安定
醚

超脱
醛

松开·放下
苯基酯

化解
倍半萜酮

温暖
酚

壮大
酚

平衡
倍半萜醇

秘鲁胡椒
Peruvian Pepper

原生于秘鲁安第斯山区，后被引种至地中海地区，当作行道树和遮荫树。生长快速，树高 15 米，是肖乳香属中最高大与最长寿的树，强韧耐旱。

学　　名	*Schinus molle*
其他名称	加州胡椒 / Californian Pepper
香气印象	坐齐柏林飞船鸟瞰大地
植物科属	漆树科肖乳香属
主要产地	秘鲁、哥斯达黎加
萃取部位	果实（蒸馏）

适用部位 三焦经、本我轮

核心成分
萃油率 2.11%，38 个可辨识化合物（占 98.5%）

心灵效益 | 提升客观性，用清明的眼睛打量四周

药学属性	适用症候
1. 抗菌，抗霉菌，驱虫（米象、猫蚤、骚扰锥椿）	阴湿的储物环境，宠物身上的跳蚤，学童的校园感染
2. 利尿，消胀气	长时间憋尿后的排尿困难，过度摄取发酵类食物（如奶酪）引起的腹胀
3. 消炎，止痛	热引起的皮肤起疹、头晕和懒洋洋，牙痛，风湿痛，痛经
4. 抗氧化，抗肿瘤	乳腺癌

α- & β-水茴香萜 26.5% & 12.4%　　α-松油萜 4.34%　　对伞花烃 3.8%

榄香醇 10.8%

α-桉叶醇 6.1%

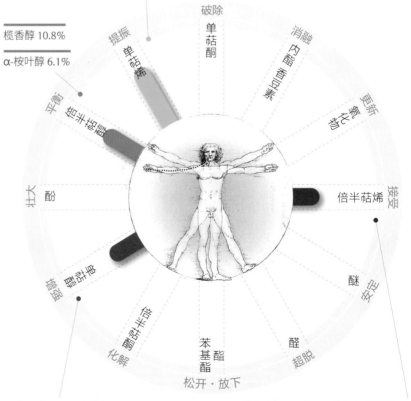

α-萜品醇 8.38%　　龙脑 1.8%　　　　γ-杜松烯 0.07%　　双环大根老鹳草烯 4.1%

巴西胡椒
Brazilian Pepper

原产于巴西东南海岸，高 7~10 米的浅根小树，长相多变以适应多种生态。从沙丘到沼泽都能繁衍，可能威胁引入国的原生植物。有红果与粉红果两个变种。

药学属性	适用症候
1. 抗超级细菌，退热	医院内的交叉感染，呼吸道感染，泌尿生殖道感染
2. 利尿，助消化	行动不便或长期卧病者的解尿困难与消化不良
3. 愈合伤口，净化，消炎，止痛	脚气，皮肤真菌病，皮肤溃疡，念珠菌感染
4. 抗氧化，抗肿瘤	乳腺癌

学　　名 | *Schinus terebinthifolius*

其他名称 | 红胡椒 / Rose Pepper

香气印象 | 黏热午后的一场雷雨

植物科属 | 漆树科肖乳香属

主要产地 | 马达加斯加、巴西

萃取部位 | 果实 (蒸馏)

适用部位　三焦经、基底轮

核心成分
萃油率 6.54%，62 个可辨识化合物 (占 91.15%)

心灵效益 | 提升良知，以犀利不滥情的角度聚焦问题

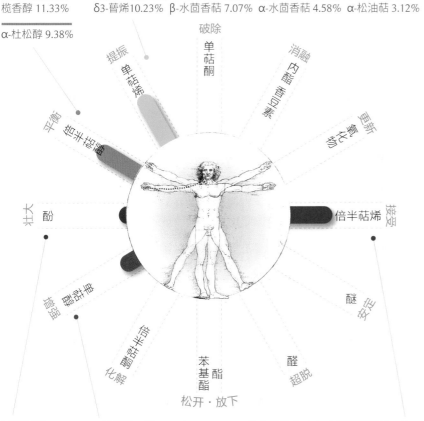

榄香醇 11.33%　　δ3-蒈烯10.23%　β-水茴香萜 7.07%　α-水茴香萜 4.58%　α-松油萜 3.12%

α-杜松醇 9.38%

破除　单萜酮

提振　单萜烯

消融　内酯 香豆素

更新　氧化物

平衡　倍半萜醇

壮大　酚

接受　倍半萜烯

安定　醚

超脱　醛

化解　倍半萜酮

松开·放下　苯基酯

香荆芥酚 0.3%　萜品烯-4-醇 1.57%　δ-杜松烯 6.92%　大根老鹳草烯 7.39%

注意事项

1. 抗氧化与抗肿瘤作用皆优于秘鲁胡椒精油。

2. 叶片精油也有抗肿瘤作用(脑瘤、白血病、子宫颈癌、乳腺癌)，含 49 个组分 (占 97.9%)，占比最高的都是倍半萜烯，如大根老鹳草烯 (23.7 %)、双环大根老鹳草烯 (15%)、长松烯 (8.1%)。α-与 β-松油萜虽占比略低，但也展现出显著的抗肿瘤表现。

香榧
Chinese Torreya

中国特有的经济树种，仅产于北纬
27°~32°亚热带海拔 300~600 米的丘陵，
喜温暖湿润、朝夕多雾及土质肥沃深厚
的酸性凝灰岩以及散射光。

学　　名	*Torreya grandis*
其他名称	细榧 / Chinese Nutmeg Yew
香气印象	桂圆蛋糕配阿萨姆红茶
植物科属	红豆杉科榧属
主要产地	中国 (浙江会稽)
萃取部位	假种皮 (蒸馏)

适用部位 三焦经、顶轮

核心成分
萃油率1%，36 个可辨识化合物(占
97.2%)

心灵效益 | 提升愉悦的感受，让生
活变成一杯精致的下
午茶

注意事项

1. 香榧寿命长、生长慢、结实期
晚、盛果期长，故有"三十年
开花，四十年结果，一人种
榧，十代受益"之说。树龄可
上千年。

2. 香榧种子为珍稀干果，种子外
面有一层很厚的肉质化假种皮
(一般误认为果壳)，约占种子
重量的 50%~60%。

3. 超临界 CO_2 萃取的香榧油含
40 个组分，二萜类化合物占绝
大多数，有抗癌潜力，占比最
高的是香榧酯(14.90%) 和 7,15-
海松二烯-3-酮 (14.45%)，此二
者都是二萜类。溶剂萃取的成
分接近蒸馏，但各种官能基较
全面。

药学属性	适用症候
1. 抑制植物病原真菌和酿酒酵母，抗皮肤癣菌	头癣，体癣，甲癣
2. 驱蚊，驱虫	湿热环境，宠物与家畜防血吸虫
3. 抗氧化	精神不济，皮肤老化，积食不消

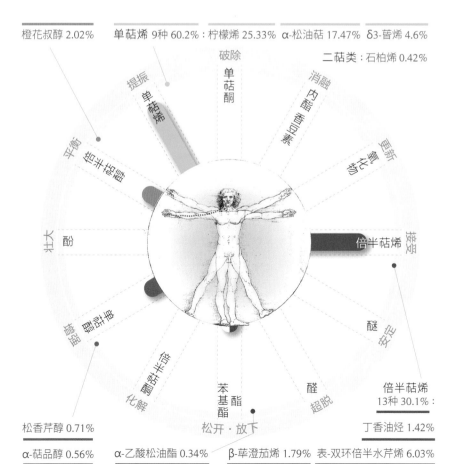

橙花叔醇 2.02%　　单萜烯 9种 60.2% : 柠檬烯 25.33%　α-松油萜 17.47%　δ3-蒈烯 4.6%

破除　　　　　　　　　　　　　　　　　　二萜类 : 石柏烯 0.42%

单萜酮

提振　　单萜烯　　消融

平衡　倍半柏醇　　　　　　　　　　　　　内酯 香豆素　　更新

壮大　　酚　　　　　　　　　　　　　倍半萜烯　　接受

　　　　　　　　　　　　　　　　　　　　醚　安定

　　　　　　酯　　　　　　　　　　　　倍半萜烯
　　　　　　　　　　　　　　　　　　　　13种 30.1% :

化解　　　苯基酯　　醛　超脱　　丁香油烃 1.42%

松开・放下

松香芹醇 0.71%

α-萜品醇 0.56%　　α-乙酸松油酯 0.34%　β-荜澄茄烯 1.79%　表-双环倍半水芹烯 6.03%

加拿大铁杉
Canadian Hemlock

长在北美东部海拔 600~1800 米的冷凉山区，喜欢微酸的土壤，叶纤柔。常与霜雾为伴，比其他针叶树耐阴耐修剪，长寿。

药学属性	适用症候
1. 抗霉菌，抗菌（如火烧病病原菌）	黑头与白头粉刺，除体臭
2. 抗 MRSA（仅次于第一等级的香茅醛和香荆芥酚类）	住院感染超级细菌，老人与孩童进诊所必备，冷湿气候带来的不适
3. 驱家蝇	维持公共空间的卫生，净化气场
4. 抗肿瘤	膀胱癌，泌尿道上皮癌

学　　名 | *Tsuga canadensis*

其他名称 | 东部铁杉 /
Eastern Hemlock

香气印象 | 年轻母亲含笑鼓励跌倒的学步小儿

植物科属 | 松科铁杉属

主要产地 | 加拿大、美国

萃取部位 | 针叶（蒸馏）

适用部位 | 肾经、基底轮

核心成分
萃油率 0.249%，31 个可辨识化合物

心灵效益 | 提升上进心，戒断恶习和损友

α-松油萜 23.74%　樟烯 11.93%　柠檬烯 6.02%　α- & β-水茴香萜 4.07% & 4.37%

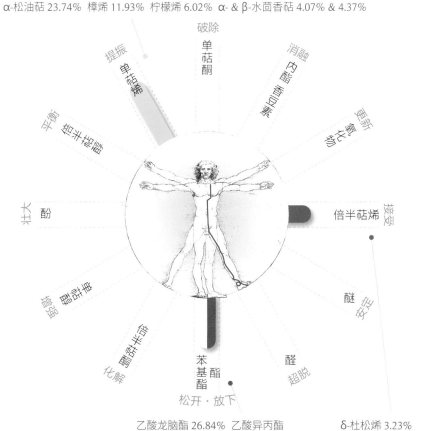

破除
单萜酮
消融
提振
单萜烯
内酯 · 香豆素
更新
平衡
倍半萜醇
接受
壮大
酚
倍半萜烯
增强
倍半萜酮
醚
安定
化解
苯基酯
醛
超脱
松开 · 放下

乙酸龙脑酯 26.84%　乙酸异丙酯　　δ-杜松烯 3.23%

注意事项

1. 加州铁杉（*Tsuga heterophylla*），又名西部铁杉，比加拿大铁杉高大（平均高度 50 米），精油成分和加拿大铁杉接近，属于甜度高的针叶树（富于乙酸龙脑酯）。

贞节树
Vitex

热带植物牡荆属中少数生于温带的品种，需要全日照与良好排水。常见于咸淡水相交地带，过于湿冷则不利生长，白花结的果比紫花抗菌力强。

学　　名	*Vitex agnus castus*
其他名称	穗花牡荆 / Chaste Berry
香气印象	卧薪尝胆
植物科属	马鞭草科牡荆属
主要产地	土耳其、以色列、阿尔巴尼亚、摩洛哥
萃取部位	果实（蒸馏）

适用部位 肾经、性轮

核心成分
萃油率 0.72%，51 个可辨识化合物（占 99.2%）

心灵效益 | 提升自制力，避免一头热地付出或追求

注意事项

1. 孕期、哺乳期、前青春期孩童及接受黄体酮治疗者避免使用。

2. 果油气味比叶油浓重，两者的差异在于，果油含有较多的大分子化合物，特别是双萜类，所以对妇科的作用优于叶油。

3. 男性也可以安全使用贞节树精油，处理老化、骨质疏松、压力过大等问题。

药学属性	适用症候
1. 黄体酮样作用，调节雌激素	痛经，经血过量，月经频繁，阴道出血，乳腺增生，乳房胀痛
2. 消炎，抗菌，杀螨剂，抗霉菌（白色念珠菌）	子宫肌瘤，子宫炎，子宫内膜异位，多囊性卵巢综合征
3. 抗氧化，促进红细胞膜通透性，促进肝脏的脂肪代谢，抗肿瘤	经前综合征（面疱、疱疹、水分滞留），更年期综合征（脸潮红、盗汗、心悸），停经后的心血管疾病与肥胖，乳腺癌，肺腺癌
4. 停用避孕药后促进正常排卵，激活海马回的雌激素受体，抑制骨质回收，降低促肾上腺皮质激素（ACTH）	不孕，产后与停经后的记忆力减退，骨质疏松症，工作狂

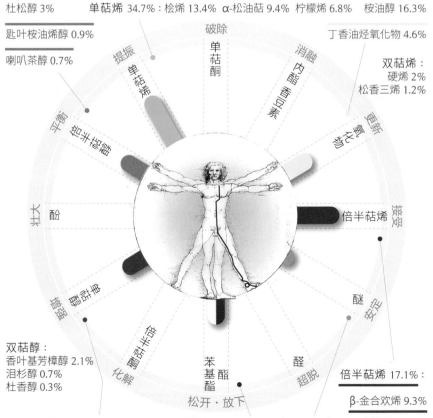

杜松醇 3%　单萜烯 34.7%：桧烯 13.4%　α-松油萜 9.4%　柠檬烯 6.8%　桉油醇 16.3%

匙叶桉油烯醇 0.9%

丁香油烃氧化物 4.6%

喇叭茶醇 0.7%

双萜烯：硬烯 2%　松香三烯 1.2%

双萜醇：
香叶基芳樟醇 2.1%
泪杉醇 0.7%
杜香醇 0.3%

倍半萜烯 17.1%：

β-金合欢烯 9.3%

萜品烯-4-醇 2.7%　α-萜品醇 2.5%　α-乙酸萜品烯酯 4.6%　肉豆蔻醚 0.4%　β-丁香油烃 4.1%

泰国参姜
Plai

在岩岸、湿地、河滨、天然林和果园都能够生长。最喜欢的是部分遮荫的湿润沃土，比其他姜科植物更能适应温带气候。

药学属性	适用症候
1. 消炎（DMPTD 的作用），退热	跌打损伤，成纤维样滑膜类风湿关节炎
2. 放松子宫，扩张支气管	痛经，气喘
3. 消胀气，抗菌，抗霉菌，驱蚊	消化不良，结肠发炎，皮肤霉菌病，户外活动防蚊虫
4. 抑制乙酰胆碱酯酶	老年痴呆

学　　名	*Zingiber cassumunar*
其他名称	卡萨蒙纳姜 / Cassumunar Ginger
香气印象	赤脚踩过湍急溪流中扎脚的碎石
植物科属	姜科姜属
主要产地	东南亚（尤其是泰国）
萃取部位	根茎（蒸馏）

适用部位 脾经、本我轮

核心成分
萃油率 1.13%~1.37%，19 个可辨识化合物

心灵效益 提升并巩固自我的坚持，无惧外界奚落

樟烯 41.39%　　　苯基化合物：(E)-1-(3,4-二甲氧基苯基)丁二烯 (DMPTD) 0.95%~16.16%

γ-萜品烯 6.02%

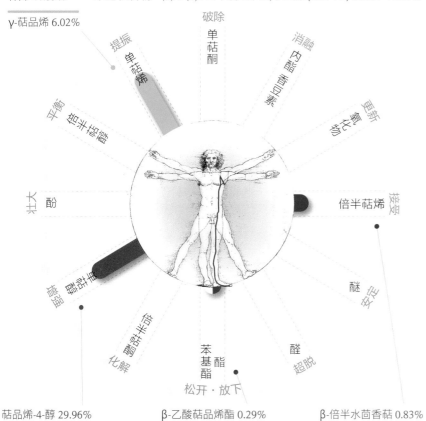

萜品烯-4-醇 29.96%　　　β-乙酸萜品烯酯 0.29%　　　β-倍半水芹萜 0.83%

适用症候索引

神经系统

脑损伤
125 金叶茶树
184 苏合香
257 希腊野马郁兰
246 中国肉桂

中风
122 菖蒲
65 川芎
236 凤梨鼠尾草
262 黑种草
120 姜
301 乳香
149 山鸡椒（脑血栓）
54 中国当归

脑血管病变
203 杭白菊

大脑毛细血管循环迟缓
223 茶树

神经问题
239 侧柏醇百里香
253 丁香罗勒（病变）
203 杭白菊（受损）
125 金叶茶树（周围神经病变）

神经系统困扰
129 热带罗勒
131 皱叶欧芹

神经失衡
73 桉油醇樟（神经肌肉失调）
37 牛膝草
191 晚香玉（中枢神经不平衡）

自主神经失调
179 橘叶
159 苦橙叶
40 马薄荷（交感神经失衡）
231 甜马郁兰
266 野地百里香
117 一枝黄花
80 月桂

脊髓灰质炎
252 丁香花苞
129 热带罗勒

脑膜炎
207 大根老鹳草
260 到手香
46 鼠尾草（病毒性）

脑炎
129 热带罗勒
135 洋茴香罗文莎叶

记忆力退化/低下/健忘
333 巴西乳香
317 白松香
122 菖蒲
271 沉香树
234 大马士革玫瑰
150 蜂蜜香桃木

85 扫帚茶树
297 莳萝
287 檀香
45 薰衣叶鼠尾草
43 樟脑迷迭香
342 贞节树
153 紫苏

学习障碍
333 巴西乳香
254 神圣罗勒

耳鸣
请见 呼吸系统

眩晕
203 杭白菊
130 露兜花
56 芹菜籽
231 甜马郁兰
82 辛夷（目眩齿痛）
241 竹叶花椒

头晕/头昏脑胀
317 白松香
271 沉香树
260 到手香
285 广藿香
318 连翘
338 秘鲁胡椒
101 日本扁柏
85 扫帚茶树
93 树兰
188 水仙
49 万寿菊

晕车晕船
185 白玉兰
175 大高良姜
226 胡椒薄荷
120 姜

头痛
30 艾蒿
299 白芷
65 川芎
182 大花茉莉
234 大马士革玫瑰
260 到手香
108 德国洋甘菊
253 丁香罗勒
181 芳香白珠
136 防风
203 杭白菊
262 黑种草
226 胡椒薄荷
176 黄桦
235 苦水玫瑰
278 昆士亚
130 露兜花
283 露头永久花
152 柠檬罗勒
283 羌活
254 神圣罗勒
242 食茱萸
106 香苦木

183 小花茉莉
290 缬草
292 岩兰草
225 野地薄荷
199 银艾

偏头痛
65 川芎
212 桂花
226 胡椒薄荷
220 巨香茅
118 摩洛哥蓝艾菊
192 五月玫瑰
50 夏白菊
133 洋茴香
225 野地薄荷

昏倒/晕厥/神智不清
122 菖蒲
226 胡椒薄荷
184 苏合香
231 甜马郁兰
151 香蜂草
34 樟树

眼睛问题
148 柠檬马鞭草（眼力衰退）
77 澳洲尤加利（结膜炎、虹膜睫状体炎）
128 粉红莲花（麦粒肿）
203 杭白菊（疲劳发红）
103 红没药（感染）
226 胡椒薄荷（视力障碍）
204 姜黄（感染）
125 金叶茶树（视力模糊）
84 绿花白千层（眼睑炎）
49 万寿菊（眼疾）
80 月桂（麦粒肿）

脑功能退化
203 杭白菊

松果体钙化
88 三叶鼠尾草
110 圣约翰草
209 鸢尾草

退化性神经系统疾病
310 柠檬
88 三叶鼠尾草
109 蛇麻草
275 暹罗木

阿尔兹海默病
262 黑种草
204 姜黄
184 苏合香
113 穗甘松
45 薰衣叶鼠尾草

帕金森病
320 杜松针叶
217 芳樟
319 高地杜松
262 黑种草
273 降香
88 三叶鼠尾草
109 蛇麻草

113 穗甘松
249 锡兰肉桂
275 暹罗木
281 香脂果豆木
251 小茴香

老年痴呆
30 艾蒿
96 大麻
314 海茴香
309 莱姆
140 柠檬香桃木
311 葡萄柚
88 三叶鼠尾草
188 水仙
343 泰国参姜
231 甜马郁兰
249 锡兰肉桂
151 香蜂草
251 小茴香
89 熏陆香百里香
255 野马郁兰
209 鸢尾草

癫痫
62 阿魏
276 白草果
317 白松香
122 菖蒲
182 大花茉莉
234 大马士革玫瑰
260 到手香
75 豆蔻
262 黑种草
306 苦橙
221 玫瑰草
140 柠檬香桃木
298 欧白芷根
184 苏合香
113 穗甘松
231 甜马郁兰
251 小茴香
290 缬草
133 洋茴香
291 印度缬草
144 爪哇香茅
131 皱叶欧芹

抽搐
260 到手香

麻痹
126 鳞皮茶树（膝腿发麻）
231 甜马郁兰
241 竹叶花椒（手脚发麻）

自闭症
30 艾蒿
202 喜马拉雅雪松
219 芫荽籽

多动症
253 丁香罗勒
128 粉红莲花
113 穗甘松
290 缬草

神经炎
319 高地杜松
26 利古蓍草
123 龙艾
157 罗马洋甘菊
81 穗花薰衣草
92 西洋蓍草
255 野马郁兰
- 病毒性
252 丁香花苞
36 多苞叶尤加利
226 胡椒薄荷
129 热带罗勒
149 山鸡椒
46 鼠尾草
135 洋茴香罗文莎叶
80 月桂

神经痛
51 艾菊
83 白千层
252 丁香花苞
36 多苞叶尤加利
258 多香果
26 利古蓍草
157 罗马洋甘菊
42 绿薄荷
221 玫瑰草
81 穗花薰衣草
288 太平洋檀香
233 天竺葵
231 甜马郁兰
92 西洋蓍草
290 缬草
45 薰衣叶鼠尾草
225 野地薄荷
34 樟树

坐骨神经痛
217 芳樟
319 高地杜松
262 黑种草
226 胡椒薄荷
123 龙艾
118 摩洛哥蓝艾菊
287 檀香
50 夏白菊
166 醒目薰衣草
266 野地百里香
225 野地薄荷
72 月桃

疼痛
96 大麻
126 鳞皮茶树
157 罗马洋甘菊
140 柠檬香桃木
283 羌活
231 甜马郁兰
335 雅丽菊

瘾
157 罗马洋甘菊
- 酒瘾
96 大麻
321 刺桧浆果
298 欧白芷根
- 毒瘾 / 药瘾
321 刺桧浆果
96 大麻
231 甜马郁兰（乙醚）
133 洋茴香（吗啡）
- 烟瘾
96 大麻

吗啡耐药性
251 小茴香

思觉失调 / 精神分裂症
179 橘叶
210 马缨丹

神经肌肉失调
73 桉油醇樟
319 高地杜松
（自主神经性肌力障碍）

瘫痪
122 菖蒲
334 道格拉斯杉
124 茴香
250 头状百里香

纤维肌痛症
322 卡奴卡

睡眠困扰
271 沉香树（多梦）
159 苦橙叶
235 苦水玫瑰
158 墨西哥沉香（负能量缠身）
101 日本扁柏（睡不安稳）
127 肉豆蔻（睡不安稳）
116 五味子（多梦）
249 锡兰肉桂（嗜睡）
86 香桃木
165 真正薰衣草
153 紫苏（浅眠、睡不安稳）

失眠
73 桉油醇樟
122 菖蒲
271 沉香树
182 大花茉莉
128 粉红莲花
160 佛手柑
324 格陵兰喇叭茶
312 橘（红 / 绿）
179 橘叶
306 苦橙
148 柠檬马鞭草
298 欧白芷根
149 山鸡椒
109 蛇麻草
113 穗甘松
141 泰国青柠叶
231 甜马郁兰
191 晚香玉
116 五味子
151 香蜂草
251 小茴香
290 缬草
219 芫荽籽
165 真正薰衣草
213 紫罗兰

提高睡眠品质
300 独活
184 苏合香
209 鸢尾草

噩梦连连 / 梦魇
284 荜澄茄
217 芳樟
303 秘鲁圣木
310 柠檬
194 苏门答腊安息香
133 洋茴香

时差
311 葡萄柚
209 鸢尾草

熬夜
311 葡萄柚
（昼夜作息颠倒）
100 台湾红桧（长期）

精神障碍
266 野地百里香

神经疲劳
238 沉香醇百里香
263 冬季香薄荷
212 桂花
323 落叶松
167 柠檬薄荷
148 柠檬马鞭草
255 野马郁兰

神经衰弱
290 缬草
122 菖蒲
274 胡萝卜籽
298 欧白芷根
180 沙枣花
74 莎罗白樟
231 甜马郁兰
257 希腊野马郁兰
200 印蒿

精神不济 / 精神涣散 / 无精打采
150 蜂蜜香桃木
327 科西嘉黑松
154 马香科
187 秘鲁香脂
147 柠檬细籽
101 日本扁柏
307 泰国青柠
191 晚香玉
116 五味子
340 香榧

疲劳 / 疲倦 / 倦怠
270 阿米香树
265 百里酚百里香
218 橙花
252 丁香花苞
316 非洲蓝香茅
150 蜂蜜香桃木
216 花梨木
31 假荆芥新风轮菜
220 巨香茅
237 龙脑百里香
44 马鞭草酮迷迭香
338 秘鲁胡椒
189 牡丹花
222 忍冬
178 苏刚达
137 甜万寿菊
134 西部黄松
166 醒目薰衣草
266 野地百里香
291 印度缬草
219 芫荽籽
66 圆叶当归

无力 / 筋疲力竭
270 阿米香树
87 桉油醇迷迭香
239 侧柏醇百里香
223 茶树
252 丁香花苞
263 冬季香薄荷
75 豆蔻
227 蜂香薄荷
325 黑云杉
329 欧洲赤松
336 髯花杜鹃
315 丝柏
250 头状百里香
281 香脂果豆木
255 野马郁兰
291 印度缬草
66 圆叶当归

衰弱 / 虚弱 / 体弱
77 澳洲尤加利
239 侧柏醇百里香
223 茶树
263 冬季香薄荷
75 豆蔻
325 黑云杉
216 花梨木
237 龙脑百里香
130 露兜花
37 牛膝草
329 欧洲赤松
56 芹菜籽
336 髯花杜鹃
129 热带罗勒
127 肉豆蔻
180 沙枣花
315 丝柏
81 穗花薰衣草
230 甜罗勒
116 五味子
249 锡兰肉桂
45 薰衣叶鼠尾草
266 野地百里香
255 野马郁兰

55 印度当归
219 芫荽籽
34 樟树
54 中国当归

慢性疲劳综合征
150 蜂蜜香桃木
171 快乐鼠尾草
337 马达加斯加盐肤木
135 洋茴香罗文莎叶
209 鸢尾草

嘈杂喧闹的环境
180 沙枣花

脑子转不停
185 白玉兰
142 柠檬叶
281 香脂果豆木

头脑不清
87 桉油醇迷迭香
336 髯花杜鹃

大病初愈
327 科西嘉黑松
180 沙枣花
257 希腊野马郁兰

激素相关疾病
209 鸢尾草

压力、情绪、神经官能症

压力
234 大马士革玫瑰
258 多香果
236 凤梨鼠尾草
160 佛手柑
162 岬角甘菊
278 昆士亚
337 马达加斯加盐肤木
148 柠檬马鞭草
147 柠檬细籽
294 欧洲冷杉
301 乳香
206 莎草
254 神圣罗勒
297 莳萝
100 台湾红桧
141 泰国青柠叶
231 甜马郁兰
116 五味子
296 西伯利亚冷杉
196 香草
281 香脂果豆木
251 小茴香
290 缬草
72 月桃
153 紫苏

完美主义
308 日本柚子

控制狂
308 日本柚子

情绪平衡
70 芳枸叶

情绪化
146 史泰格尤加利
192 五月玫瑰

情绪激动/亢奋/歇斯底里
62 阿魏
276 白草果
122 菖蒲
98 大叶依兰
160 佛手柑
312 橘（红/绿）
129 热带罗勒
113 穗甘松
231 甜马郁兰
151 香蜂草
291 印度缬草

易怒/愤怒/生气
98 大叶依兰
128 粉红莲花
142 柠檬叶
141 泰国青柠叶
296 西伯利亚冷杉

钻牛角尖
278 昆士亚
189 牡丹花

意志力薄弱/难以抗拒诱惑
132 平叶欧芹

惊吓
223 茶树
122 菖蒲
162 岬角甘菊
303 秘鲁圣木（惊慌失措）
143 柠檬香茅
298 欧白芷根
200 印蒿（收惊）

害怕/恐惧
284 荜澄茄
294 欧洲冷杉
194 苏门答腊安息香
292 岩兰草

沮丧/消极
223 茶树
79 高地牛膝草
262 黑种草
216 花梨木
162 岬角甘菊
295 胶冷杉
44 马鞭草酮迷迭香
147 柠檬细籽
129 热带罗勒
301 乳香
149 山鸡椒
230 甜罗勒
192 五月玫瑰
249 锡兰肉桂
72 月桃

心情沉重
79 高地牛膝草
231 甜马郁兰

萎靡不振/提不起劲
51 艾菊
295 胶冷杉
311 葡萄柚
85 扫帚茶树
188 水仙
192 五月玫瑰
97 依兰

自怜
336 髯花杜鹃

阴沉/暗黑
194 苏门答腊安息香

受打压的委屈
190 红花缅栀

憔悴/枯槁
87 桉油醇迷迭香
203 杭白菊
188 水仙

焦虑/不安/紧张
39 白马鞭草
185 白玉兰
182 大花茉莉

217 芳樟（社交紧张）
217 芳樟（社交紧张）
128 粉红莲花
79 高地牛膝草
262 黑种草
162 岬角甘菊
273 降香
125 金叶茶树
306 苦橙
148 柠檬马鞭草
147 柠檬细籽
147 柠檬
145 柠檬尤加利
298 欧白芷根
56 芹菜籽
129 热带罗勒
308 日本柚子
149 山鸡椒
146 史泰格尤加利
194 苏门答腊安息香
141 泰国青柠叶
233 天竺葵
231 甜马郁兰
191 晚香玉
292 岩兰草（分离焦虑）
72 月桃
144 爪哇香茅
261 重味过江藤

性冷淡/无感
187 秘鲁香脂
130 露兜花

精神疾病
229 柠檬荆芥
231 甜马郁兰

精神异常
62 阿魏
151 香蜂草（精神危机）
200 印蒿

神经质/神经紧张
284 荜澄茄
324 格陵兰喇叭茶
306 苦橙
123 龙艾
303 秘鲁圣木
149 山鸡椒
194 苏门答腊安息香
172 鹰爪豆
165 真正薰衣草

幽闭恐惧症
217 芳樟
123 龙艾
308 日本柚子
292 岩兰草

恐慌
125 金叶茶树（人群恐慌症）
312 橘（红/绿）
100 台湾红桧
117 一枝黄花

暴饮暴食/食欲过旺
64 大花土木香
312 橘（红/绿）

102　没药
311　葡萄柚
178　苏刚达

食欲不振 / 胃口不佳
58　苍术
312　佛手柑
120　姜
306　苦橙
154　马香科
298　欧白芷根
67　欧防风
180　沙枣花
149　山鸡椒
178　苏刚达
267　印度藏茴香
55　印度当归
219　芫荽籽
114　中国甘松

思觉失调 / 精神分裂症
179　橘叶
210　马缨丹

神经官能症
179　橘叶

强迫症
210　马缨丹
189　牡丹花

厌食症
75　豆蔻
306　苦橙（厌食）
221　玫瑰草

抑郁症
122　菖蒲
312　川芎
234　大马士革玫瑰
258　多香果
171　快乐鼠尾草
210　马缨丹
221　玫瑰草
229　柠檬荆芥
148　柠檬马鞭草
140　柠檬香桃木
288　太平洋檀香
287　檀香
183　小花茉莉
232　野洋甘菊
97　依兰
219　芫荽籽
246　中国肉桂

忧郁 / 郁闷
218　橙花
96　大麻
31　假荆芥新风轮菜
295　胶冷杉
84　绿花白千层
301　乳香
307　泰国青柠
196　香草
183　小花茉莉
114　中国甘松

躁郁症
236　凤梨鼠尾草
279　厚朴
202　喜马拉雅雪松
282　新喀里多尼亚柏松
165　真正薰衣草

躁郁 / 烦乱
182　大花茉莉
235　苦水玫瑰
189　牡丹花
143　柠檬香茅
145　柠檬尤加利
149　山鸡椒
170　水果鼠尾草
233　天竺葵
231　甜马郁兰
290　缬草
166　醒目薰衣草
45　薰衣叶鼠尾草
172　鹰爪豆

创伤后压力综合征
179　橘叶
157　罗马洋甘菊
310　柠檬
110　圣约翰草
211　松红梅
335　雅丽菊

失败的阴影
190　红花缅栀

暴力倾向
179　橘叶

学业 / 工作 / 家务繁重
168　含笑
278　昂十亚

工作狂
342　贞节树

烦闷无聊
152　柠檬罗勒

被害妄想
152　柠檬罗勒

魂不附体
256　岩爱草
　　　（失恋或大受打击）

崩溃
280　橙花叔醇绿花白千层
　　　（过度紧绷后）
261　重味过江藤（濒临崩溃）

心碎的记忆
190　红花缅栀

情伤
164　黄葵（惧悴无力）
292　岩兰草（失恋）

悲恸哀伤
295　胶冷杉

空虚感
178　苏刚达
250　头状百里香

心力交瘁
258　多香果（身心俱疲）
168　含笑
134　西部黄松
97　依兰

绝望
150　蜂蜜香桃木
127　肉豆蔻
301　乳香
97　依兰

厌世
336　髯花杜鹃
134　西部黄松（久病）

遗弃感
294　欧洲冷杉

挫败
195　暹罗安息香

害羞
250　头状百里香
195　暹罗安息香

软弱
294　欧洲冷杉
195　暹罗安息香

运衰
195　暹罗安息香

行动的侏儒
272　玉檀木

三心二意 / 举棋不定
272　玉檀木

免疫功能不全
301　乳香

遭逢打击后恢复免疫功能
158　墨西哥沉香

过敏
62　阿魏
29　艾叶
234　大马士革玫瑰
136　防风
324　格陵兰喇叭茶
243　花椒
329　欧洲赤松（发炎与过敏）
132　平叶欧芹
283　羌活
248　印度肉桂
165　真正薰衣草

慢性炎症
237　龙脑百里香

感染
339　巴西胡椒
265　百里酚百里香
338　秘鲁胡椒
147　柠檬细籽
　　　（免疫抑制病患防感染）
329　欧洲赤松
283　羌活
56　芹菜籽
336　髯花杜鹃
137　甜万寿菊
250　头状百里香
249　锡兰肉桂（热带地区）
－念珠菌
339　巴西胡椒
311　葡萄柚
74　莎罗白樟
242　食茱萸
46　鼠尾草（白色念珠菌）
165　真正薰衣草（白色念珠菌）
246　中国肉桂
－葡萄球菌
113　穗甘松
－寄生虫（鞭虫、钩虫、蛲虫、
　　　蛔虫及丝虫）
146　史泰格尤加利

感冒
156　阿密茴
51　艾菊
317　白松香
299　白芷
260　到手香
115　番石榴叶
70　芳枸叶
324　格陵兰喇叭茶
285　广藿香
330　黑胡椒

262 黑种草
120 姜
295 胶冷杉
147 柠檬细籽
298 欧白芷根
294 欧洲冷杉
283 羌活（风寒）
85 扫帚茶树
242 食茱萸
93 树兰
264 希腊香薄荷
286 狭长叶鼠尾草
196 香草
335 雅丽菊
256 岩爱草
199 银艾
27 圆叶布枯
153 紫苏

流行性感冒/流感
73 桉油醇樟
95 澳洲蓝丝柏
77 澳洲尤加利
39 白马鞭草
52 侧柏（A型）
239 侧柏醇百里香
207 大根老鹳草
234 大马士革玫瑰
252 丁香花苞
103 红没药
41 胡薄荷
278 昆士亚
76 蓝胶尤加利
318 连翘
187 秘鲁香脂
37 牛膝草
336 髯花杜鹃
222 忍冬
46 鼠尾草
287 檀香（H3N2）
281 香脂果豆木
45 薰衣叶鼠尾草
266 野地百里香
55 印度当归
219 芫荽籽
80 月桂
246 中国肉桂（A型）

着凉
87 桉油醇迷迭香
75 豆蔻
181 芳香白珠
120 姜
52 胶冷杉
277 黏答答土木香
294 欧洲冷杉
336 髯花杜鹃
137 甜万寿菊
45 薰衣叶鼠尾草
133 洋茴香
224 沼泽茶树
153 紫苏

病毒复制
255 野马郁兰
艾滋病
175 大高良姜
234 大马士革玫瑰
140 柠檬香桃木
37 牛膝草
194 苏门答腊安息香（HIV感染）
246 中国肉桂
自体免疫系统疾病
70 芳枸叶
120 姜（僵直性脊椎炎）
237 龙脑百里香
88 三叶鼠尾草（重症肌无力）
257 希腊野马郁兰
305 岩玫瑰
208 意大利永久花（硬皮症、红斑狼疮）
慢性疲劳综合征
请见 神经系统
衰弱/虚弱/体弱
请见 神经系统
长期卧病/住院
134 西部黄松
45 薰衣叶鼠尾草
54 中国当归
经常/长期使用抗生素
105 马鞭草破布子
134 西部黄松
60 新几内亚厚壳桂
多发性硬化症
87 桉油醇迷迭香
252 丁香花苞
253 丁香罗勒
258 多香果
148 柠檬马鞭草
37 牛膝草
329 欧洲赤松
129 热带罗勒
254 神圣罗勒
134 西部黄松
305 岩玫瑰
135 洋茴香罗文莎叶
219 芫荽籽
风湿
333 巴西乳香
83 白千层
284 荜澄茄
175 大高良姜
260 到手香
334 道格拉斯杉
258 多香果
181 芳香白珠
136 防风
319 高地杜松
328 海松
330 黑胡椒
262 黑种草

243 花椒
186 黄玉兰
120 姜
220 巨香茅
322 卡奴卡
327 科西嘉黑松
278 昆士亚
57 辣根
26 利古薯木
105 马鞭草破布子
303 秘鲁圣木
277 黏答答土木香
246 柠檬马鞭草
283 羌活
336 髯花杜鹃
242 食茱萸
81 穗花薰衣草
141 泰国青柠叶
49 万寿菊
50 夏白菊
71 小高良姜
251 小茴香
256 岩爱草
117 一枝黄花
66 圆叶当归
80 月桂
32 藏茴香
34 樟树
144 爪哇香茅

风湿痛
51 艾菊
299 白芷
330 黑胡椒
159 苦橙叶
130 露兜花
338 秘鲁胡椒
231 甜马郁兰
137 甜万寿菊
161 小飞蓬
199 银艾

风湿肌痛
238 沉香醇百里香
70 芳枸叶
325 黑云杉
176 黄桦
118 摩洛哥蓝艾菊
43 樟脑迷迭香

风湿性关节炎
95 澳洲蓝丝柏
252 丁香花苞
263 冬季香薄荷
36 多苞叶尤加利
150 蜂蜜香桃木
107 古芸香脂
84 绿花白千层
145 柠檬尤加利
329 欧洲赤松
129 热带罗勒
127 肉豆蔻
46 鼠尾草

81 穗花薰衣草
233 天竺葵
134 西部黄松
281 香脂果豆木
305 岩玫瑰
135 洋茴香罗文莎叶
302 印度乳香
类风湿性关节炎
280 橙花叔醇绿花白千层
343 泰国参姜（成纤维样滑膜类风湿性关节炎）
衰老/老化
234 大马士革玫瑰
61 零陵香豆（延缓）
116 五味子（早衰羸弱）
移植物排斥
136 防风
罕见疾病
257 希腊野马郁兰
预防小儿麻痹
322 卡奴卡
冬季病
322 卡奴卡
疱疹/水痘
请见 皮肤系统

皮肤系统

脱发 / 生发
87　桉油醇迷迭香
207　大根老鹳草
201　大西洋雪松
128　粉红莲花
164　黄葵
101　日本扁柏
206　莎草
46　鼠尾草
113　穗甘松
82　辛夷
266　野地百里香
302　印度乳香
43　樟脑迷迭香

毛发问题
111　刺桧木（过度整烫）
101　日本扁柏（细软）
94　树艾（早生白发）
93　树兰（无光泽）
86　香桃木
　　（眉毛与睫毛稀疏）
133　洋茴香（体毛过多）

头皮屑
111　刺桧木
316　非洲蓝香茅
285　广藿香
80　月桂

毛囊炎
163　玫瑰尤加利
152　柠檬罗勒

皱纹
30　艾蒿
304　榄香脂
84　绿花白千层
189　牡丹花
206　莎草
46　鼠尾草
119　头状香科
　　（法令纹、皱眉纹）
86　香桃木
256　岩爱草
292　岩兰草（鱼尾纹）
305　岩玫瑰

皮肤老化
28　侧柏酮白叶蒿（减缓）
316　非洲蓝香茅（男性）
314　海茴香
203　杭白菊
204　姜黄
240　牻牛儿醇百里香
332　奇欧岛熏陆香
56　芹菜籽
194　苏门答腊安息香
92　西洋蓍草
340　香榧

皮肤松弛
128　粉红莲花
227　蜂香薄荷
169　红香桃木
235　苦水玫瑰
301　乳香
74　莎罗白樟
256　岩爱草
305　岩玫瑰
43　樟脑迷迭香

干性肌肤
30　艾蒿
190　红花缅栀
228　可因氏月橘
171　快乐鼠尾草
192　五月玫瑰
281　香脂果豆木
292　岩兰草

敏感性肌肤
183　小花茉莉

油性肌肤
316　非洲蓝香茅
319　高地杜松
147　柠檬细籽
94　树艾（发肤）
290　缬草（发肤）

毛孔粗大
305　岩玫瑰

黑眼圈
183　小花茉莉

痤疮 / 痘痘 / 面疱
51　艾菊
77　澳洲尤加利
299　白芷
207　大根老鹳草
108　德国洋甘菊
252　丁香花苞
115　番石榴叶
319　高地杜松
212　桂花
168　含笑
204　姜黄
159　苦橙叶
235　苦水玫瑰
76　蓝胶尤加利
221　玫瑰草
163　玫瑰尤加利
189　牡丹花
310　柠檬
147　柠檬细籽
81　穗花薰衣草
233　大竺葵
305　岩玫瑰
219　芫荽籽
80　月桂
224　沼泽茶树

粉刺
77　澳洲尤加利
115　番石榴叶

（第三栏）
227　蜂香薄荷
285　广藿香
325　黑云杉
341　加拿大铁杉
237　龙脑百里香
221　玫瑰草
147　柠檬细籽
311　葡萄柚
194　苏门答腊安息香
195　暹罗安息香
219　芫荽籽

脸部皮肤红血丝
288　太平洋檀香
287　檀香

坏疽
184　苏合香

橘皮组织
201　大西洋雪松
314　海茴香
313　岬角白梅
311　葡萄柚
46　鼠尾草

疔疮痈疖疥癣
252　丁香花苞（疖疮）
183　小花茉莉（疮毒疽瘤）
161　小飞蓬（疮疖）
54　中国当归（痈疽疮疡）
80　月桂（疖）
188　水仙（痈疖疔毒、疮肿）
107　古芸香脂
　　（疔疮痈疖脓肿）
299　白芷（痈疽、疥癣）
241　竹叶花椒（疥疮）
222　忍冬（痈肿毒疮）
274　胡萝卜籽（疖）
159　苦橙叶
318　连翘（痈肿毒疮）
122　菖蒲（痈肿毒疮）
84　绿花白千层（疖）
34　樟树（疥癣疮痒）
194　苏门答腊安息香

面色不佳
250　头状百里香
82　辛夷
60　新几内亚厚壳桂
54　中国当归

皮肤暗沉 / 黝黑
299　白芷
99　卡塔菲
189　牡丹花
93　树兰
251　小茴香
97　依兰

淡化肤色 / 美白
190　红花缅栀
152　柠檬罗勒
247　台湾土肉桂
287　檀香
161　小飞蓬
174　银合欢

斑点
98　大叶依兰（汗斑）
274　胡萝卜籽（老人斑）
118　摩洛哥蓝艾菊（红斑）
189　牡丹花（色斑、老人斑）
56　芹菜籽
　　（晒斑、肝斑、老人斑）
222　忍冬
206　莎草
94　树艾（老人斑）
247　台湾土肉桂
288　太平洋檀香
161　小飞蓬
292　岩兰草（黑斑）
97　依兰

酒糟鼻
274　胡萝卜籽
99　卡塔菲
118　摩洛哥蓝艾菊
208　意大利永久花

疱疹
73　桉油醇樟
234　大马士革玫瑰
128　粉红莲花
79　高地牛膝草
78　露头永久花
229　柠檬荆芥
140　柠檬香桃木
132　平叶欧芹
288　太平洋檀香
287　檀香
305　岩玫瑰

口唇疱疹
95　澳洲蓝丝柏
52　侧柏
223　茶树
260　到手香
252　丁香花苞
322　卡奴卡
46　鼠尾草
94　树艾
211　松红梅
194　苏门答腊安息香
151　香蜂草
261　重味过江藤

眼部疱疹
73　桉油醇樟

单纯疱疹
150　蜂蜜香桃木
227　蜂香薄荷
81　穗花薰衣草
133　洋茴香

汗疱疹
210　马缨丹

带状疱疹
29　艾叶
73　桉油醇樟
95　澳洲蓝丝柏
280　橙花叔醇绿花白千层
252　丁香花苞

（皮肤松弛 标题第二栏顶部）
208　意大利永久花

258 多香果
226 胡椒薄荷
318 连翘
42 绿薄荷
145 柠檬尤加利
311 葡萄柚

水痘
73 桉油醇樟
152 柠檬罗勒
305 岩玫瑰

脓痂疹
322 卡奴卡
152 柠檬罗勒
266 野地百里香

疣
95 澳洲蓝丝柏
238 沉香醇百里香
49 万寿菊

扁平疣
30 艾蒿
52 侧柏
28 侧柏酮白叶蒿
46 鼠尾草
288 太平洋檀香
287 檀香

体味问题
103 红没药
341 加拿大铁杉
199 银艾
114 中国甘松
– 狐臭
185 白玉兰
103 红没药
46 鼠尾草
192 五月玫瑰
219 芫荽籽
– 脚臭
114 中国甘松

癣 / 体癣
98 大叶依兰
277 黏答答土木香
140 柠檬香桃木
340 香榧

头癣
187 秘鲁香脂
340 香榧

手足癣
58 苍术
59 蛇床子
340 香榧（甲癣）

足癣
29 艾叶
339 巴西胡椒
285 广藿香
243 花椒
273 降香
220 巨香茅
277 黏答答土木香
147 柠檬细籽
143 柠檬香茅

140 柠檬香桃木
81 穗花薰衣草
100 台湾红桧
134 西部黄松
114 中国甘松
153 紫苏

股癣
277 黏答答土木香
143 柠檬香茅

干癣
156 阿密茴
238 沉香醇百里香
84 绿花白千层
40 马薄荷
148 柠檬马鞭草
298 欧白芷根
113 穗甘松
195 暹罗安息香

牛皮癣
95 澳洲蓝丝柏
263 冬季香薄荷
107 古芸香脂
99 卡塔菲
148 柠檬马鞭草
50 夏白菊
161 小飞蓬
335 雅丽菊
66 圆叶当归

湿疹
29 艾叶
95 澳洲蓝丝柏
111 刺桧木
108 德国洋甘菊
285 广藿香
226 胡椒薄荷
274 胡萝卜籽
278 昆士亚
154 马香科
221 玫瑰草
206 莎草
100 台湾红桧
38 头状薰衣草
195 暹罗安息香
225 野地薄荷
199 银艾
– 干性
325 黑云杉
221 玫瑰草
230 甜罗勒
232 野洋甘菊

糠疹
195 暹罗安息香

皮疹
252 丁香花苞
274 胡萝卜籽

荨麻疹
108 德国洋甘菊
226 胡椒薄荷
50 夏白菊
292 岩兰草

225 野地薄荷

麻疹
305 岩玫瑰
133 洋茴香
200 印蒿

白癜风 / 白斑症
156 阿密茴
285 广藿香
273 降香
298 欧白芷根

冻疮
187 秘鲁香脂
332 奇欧岛熏陆香
194 苏门答腊安息香
195 暹罗安息香
34 樟树

蚊虫叮咬
30 艾蒿
95 澳洲蓝丝柏
260 到手香
253 丁香罗勒
26 利古蓍草
277 黏答答土木香
254 神圣罗勒
242 食茱萸
170 水果鼠尾草
199 银艾
291 印度缬草
241 竹叶花椒

有毒物种叮咬
– 蛇
276 白草果
299 白芷
103 红没药
204 姜黄
242 食茱萸
248 印度肉桂
291 印度缬草
– 蝎子
260 到手香
291 印度缬草
– 蜜蜂
95 澳洲蓝丝柏
– 蜘蛛
291 印度缬草

皮肤发痒 / 瘙痒
299 白芷
182 大花茉莉
253 丁香罗勒
316 非洲蓝香茅
160 佛手柑
328 海松
190 红花缅栀
226 胡椒薄荷
313 岬角白梅
125 金叶茶树
228 可因氏月橘
210 马缨丹
47 棉杉菊
326 挪威云杉

170 水果鼠尾草
289 塔斯马尼亚胡椒
192 五月玫瑰
225 野地薄荷
232 野洋甘菊
165 真正薰衣草
241 竹叶花椒

烫伤 / 烧烫伤
95 澳洲蓝丝柏
260 到手香
334 道格拉斯杉
204 姜黄
278 昆士亚
187 秘鲁香脂
332 奇欧岛熏陆香
94 树艾
81 穗花薰衣草
165 真正薰衣草

晒伤
83 白千层
260 到手香
204 姜黄
94 树艾
50 夏白菊
241 竹叶花椒

皮肤溃疡
339 巴西胡椒
317 白松香
103 红没药
102 没药
301 乳香
194 苏门答腊安息香
233 天竺葵
202 喜马拉雅雪松
272 玉檀木

外伤 / 伤口
52 侧柏
108 德国洋甘菊
160 佛手柑
107 古芸香脂
328 海松
186 黄玉兰
273 降香
304 榄香脂
42 绿薄荷
105 马鞭草破布子
210 马缨丹
301 乳香
242 食茱萸
46 鼠尾草
184 苏合香
194 苏门答腊安息香
38 头状薰衣草
49 万寿菊
112 维吉尼亚雪松
92 西洋蓍草
286 狭长叶鼠尾草
195 暹罗安息香
161 小飞蓬
256 岩爱草

305　岩玫瑰
266　野地百里香
27　圆叶布枯
80　月桂

擦伤／刀伤／割伤
95　澳洲蓝丝柏
334　道格拉斯杉
102　没药
233　天竺葵
166　醒目薰衣草

疤痕／伤疤
168　含笑
42　绿薄荷
37　牛膝草
254　神圣罗勒
34　樟树
165　真正薰衣草

瘀伤／瘀血／瘀青
273　降香
37　牛膝草
50　夏白菊
208　意大利永久花
27　圆叶布枯

皮肤炎
83　白千层（刺激性）
239　侧柏醇百里香
280　橙花叔醇绿花白千层
111　刺桧木
70　芳枸叶
227　蜂香薄荷（念珠菌性）
203　杭白菊
99　卡塔菲
76　蓝胶尤加利
　　（细菌、念珠菌感染）
78　露头永久花
102　没药
118　摩洛哥蓝艾菊（接触性）
206　莎草
94　树艾（异位性）
100　台湾红桧（神经性）
195　暹罗安息香
82　辛夷
165　真正薰衣草（感染性）

脂溢性皮炎
201　大西洋雪松
227　蜂香薄荷
160　佛手柑
285　广藿香
76　蓝胶尤加利
147　柠檬细籽

皮肤真菌感染
339　巴西胡椒
31　假荆芥新风轮菜
171　快乐鼠尾草
149　山鸡椒
－霉菌
238　沉香醇百里香（念珠菌）
262　黑种草
31　假荆芥新风轮菜
84　绿花白千层

40　马薄荷（念珠菌）
311　葡萄柚（念珠菌）
343　泰国参姜
233　天竺葵
97　依兰
144　爪哇香茅（念珠菌）

皮肤感染
260　到手香
264　希腊香薄荷（螨虫）
266　野地百里香
267　印度藏茴香
272　玉檀木

皮肤过敏／敏感
95　澳洲蓝丝柏
185　白玉兰
316　非洲蓝香茅
203　杭白菊
318　连翘
326　挪威云杉
94　树艾
211　松红梅
50　夏白菊
335　雅丽菊

皮肤排毒
319　高地杜松
204　姜黄
278　昆士亚

皮肤红变
208　意大利永久花

皮肤病
333　巴西乳香
186　黄玉兰
302　印度乳香
291　印度缬草
－寄生虫病
187　秘鲁香脂
252　丁香花苞
47　棉杉菊

棉球肉芽肿
318　连翘

情绪引起的皮肤问题
211　松红梅

手脚龟裂
285　广藿香
190　红花缅栀（脚底）

灰指甲
29　艾叶
115　番石榴叶
104　古巴香脂
273　降香
140　柠檬香桃木

甲沟炎
266　野地百里香

银屑病
318　连翘

脚趾甲各种感染变形
49　万寿菊

皮肤莫名突起
192　五月玫瑰

起疹
338　秘鲁胡椒
222　忍冬
289　塔斯马尼亚胡椒

脓肿／脓疱
317　白松香
304　榄香脂
233　天竺葵
266　野地百里香
34　樟树

麦粒肿
128　粉红莲花
80　月桂

湿毒
128　粉红莲花

丹毒
212　桂花

蜂窝织炎
212　桂花

局部皮肤消毒
328　海松

褥疮
316　非洲蓝香茅
285　广藿香
92　西洋蓍草
82　辛夷
45　薰衣叶鼠尾草

长期卧床的皮肤问题
326　挪威云杉

排除刺入皮肤的尖细物体
256　岩爱草

呼吸系统
（含耳鼻喉）

呼吸道过敏／敏感
179　橘叶
118　摩洛哥蓝艾菊
149　山鸡椒
100　台湾红桧
134　西部黄松
335　雅丽菊
153　紫苏

呼吸系统传染病
307　泰国青柠

呼吸道感染
339　巴西胡椒
83　白千层（黏膜）
28　侧柏酮白叶蒿（卡他性）
111　刺桧浆果（慢性）
334　道格拉斯杉
70　芳枸叶
217　芳樟
227　蜂香薄荷
169　红香桃木
159　苦橙叶
57　辣根（慢性卡他性）
88　三叶鼠尾草
　　（慢性卡他性）
74　莎罗白樟
231　甜马郁兰
257　希腊野马郁兰
60　新几内亚厚壳桂
255　野马郁兰
－上呼吸道
52　侧柏（急性与慢性）
160　佛手柑
216　花梨木（耳鼻喉）
80　月桂（耳鼻喉）
－下呼吸道
216　花梨木（胸腔支气管）
261　重味过江藤
　　（幼儿与老年人）

呼吸道发炎
253　丁香罗勒
42　绿薄荷
286　狭长叶鼠尾草
195　暹罗安息香

呼吸短促／急促
198　印蒿酮白叶蒿
312　橘（红／绿）

呼吸不顺畅
333　巴西乳香
31　假荆芥新风轮菜

呼吸困难
124　茴香
295　胶冷杉
326　挪威云杉

231 甜马郁兰

先天性黏液稠厚症

86 香桃木

卡他症状/多痰

30 艾蒿
212 桂花
26 利古蓍草
105 马鞭草破布子
154 马香科
326 挪威云杉
94 树艾
116 五味子
286 狭长叶鼠尾草
133 洋茴香
200 印蒿
27 圆叶布枯

多唾液

286 狭长叶鼠尾草

耳痛

130 露兜花
183 小花茉莉

耳炎

87 桉油醇迷迭香
77 澳洲尤加利
35 薄荷尤加利
239 侧柏醇百里香
253 丁香罗勒
226 胡椒薄荷
76 蓝胶尤加利
221 玫瑰草
74 莎罗白樟
109 蛇麻草
231 甜马郁兰
38 头状薰衣草

耳鸣

271 沉香树
107 古芸香脂
288 太平洋檀香
287 檀香
50 夏白菊
131 皱叶欧芹

听力受损

107 古芸香脂
287 檀香

梅尼尔氏症

50 夏白菊

鼻咽炎

73 桉油醇樟
77 澳洲尤加利
239 侧柏醇百里香
36 多苞叶尤加利
76 蓝胶尤加利
84 绿花白千层
221 玫瑰草
88 三叶鼠尾草
231 甜马郁兰
63 土木香
166 醒目薰衣草
225 野地薄荷

鼻塞

185 白玉兰
299 白芷
260 到手香
154 马香科
74 莎罗白樟
49 万寿菊
50 夏白菊
82 辛夷（鼻多浊涕）

鼻过敏/过敏性鼻炎

262 黑种草
126 鳞皮茶树
210 马缨丹
202 喜马拉雅雪松（花粉热）

鼻窦炎

87 桉油醇迷迭香
73 桉油醇樟
77 澳洲尤加利
333 巴西乳香
265 百里酚百里香
35 薄荷尤加利
239 侧柏醇百里香
280 橙花叔醇绿花白千层
252 丁香花苞
70 芳枸叶
79 高地牛膝草
328 海松
226 胡椒薄荷
295 胶冷杉
327 科西嘉黑松
76 蓝胶尤加利
237 龙脑百里香
44 马鞭草酮迷迭香
277 黏答答土木香
37 牛膝草
329 欧洲赤松
46 鼠尾草
231 甜马郁兰
38 头状薰衣草
134 西部黄松
264 希腊香薄荷
86 香桃木
82 辛夷
331 熏陆香
89 熏陆香百里香
45 薰衣叶鼠尾草
225 野地薄荷

鼻炎

77 澳洲尤加利
185 白玉兰
239 侧柏醇百里香
253 丁香罗勒
295 胶冷杉
81 穗花薰衣草
231 甜马郁兰
82 辛夷
45 薰衣叶鼠尾草
225 野地薄荷
267 印度藏茴香

流鼻血

92 西洋蓍草

199 银艾

声音沙哑

164 黄葵

扁桃体炎

51 艾菊
239 侧柏醇百里香
252 丁香花苞
258 多香果
104 古巴香脂
76 蓝胶尤加利
84 绿花白千层
222 忍冬
46 鼠尾草
63 土木香
199 银艾

腮腺炎

188 水仙

咽峡炎

35 薄荷尤加利（狭缩性）
330 黑胡椒
237 龙脑百里香
86 香桃木

咽喉炎

79 高地牛膝草
255 野郁兰

咽喉肿痛

265 百里酚百里香
222 忍冬

喉炎

253 丁香罗勒
330 黑胡椒
226 胡椒薄荷
63 土木香
195 暹罗安息香
225 野地薄荷
302 印度乳香

喉咙痛

51 艾菊
260 到手香
334 道格拉斯杉
104 古巴香脂
220 巨香茅
37 牛膝草
336 髯花杜鹃
192 五月玫瑰

咳嗽

29 艾叶
77 澳洲尤加利
276 白草果
39 白马鞭草
317 白松香
185 白玉兰
177 波罗尼花
122 菖蒲
65 川芎
64 大花土木香
234 大马士革玫瑰
260 到手香
334 道格拉斯杉
107 古芸香脂

212 桂花
279 厚朴
186 黄玉兰
313 岬角白梅
162 岬角甘菊
179 橘叶
220 巨香茅
105 马鞭草破布子
187 秘鲁香脂
152 柠檬罗勒
142 柠檬叶
37 牛膝草
298 欧白芷根
294 欧洲冷杉
85 扫帚茶树
180 沙枣花
74 莎罗白樟
93 树兰
81 穗花薰衣草
141 泰国青柠叶
63 土木香
116 五味子
192 五月玫瑰
134 西部黄松
286 狭长叶鼠尾草
183 小花茉莉
256 岩爱草
266 野地百里香
199 银艾
302 印度乳香
200 印蒿
32 藏茴香
54 中国当归
213 紫罗兰
153 紫苏

百日咳

156 阿密茴
62 阿魏
73 桉油醇樟
185 白玉兰
190 红花缅栀
41 胡薄荷
123 龙艾
85 扫帚茶树
315 丝柏
141 泰国青柠叶
231 甜马郁兰
305 岩玫瑰
266 野地百里香

气喘

156 阿密茴
62 阿魏
29 艾叶
276 白草果
39 白马鞭草
271 沉香树
65 川芎
260 到手香
320 杜松浆果
36 多苞叶尤加利

70　芳枸叶
79　高地牛膝草
324　格陵兰喇叭茶
262　黑种草
243　花椒
124　茴香
123　龙艾
157　罗马洋甘菊
118　摩洛哥蓝艾菊
68　木香
152　柠檬罗勒
148　柠檬马鞭草
37　牛膝草
329　欧洲赤松
132　平叶欧芹
308　日本柚子
301　乳香
254　神圣罗勒
94　树艾
170　水果鼠尾草
113　穗甘松
343　泰国参姜
137　甜万寿菊
191　晚香玉
202　喜马拉雅雪松
50　夏白菊
251　小茴香
135　洋茴香罗文莎叶
266　野地百里香
97　依兰
174　银合欢
267　印度藏茴香
55　印度当归
302　印度乳香
198　印蒿酮白叶蒿
219　芫荽籽
54　中国当归
153　紫苏

气管炎
41　胡薄荷
81　穗花薰衣草
63　土木香
198　印蒿酮白叶蒿

支气管炎
87　桉油醇迷迭香
73　桉油醇樟
77　澳洲尤加利
333　巴西乳香
39　白马鞭草
35　薄荷尤加利
239　侧柏醇百里香
238　沉香醇百里香
218　橙花
111　刺桧木
64　大花土木香
252　丁香花苞
320　杜松浆果
36　多苞叶尤加利
79　高地牛膝草
328　海松

325　黑云杉
190　红花缅栀
186　黄玉兰
295　胶冷杉
76　蓝胶尤加利
304　榄香脂
323　落叶松
44　马鞭草酮迷迭香
102　没药
277　黏答答土木香
37　牛膝草
329　欧洲赤松
336　髯花杜鹃
88　三叶鼠尾草
180　沙枣花
46　鼠尾草
170　水果鼠尾草
315　丝柏
194　苏门答腊安息香
231　甜马郁兰
249　锡兰肉桂
86　香桃木
166　醒目薰衣草
45　薰衣叶鼠尾草
266　野地百里香
267　印度藏茴香
- 急性
187　秘鲁香脂
42　绿薄荷
294　欧洲冷杉
- 慢性
330　黑胡椒
41　胡薄荷
42　绿薄荷
187　秘鲁香脂
294　欧洲冷杉
38　头状薰衣草
63　土木香
112　维吉尼亚雪松
66　圆叶当归
34　樟树
213　紫罗兰
- 气喘性
175　大高良姜
79　高地牛膝草
41　胡薄荷
124　茴香
187　秘鲁香脂
301　乳香
296　西伯利亚冷杉
71　小高良姜
27　圆叶布枯
- 卡他性
52　侧柏
175　大高良姜
327　科西嘉黑松
71　小高良姜
89　熏陆香百里香
- 病毒性
81　穗花薰衣草

89　熏陆香百里香
- 细菌性
263　冬季香薄荷
- 化脓性
223　茶树

支气管黏膜炎
75　豆蔻
42　绿薄荷
301　乳香
297　莳萝
32　藏茴香

支气管痉挛
315　丝柏

胸腔充血
40　马薄荷

胸膜炎
333　巴西乳香
238　沉香醇百里香
218　橙花
318　连翘
315　丝柏
249　锡兰肉桂

急性肺损伤
318　连翘

肺部充血
124　茴香
135　洋茴香罗文莎叶

胸闷/胸痛/气郁
185　白玉兰
177　波罗尼花
175　大高良姜
75　豆蔻
79　高地牛膝草
168　含笑
279　厚朴
273　降香
61　零陵香豆
180　沙枣花
94　树艾
93　树兰
170　水果鼠尾草
191　晚香玉
116　五味子
183　小花茉莉
198　印蒿酮白叶蒿
172　鹰爪豆
80　月桂
114　中国甘松

肺炎
87　桉油醇迷迭香
（耶尔森菌肺炎）
238　沉香醇百里香
111　刺桧木
207　大根老鹳草
64　大花土木香
217　芳樟
203　杭白菊
76　蓝胶尤加利
323　落叶松
37　牛膝草

93　树兰
194　苏门答腊安息香

肺泡炎
239　侧柏醇百里香

肺结核
333　巴西乳香
238　沉香醇百里香
218　橙花
321　刺桧浆果
111　刺桧木
175　大高良姜
263　冬季香薄荷
325　黑云杉
237　龙脑百里香
84　绿花白千层
187　秘鲁香脂
336　髯花杜鹃
109　蛇麻草
254　神圣罗勒
315　丝柏
286　狭长叶鼠尾草
266　野地百里香
272　玉檀木

肺气肿
223　茶树
118　摩洛哥蓝艾菊
37　牛膝草
266　野地百里香

急性侵袭型肺曲霉病
149　山鸡椒

低压缺氧
149　山鸡椒

高山症
58　苍术
184　苏合香
241　竹叶花椒

依赖空调的生活方式
58　苍术

空气污染环境/雾霾
333　巴西乳香
295　胶冷杉
235　苦水玫瑰
101　日本扁柏
146　史泰格尤加利
93　树兰
272　玉檀木

感冒/流感
请见 免疫系统

循环系统（心血管与淋巴）

心血管疾病
234　大马士革玫瑰
300　独活
243　花椒
140　柠檬香桃木
247　台湾土肉桂
116　五味子
196　香草
332　熏陆香
174　银合欢
267　印度藏茴香
302　印度乳香
342　贞节树
153　紫苏

心脏疾病
192　五月玫瑰
172　鹰爪豆（心脏水肿）

胸闷
　　　请见 呼吸系统

心悸
185　白玉兰
65　川芎
98　大叶依兰
75　豆蔻
124　茴香
273　降香
130　露兜花
231　甜马郁兰
137　甜万寿菊
191　晚香玉
116　五味子
151　香蜂草
135　洋茴香罗文莎叶
54　中国当归
114　中国甘松

心律不齐
122　菖蒲
160　佛手柑
44　马鞭草酮迷迭香
59　蛇床子
109　蛇麻草
230　甜罗勒
231　甜马郁兰
63　土木香
290　缬草

心动过速
333　巴西乳香
158　墨西哥沉香
167　柠檬薄荷
148　柠檬马鞭草
109　蛇麻草
113　穗甘松
100　台湾红桧

230　甜罗勒
183　小花茉莉
97　依兰
165　真正薰衣草

心脏疼痛
124　茴香
137　甜万寿菊
192　五月玫瑰
135　洋茴香罗文莎叶
34　樟树（心腹痛）

心绞痛
65　川芎
151　香蜂草
290　缬草

心脏无力
223　茶树
150　蜂蜜香桃木
40　马薄荷
221　玫瑰草
148　柠檬马鞭草
287　檀香
63　土木香
166　醒目薰衣草
172　鹰爪豆（心脏衰弱）
43　樟脑迷迭香

心衰竭
260　到手香（郁血性）

心肌缺血缺氧损伤
184　苏合香
－缺氧
270　阿米香树
－缺血
283　羌活
290　缬草

心包膜炎
276　白草果

心内膜炎
84　绿花白千层
331　熏陆香（风湿性）
117　一枝黄花

心包炎
145　柠檬尤加利
117　一枝黄花

心肌梗塞
149　山鸡椒
254　神圣罗勒
297　莳萝
71　小高良姜

血栓
262　黑种草
120　姜
306　苦橙
310　柠檬
298　欧白芷根
149　山鸡椒（脑）
165　真正薰衣草
246　中国肉桂

低血压
252　丁香花苞
263　冬季香薄荷

226　胡椒薄荷
274　胡萝卜籽
187　秘鲁香脂
230　甜罗勒
225　野地薄荷
255　野马郁兰
43　樟脑迷迭香

高血压
333　巴西乳香
299　白芷
218　橙花
280　橙花叔醇绿花白千层
234　大马士革玫瑰
98　大叶依兰（血压骤升）
181　芳香白珠
217　芳樟
236　凤梨鼠尾草
203　杭白菊
330　黑胡椒
190　红花缅栀
274　胡萝卜籽
176　黄桦
204　姜黄
220　巨香茅
228　可因氏月橘
309　莱姆
118　摩洛哥蓝艾菊
68　木香
148　柠檬马鞭草
145　柠檬尤加利
56　芹菜籽
222　忍冬
127　肉豆蔻（血压飙高）
289　塔斯马尼亚胡椒
100　台湾红桧
231　甜马郁兰
63　土木香
191　晚香玉
192　五月玫瑰
151　香蜂草
251　小茴香
282　新喀里多尼亚柏松
331　熏陆香
117　一枝黄花
97　依兰
200　印蒿
72　月桃
43　樟脑迷迭香
241　竹叶花椒
153　紫苏

心腹痛
34　樟树

血管炎
312　橘（红/绿）

动脉炎
143　柠檬香茅
305　岩玫瑰
117　一枝黄花
144　爪哇香茅

冠状动脉炎

181　芳香白珠
84　绿花白千层
148　柠檬马鞭草
145　柠檬尤加利
230　甜罗勒
63　土木香
161　小飞蓬
292　岩兰草

冠状动脉功能不良
230　甜罗勒

冠心病
156　阿密茴
273　降香
290　缬草
198　印蒿酮白叶蒿

血液黏稠
130　露兜花
191　晚香玉
65　圆叶当归

血管硬化
308　日本柚子
113　穗甘松

动脉粥样硬化
227　蜂香薄荷
306　苦橙
235　苦水玫瑰
309　莱姆
283　羌活（冠状动脉）
222　忍冬
249　锡兰肉桂
72　月桃

动脉硬化
156　阿密茴
201　大西洋雪松
84　绿花白千层
332　奇欧岛熏陆香
230　甜罗勒

动脉瘤
223　茶树

静脉循环不良
129　热带罗勒

静脉炎
313　岬角白梅
331　熏陆香（血栓性）
208　意大利永久花
165　真正薰衣草

静脉瘤
171　快乐鼠尾草

静脉曲张
270　阿米香树
95　澳洲蓝丝柏
83　白千层
223　茶树
218　橙花
285　广藿香
169　红香桃木
99　卡塔菲
171　快乐鼠尾草
337　马达加斯加盐肤木
129　热带罗勒

315　丝柏
113　穗甘松
288　太平洋檀香
287　檀香
112　维吉尼亚雪松
331　熏陆香
291　印度缬草
272　玉檀木

静脉溃疡
317　白松香
304　榄香脂
78　露头永久花
210　马缨丹
301　乳香
165　真正薰衣草

微血管扩张
128　粉红莲花

痔疮
270　阿米香树
95　澳洲蓝丝柏
83　白千层
218　橙花
160　佛手柑
285　广藿香
171　快乐鼠尾草
84　绿花白千层
298　欧白芷根
56　芹菜籽
315　丝柏
113　穗甘松
233　天竺葵
112　维吉尼亚雪松
331　熏陆香
302　印度乳香
291　印度缬草
272　玉檀木

经济舱综合征
337　马达加斯加盐肤木

四肢沉重
300　独活
337　马达加斯加盐肤木
335　雅丽菊（双腿）

循环不良
270　阿米香树
48　芳香万寿菊
328　海松
306　苦橙
337　马达加斯加盐肤木
303　秘鲁圣木
46　鼠尾草
49　万寿菊
249　锡兰肉桂
272　玉檀木
43　樟脑迷迭香
224　沼泽茶树
54　中国当归

畏寒
77　澳洲尤加利
223　茶树

脚气病

34　樟树

贫血
274　胡萝卜籽
310　柠檬
206　莎草
55　印度当归
54　中国当归

血液发炎指数过高
142　柠檬叶

血液感染
80　月桂

败血症
207　大根老鹳草
32　藏茴香（预防）
－病毒引起
221　玫瑰草
255　野马郁兰

坏血病
298　欧白芷根

白细胞不足
　　请见 肿瘤与癌症

内外出血
305　岩玫瑰

面色不佳
　　请见 皮肤系统

淋巴结炎
263　冬季香薄荷
324　格陵兰喇叭茶
255　野马郁兰
80　月桂

淋巴腺炎
76　蓝胶尤加利

淋巴腺病变
317　白松香

淋巴滞留
326　挪威云杉

淋巴型的体态
322　卡奴卡

淋巴结核
182　大花茉莉

淋巴管炎
324　格陵兰喇叭茶

脾
58　苍术
154　马香科
248　印度肉桂

水肿/浮肿
　　请见 新陈代谢系统

消化系统

唇部肿胀
241　竹叶花椒

口腔卫生
334　道格拉斯杉
48　芳香万寿菊
296　西伯利亚冷杉
195　暹罗安息香
241　竹叶花椒

口臭
75　豆蔻
48　芳香万寿菊
164　黄葵
332　奇欧岛熏陆香
46　鼠尾草
219　芫荽籽

口腔炎
239　侧柏醇百里香
238　沉香醇百里香
182　大花茉莉
260　到手香
262　黑种草（黏膜）
228　可因氏月橘
38　头状薰衣草

口腔溃疡
317　白松香
223　茶树
102　没药
231　甜马郁兰
86　香桃木

口疮
46　鼠尾草
292　岩兰草
302　印度乳香
80　月桂

鹅口疮
79　高地牛膝草
304　榄香脂
105　马鞭草破布子
143　柠檬香茅
301　乳香

口坏疽
46　鼠尾草

口咽炎
223　茶树
78　露头永久花

口舌干燥
228　可因氏月橘

多唾液
286　狭长叶鼠尾草

牙垢
262　黑种草
133　洋茴香（齿色暗黄）

牙龈炎
51　艾菊
77　澳洲尤加利（牙龈肿痛）

223　茶树
228　叮因氏月橘
78　露头永久花
157　罗马洋甘菊
46　鼠尾草
256　岩爱草

牙龈流血
141　泰国青柠叶

牙齿的根管治疗
169　红香桃木

蛀牙
217　芳樟
104　古巴香脂
262　黑种草（龋齿）
332　奇欧岛熏陆香
281　香脂果豆木

牙痛
299　白芷
122　菖蒲
252　丁香花苞
253　丁香罗勒
258　多香果
330　黑胡椒
243　花椒
102　没药
338　秘鲁胡椒
37　牛膝草
196　香草
82　辛夷（目眩齿痛）
225　野地薄荷
80　月桂
34　樟树
120　姜
114　中国甘松

牙齿退化
181　芳香白珠

拔牙后的干槽症
187　秘鲁香脂

牙周病
217　芳樟
104　古巴香脂
262　黑种草
332　奇欧岛熏陆香
222　忍冬
127　肉豆蔻
141　泰国青柠叶

牙髓炎
258　多香果

齿槽漏脓
296　西伯利亚冷杉
249　锡兰肉桂

齿槽骨炎
262　黑种草

齿列矫正
332　奇欧岛熏陆香

呕吐
276　白草果
271　沉香树
175　大高良姜
316　非洲蓝香茅

285 广藿香
226 胡椒薄荷
186 黄玉兰
157 罗马洋甘菊
68 木香
264 希腊香薄荷（上吐下泻）
71 小高良姜
225 野地薄荷
267 印度藏茴香（上吐下泻）
55 印度当归
200 印蒿

反胃
75 豆蔻
228 可因氏月橘
157 罗马洋甘菊
50 夏白菊
151 香蜂草
106 香苦木
113 中国甘松

打嗝
276 白草果
312 橘（红/绿）
123 龙艾
68 木香
133 洋茴香

吞气症
239 侧柏醇百里香
75 豆蔻
226 胡椒薄荷
133 茴香
295 胶冷杉
312 橘（红/绿）
237 龙脑百里香
337 马达加斯加盐肤木
167 柠檬薄荷
298 欧白芷根
129 热带罗勒
137 甜万寿菊
251 小茴香
331 熏陆香
135 洋茴香罗文莎叶
219 芫荽籽

暴饮暴食/食欲过旺
64 大花土木香
312 橘（红/绿）
102 没药
311 葡萄柚
178 苏刚达

食欲不振/胃口不佳
58 苍术
160 佛手柑
120 姜
306 苦橙
154 马香科
298 欧白芷根
67 欧防风
180 沙枣花
149 山鸡椒
178 苏刚达
267 印度藏茴香

55 印度当归
219 芫荽籽
113 中国甘松

消化系统的过敏反应
335 雅丽菊

消化道疼痛
179 橘叶

消化道感染
252 丁香花苞
217 芳樟
231 甜马郁兰
257 希腊香马郁兰
60 新几内亚厚壳桂
166 醒目薰衣草
266 野地百里香（肠胃）

消化性溃疡
317 白松香
175 大高良姜
227 蜂香薄荷
105 马鞭草破布子
301 乳香
275 暹罗木
71 小高良姜
225 野地薄荷
219 芫荽籽

饮食积滞/积食不消
312 橘（红/绿）
68 木香
93 树兰
340 香榧

消化不良/困难/障碍/异常
339 巴西胡椒
39 白马鞭草
108 德国洋甘菊
75 豆蔻
300 独活
48 芳香万寿菊
330 黑胡椒
190 红花缅栀
279 厚朴
124 茴香
120 姜
228 可因氏月橘
306 苦橙
304 榄香脂
42 绿薄荷
44 马鞭草酮迷迭香
154 马香科
158 墨西哥沉香
310 柠檬
147 柠檬细籽
132 平叶欧芹
180 沙枣花
149 山鸡椒
297 莳萝
178 苏刚达
343 泰国参姜
119 头状香科
251 小茴香
133 洋茴香

266 野地百里香
255 野马郁兰
267 印度藏茴香
219 芫荽籽
27 圆叶布枯

外食族/长年外食
279 厚朴
274 胡萝卜籽
67 欧防风
94 树艾

饮食习惯引起的不适
265 百里酚百里香
（摄食过多肉类、乳酪或油
炸烧烤食物）
321 刺桧浆果
（被零食、外食搞坏的胃
口）
48 芳香万寿菊（饮食过度）
169 红香桃木（贪嗜甜食）
26 利古蓍草
（多油炸、少蔬果、常喝含
糖碳酸饮料、常备零食）
130 露兜花
（摄食过多炸烤或腌制食
物）
47 棉杉菊
（素食或以淀粉为主的代谢
问题）
222 忍冬
（不当外食引起的身体疲
倦）

胀气/积气
62 阿魏
51 艾菊
185 白玉兰
32 藏茴香
122 菖蒲
175 大高良姜
260 到手香
300 独活
320 杜松浆果
160 佛手柑
324 格陵兰喇叭茶
41 胡薄荷
124 茴香
31 假荆芥新风轮菜
120 姜
157 罗马洋甘菊
338 秘鲁胡椒
68 木香
37 牛膝草
298 欧白芷根
127 肉豆蔻
180 沙枣花
93 树兰
178 苏刚达
230 甜罗勒
259 西印度月桂
266 野地百里香
267 印度藏茴香

腹痛
30 艾蒿
51 艾菊
95 澳洲蓝丝柏
299 白芷
65 川芎
300 独活
120 姜
61 零陵香豆
123 龙艾
（反复发作的右上腹疼痛）
183 小花茉莉
251 小茴香
256 岩爱草
72 月桃
34 樟树
241 竹叶花椒
- 胀痛
205 莪蒁
180 沙枣花
- 闷痛
172 鹰爪豆
- 绞痛
275 暹罗木
199 银艾
- 冷痛
71 小高良姜

腹部痉挛
128 粉红莲花
298 欧白芷根

腹泻
284 荜澄茄
32 藏茴香
122 菖蒲
175 大高良姜
260 到手香
115 番石榴叶
128 粉红莲花
243 花椒
162 岬角甘菊
120 姜
179 橘叶
304 榄香脂
126 鳞皮茶树
102 没药
68 木香
127 肉豆蔻
180 沙枣花
206 莎草
74 莎罗白樟
146 史泰格尤加利
231 甜马郁兰
137 甜万寿菊
249 锡兰肉桂
196 香草
71 小高良姜
256 岩爱草
57 印度当归
248 印度肉桂
302 印度乳香

224　沼泽茶树
246　中国肉桂
241　竹叶花椒
- 上吐下泻
264　希腊香薄荷
267　印度藏茴香
- 下痢
233　天竺葵
183　小花茉莉

胃功能不全
232　野洋甘菊

胃食道逆流
71　小高良姜

胃痉挛
192　五月玫瑰
133　洋茴香
199　银艾
114　中国甘松

胃穿孔
43　樟脑迷迭香

胃溃疡
39　白马鞭草（预防）
317　白松香
58　苍术
252　丁香花苞
203　杭白菊
186　黄玉兰
84　绿花白千层
68　木香
277　黏答答土木香
310　柠檬
298　欧白芷根
332　奇欧岛熏陆香
301　乳香
109　蛇麻草
254　神圣罗勒
184　苏合香
288　太平洋檀香
287　檀香
233　天竺葵
230　甜罗勒
49　万寿菊
259　西印度月桂
106　香苦木
86　香桃木
331　熏陆香
133　洋茴香
172　鹰爪豆
43　樟脑迷迭香

胃灼热
75　豆蔻
186　黄玉兰
78　露头永久花
157　罗马洋甘菊
106　香苦木
165　真正薰衣草

胃炎
122　菖蒲
238　沉香醇百里香
175　大高良姜

150　蜂蜜香桃木
235　岕水玫瑰（慢性）
105　马鞭草破布子（糜烂性）
129　热带罗勒
110　圣约翰草
230　甜罗勒
106　香苦木
292　岩兰草
135　洋茴香罗文莎叶
266　野地百里香
80　月桂
- 神经性
109　蛇麻草
275　暹罗木
272　玉檀木
32　藏茴香

胃痛
39　白马鞭草
271　沉香树
108　德国洋甘菊
226　胡椒薄荷
124　茴香
303　秘鲁圣木
37　牛膝草
332　奇欧岛熏陆香
180　沙枣花
289　塔斯马尼亚胡椒
259　西印度月桂
196　香草
256　岩爱草
135　洋茴香罗文莎叶

肝功能减退/不彰/不全
276　白草果
239　侧柏醇百里香
218　橙花
260　到手香
320　杜松浆果
324　格陵兰喇叭茶
330　黑胡椒
226　胡椒薄荷
176　黄桦
237　龙脑百里香
44　马鞭草酮迷迭香
167　柠檬薄荷
297　莳萝
233　天竺葵
230　甜罗勒
259　西印度月桂
232　野洋甘菊

肝指数过高
66　圆叶当归（爆肝）
143　柠檬香茅
151　香蜂草

肝病
39　白马鞭草
128　粉红莲花
336　髯花杜鹃
254　神圣罗勒
196　香草（酒精性肝病变）

养肝
58　苍术
255　野马郁兰

肝脏毒素堆积
324　格陵兰喇叭茶
279　厚朴
127　肉豆蔻
267　印度藏茴香
248　印度肉桂

182　大花茉莉
253　丁香罗勒
79　高地牛膝草
50　夏白菊
161　小飞蓬
251　小茴香
256　岩爱草
135　洋茴香罗文莎叶
43　樟脑迷迭香
　　（胆汁淤积型）
- 甲型
129　热带罗勒
- 乙型
29　艾叶
129　热带罗勒
206　莎草
282　新喀里多尼亚柏松
　　（带原者）
- 丙型
267　印度藏茴香
- 病毒性
73　按油醇樟
252　丁香花苞
258　多香果
226　胡椒薄荷
84　绿花白千层
44　马鞭草酮迷迭香
80　月桂
- 慢性
159　苦橙叶
- 发酵性
219　芫荽籽

肝炎后遗症
66　圆叶当归
- 病毒性
324　格陵兰喇叭茶
102　没药

肝硬化
29　艾叶
253　丁香罗勒（预防）
226　胡椒薄荷
43　樟脑迷迭香

肝绞痛
156　阿密茴
123　龙艾
　　（反复发作的右上腹疼痛）
225　野地薄荷

肝脏脓肿
317　白松香
274　胡萝卜籽

肝肿大
43　樟脑迷迭香

肝脏充血
154　马香科
292　岩兰草

肝脏缺血
86　香桃木

脂肪肝
29　艾叶
204　姜黄
221　玫瑰草
116　五味子

黄疸
41　胡薄荷
220　巨香茅
233　天竺葵
302　印度乳香

胆功能不佳/胆囊失调
237　龙脑百里香
42　绿薄荷
44　马鞭草酮迷迭香
297　莳萝
46　鼠尾草
307　泰国青柠
230　甜罗勒
63　土木香

胆囊炎
161　胡薄荷
233　辣根
41　柠檬马鞭草
57　天竺葵
43　小飞蓬
148　缬根
290　樟脑迷迭香（慢性）

胆绞痛
226　胡椒薄荷

胆管炎
41　胡薄荷

胆结石
156　阿密茴
320　杜松浆果
237　龙脑百里香
84　绿花白千层
229　柠檬荆芥
148　柠檬马鞭草
142　柠檬叶
247　台湾土肉桂
151　香蜂草
290　缬草
213　紫罗兰

胰脏功能低下
218　橙花
320　杜松浆果
330　黑胡椒
226　胡椒薄荷
167　柠檬薄荷
129　热带罗勒
315　丝柏
233　天竺葵

胰脏炎
196 香草
肠道疾病
249 锡兰肉桂
（成人型肠毒血症）
72 月桃
肠道感染
35 薄荷尤加利
44 马鞭草酮迷迭香
（大肠杆菌病）
74 莎罗白樟
267 印度藏茴香
肠道溃疡
317 白松香
301 乳香
335 雅丽菊
肠道寄生虫病
62 阿魏
30 艾蒿
51 艾菊
28 侧柏酮白叶蒿（蛲虫）
252 丁香花苞（阿米巴原虫）
253 丁香罗勒
79 高地牛膝草（鞭毛虫）
124 茴香
295 胶冷杉（蛔虫）
237 龙脑百里香
157 罗马洋甘菊
154 马香科
47 棉杉菊
167 柠檬薄荷
127 肉豆蔻
249 锡兰肉桂
225 野地薄荷
232 野洋甘菊
241 竹叶花椒（蛔虫）
肠燥症
290 缬草
肠痉挛
160 佛手柑
306 苦橙
192 五月玫瑰
114 中国甘松
131 皱叶欧芹
肠绞痛
317 白松香
271 沉香树
175 大高良姜
108 德国洋甘菊
181 芳香白珠
217 芳樟
319 高地杜松
41 胡薄荷
186 黄玉兰
124 茴香
309 莱姆
147 柠檬细籽
289 塔斯马尼亚胡椒
137 甜万寿菊
196 香草

151 香蜂草
256 岩爱草
135 洋茴香罗文莎叶
248 印度肉桂
肠功能迟缓
315 丝柏
肠胃不适
334 道格拉斯杉
253 丁香罗勒
169 红香桃木
126 鳞皮茶树
337 马达加斯加盐肤木
47 棉杉菊
158 墨西哥沉香
129 热带罗勒
肠胃炎
276 白草果
284 荜澄茄
316 非洲蓝香茅
279 厚朴
143 柠檬香茅
142 柠檬叶
67 欧防风
247 台湾土肉桂
231 甜马郁兰
60 新几内亚厚壳桂
肠炎
238 沉香醇百里香
（葡萄球菌性）
79 高地牛膝草
324 格陵兰喇叭茶
325 黑云杉（念珠菌）
31 假荆芥新风轮菜
221 玫瑰草
149 山鸡椒
231 甜马郁兰
161 小飞蓬
225 野地薄荷
131 皱叶欧芹
– 细菌性
252 丁香花苞
123 龙艾
40 马薄荷
– 病毒性
73 桉油醇樟
252 丁香花苞
258 多香果
84 绿花白千层
44 马鞭草酮迷迭香
46 鼠尾草
81 穗花薰衣草
80 土木香
80 月桂
– 寄生虫性
238 沉香醇百里香
314 海茴香
325 黑云杉（兰式鞭毛虫与钩虫）
40 马薄荷
– 感染性
320 杜松浆果

144 爪哇香茅
– 痉挛性
156 阿密茴
167 柠檬薄荷
298 欧白芷根
110 圣约翰草
296 西伯利亚冷杉
251 小茴香
144 爪哇香茅
– 发酵性
319 高地杜松
219 芫荽籽
66 圆叶当归
肠黏膜发炎
35 薄荷尤加利
十二指肠溃疡
317 白松香
108 德国洋甘菊
47 棉杉菊
332 奇欧岛熏陆香
149 山鸡椒
110 圣约翰草
231 甜马郁兰
32 藏茴香
疝气
68 木香
结肠积气
160 佛手柑
226 胡椒薄荷
249 锡兰肉桂
251 小茴香
331 熏陆香
结肠炎
263 冬季香薄荷
343 泰国参姜
231 甜马郁兰
255 野马郁兰
– 寄生虫性
218 橙花
36 多苞叶尤加利
（阿米巴原虫）
– 感染性
285 广藿香
103 红没药
123 龙艾
249 锡兰肉桂
– 痉挛性
252 丁香花苞
226 胡椒薄荷
249 锡兰肉桂
– 细菌性
218 橙花
232 野洋甘菊（大肠杆菌）
– 神经性
233 天竺葵
– 溃疡性
32 藏茴香
小肠结肠炎
87 桉油醇迷迭香
239 侧柏醇百里香

结肠痉挛
75 豆蔻
304 榄香脂
331 熏陆香
出血性直肠炎
305 岩玫瑰
肠漏
299 白芷
阑尾炎
223 茶树
克罗恩病
148 柠檬马鞭草
332 奇欧岛熏陆香
32 藏茴香
阿米巴囊肿
232 野洋甘菊
便秘
62 阿魏
314 海茴香
120 姜
298 欧白芷根
49 万寿菊
133 洋茴香
225 野地薄荷
55 印度当归
172 鹰爪豆
放屁不止
123 龙艾
48 芳香万寿菊
农药中毒
136 防风
食物中毒
62 阿魏（腐败肉类、蘑菇）
108 德国洋甘菊
136 防风
289 塔斯马尼亚胡椒
264 希腊香薄荷
256 岩爱草（生菜与肉品）
246 中国肉桂
131 皱叶欧芹
153 紫苏（鱼蟹中毒）
饮酒过量/酒精中毒
285 广藿香
274 胡萝卜籽
31 假荆芥新风轮菜
298 欧白芷根
116 五味子
196 香草
256 岩爱草
266 野地百里香
131 皱叶欧芹
长期服药/服药过多
221 玫瑰草（药物性）
132 平叶欧芹
116 五味子
251 小茴香
长期接触环境污染
58 苍术
203 杭白菊（饮水污染）
169 红香桃木

310 柠檬
307 泰国青柠
　　（农药、杀虫剂）
116 五味子
251 小茴香
117 一枝黄花
32 藏茴香
54 中国当归

长期接触化学毒素
319 高地杜松
143 柠檬香茅
　　（二乙基亚硝胺）
132 平叶欧芹
288 太平洋檀香
287 檀香
117 一枝黄花
32 藏茴香
54 中国当归

长期接触食品添加物、毒素
58 苍术
31 假荆芥新风轮菜
235 苦水玫瑰
309 莱姆（黄曲霉毒素）
294 欧洲冷杉
307 泰国青柠
116 五味子
251 小茴香
32 藏茴香

太阳神经丛痉挛
324 格陵兰喇叭茶
325 黑云杉
165 真正薰衣草

醒酒 / 宿醉
285 广藿香
93 树兰

水土不服
68 木香
336 髯花杜鹃
119 头状香科

肾脏与泌尿道

肾功能不佳 / 低下
260 到手香
297 莳萝
131 皱叶欧芹

肾病
284 荜澄茄
35 薄荷尤加利
122 菖蒲

肾绞痛
156 阿密茴
234 大马士革玫瑰
226 胡椒薄荷
310 柠檬
225 野地薄荷

肾结石
75 豆蔻
320 杜松浆果
324 格陵兰喇叭茶
314 海茴香
148 柠檬马鞭草
326 挪威云杉
247 台湾土肉桂
92 西洋蓍草
174 银合欢
27 圆叶布枯
131 皱叶欧芹
213 紫罗兰

肾结核
263 冬季香薄荷

肾盂炎
187 秘鲁香脂（大肠杆菌）

肾盂肾炎
238 沉香醇百里香
110 圣约翰草
266 野地百里香

肾炎
35 薄荷尤加利
324 格陵兰喇叭茶
　　（病毒性、细菌性）
297 莳萝
288 太平洋檀香
287 檀香
255 野马郁兰
117 一枝黄花

肾上腺疲劳
275 暹罗木

肾上腺皮质激素不足
230 甜罗勒

肾上腺结核（爱迪生氏病）
238 沉香醇百里香

膀胱炎
87 桉油醇迷迭香
284 荜澄茄
239 侧柏醇百里香
238 沉香醇百里香

252 丁香花苞
263 冬季香薄荷
258 多香果
79 高地牛膝草
104 古巴香脂
226 胡椒薄荷
237 龙脑百里香
42 绿薄荷
40 马薄荷
221 玫瑰草
187 秘鲁香脂
167 柠檬薄荷
148 柠檬马鞭草
145 柠檬尤加利
37 牛膝草
67 欧防风
110 圣约翰草
146 史泰格尤加利
230 甜罗勒
249 锡兰肉桂
266 野地百里香
255 野马郁兰
232 野洋甘菊
117 一枝黄花
219 芫荽籽
27 圆叶布枯

膀胱结石
260 到手香
148 柠檬马鞭草
326 挪威云杉
131 皱叶欧芹

泌尿道感染
339 巴西胡椒
284 荜澄茄
217 芳樟
227 蜂香薄荷
160 佛手柑
107 古芸香脂
169 红香桃木
309 莱姆
132 平叶欧芹
129 热带罗勒
257 希腊野马郁兰
249 锡兰肉桂
117 一枝黄花

尿道炎
284 荜澄茄
239 侧柏醇百里香
260 到手香
36 多苞叶尤加利
258 多香果
104 古巴香脂
84 绿花白千层
187 秘鲁香脂
132 平叶欧芹
288 太平洋檀香
287 檀香
86 香桃木
27 圆叶布枯

尿路结石
148 柠檬马鞭草
233 天竺葵
267 印度藏茴香

尿毒症
35 薄荷尤加利

排尿困难
339 巴西胡椒
338 秘鲁胡椒
320 杜松浆果
186 黄玉兰
27 圆叶布枯

多尿
128 粉红莲花

频尿
297 莳萝（压力导致）

遗尿
315 丝柏

尿床
116 五味子

生殖系统

乳腺炎
182　大花茉莉

乳腺增生
342　贞节树

乳房胀痛
342　贞节树

溢乳症
78　露头永久花

卵巢问题
223　茶树（充血）
167　柠檬薄荷（功能不良）
37　牛膝草（青春期）
307　泰国青柠（功能低下）
219　芫荽籽（囊肿）

多囊性卵巢综合征
52　侧柏
113　穗甘松
342　贞节树

输卵管炎
239　侧柏醇百里香
238　沉香醇百里香
252　丁香花苞
258　多香果
26　利古蓍草
221　玫瑰草

子宫疾病
188　水仙

子宫萎缩
59　蛇床子

子宫肌瘤
26　利古蓍草
84　绿花白千层
163　玫瑰尤加利
342　贞节树

子宫脱垂
320　杜松浆果
240　牻牛儿醇百里香
163　玫瑰尤加利

子宫松弛
237　龙脑百里香

子宫充血
329　欧洲赤松
110　圣约翰草
230　甜罗勒

子宫发炎
238　沉香醇百里香
252　丁香花苞
110　圣约翰草
342　贞节树

子宫内膜炎
110　圣约翰草

子宫内膜异位症
77　澳洲尤加利
239　侧柏醇百里香
50　夏白菊

意大利永久花
208　意大利永久花
342　贞节树

小腹冷痛
29　艾叶

子宫颈糜烂
83　白千层
36　多苞叶尤加利
205　莪蒁
84　绿花白千层

子宫颈上皮病变
74　莎罗白樟

子宫颈炎
239　侧柏醇百里香
221　玫瑰草

骨盆腔充血
287　檀香
272　玉檀木

骨盆腔疼痛
144　爪哇香茅

阴道感染
150　蜂蜜香桃木
216　花梨木
171　快乐鼠尾草
88　三叶鼠尾草
74　莎罗白樟
254　神圣罗勒
89　熏陆香百里香

阴道炎
77　澳洲尤加利
35　薄荷尤加利
284　苹澄茄
223　茶树
238　沉香醇百里香
105　马鞭草破布子
44　马鞭草酮迷迭香
221　玫瑰草
145　柠檬尤加利
59　蛇床子
110　圣约翰草
249　锡兰肉桂

阴道瘙痒
30　艾蒿
220　巨香茅
163　玫瑰尤加利
47　棉杉菊
59　蛇床子
211　松红梅

阴道出血
342　贞节树

阴道分泌物
30　艾蒿
128　粉红莲花（带血）
152　柠檬罗勒
211　松红梅

外阴湿疹
59　蛇床子

外阴炎
239　侧柏醇百里香
223　茶树
84　绿花白千层

前庭大腺炎
44　马鞭草酮迷迭香
208　意大利永久花

白带
317　白松香
185　白玉兰
299　白芷
35　薄荷尤加利
284　苹澄茄
28　侧柏酮白叶蒿
182　大花茉莉
150　蜂蜜香桃木
41　胡薄荷
132　平叶欧芹
88　三叶鼠尾草
46　鼠尾草
249　锡兰肉桂
89　熏陆香百里香
302　印度乳香

女性激素失调
44　马鞭草酮迷迭香

经前综合征
342　贞节树
　　（面疱、疱疹、水分滞留）
177　波罗尼花（腹部沉重）
65　川芎
234　大马士革玫瑰
123　龙艾（小腹沉重）
113　穗甘松
72　月桃
224　沼泽茶树（乳房胀痛）

经期情绪问题
223　茶树
47　棉杉菊
206　莎草

月经不至
30　艾蒿
51　艾菊
28　侧柏酮白叶蒿
124　茴香
171　快乐鼠尾草
78　露头永久花
154　马香科
132　平叶欧芹
135　洋茴香罗文莎叶
267　印度藏茴香
172　鹰爪豆
219　芫荽籽
131　皱叶欧芹

月经不调 / 经期不顺
29　艾叶
182　大花茉莉
168　含笑
78　露头永久花
240　牻牛儿醇百里香
298　欧白芷根
188　水仙

月经困难 / 经期不适
169　红香桃木
235　苦水玫瑰

前庭大腺炎
47　棉杉菊
206　莎草
49　万寿菊

月经周期紊乱
124　茴香
26　利古蓍草
189　牡丹花
302　印度乳香
342　贞节树

少经 / 月经稀少
51　艾菊
227　蜂香薄荷
124　茴香
171　快乐鼠尾草
132　平叶欧芹
46　鼠尾草
92　西洋蓍草
249　锡兰肉桂
292　岩兰草
133　洋茴香
172　鹰爪豆
43　樟脑迷迭香
131　皱叶欧芹

无月经 / 绝经 / 闭经
46　鼠尾草
86　香桃木
183　小花茉莉
292　岩兰草
133　洋茴香
43　樟脑迷迭香

月经量大
233　天竺葵
305　岩玫瑰
342　贞节树

痛经 / 经痛
156　阿密茴
30　艾蒿
317　白松香
28　侧柏酮白叶蒿
65　川芎
182　大花茉莉
234　大马士革玫瑰
108　德国洋甘菊
258　多香果
205　莪蒁
168　含笑
41　胡薄荷
186　黄玉兰
124　茴香
26　利古蓍草
123　龙艾
338　秘鲁胡椒
120　泰国参姜
92　西洋蓍草
259　西印度月桂
50　夏白菊
196　香草
256　岩爱草
133　洋茴香
135　洋茴香罗文莎叶

32 藏茴香
342 贞节树
54 中国当归
246 中国肉桂
前更年期综合征
171 快乐鼠尾草
46 鼠尾草
更年期综合征
271 沉香树
65 川芎
234 大马士革玫瑰
258 多香果
124 茴香
26 利古蓍草
240 牻牛儿醇百里香
326 挪威云杉
188 水仙
133 洋茴香
55 印度当归
72 月桃
342 贞节树
停经后的相关问题
309 莱姆
315 丝柏
342 贞节树
龟头炎
239 侧柏醇百里香
前列腺炎
276 白草果
239 侧柏醇百里香
238 沉香醇百里香
36 多苞叶尤加利
324 格陵兰喇叭茶
325 黑云杉
226 胡椒薄荷
327 科西嘉黑松
84 绿花白千层
129 热带罗勒
110 圣约翰草
92 西洋蓍草
86 香桃木
331 熏陆香
232 野洋甘菊
27 圆叶布枯
前列腺肥大
207 大根老鹳草
337 马达加斯加盐肤木
315 丝柏
前列腺阻塞充血
324 格陵兰喇叭茶
327 科西嘉黑松
254 神圣罗勒
230 甜罗勒
睾丸炎
182 大花茉莉
251 小茴香
副睾炎
36 多苞叶尤加利
睾丸功能不全
329 欧洲赤松
307 泰国青柠
183 小花茉莉
精索静脉曲张
36 多苞叶尤加利
提高男性生殖力
280 橙花叔醇绿花白千层
男性激素失衡
44 马鞭草酮迷迭香
275 暹罗木
梦遗
116 五味子
性冷淡 / 无性趣
177 波罗尼花
271 沉香树
182 大花茉莉
234 大马士革玫瑰
98 大叶依兰（工作过劳所致）
189 牡丹花
247 台湾土肉桂
196 香草
60 新几内亚厚壳桂（心因性）
97 依兰
性功能障碍 / 性无能
98 大叶依兰（创伤记忆）
44 马鞭草酮迷迭香（太阳神经丛、骨盆、骶骨打结引起）
337 马达加斯加盐肤木（男性）
183 小花茉莉
97 依兰
勃起功能障碍（不举 / 阳痿）
271 沉香树
182 大花茉莉
234 大马士革玫瑰
120 姜
229 柠檬荆芥
59 蛇床子
196 香草
60 新几内亚厚壳桂
246 中国肉桂
早泄
263 冬季香薄荷
128 粉红莲花
247 台湾土肉桂
196 香草
性功能低下 / 衰弱
330 黑胡椒
237 龙脑百里香
232 野洋甘菊
- 男性
263 冬季香薄荷
167 柠檬薄荷
249 锡兰肉桂
提高性能量
271 沉香树（素食男女）
298 欧白芷根
不孕
29 艾叶（宫冷）
234 大马士革玫瑰
115 番石榴叶（男性）
59 蛇床子
233 天竺葵（男性）
183 小花茉莉（宫冷）
342 贞节树
避孕
262 黑种草
254 神圣罗勒
307 泰国青柠
251 小茴香
267 印度藏茴香
性冲动 / 性器亢奋
102 没药
231 甜马郁兰
性执迷
231 甜马郁兰
缺乏性吸引力
177 波罗尼花
164 黄葵
性晚熟
161 小飞蓬
减轻性行为前的紧绷
229 柠檬荆芥
性交疼痛
128 粉红莲花
性病
284 荜澄茄
334 道格拉斯杉
36 多苞叶尤加利
289 塔斯马尼亚胡椒
- 梅毒
39 白马鞭草
74 莎罗白樟
254 神圣罗勒
302 印度乳香
- 生殖器疣
52 侧柏
239 侧柏醇百里香（尖锐湿疣）
84 绿花白千层（尖锐湿疣、扁平湿疣）
46 鼠尾草（扁平湿疣）
233 天竺葵（尖锐湿疣）
- 淋病
201 大西洋雪松
287 檀香
232 野洋甘菊
生殖系统感染
339 巴西胡椒
284 荜澄茄
217 芳樟
227 蜂香薄荷
160 佛手柑
132 平叶欧芹
257 希腊野马郁兰
生殖系统发炎
260 到手香
生殖器疱疹
252 丁香花苞
83 白千层
211 松红梅
151 香蜂草
74 莎罗白樟
46 鼠尾草
84 绿花白千层
94 树艾

肌肉骨骼系统

眉棱骨痛
299 白芷

颈椎病
204 姜黄
302 印度乳香

肩周炎
204 姜黄

腕骨隧道综合征
46 鼠尾草

肱骨上髁炎
176 黄桦

网球肘
181 芳香白珠
176 黄桦
125 金叶茶树
145 柠檬尤加利

高尔夫球肘
176 黄桦

痛风
107 古芸香脂
186 黄玉兰
278 昆士亚
78 露头永久花
154 马香科
298 欧白芷根
56 芹菜籽
336 髯花杜鹃
247 台湾土肉桂
34 樟树
246 中国肉桂

关节病
295 胶冷杉
294 欧洲冷杉
254 神圣罗勒

关节炎
265 百里酚百里香
239 侧柏醇百里香
175 大高良姜
253 丁香罗勒（颈椎）
263 冬季香薄荷
320 杜松浆果（膝）
70 芳枸叶
181 芳香白珠
319 高地杜松
176 黄桦
120 姜
278 昆士亚
57 辣根
237 龙脑百里香
130 露兜花
105 马鞭草破布子
145 柠檬尤加利
67 欧防风
329 欧洲赤松

283 羌活
222 忍冬
242 食茱萸
178 苏刚达
247 台湾土肉桂
141 泰国青柠叶
50 夏白菊
195 暹罗安息香
251 小茴香
208 意大利永久花
174 银合欢
302 印度乳香（骨）
219 芫荽籽
66 圆叶当归
80 月桂

关节疼痛
51 艾菊
317 白松香
334 道格拉斯杉
136 防风
322 卡奴卡
76 蓝胶尤加利
283 羌活
74 莎罗白樟
178 苏刚达
264 希腊香薄荷
266 野地百里香
34 樟树

关节退化
92 西洋蓍草

退化部位疼痛
96 大麻

骨质疏松
52 侧柏
309 莱姆
240 牻牛儿醇百里香
59 蛇床子
315 丝柏
251 小茴香
342 贞节树

骨营养不良
323 落叶松

经常性落枕
191 晚香玉

僵硬／紧绷
320 杜松针叶
– 肩颈
220 巨香茅
61 零陵香豆
67 欧防风
294 欧洲冷杉
137 甜万寿菊
92 西洋蓍草
292 岩兰草
– 四肢
258 多香果
314 海茴香
33 蓝冰柏

筋骨肌肉酸疼
95 澳洲蓝丝柏

39 白马鞭草
271 沉香树（腰膝虚冷）
260 到手香
300 独活（腰膝疼痛）
136 防风
120 姜
278 昆士亚
76 蓝胶尤加利
130 露兜花（病毒感染后）
283 羌活
336 髯花杜鹃
127 肉豆蔻
85 扫帚茶树
74 莎罗白樟
119 头状香科
259 西印度月桂
195 暹罗安息香
292 岩兰草
43 樟脑迷迭香
246 中国肉桂（腰膝疼痛）

腰背疼痛／酸痛
65 川芎
126 鳞皮茶树
277 黏答答土木香
67 欧防风
264 希腊香薄荷
292 岩兰草
135 洋茴香罗文莎叶
34 樟树
– 腰
175 大高良姜
253 丁香罗勒
124 茴香
294 欧洲冷杉
242 食茱萸
287 檀香
191 晚香玉
266 野地百里香
32 藏茴香
– 背
181 芳香白珠

腿膝酸软无力
316 非洲蓝香茅
143 柠檬香茅
67 欧防风
134 西部黄松
264 希腊香薄荷

跌打损伤
65 川芎
205 莪术
273 降香
242 食茱萸
343 泰国参姜
161 小飞蓬
34 樟树
– 扭伤
322 卡奴卡（急性）
26 利古蓍草
127 肉豆蔻
191 晚香玉（膝盖小腿）

92 西洋蓍草（韧带）
259 西印度月桂（筋骨）
27 圆叶布枯
– 挫伤
26 利古蓍草
– 撞伤
278 昆士亚
102 没药
– 拉伤
143 柠檬香茅（韧带）

运动前暖身
321 刺桧浆果

运动伤害
65 川芎
125 金叶茶树
166 醒目薰衣草（慢性）

抽筋／痉挛
181 芳香白珠
136 防风
176 黄桦
124 茴香（痉挛体质）
123 龙艾
129 热带罗勒（痉挛体质）
178 苏刚达
296 西伯利亚冷杉
135 洋茴香罗文莎叶
43 樟脑迷迭香
165 真正薰衣草

肌肉疲劳
73 桉油醇樟
127 肉豆蔻

肌肉萎缩
80 月桂

肌张力不全／障碍
319 高地杜松
226 胡椒薄荷
143 柠檬香茅
305 岩玫瑰

肌腱炎
239 侧柏醇百里香
181 芳香白珠
176 黄桦
143 柠檬香茅

腱膜孪缩症
208 意大利永久花

肌肉松弛
322 卡奴卡（结缔组织松软）
43 樟脑迷迭香

提高自发活动能力
39 白马鞭草

风湿
请见 免疫系统

风湿肌痛／多发性风湿肌痛
请见 免疫系统

风湿性关节炎
请见 免疫系统

类风湿性关节炎
请见 免疫系统

新陈代谢系统

糖尿病
299 白芷
58 苍术
239 侧柏醇百里香
28 侧柏酮白叶蒿
321 刺桧浆果
111 刺桧木
175 大高良姜
234 大马士革玫瑰
253 丁香罗勒
320 杜松浆果
258 多香果
227 蜂香薄荷
324 格陵兰喇叭茶
330 黑胡椒
325 黑云杉
262 黑种草
190 红花缅栀
186 黄玉兰
204 姜黄
312 橘（红/绿）
228 可因氏月橘
309 莱姆
105 马鞭草破布子
210 马缨丹
221 玫瑰草
148 柠檬马鞭草
140 柠檬香桃木
37 牛膝草
329 欧洲赤松
332 奇欧岛熏陆香
206 莎草
254 神圣罗勒
247 台湾土肉桂
288 太平洋檀香
287 檀香
233 天竺葵
119 头状香科
116 五味子
249 锡兰肉桂
71 小高良姜
251 小茴香
45 薰衣草鼠尾草
133 洋茴香
174 银合欢
248 印度肉桂
200 印蒿
32 藏茴香
246 中国肉桂
– 辅药
238 沉香醇百里香
162 岬角甘菊
61 零陵香豆
44 马鞭草酮迷迭香
331 熏陆香

-Ⅱ型糖尿病
125 金叶茶树
143 柠檬香茅
297 莳萝
38 头状薰衣草
86 香桃木
290 缬草
– 后遗症
291 印度缬草
– 并发症
97 依兰
高血糖
52 侧柏
274 胡萝卜籽
高血脂
52 侧柏
274 胡萝卜籽
202 喜马拉雅雪松
54 中国当归
胆固醇过高
320 杜松浆果
203 杭白菊
171 快乐鼠尾草
231 甜马郁兰
259 西印度月桂
43 樟脑迷迭香
水肿/水分滞留
201 大西洋雪松
70 芳枸叶
314 海茴香
169 红香桃木
243 花椒
337 马达加斯加盐肤木
311 葡萄柚
283 羌活
315 丝柏
335 雅丽菊
172 鹰爪豆
272 玉檀木
114 中国甘松
中暑
185 白玉兰
253 丁香罗勒
128 粉红莲花
285 广藿香
318 连翘
222 忍冬
206 莎草
242 食茱萸
夏季热性病
338 秘鲁胡椒（果皮）
318 连翘
222 忍冬
249 锡兰肉桂
发热
77 澳洲尤加利
276 白草果
299 白芷
98 大叶依兰
253 丁香罗勒

181 芳香白珠
128 粉红莲花
227 蜂香薄荷
330 黑胡椒
190 红花缅栀
186 黄玉兰
220 巨香茅
99 卡塔菲
228 可因氏月橘
130 露兜花
154 马香科
277 黏答答土木香
143 柠檬香茅
298 欧白芷根
283 羌活
206 莎草
192 五月玫瑰
259 西印度月桂
202 喜马拉雅雪松
290 缬草
292 岩兰草
302 印度乳香
– 低热
189 牡丹花
106 香苦木（间歇性）
痰湿体质
184 苏合香
多汗
160 佛手柑
116 五味子（茎汁）
286 狭长叶鼠尾草
199 银艾
不汗不尿不饥不渴
190 红花缅栀
肥胖/发胖
28 侧柏酮白叶蒿
122 菖蒲
111 刺桧木
234 大马士革玫瑰
203 杭白菊
309 莱姆
33 蓝冰柏
148 柠檬马鞭草
140 柠檬香桃木
37 牛膝草
311 葡萄柚
46 鼠尾草
38 头状薰衣草
202 喜马拉雅雪松
291 印度缬草
342 贞节树（浆果）
153 紫苏
32 藏茴香
浮肉
33 蓝冰柏
40 马薄荷
143 柠檬香茅
甲状腺功能失调
252 丁香花苞
258 多香果

274 胡萝卜籽
324 格陵兰喇叭茶
甲状腺功能亢进
102 没药
97 依兰
254 神圣罗勒
31 假荆芥新风轮菜
231 甜马郁兰
325 黑云杉
甲状腺功能减退
251 小茴香
86 香桃木
甲状腺肿
78 露头永久花
痛风
请见 肌肉骨骼系统

孕产妇

害喜
316 非洲蓝香茅
120 姜
151 香蜂草
153 紫苏（妊娠呕吐）

妊娠纹
301 乳香
233 天竺葵（预防）
292 岩兰草
200 印蒿

高危险妊娠
130 露兜花

分娩
30 艾蒿
218 橙花
182 大花茉莉
252 丁香花苞
258 多香果
226 胡椒薄荷
240 牻牛儿醇百里香
221 玫瑰草
127 肉豆蔻
93 树兰
50 夏白菊
256 岩爱草

产后保养
65 川芎（瘀滞腹痛）
201 大西洋雪松（脱发）
189 牡丹花（血瘀腹痛）
183 小花茉莉（产后抑郁）
55 印度当归（补身）
342 贞节树（记忆力减退）

哺乳
260 到手香（乳腺阻塞）
133 洋茴香（奶水不足）
267 印度藏茴香（乳汁不足）
55 印度当归
32 藏茴香

流产后的调养
220 巨香茅

孩童

婴儿疾病
305 岩玫瑰

婴儿皮肤问题
191 晚香玉（脸部湿疹、胎毒）
– 尿布疹
95 澳洲蓝丝柏
238 沉香醇百里香
152 柠檬罗勒

婴幼儿呼吸道疾病
79 高地牛膝草（细支气管炎）
216 花梨木
（耳鼻喉部、胸腔支气管感染）
261 重味过江藤
（幼儿下呼吸道感染）

猩红热
305 岩玫瑰

小儿受惊
55 印度当归

小儿惊风
188 水仙

小儿口腔溃疡
318 连翘

小儿轮状病毒肠炎
29 艾叶

幼儿园环境消毒
140 柠檬香桃木
89 熏陆香百里香

儿童的口腔炎与牙龈发炎
220 巨香茅

儿童呼吸道疾病
326 挪威云杉

儿童消化问题
297 莳萝

儿童癌症
141 泰国青柠叶
（儿童神经母细胞瘤）

学童校园感染
338 秘鲁胡椒

老人

老年看护
275 暹罗木

老人呼吸道感染
261 重味过江藤

老人孩童进诊所必备
341 加拿大铁杉

手术

手术前
157 罗马洋甘菊
137 甜万寿菊
196 香草

手术后
223 茶树（惊吓状态）
65 川芎（瘀滞腹痛）
234 大马士革玫瑰
（术后疼痛）
201 大西洋雪松（止痛）
313 岬角白梅
（切除手术后的疼痛）
273 降香
（重大手术后的调理）
210 马缨丹
（妇科手术后的粘连）
332 奇欧岛熏陆香
（伤口愈合）
301 乳香（活血行气止痛）
85 扫帚茶树
（伤口愈合与避免感染）

**整形手术的修复 /
整形手术预后处理**
168 含笑
301 乳香
208 意大利永久花
174 银合欢

外科感染
29 艾叶

肿瘤与癌症

癌症
96 大麻（预防）
206 莎草
93 树兰
63 土木香
202 喜马拉雅雪松

肿瘤
254 神圣罗勒
267 印度藏茴香（腹腔）
209 鸢尾草

鳞状细胞癌
64 大花土木香（肺）
66 圆叶当归（头颈部）

脑癌
– 脑瘤
120 姜
– 胶质瘤
207 大根老鹳草
（神经胶质瘤）
55 印度当归（抗药性人类恶性脑胶质瘤）
– 神经母细胞瘤
160 佛手柑
42 绿薄荷
132 平叶欧芹
141 泰国青柠叶（儿童）
209 鸢尾草（多重性）
219 芫荽籽
32 藏茴香

皮肤癌
299 白芷
252 丁香花苞
258 多香果
205 莪蒁
104 古巴香脂
240 牻牛儿醇百里香
102 没药
148 柠檬马鞭草
311 葡萄柚
308 日本柚子
301 乳香
288 太平洋檀香
287 檀香
80 月桂

黑色素瘤
64 大花土木香
234 大马士革玫瑰
258 多香果
262 黑种草
295 胶冷杉
46 鼠尾草
315 丝柏
259 西印度月桂
264 希腊香薄荷
174 银合欢

口腔癌
115 番石榴叶
324 格陵兰喇叭茶
330 黑胡椒
262 黑种草
46 鼠尾草
141 泰国青柠叶
112 维吉尼亚雪松
259 西印度月桂
264 希腊香薄荷
71 小高良姜
225 野地薄荷
153 紫苏（舌癌）

鼻咽癌
205 莪蒁
233 天竺葵
49 万寿菊

喉癌
168 含笑
203 杭白菊

咽喉癌
213 紫罗兰

食道癌
264 希腊香薄荷

头颈部癌
276 白草果
66 圆叶当归

淋巴癌
104 古巴香脂
247 台湾土肉桂

淋巴瘤
－霍奇金氏淋巴瘤
252 丁香花苞
148 柠檬马鞭草
80 月桂
－ T细胞淋巴瘤
298 欧白芷根

肺癌
276 白草果
260 到手香
217 芳樟
227 蜂香薄荷
324 格陵兰喇叭茶
104 古巴香脂
262 黑种草
226 胡椒薄荷
243 花椒
120 姜
42 绿薄荷
240 牻牛儿醇百里香
101 日本扁柏
308 日本柚子
127 肉豆蔻
149 山鸡椒
109 蛇麻草
194 苏门答腊安息香
289 塔斯马尼亚胡椒
192 五月玫瑰
50 夏白菊
66 圆叶当归

246 中国肉桂
261 重味过江藤
213 紫罗兰
153 紫苏
－非小细胞肺癌
205 莪蒁
112 维吉尼亚雪松

肺腺癌
265 百里酚百里香
263 冬季香薄荷
295 胶冷杉
102 没药
59 蛇床子
151 香蜂草
255 野马郁兰
342 贞节树

乳腺癌
87 桉油醇迷迭香
339 巴西胡椒
333 巴西乳香
276 白草果
265 百里酚百里香
177 波罗尼花
271 沉香树
280 橙花叔醇绿花白千层
207 大根老鹳草
252 丁香花苞
263 冬季香薄荷
258 多香果
115 番石榴叶
150 蜂蜜香桃木
227 蜂香薄荷
212 桂花
274 胡萝卜籽
124 茴香
120 姜
204 姜黄
273 降香
295 胶冷杉
125 金叶茶树
99 卡塔菲
228 可因氏月橘
126 鳞皮茶树
61 零陵香豆
78 露头永久花
42 绿薄荷
240 牻牛儿醇百里香
102 没药
338 秘鲁胡椒
303 秘鲁圣木
152 柠檬罗勒
143 柠檬香茅
140 柠檬香桃木
142 柠檬叶
145 柠檬尤加利
298 欧白芷根
311 葡萄柚
308 日本柚子
127 肉豆蔻
301 乳香

88 三叶鼠尾草
146 史泰格尤加利
46 鼠尾草
188 水仙
247 台湾土肉桂
192 五月玫瑰
259 西印度月桂
264 希腊香薄荷
275 暹罗木
151 香蜂草
86 香桃木
281 香脂果豆木
256 岩爱草
133 洋茴香
266 野地百里香
255 野马郁兰
117 一枝黄花
174 银合欢
80 月桂
43 樟脑迷迭香
144 爪哇香茅
342 贞节树
246 中国肉桂
261 重味过江藤
131 皱叶欧芹
213 紫罗兰
153 紫苏

消化道癌症
56 芹菜籽

胃癌
122 菖蒲
226 胡椒薄荷
57 辣根
318 连翘
277 黏答答土木香
298 欧白芷根
127 肉豆蔻
149 山鸡椒
59 蛇床子
259 西印度月桂
251 小茴香

腹水肿瘤
175 大高良姜
289 塔斯马尼亚胡椒
86 香桃木（艾氏腹水癌）
183 小花茉莉
（达尔顿腹水淋巴瘤）

肝癌
299 白芷
265 百里酚百里香
177 波罗尼花
122 菖蒲
207 大根老鹳草
64 大花土木香
234 大马士革玫瑰
252 丁香花苞
258 多香果
217 芳樟
227 蜂香薄荷
212 桂花

203 杭白菊
262 黑种草
243 花椒
159 苦橙叶
318 连翘
61 零陵香豆
240 牻牛儿醇百里香
102 没药
163 玫瑰尤加利
167 柠檬薄荷
143 柠檬香茅
145 柠檬尤加利
129 热带罗勒
308 日本柚子
301 乳香
247 台湾土肉桂
49 万寿菊
112 维吉尼亚雪松
116 五味子
275 暹罗木
196 香草
256 岩爱草
135 洋茴香罗文莎叶
255 野马郁兰
117 一枝黄花
302 印度乳香
66 圆叶当归
43 樟脑迷迭香
261 重味过江藤
153 紫苏

胆管癌
279 厚朴

胰脏癌
136 防风
227 蜂香薄荷
40 马薄荷（绒药）
308 日本柚子
301 乳香
174 银合欢

肾癌
46 鼠尾草
315 丝柏（肾细胞癌）
264 希腊香薄荷
248 印度肉桂

卵巢癌
64 大花土木香
205 莪蒁
143 柠檬香茅
336 髯花杜鹃
248 印度肉桂
32 藏茴香

子宫癌
52 侧柏
163 玫瑰尤加利
301 乳香

子宫内膜癌
113 穗甘松

子宫颈癌
276 白草果
280 橙花叔醇绿花白千层

64　大花土木香
252　丁香花苞
263　冬季香薄荷
258　多香果
205　莪蒁
262　黑种草
243　花椒
216　花梨木
124　茴香
204　姜黄
273　降香
228　可因氏月橘
102　没药
167　柠檬薄荷
132　平叶欧芹
336　髯花杜鹃
127　肉豆蔻
59　蛇床子
109　蛇麻草
194　苏门答腊安息香
141　泰国青柠叶
233　天竺葵
192　五月玫瑰
275　暹罗木
281　香脂果豆木
183　小花茉莉
251　小茴香
133　洋茴香
225　野地薄荷
117　一枝黄花
261　重味过江藤

肠癌
213　紫罗兰

大肠癌
64　大花土木香
234　大马士革玫瑰
227　蜂香薄荷
324　格陵兰喇叭茶
104　古巴香脂
168　含笑
203　杭白菊
295　胶冷杉
306　苦橙
40　马薄荷
240　牻牛儿醇百里香
310　柠檬
142　柠檬叶
145　柠檬尤加利
146　史泰格尤加利
233　天竺葵
275　暹罗木
151　香蜂草
302　印度乳香

直肠癌
276　白草果
122　菖蒲
252　丁香花苞
263　冬季香薄荷
258　多香果
262　黑种草

171　快乐鼠尾草
309　莱姆
336　髯花杜鹃
109　蛇麻草
46　鼠尾草
247　台湾土肉桂
259　西印度月桂
50　夏白菊
255　野马郁兰
246　中国肉桂

膀胱癌
205　莪蒁
341　加拿大铁杉
308　日本柚子
301　乳香
264　希腊香薄荷

泌尿道上皮癌
341　加拿大铁杉

前列腺癌
87　桉油醇迷迭香
284　荜澄茄
207　大根老鹳草
64　大花土木香
252　丁香花苞
258　多香果
115　番石榴叶
227　蜂香薄荷
120　姜
295　胶冷杉
42　绿薄荷
102　没药
46　鼠尾草
259　西印度月桂
264　希腊香薄荷
86　香桃木
266　野地百里香
174　银合欢
80　月桂
43　樟脑迷迭香

白血病/血液恶性肿瘤
299　白芷
177　波罗尼花
111　刺桧木
201　大西洋雪松
252　丁香花苞
258　多香果
115　番石榴叶
217　芳樟
104　古巴香脂
330　黑胡椒
262　黑种草
226　胡椒薄荷
243　花椒
216　花梨木
120　姜
204　姜黄
273　降香
228　可因氏月橘
159　苦橙叶
171　快乐鼠尾草

118　摩洛哥蓝艾菊
310　柠檬
140　柠檬香桃木
332　奇欧岛熏陆香
149　山鸡椒
242　食茱萸
289　塔斯马尼亚胡椒
247　台湾土肉桂
141　泰国青柠叶
63　土木香
192　五月玫瑰
195　暹罗安息香
151　香蜂草
71　小高良姜
72　月桃

骨髓瘤
175　大高良姜
115　番石榴叶（多发性）

横纹肌肉瘤
118　摩洛哥蓝艾菊

肿瘤相关成纤维细胞
143　柠檬香茅
183　小花茉莉
266　野地百里香

小鼠肥大细胞瘤
237　龙脑百里香

减缓抗药性癌细胞引起的不适
164　黄葵

化学治疗
39　白马鞭草
236　凤梨鼠尾草
216　花梨木
278　昆士亚
192　五月玫瑰
92　西洋蓍草
282　新喀里多尼亚柏松
117　一枝黄花
174　银合欢
54　中国当归

放射性治疗
83　白千层
223　茶树
84　绿花白千层
117　一枝黄花

治疗期间疼痛管理
157　罗马洋甘菊

白细胞不足
40　马薄荷

癌后保健
282　新喀里多尼亚柏松
　　（防复发）

安宁疗护
333　巴西乳香
321　刺桧浆果
205　莪蒁
217　芳樟
164　黄葵
126　鳞皮茶树
102　没药
289　塔斯马尼亚胡椒

传染病

疟疾
62　阿魏
284　荜澄茄
280　橙花叔醇绿花白千层
98　大叶依兰
252　丁香花苞
263　冬季香薄荷
36　多苞叶尤加利
115　番石榴叶
160　佛手柑
103　红没药
220　巨香茅
99　卡塔菲
78　露头永久花
40　马薄荷
148　柠檬马鞭草
143　柠檬香茅
132　平叶欧芹
74　莎罗白樟
194　苏门答腊安息香
247　台湾土肉桂
286　狭长叶鼠尾草
106　香苦木
281　香脂果豆木
255　野马郁兰
174　银合欢
80　月桂

痢疾
39　白马鞭草
190　红花缅栀（细菌性）
102　没药
148　柠檬马鞭草
222　忍冬
188　水仙
161　小飞蓬
241　竹叶花椒
-　阿米巴痢疾
304　榄香脂
249　锡兰肉桂

麻疯
186　黄玉兰
118　摩洛哥蓝艾菊（结核性）
37　牛膝草

霍乱
62　阿魏
73　桉油醇樟
252　丁香花苞
128　粉红莲花
84　绿花白千层
267　印度藏茴香
241　竹叶花椒

伤寒
73　桉油醇樟（斑疹伤寒）
78　露头永久花
249　锡兰肉桂

黄热病

226 胡椒薄荷
220 巨香茅
129 热带罗勒
137 甜万寿菊
135 洋茴香罗文莎叶

瘟疫

73 桉油醇樟
298 欧白芷根

炭疽病

266 野地百里香

天花

227 蜂香薄荷

预防小儿麻痹

322 卡奴卡

退伍军人症

247 台湾土肉桂

单核细胞增多症

73 桉油醇樟
282 新喀里多尼亚柏松
（幼年罹患）

结核病

252 丁香花苞

传染病流行期间

310 柠檬

非洲人类锥虫病

220 巨香茅
143 柠檬香茅

病毒性疾病

305 岩玫瑰

利什曼病

303 秘鲁圣木
194 苏门答腊安息香
272 玉檀木
－ 黏膜型
104 古巴香脂
106 香苦木

登革热

30 艾蒿
236 凤梨鼠尾草
33 蓝冰柏
143 柠檬香茅
145 柠檬尤加利
149 山鸡椒
254 神圣罗勒
247 台湾土肉桂
259 西印度月桂
97 依兰
144 爪哇香茅
241 竹叶花椒

超级细菌

339 巴西胡椒
（医院内交叉感染）
270 阿米香树
（长期住院、医院工作）
341 加拿大铁杉（住院感染）
146 史泰格尤加利（雾霾）
134 西部黄松（长期住院）

防虫

寄生虫病

263 冬季香薄荷
（阿米巴原虫）
62 阿魏（吸血虫）
75 豆蔻
160 佛手柑
285 广藿香
295 胶冷杉
277 黏答答土木香
137 甜万寿菊
286 狭长叶鼠尾草
340 香桔
（宠物家畜防血吸虫）
135 洋茴香罗文莎叶
225 野地薄荷
66 圆叶当归（牛绦虫）

防蠹虫

178 苏刚达
（谷物、豆类坚果）
194 苏门答腊安息香
165 真正薰衣草

木制家具抗蛀

100 台湾红桧

螨虫

243 花椒
264 希腊香薄荷
282 新喀里多尼亚柏松

除跳蚤与蟑螂

338 秘鲁胡椒
（宠物身上的跳蚤）
228 可因氏月橘

小黑蚊

247 台湾土肉桂
241 竹叶花椒

家蝇

241 竹叶花椒

扁虱

103 红没药
220 巨香茅

蚊虫孳生的环境

306 苦橙

户外活动、野外生活、园艺活动驱虫

270 阿米香树
95 澳洲蓝丝柏
48 芳香万寿菊
328 海松
103 红没药（扁虱）
41 胡薄荷
313 岬角白梅
42 绿薄荷
118 摩洛哥蓝艾菊
170 水果鼠尾草
289 塔斯马尼亚胡椒
343 泰国参姜
49 万寿菊
272 玉檀木
34 樟树

其他

病虫害

51 艾菊（植物）
87 桉油醇迷迭香（防治）
48 芳香万寿菊（植物）
243 花椒（仓储）
57 辣根
（仓储、农场、盆栽）
247 台湾土肉桂（植物）
202 喜马拉雅雪松
（家畜、储粮）
144 爪哇香茅（植物）
261 重味过江藤（玉米）

预防农作物感染霉菌

149 山鸡椒
（谷物防虫防霉）
117 一枝黄花

动物问题

64 大花土木香
（羊身疥癣、马的皮肤病）
207 大根老鹳草
（猫卡加西病毒）
70 芳枸叶
（维持水族生物的健康）
338 秘鲁胡椒
（宠物身上的跳蚤）
145 柠檬尤加利
（家禽家畜肠道寄生虫）
74 莎罗白樟（家畜疾病）
264 希腊香薄荷（狗壁虱）
282 新喀里多尼亚柏松
（牛壁虱）
89 熏陆香百里香
（预防养殖场动物染病）
261 重味过江藤
（禽类感染、狗壁虱）

冷湿气候带来的不适

341 加拿大铁杉

潮湿的环境

83 白千层
122 菖蒲
64 大花土木香
236 凤梨鼠尾草
42 绿薄荷
338 秘鲁胡椒
118 摩洛哥蓝艾菊
101 日本扁柏
（木造房舍与旅馆）
85 扫帚茶树（封闭空间）
170 水果鼠尾草
184 苏合香
289 塔斯马尼亚胡椒
112 维吉尼亚雪松
340 香桔
34 樟树

抗游离辐射

92 西洋蓍草
（近基地台、高压电塔、手机重度使用者）

净化

净化

253 丁香罗勒（安魂除秽）
285 广藿香（宅邸）
341 加拿大铁杉（气场）
162 岬角甘菊
（疾病或灾厄后净化空间）
78 露头永久花（环境）
303 秘鲁圣木（负能量）
158 墨西哥沉香
（丧礼或重大意外后除秽）
310 柠檬
（医院、托儿所净化空气）
145 柠檬尤加利
（室内空间消毒）
286 狭长叶鼠尾草（净化病宅）
166 醒目薰衣草（室内）

维持环境清洁与卫生

270 阿米香树
265 百里酚百里香
58 苍术（病房）
64 大花土木香
316 非洲蓝香茅
41 胡薄荷
341 加拿大铁杉（公共空间）
306 苦橙
33 蓝冰柏
42 绿薄荷（医院诊所）
147 柠檬细籽
140 柠檬香桃木
（医院、幼儿园与公共场所）
101 日本扁柏（市场、餐厅）
259 西印度月桂
275 暹罗木
89 熏陆香百里香
（商用厨房、幼儿园）
255 野马郁兰（环境污染）
144 爪哇香茅
（环境污染、库存卫生）

染色体畸变

254 神圣罗勒（镉、汞）

A

Abies alba	欧洲冷杉	294
Abies balsamea	胶冷杉	295
Abies grandis	巨冷杉	296
Abies sibirica	西伯利亚冷杉	296
Abies spectabilis	喜马拉雅冷杉	294
Abelmoschus moschatus	黄葵	164
Acacia dealbata	银合欢	174
Achillea ligustica	利古蓍草	26
Achillea millefolium	西洋蓍草	92
Acorus calamus	菖蒲	122
Acronychia pedunculata	山油柑	273
Aglaia odorata	树兰	93
Agathosma betulina	圆叶布枯	27
Agathosma crenulata	椭圆叶布枯	27
Agonis fragrans	芳枸叶	70
Aloysia citriodora	柠檬马鞭草	148
Alpinia galanga	大高良姜	175
Alpinia officinarum	小高良姜	71
Alpinia zerumbet	月桃	72
Ammi visnaga	阿密茴	156
Amyris balsamifera	阿米香树	270
Anethum graveolens	莳萝（全株）	297
Angelica archangelica	欧白芷根	298
Angelica dahurica	白芷	299
Angelica glauca	印度当归	55
Angelica pubescens	独活	300
Angelica sinensis	中国当归	54
Aniba rosaeodora	花梨木	216
Anthemis nobilis	罗马洋甘菊	157
Apium graveolens	芹菜籽	56
Aquilaria agallocha	沉香树	271
Aquilaria malaccensis	沉香树	271
Aquilaria sinensis	白木香	271
Armoracia lapathifolia	辣根	57
Armoracia rusticana	辣根	57
Artemisia absinthium	苦艾	30
Artemisia afra	非洲艾	30
Artemisia annua	青蒿（黄花蒿）	29
Artemisia abrotanum	南木蒿	94
Artemisia arborescens	树艾	94
Artemisia argyi	艾叶	29
Artemisia capillaris	茵陈蒿	29
Artemisia dracunculus	龙艾	123
Artemisia herba-alba (CT davanone)	印蒿酮白叶蒿	198
Artemisia herba-alba (CT thujone)	侧柏酮白叶蒿	28
Artemisia ludoviciana	银艾	199
Artemisia pallens	印蒿	200
Artemisia vulgaris	艾蒿	30
Atractylodes chinensis	北苍术	58
Atractylodes lancea	苍术（茅苍术）	58
Atractylodes macrocephala	白术	58
Aucklandia lappa	木香	68

B

Backhousia citriodora	柠檬香桃木	140
Betula alleghaniensis	黄桦	176
Betula lenta	甜桦	176
Boronia megastigma	波罗尼花	177
Boswellia carterii	乳香	301
Boswellia sacra	乳香	301
Boswellia serrata	印度乳香	302
Bulnesia sarmientoi	玉檀木	272
Bursera delpechiana	墨西哥沉香	158
Bursera graveolens	秘鲁圣木	303

C

Calamintha nepeta	假荆芥新风轮菜	31
Calamintha sylvatica	山地卡拉薄荷	31
Callitris intratropica	澳洲蓝丝柏	95
Callitris pancheri	新喀里多尼亚柏松	282
Cananga odorata forma genuina	依兰	97
Cananga odorata forma macrophylla	大叶依兰	98
Canarium luzonicum	榄香脂	304
Cannabis sativa	大麻	96
Carum carvi	藏茴香	32
Cedrelopsis grevei	卡塔菲	99
Cedrus atlantica	大西洋雪松	201
Cedrus deodara	喜马拉雅雪松	202
Cedrus libani	黎巴嫩雪松	201
Chamaecyparis formosensis	台湾红桧	100
Chamaecyparis obtusa	日本扁柏	101
Chamaecyparis obtusa var. formosana	台湾扁柏	101
Chamaemelum nobile	罗马洋甘菊	157
Chrysanthemum morifolium	杭白菊	203
Chrysanthemum parthenium	夏白菊	50
Chrysopogon zizanioides	岩兰草	292
Cinnamomum camphora Sieb. var. linaloolifera	芳樟	217
Cinnamomum camphora	樟树	34
Cinnamomum camphora ssp. formaosana Hirota	樟树（台湾原生种）	73
Cinnamomum camphora (CT cineole)	桉油醇樟	73
Cinnamomum cassia	中国肉桂	246
Cinnamomum cecicodephne	苏刚达	178
Cinnamomum fragrans	莎罗白樟	74
Cinnamomum glaucescens	苏刚达	178
Cinnamomum osmophloeum	台湾土肉桂	247
Cinnamomum tamala	印度肉桂	248
Cinnamomum verum	锡兰肉桂	249
Cinnamomum zeylanicum	锡兰肉桂	249
Cistus creticus	克里特岩玫瑰	305
Cistus ladanifer	岩玫瑰	305
Cistus ladaniferus	岩玫瑰	305
Citrus × aurantifolia	莱姆	309

Citrus aurantium	苦橙	306
Citrus aurantium	橙花	218
Citrus × aurantium Amara	玳玳花	218
Citrus aurantium bigarade	苦橙叶	159
Citrus bergamia	佛手柑	160
Citrus grandis	柚子	308
Citrus hystrix	泰国青柠	307
Citrus hystrix	泰国青柠叶	141
Citrus junos	日本柚子	308
Citrus latifolia Tanaka	波斯莱姆	309
Citrus limetta	甜莱姆	309
Citrus × limon / Citrus limonum	柠檬	310
Citrus × limon / Citrus limonum	柠檬叶	142
Citrus maxima	柚子	308
Citrus × paradisi	葡萄柚	311
Citrus reticulata	橘（红/绿）	312
Citrus reticulata Blanco var. Balady	橘叶	179
Citrus sinensis	甜橙	306
Citrus tangerina	瓯柑	312
Cladanthus mixtus	野洋甘菊	232
Clinopodium nepeta	假荆芥新风轮菜	31
Cnidium monnieri	蛇床子	59
Coleonema album	岬角白梅	313
Commiphora erythraea var. glabrescens	红没药	103
Commiphora myrrha	没药	102
Conyza bonariensis	美洲飞蓬	161
Conyza canadensis	小飞蓬	161
Copaifera officinalis	古巴香脂	104
Cordia verbenacea	马鞭草破布子	105
Coriandrum sativum	芫荽籽	219
Corydothymus capitatus	头状百里香	250
Crithmum maritimum	海茴香	314
Croton reflexifolius	香苦木	106
Cryptocarya massoia	新几内亚厚壳桂	60
Cuminum cyminum	小茴香	251
Cupressus arizonica	蓝冰柏	33
Cupressus sempervirens	丝柏	315
Curcuma aromatica	郁金	204
Curcuma longa	姜黄	204
Curcuma zedoaria	莪述	205
Cymbopogon citratus	柠檬香茅	143
Cymbopogon flexuosus	东印度柠檬香茅	143
Cymbopogon giganteus	巨香茅	220
Cymbopogon martinii var. motia	玫瑰草	221
Cymbopogon martinii var. sofia	姜草	221
Cymbopogon nardus	锡兰香茅	144
Cymbopogon validus	非洲蓝香茅	316
Cymbopogon winterianus	爪哇香茅	144
Cyperus rotundus	香附	206
Cyperus scariosus	莎草	206

D

Dalbergia hainanensis	海南黄檀	273
Dalbergia odorifera	降香	273
Dalbergia sissoo	印度黄檀	273
Daucus carota	胡萝卜籽	274
Dipteryx odorata	零陵香豆	61
Dipterocarpus turbinatus	古芸香脂	107
Dittrichia viscosa	黏答答土木香	277
Drimys lanceolata	塔斯马尼亚胡椒	289
Dryobalanops aromatica	龙脑香	107

E

Elaeagnus angustifolia	沙枣花	180
Elettaria cardamomum	豆蔻	75
Eucalyptus citriodora	柠檬尤加利	145
Eucalyptus dives	薄荷尤加利	35
Eucalyptus camaldulensis	河岸赤桉	76
Eucalyptus globulus	蓝胶尤加利	76
Eucalyptus macarthurii	玫瑰尤加利	163
Eucalyptus maidenii	直干桉	76
Eucalyptus polybractea	多苞叶尤加利	36
Eucalyptus radiata	澳洲尤加利	77
Eucalyptus smithii	史密斯尤加利	77
Eucalyptus staigeriana	史泰格尤加利	146
Eugenia caryophyllus	丁香花苞	252
Eriocephalus africanus	岬角雪灌木	162
Eriocephalus punctulatus	岬角甘菊	162

F

Ferula asa-foetida	阿魏	62
Ferula galbaniflua	白松香	317
Ferula gummosa	白松香	317
Ferula sinkiangensis	新疆阿魏	62
Foeniculum vulgare	茴香	124
Fokienia hodginsii	暹罗木	275
Forsythia suspensa	连翘	318

G

Gaultheria fragrantissima	芳香白珠	181
Gaultheria procumbens	葡匐白珠	181
Gaultheria yunnanensis	滇白珠	181
Geranium macrorrhizum	大根老鹳草	207
Guaiacum officinale	愈疮木	272

H

Hedychium coronarium	野姜花	276
Hedychium spicatum	白草果	276
Helichrysum gymnocephalum	露头永久花	78
Helichrysum italicum	意大利永久花	208
Hibiscus abelmoschus	黄葵	164
Humulus lupulus	蛇麻草	109
Hypericum perforatum	圣约翰草	110
Hyssopus officinalis	牛膝草	37
Hyssopus officinalis var. *montana intermedia*	高地牛膝草	79
Hyssopus officinalis L. var. *decumbens*	高地牛膝草	79

I

Illicium verum	八角茴香	133
Inula graveolens	土木香	63
Inula helenium	大花土木香	64
Inula racemosa	土木香根	64
Inula viscosa	黏答答土木香	277
Iris pallida	鸢尾草	209

J

Jasminum auriculatum	天星茉莉	182
Jasminum officinale var. *grandiflorum*	大花茉莉	182
Jasminum sambac	小花茉莉	183
Juniperus ashei	德州雪松	112
Juniperus communis	杜松浆果	320
Juniperus communis var. *montana*	高地杜松	319
Juniperus communis var. *saxatilis*	高地杜松	319
Juniperus communis subsp. *nana*	高地杜松	319
Juniperus mexicana	德州雪松	112
Juniperus oxycedrus	刺桧木	111
Juniperus oxycedrus	刺桧浆果	321
Juniperus phoenicea ssp. *Turbinate*	腓尼基柏浆果	321
Juniperus sabina	叉子圆柏	320
Juniperus virginiana	维吉尼亚雪松	112

K

Kunzea ambigua	昆士亚	278
Kunzea ericoides	卡奴卡	322

L

Lanatana camara	马缨丹	210
Languas officinarum	小高良姜	71
Larix europea	欧洲落叶松	323
Larix laricina	落叶松	323
Laurus nobilis	月桂	80
Lavandula angustifolia	真正薰衣草	165
Lavandula × intermedia	醒目薰衣草	166
Lavandula latifolia	穗花薰衣草	81
Lavandula stoechas	头状薰衣草	38
Lavandula vera	真正薰衣草	165
Lavandula officinalis	真正薰衣草	165
Ledum groenlandicum	格陵兰喇叭茶（旧名）	324
Ledum palustre	杜香	324
Leptospermum citratum	柠檬细籽	147
Leptospermum petersonii	柠檬细籽	147
Leptospermum scoparium	松红梅	211
Levisticum officinale	圆叶当归	66
Ligusticum striatum	川芎	65
Lippia alba	白马鞭草	39
Lippia citriodora	柠檬马鞭草	148
Lippia graveolens	重味过江藤	261
Lippia javanica	南非马鞭草	39
Liquidambar orientalis	苏合香	184
Litsea cubeba	山鸡椒	149
Litsea mollis	毛叶木姜子	149
Litsea pungens	木姜子	149
Lonicera japonica	忍冬	222

M

Magnolia × alba	白玉兰	185
Magnolia biondii	望春花	82
Magnolia champaca	黄玉兰	186
Magnolia denudata	玉兰	82/185
Magnolia figo	含笑	168
Magnolia liliiflora	辛夷	82
Magnolia officinalis	厚朴	279
Magnolia officinalis subsp. *biloba*	凹叶厚朴	279
Magnolia sprengeri	武当玉兰	82
Massoia aromatica	新几内亚厚壳桂	60
Matricaria recutita	德国洋甘菊	108
Melaleuca alternifolia	茶树	223
Melaleuca bracteata	金叶茶树	125
Melaleuca cajuputii	白千层	83
Melaleuca dissitiflora	小河茶树	223
Melaleuca leucadendra	白千层	83
Melaleuca linariifolia	夏雪茶树	223
Melaleuca ericifolia	沼泽茶树	224
Melaleuca teretifolia	蜂蜜香桃木	150
Melaleuca quinquenervia	绿花白千层	84

Melaleuca quinquenervia	橙花叔醇绿花白千层	280
Melaleuca quinquenervia (CT linalool)	沉香醇绿花白千层	280
Melaleuca squamophloia	鳞皮茶树	126
Melaleuca teretifolia	蜂蜜香桃木	150
Melaleuca uncinata	扫帚茶树	85
Melaleuca viridiflora	五脉白千层	84
Melissa officinalis	香蜂草	151
Mentha aquatica	水薄荷	167
Mentha arvensis	野地薄荷	225
Mentha citrata	柠檬薄荷	167
Mentha longifolia	马薄荷	40
Mentha × piperita	胡椒薄荷	226
Mentha pulegium	胡薄荷	41
Mentha spicata	绿薄荷	42
Michelia alba	白玉兰	185
Michelia champaca	黄玉兰	186
Michelia figo	含笑	168
Monarda didyma	管蜂香草	227
Monarda fistulosa	蜂香薄荷	227
Murraya koenigii	可因氏月橘	228
Myristica fragrans	肉豆蔻	127
Myroxylon balsamum var. balsamum	吐鲁香脂	187
Myroxylon balsamum var. pereitae	秘鲁香脂	187
Myrocarpus fastigiatus	香脂果豆木	281
Myrtus communis	香桃木	86
Myrtus communis (CT myrtenyl acetate)	红香桃木	169

N

Narcissus poeticus	水仙	188
Narcissus tazetta var. chinensis	中国水仙	188
Nardostachys chinensis	中国甘松	114
Nardostachys jatamansi	穗甘松	113
Nelumbo nufucera	粉红莲花	128
Neocallitropsis pancheri	新喀里多尼亚柏松	282
Nepeta cataria var. citriodora	柠檬荆芥	229
Nigella sativa	黑种草	262
Notopterygium forbesii	宽叶羌活	283
Notopterygium incisum	羌活	283
Nymphaea caerulea	蓝莲花（埃及蓝睡莲）	128
Nymphaea mexicana	金莲花（墨西哥黄金莲）	128

O

Ocimum × citriodorum	柠檬罗勒	152
Ocimum basilicum (CT linalool)	甜罗勒	230
Ocimum basilicum (CT methyl chavicol)	热带罗勒	129
Ocimum gratissimum	丁香罗勒	253
Ocimum sanctum	神圣罗勒	254
Ocimum tenuiflorum	神圣罗勒	254

Origanum compactum	野马郁兰	255
Origanum dictamnus	岩爱草	256
Origanum heracleoticum	希腊野马郁兰	257
Origanum majorana	甜马郁兰	231
Origanum onites	土耳其牛至 / 土耳其野马郁兰	255/257
Origanum vulgare	通用牛至	255
Ormenis mixta	野洋甘菊	232
Osmanthus fragrans	桂花	212
Osmanthus fragrans var. thunbergii	金桂	212

P

Paeonia suffruticosa	牡丹花	189
Pandanus odoratissimus	露兜花	130
Pandanus odorifer	露兜花	130
Pastinaca sativa	欧防风	67
Pelargonium × asperum	天竺葵	233
Pelargonium capitatum × Pelargonium radens	玫瑰天竺葵	233
Pelargonium graveolens	天竺葵	233
Perilla frutescens	紫苏	153
Petroselinum crispum	皱叶欧芹	131
Petroselinum sativum	平叶欧芹	132
Picea abies	挪威云杉	326
Picea excelsa	挪威云杉	326
Picea glauca	白云杉	325
Picea mariana	黑云杉	325
Picea pungens	蓝云杉	325
Picea rubens	红云杉	325
Pimenta dioica	多香果	258
Pimenta racemosa	西印度月桂	259
Pimpinella anisum	洋茴香	133
Pinus brutia	土耳其松	328
Pinus nigra subsp. laricio	科西嘉黑松	327
Pinus pinaster	海松	328
Pinus ponderosa	西部黄松	134
Pinus sylvestris	欧洲赤松	329
Piper cubeba	荜澄茄	284
Piper nigrum	黑胡椒	330
Pistacia lentiscus	熏陆香	331
Pistacia lentiscus var. chia	奇欧岛熏陆香	332
Plectranthus amboinicus	到手香	260
Plumeria rubra	红花缅栀	190
Pogostemon cablin	广藿香	285
Polianthus tuberosa	晚香玉	191
Protium heptaphyllum	巴西乳香	333
Pseudotsuga menziesii	道格拉斯杉	334
Psiadia altissima	雅丽菊	335
Psidium guajava	番石榴叶	115
Pterocarpus indicus	印度紫檀	273

R

Ravensara anisata	罗文莎叶	135
Ravensara aromatica	洋茴香罗文莎叶	135
Rhododendron anthopogon	髯花杜鹃	336
Rhododendron groenlandicum	格陵兰喇叭茶	324
Rhododendron neoglandulosum	腺叶杜香	324
Rhododendron palustre	杜香（旧名）	324
Rhododendron tomentosum	杜香	324
Rhus taratana	马达加斯加盐肤木	337
Rosa alba	白玫瑰	234
Rosa centifolia	五月玫瑰	192
Rosa × damascena	大马士革玫瑰	234
Rosa gallica	药师玫瑰	234
Rosa sertata × Rosa rugosa	苦水玫瑰	235
Rosa rugosa	平阴玫瑰	235
Rosmarinus officinalis (CT camphor)	樟脑迷迭香	43
Rosmarinus officinalis (CT cineole)	桉油醇迷迭香	87
Rosmarinus officinalis (CT verbenone)	马鞭草酮迷迭香	44

S

Salvia dorisiana	水果鼠尾草	170
Salvia elegans	凤梨鼠尾草	236
Salvia fruticosa	三叶鼠尾草	88
Salvia lavandulifolia	薰衣叶鼠尾草	45
Salvia officinalis	鼠尾草	46
Salvia sclarea	快乐鼠尾草	171
Salvia stenophylla	狭长叶鼠尾草	286
Salvia triloba	三叶鼠尾草	88
Santalum album	檀香	287
Santalum austrocaledonicum	太平洋檀香	288
Santalum paniculatum	夏威夷檀香	288
Santalum spicatum	澳洲檀香	287/288
Santolina chamaecyparissus	棉杉菊	47
Saposhnikovia divaricata	防风	136
Satureja hortensis	夏季香薄荷	263
Satureja montana	冬季香薄荷	263
Satureja thymbra	希腊香薄荷	264
Saussurea costus	木香	68
Schinus molle	秘鲁胡椒	338
Schinus terebinthifolius	巴西胡椒	339
Schisandra chinensis	五味子	116
Schisandra sphenanthera	南五味子	116
Solidago canadensis	一枝黄花	117
Solidago decurrens	一枝黄花（中药）	117
Spartium junceum	鹰爪豆	172
Styrax benzoin	苏门答腊安息香	194
Styrax tonkinensis	暹罗安息香	195
Syzygium aromaticum	丁香花苞	252

T

Tagetes erecta	阿兹特克万寿菊	49
Tagetes glandulifera	万寿菊	49
Tagetes lemmonii	芳香万寿菊	48
Tagetes lucida	甜万寿菊	137
Tagetes minuta	万寿菊	49
Tagetes patula	法国万寿菊	49
Tanacetum annuum	摩洛哥蓝艾菊	118
Tanacetum parthenium	夏白菊	50
Tanacetum vulgare	艾菊	51
Tasmannia lanceolata	塔斯马尼亚胡椒	289
Teucrium flavum	黄香科	154
Teucrium polium ssp. capitatum	头状香科	119
Teucrium marum	马香科	154
Thuja occidentalis	侧柏	52
Thymus mastichina	熏陆香百里香	89
Thymus satureioides	龙脑百里香	237
Thymus serphyllum	野地百里香	266
Thymus vulgaris (CT geraniol)	牻牛儿醇百里香	240
Thymus vulgaris (CT linalool)	沉香醇百里香	238
Thymus vulgaris (CT thuyanol)	侧柏醇百里香	239
Thymus zygis	百里酚百里香	265
Torreya grandis	香榧	340
Trachyspermum ammi	印度藏茴香	267
Tsuga canadensis	加拿大铁杉	341
Tsuga heterophylla	加州铁杉	341

V

Valeriana jatamansi	印度缬草	291
Valeriana officinalis	缬草	290
Valeriana wallichii	印度缬草	291
Vanilla planifolia	香草	196
Vetiveria zizanioides	岩兰草	292
Viola odorata	紫罗兰	213
Vitex agnus castus	贞节树	342

Z

Zanthoxylum ailanthoides	食茱萸	242
Zanthoxylum alatum	竹叶花椒	241
Zanthoxylum armatum	竹叶花椒	241
Zanthoxylum bungeanum	花椒	243
Zanthoxylum piperitum	山椒	241
Zanthoxylum rhetsa	爪哇双面刺	241
Zanthoxylum schinifolium	翼柄花椒	243
Zingiber cassumunar	泰国参姜	343
Zingiber officinalis	姜	120

英文俗名索引

A

Ahibero	巨香茅	220
African Bluegrass	非洲蓝香矛	316
Agarwood	沉香树	271
Aglaia	树兰	93
Ailanthus-Leaved Pepper	食茱萸	242
Ajowan	印度藏茴香	267
Allspice	多香果	258
Ambrette Seed	黄葵	164
Amyris	阿米香树	270
Angelica Root	欧白芷根	298
Angelica Root, India	印度当归	55
Anise	洋茴香	133
Anise Ravensara	洋茴香罗文莎叶	135
Araucaria	新喀里多尼亚柏松	282
Arizona Cypress	蓝冰柏	33
Asafoetida	阿魏	62

B

Balsam Fir	胶冷杉	295
Bay	月桂	80
Bay St. Thomas	西印度月桂	259
Bergamot	佛手柑	160
Bergamot Mint	柠檬薄荷	167
Bigroot Geranium	大根老鹳草	207
Bitter Orange	苦橙	306
Black Cumin	黑种草	262
Black Pepper	黑胡椒	330
Black Spruce	黑云杉	325
Black Tea-Tree	金叶茶树	125
Blue Cypress	澳洲蓝丝柏	95
Blue Gum	蓝胶尤加利	76
Blue Mallee	多苞叶尤加利	36
Blue Mountain Sage	狭长叶鼠尾草	286
Blue Tansy	摩洛哥蓝艾菊	118
Boronia	波罗尼花	177
Brazilian Frankincense	巴西乳香	333
Brazilian Pepper	巴西胡椒	339
Broombush	扫帚茶树	85

C

Cabreuva	香脂果豆木	281
Cade Berry	刺桧浆果	321
Cade Wood	刺桧木	111
Cajeput	白千层	83
Calamint	假荆芥新风轮菜	31
Calamus	菖蒲	122
Camphor Tree	樟树	34
Canadian Hemlock	加拿大铁杉	341
Cananga	大叶依兰	98
Cang Zhu	苍术	58
Cape Chamomile	岬角甘菊	162
Cape May	岬角白梅	313
Caraway	藏茴香	32
Cardamom	豆蔻	75
Carrot Seed	胡萝卜籽	274
Cascarilla	香苦木	106
Cassia	中国肉桂	246
Cedarwood	大西洋雪松	201
Celery Seed	芹菜籽	56
Champaca	黄玉兰	186
Chinese Kushui Rose	苦水玫瑰	235
Chinese Mugwort	艾叶	29
Chinese Torreya	香榧	340
Chrysanthemum	杭白菊	203
Chuan Xiong	川芎	65
Cinnamon Bark	锡兰肉桂	249
Cistus	岩玫瑰	305
Citronella Java Type	爪哇香茅	144
Clary Sage	快乐鼠尾草	171
Clove Basil	丁香罗勒	253
Clove Bud	丁香花苞	252
Common Mugwort	艾蒿	30
Conehead Thyme	头状百里香	250
Copaiba	古巴香脂	104
Cordia	马鞭草破布子	105
Coriander	芫荽籽	219
Costus	木香	68
Cubeb	荜澄茄	284
Cumin	小茴香	251
Cypress	丝柏	315
Cypriol	莎草	206

D

Dahurian Angelica	白芷	299
Damask Rose	大马士革玫瑰	234
Danggui	中国当归	54
Davana	印蒿	200
Dill Herb	莳萝	297
Dittany	岩爱草	256
Douglas-Fir	道格拉斯杉	334
Du Huo	独活	300
Dwarf Chempaka	含笑	168

E

Elecampane	土木香	63
Elecampane Root	大花土木香	64
Elemi	榄香脂	304
Erigeron	小飞蓬	161
Eucalyptus Staigeriana	史泰格尤加利	146

F

Fang Feng	防风	136
Felty Head Germander	头状香科	119
Fennel	茴香	124
Feverfew	夏白菊	50
Field Mint	野地薄荷	225
Five-Flavor-Fruit	五味子	116
Fragonia™	芳枸叶	70
Fragrant Wintergreen	芳香白珠	181
Frangipani	红花缅栀	190
Frankincense	乳香	301
Fruity Sage	水果鼠尾草	170

G

Galanga	大高良姜	175
Galbanum Gum	白松香	317
Garden Parsley	皱叶欧芹	131
Geranium	天竺葵	233
German Chamomile	德国洋甘菊	108
Ginger	姜	120
Gingerlily	白草果	276
Golden Rod	一枝黄花	117
Grapefruit	葡萄柚	311
Greek Oregano	希腊野马郁兰	257
Greek Savory	希腊香薄荷	264
Guaiac Wood	玉檀木	272
Guava Leaf	番石榴叶	115
Gurjum Balm	古芸香脂	107

H

Hemp	大麻	96
Himalayan Cedar	喜马拉雅雪松	202
Hinoki	日本扁柏	101
Ho Wood	芳樟	217
Holy Basil	神圣罗勒	254
Honey Myrtle	蜂蜜香桃木	150
Hops	蛇麻草	109
Horse Mint	马薄荷	40
Horseradish	辣根	57
Houpu Magnolia	厚朴	279
Hyssop	牛膝草	37

I

Iary	雅丽菊	335
Immortelle	意大利永久花	208
Indian Borage	到手香	260
Indian Cassia	印度肉桂	248
Indian Frankincense	印度乳香	302
Indian Valerian	印度缬草	291
Indigenous Cinnamon	台湾土肉桂	247
Iris	鸢尾草	209

J

Japanese Honeysuckle	忍冬	222
Jasmine	大花茉莉	182
Jiang Xiang	降香	273
Juniper Berry	杜松浆果	320

K

Kaffir Lime	泰国青柠	307
Kanuka	卡奴卡	322
Katrafay	卡塔菲	99
Kewra	露兜花	130
Key Lime	莱姆	309
Khella	阿密茴	156
Kunzea	昆士亚	278

L

Labrador Tea	格陵兰喇叭茶	324
Lantana	马缨丹	210
Larch	落叶松	323
Laricio Pine	科西嘉松	327
Lavandin	醒目薰衣草	166
Lavender Sage	薰衣叶鼠尾草	45
Lavender Stoechas	头状薰衣草	38
Lemon	柠檬	310
Lemon Basil	柠檬罗勒	152
Lemon Eucalyptus	柠檬尤加利	145
Lemon Myrtle	柠檬香桃木	140
Lemon Verbena	柠檬马鞭草	148
Lemongrass	柠檬香茅	143
Lemon-Scented Teatree	柠檬细籽	147
Lesser Galangal	小高良姜	71
Ligurian Yarrow	利古蓍草	26
Linaloe	墨西哥沉香	158
Litsea	山鸡椒	149
Lotus, Pink	粉红莲花	128
Lovage	圆叶当归	66

M

Magnolia Blossom	白玉兰	185
Mandarin (red / green)	橘（红 / 绿）	312
Manuka	松红梅	211
Massoia	新几内亚厚壳桂	60
Mastic	熏陆香	331
Mastic Gum	奇欧岛熏陆香	332
Mastic Thyme	熏陆香百里香	89
Melissa	香蜂草	151
Mexican Bush Marigold	芳香万寿菊	48
Mimosa	银合欢	174
Mint Plant	马香科	154
Monarda	蜂香薄荷	227
Mountain Hyssop	高地牛膝草	79
Mountain Juniper	高地杜松	319
Mulan Magnolia	辛夷	82
Myrrh	没药	102
Myrtle	香桃木	86

N

Naked Head Immortelle	露头永久花	78
Narcissus	水仙	188
Narrow-Leaved Peppermint	澳洲尤加利	77
Nepeta	柠檬荆芥	229
Neroli	橙花	218
Niaouli	绿花白千层	84
Niaouli, CT Nerolidol	橙花叔醇绿花白千层	280
Norway Spruce	挪威云杉	326
Nutmeg	肉豆蔻	127

O

Opoponax	红没药	103
Oregano	野马郁兰	255
Osmanthus	桂花	212

P

Paddys River Box	玫瑰尤加利	163
Palmarosa	玫瑰草	221
Palo Santo	秘鲁圣木	303
Parsley	平叶欧芹	132
Parsnip	欧防风	67
Patchouli	广藿香	285
Pennyroyal	胡薄荷	41
Peony	牡丹花	189
Peppermint	胡椒薄荷	226
Peppermint Eucalyptus	薄荷尤加利	35
Perilla	紫苏	153
Persian Olive	沙枣花	180
Peru Balsam	秘鲁香脂	187
Peruvian Pepper	秘鲁胡椒	338
Petitgrain	苦橙叶	159
Petitgrain Combava	泰国青柠叶	141
Petitgrain Lemon	柠檬叶	142
Petitgrain Mandarin	橘叶	179
Pineapple Sage	凤梨鼠尾草	236
Plai	泰国参姜	343

Q

| Qiang Huo | 羌活 | 283 |

R

Ravintsara	桉油醇樟	73
Red Myrtle	红香桃木	169
Rhododendron	髯花杜鹃	336
Roman Chamomile	罗马洋甘菊	157
Rosalina	沼泽茶树	224
Rose de Mai	五月玫瑰	192
Rosemary, CT Camphor	樟脑迷迭香	43
Rosemary, CT Cineole	桉油醇迷迭香	87
Rosemary, CT Verbenone	马鞭草酮迷迭香	44
Rosewood	花梨木	216
Round Leaf Buchu	圆叶布枯	27

S

Sage	鼠尾草	46
Sage Apple	三叶鼠尾草	88
Sambac	小花茉莉	183
Sandalwood	檀香	287
Sandalwood Pacific	太平洋檀香	288
Santolina	棉杉菊	47
Saro	莎罗白樟	74
Scalebark Tea-Tree	鳞皮茶树	126
Scented Lippia	重味过江藤	261
Scots Pine	欧洲赤松	329
Sea Fennel	海茴香	314
Sea Pine	海松	328
Shechuangzi	蛇床子	59
Shell Ginger	月桃	72
Siam Benzoin	暹罗安息香	195
Siam Wood	暹罗木	275
Siberian Fir	西伯利亚冷杉	296
Sichuan Pepper	花椒	243
Silver Fir	欧洲冷杉	294
Silver Wormwood	银艾	199
Southern Marigold	万寿菊	49
Spanish Broom	鹰爪豆	172
Spearmint	绿薄荷	42
Spike Lavender	穗花薰衣草	81
Spikenard	穗甘松	113
Spikenard, China	中国甘松	114

St. John's Wort	圣约翰草	110
Sticky Fleabane	黏答答土木香	277
Styrax	苏合香	184
Sugandha Kokila	苏刚达	178
Sumatra Benzoin	苏门答腊安息香	194
Sweet Basil	甜罗勒	230
Sweet Marjoram	甜马郁兰	231
Sweet Neem Leaves	可因氏月橘	228
Sweetscented Marigold	甜万寿菊	137

T

Taiwan Red Cypress	台湾红桧	100
Tana	马达加斯加盐肤木	337
Tansy	艾菊	51
Tarragon	龙艾	123
Tasmanian Pepper	塔斯马尼亚胡椒	289
Tea Tree	茶树	223
Thuya	侧柏	52
Thyme, CT Borneol	龙脑百里香	237
Thyme, CT Geraniol	牻牛儿醇百里香	240
Thyme, CT Linalool	沉香醇百里香	238
Thyme, CT Thujanol	侧柏醇百里香	239
Thyme, CT Thymol	百里酚百里香	265
Timur	竹叶花椒	241
Tonka Beans	零陵香豆	61
Tree Wormwood	树艾	94
Tropical Basil	热带罗勒	129
True Lavender	真正薰衣草	165
Tuberose	晚香玉	191
Turmeric	姜黄	204

V

Valerian	缬草	290
Vanilla	香草	196
Vetiver	岩兰草	292
Violet	紫罗兰	213
Virginia Cedar	维吉尼亚雪松	112
Vitex	贞节树	342

Weeping Forsythia	连翘	318
Western Yellow Pine	西部黄松	134
White Mugwort, CT Davanone	印蒿酮白叶蒿	198
White Mugwort, CT Thujone	侧柏酮白叶蒿	28
White Verbena	白马鞭草	39
Wild Chamomile	野洋甘菊	232
Wild Thyme	野地百里香	266
Winter Savory	冬季香薄荷	263

Yuzu	柚子	308
Yarrow	西洋蓍草	92
Yellow Birch	黄桦	176
Ylang Ylang	依兰	97

Z

| Zedoary | 莪蒁 | 205 |

简体中文俗名索引

A

阿米香树 270
阿密茴 156
阿魏 62
阿兹特克万寿菊 49
艾蒿 30
艾菊 51
艾叶 29
桉油醇迷迭香 87
桉油醇樟 73
凹叶厚朴 279
澳洲蓝丝柏 95
澳洲檀香 287/288
澳洲尤加利 77

B

八角茴香 133
巴西胡椒 339
巴西乳香 333
白草果 276
白马鞭草 39
白玫瑰 234
白木香 271
白千层 83
白术 58
白松香 317
白玉兰 185
白云杉 325
白芷 299
百里酚百里香 265
薄荷尤加利 35
北苍术 58
荜澄茄 284
秘鲁胡椒 338
秘鲁圣木 303
秘鲁香脂 187
波罗尼花 177
波斯莱姆 309

C

苍术 58
侧柏 52
侧柏醇百里香 239
侧柏酮白叶蒿 28

叉子圆柏 320
茶树 223
菖蒲 122
沉香醇百里香 238
沉香醇绿花白千层 280
沉香树 271
橙花 218
橙花叔醇绿花白千层 280
川芎 65
刺桧浆果 321
刺桧木 111

D

大高良姜 175
大根老鹳草 207
大花茉莉 182
大花土木香 64
大麻 96
大马士革玫瑰 234
大西洋雪松 201
大叶依兰 98
玳玳花 218
到手香 260
道格拉斯杉 334
德国洋甘菊 108
德州雪松 112
滇白珠 181
丁香花苞 252
丁香罗勒 253
东印度柠檬香茅 143
冬季香薄荷 263
豆蔻 75
独活 300
杜松浆果 320
杜香 324
多苞叶尤加利 36
多香果 258

E

莪莜 205

F

法国万寿菊 49
番石榴叶 115
芳枸叶 70
芳香白珠 181
芳香万寿菊 48
芳樟 217
防风 136
非洲艾 30
非洲蓝香茅 316
腓尼基柏浆果 321
粉红莲花 128
蜂蜜香桃木 150
蜂香薄荷 227
凤梨鼠尾草 236
佛手柑 160

G

高地杜松 319
高地牛膝草 79
格陵兰喇叭茶 324
古巴香脂 104
古芸香脂 107
管蜂香草 227
广藿香 285
桂花 212

H

海茴香 314
海南黄檀 273
海松 328
含笑 168
杭白菊 203
河岸赤桉 76
黑胡椒 330
黑云杉 325
黑种草 262
红花缅栀 190
红没药 103
红香桃木 169
红云杉 325
厚朴 279
胡薄荷 41
胡椒薄荷 226

F

胡萝卜籽 274
花椒 243
花梨木 216
黄桦 176
黄葵 164
黄香科 119
黄玉兰 186
茴香 124

J

加拿大铁杉 341
加州铁杉 341
岬角白梅 313
岬角甘菊 162
岬角雪灌木 162
假荆芥新风轮菜 31
姜 120
姜草 221
姜黄 204
降香 273
胶冷杉 295
金桂 212
金莲花(墨西哥黄金莲)128
金叶茶树 125
橘(红/绿) 312
橘叶 179
巨冷杉 296
巨香茅 220

K

卡奴卡 322
卡塔菲 99
科西嘉黑松 327
可因氏月橘 228
克里特岩玫瑰 305
苦艾 30
苦橙 306
苦橙叶 159
苦水玫瑰 235
快乐鼠尾草 171
宽叶羌活 283
昆士亚 278

L

辣根	57
莱姆	309
蓝冰柏	33
蓝胶尤加利	76
蓝莲花（埃及蓝睡莲）	128
蓝云杉	325
榄香脂	304
黎巴嫩雪松	201
利古善草	26
连翘	318
鳞皮茶树	126
零陵香豆	61
龙艾	123
龙脑百里香	237
龙脑香	107
露兜花	130
露头永久花	78
罗马洋甘菊	157
落叶松	323
绿薄荷	42
绿花白千层	84

M

马薄荷	40
马鞭草破布子	105
马鞭草酮迷迭香	44
马达加斯加盐肤木	337
马香科	154
马缨丹	210
牻牛儿醇百里香	240
毛叶木姜子	149
玫瑰草	221
玫瑰天竺葵	233
玫瑰尤加利	163
美洲飞蓬	161
棉杉菊	47
摩洛哥蓝艾菊	118
没药	102
墨西哥沉香	158
牡丹花	189
木姜子	149
木香	68

N

南木蒿	94
南五味子	116
黏答答土木香	277
柠檬	310
柠檬薄荷	167
柠檬荆芥	229
柠檬罗勒	152
柠檬马鞭草	148
柠檬细籽	147
柠檬香茅	143
柠檬香桃木	140
柠檬叶	142
柠檬尤加利	145
牛膝草	37
挪威云杉	326

O

欧白芷根	298
欧防风	65
欧柑	312
欧洲赤松	329
欧洲冷杉	294
欧洲落叶松	323

P

平叶欧芹	132
平阴玫瑰	235
葡匐白珠	181
葡萄柚	311

Q

奇欧岛熏陆香	332
羌活	283
芹菜籽	56
青蒿	29

R

日本扁柏	101
日本柚子	308
肉豆蔻	127
忍冬	222
乳香	301
髯花杜鹃	336
热带罗勒	129

S

三叶鼠尾草	88
扫帚茶树	85
沙枣花	180
莎草	206
莎罗白樟	74
山鸡椒	149
山油柑	273
蛇床子	59
蛇麻草	109
神圣罗勒	254
圣约翰草	110
食茱萸	242
莳萝（全株）	297
史密斯尤加利	77
史泰格尤加利	146
鼠尾草	46
树艾	94
树兰	93
水薄荷	167
水果鼠尾草	170
水仙	188
丝柏	315
松红梅	211
苏刚达	178
苏合香	184
苏门答腊安息香	194
穗甘松	113
穗花薰衣草	81

T

塔斯马尼亚胡椒	289
台湾扁柏	101
台湾红桧	100
台湾土肉桂	247
太平洋檀香	288
泰国青柠	307
泰国青柠叶	141
泰国参姜	343
檀香	287
天星茉莉	182
天竺葵	233
甜橙	306
甜桦	176
甜莱姆	309
甜罗勒	230
甜马郁兰	231
甜万寿菊	137
通用牛至	255
头状百里香	250
头状香科	119
头状熏衣草	38
土耳其牛至／土耳其野马郁兰	255/257
土木香	63
土木香根	64
吐鲁香脂	187
椭圆叶布枯	27

W

晚香玉	191
万寿菊	49
望春花	82
维吉尼亚雪松	112
武当玉兰	82
五脉白千层	84
五味子	116
五月玫瑰	192

X

西伯利亚冷杉	296
西部黄松	134
西洋蓍草	92
西印度月桂	259
希腊香薄荷	264
希腊野马郁兰	257
锡兰肉桂	249
锡兰香茅	144
喜马拉雅冷杉	294
喜马拉雅雪松	202
狭长叶鼠尾草	286
夏白菊	50

夏季香薄荷	263
夏威夷檀香	288
夏雪茶树	223
暹罗安息香	195
暹罗木	275
腺叶杜香	324
香草	196
香榧	340
香蜂草	151
香附	206
香苦木	106
香桃木	86
香脂果豆木	281
小飞蓬	161
小高良姜	71
小河茶树	223
小花茉莉	183
小茴香	251
缬草	290
辛夷	82
新几内亚厚壳桂	60
新疆阿魏	62
新喀里多尼亚柏松	282
醒目薰衣草	166
熏陆香	331
熏陆香百里香	89
薰衣叶鼠尾草	45

印度藏茴香	267
印度紫檀	273
印蒿	200
印蒿酮白叶蒿	198
鹰爪豆	172
柚子	308
玉兰	82/185
玉檀木	272
郁金	204
愈疮木	272
鸢尾草	209
芫荽籽	219
圆叶布枯	27
圆叶当归	66
月桂	72
月桃	80

Y

雅丽菊	335
岩爱草	256
岩兰草	292
岩玫瑰	305
洋茴香	133
洋茴香罗文莎叶	135
药师玫瑰	234
野地百里香	266
野地薄荷	225
野姜花	276
野马郁兰	255
野洋甘菊	232
一枝黄花	117
一枝黄花（中药）	117
依兰	97
意大利永久花	208
翼柄花椒	243
茵陈蒿	29
银艾	199
银合欢	174
印度当归	55
印度黄檀	273
印度肉桂	248
印度乳香	302
印度缬草	291

Z

藏茴香	32
樟脑迷迭香	43
樟树	34
樟树（台湾原生种）	73
爪哇双面刺	241
爪哇香茅	144
沼泽茶树	224
贞节树	342
真正薰衣草	165
直干桉	76
中国当归	54
中国甘松	114
中国肉桂	246
中国水仙	188
重味过江藤	261
皱叶欧芹	131
竹叶花椒	241
紫罗兰	213
紫苏	153

植物科属索引

菖蒲科
Acoraceae

菖蒲 122

龙舌兰科
Agavaceae

晚香玉 191

枫香科
Altingiaceae

苏合香 184

石蒜科
Amaryllidaceae

水仙 188

漆树科
Anacardiaceae

巴西胡椒 339
马达加斯加盐肤木 337
秘鲁胡椒 338
奇欧岛熏陆香 332
熏陆香 331

番荔枝科
Annonaceae

大叶依兰 98
依兰 97

伞形科
Apiaceae

阿密茴 156
阿魏 62
白松香 317
白芷 299
川芎 65
独活 300
防风 136
海茴香 314
胡萝卜籽 274
茴香 124
欧白芷根 298
欧防风 67
平叶欧芹 132
羌活 283
芹菜籽 56
蛇床子 59
莳萝 297
小茴香 251
洋茴香 133
印度藏茴香 267
印度当归 55
芫荽籽 219
圆叶当归 66
藏茴香 32
中国当归 54
皱叶欧芹 131

夹竹桃科
Apocynaceae

红花缅栀 190

菊科
Asteraceae

艾蒿 30
艾菊 51
艾叶 29
苍术 58
侧柏酮白叶蒿 28
大花土木香 64
德国洋甘菊 108
芳香万寿菊 48
杭白菊 203
岬角甘菊 162
利古蓍草 26
龙艾 123
露头永久花 78
罗马洋甘菊 157
棉杉菊 47

摩洛哥蓝艾菊 118
木香 68
黏答答土木香 277
树艾 94
甜万寿菊 137
土木香 63
万寿菊 49
西洋蓍草 92
夏白菊 50
小飞蓬 161
雅丽菊 335
野洋甘菊 232
银艾 199
印蒿 200
印蒿酮白叶蒿 198

桦木科
Betulaceae

黄桦 176

紫草科
Boraginaceae

马鞭草破布子 105

十字花科
Brassicaceae

辣根 57

橄榄科
Burseraceae

巴西乳香 333
红没药 103
榄香脂 304
没药 102
秘鲁圣木 303
墨西哥沉香 158
乳香 301
印度乳香 302

白樟科
Canellaceae

莎罗白樟 74

大麻科
Cannabiaceae

大麻 96
蛇麻草 109

忍冬科
Caprifoliaceae

忍冬 222

柏科
Cupressaceae

澳洲蓝丝柏 95
侧柏 52
刺桧浆果 320
刺桧木 111
杜松浆果 321
高地杜松 319
蓝冰柏 33
日本扁柏 101
丝柏 315
台湾红桧 100
维吉尼亚雪松 112
暹罗木 275
新喀里多尼亚柏松 282

莎草科
Cyperaceae

莎草 206

龙脑香科
Dipterocarpaceae

古芸香脂 107

胡颓子科
Elaeagnus

沙枣花 180

杜鹃花科
Ericaceae

芳香白珠 181
格陵兰喇叭茶 324
髯花杜鹃 336

大戟科
Euphorbiaceae

香苦木 106

豆科
Fabaceae

古巴香脂 104
降香 273
零陵香豆 61
秘鲁香脂 187
香脂果豆木 281
银合欢 174
鹰爪豆 172

牻牛儿科
Geraniaceae

大根老鹳草 207
天竺葵 233

金丝桃科
Hypericaceae

圣约翰草 110

鸢尾草科
Iridaceae

鸢尾草 209

唇形科
Lamiaceae

桉油醇迷迭香 87
百里酚百里香 265
侧柏酮百里香 239
沉香醇百里香 238
到手香 260
丁香罗勒 253
冬季香薄荷 263
蜂香薄荷 227
凤梨鼠尾草 236
高地牛膝草 79
广藿香 285
胡薄荷 41
胡椒薄荷 226
假荆芥新风轮菜 31
快乐鼠尾草 171
龙脑百里香 237
绿薄荷 42
马薄荷 40
马鞭草酮迷迭香 44
马香科 154
牻牛儿醇百里香 240
柠檬薄荷 167
柠檬荆芥 229
柠檬罗勒 152
牛膝草 37
热带罗勒 129
三叶鼠尾草 88
神圣罗勒 254
鼠尾草 46
水果鼠尾草 170
穗花薰衣草 81
甜罗勒 230
甜马郁兰 231
头状百里香 250
头状香科 119
头状薰衣草 38
希腊香薄荷 264
希腊野马郁兰 257
狭长叶鼠尾草 286
香蜂草 151
醒目薰衣草 166
熏陆香百里香 89
薰衣叶鼠尾草 45
岩爱草 256
野地百里香 266
野地薄荷 225
野马郁兰 255
樟脑迷迭香 43
真正薰衣草 165
紫苏 153

樟科
Lauraceae

桉油醇樟 73
芳樟 217
花梨木 216
山鸡椒 149
苏刚达 178
台湾土肉桂 247
锡兰肉桂 249
新几内亚厚壳桂 60
洋茴香罗文莎叶 135
印度肉桂 248
月桂 80
樟树 34
中国肉桂 246

木兰科
Magnoliaceae

白玉兰 185
含笑 168
厚朴 279
黄玉兰 186
辛夷 82

锦葵科
Malvaceae

黄葵 164

楝科
Meliaceae

树兰 93

肉豆蔻科
Myristacaceae

肉豆蔻 127

桃金娘科
Myrtaceae

澳洲尤加利 77
白千层 83
薄荷尤加利 35
茶树 223
橙花叔醇绿花白千层 280
丁香花苞 252
多苞叶尤加利 36
多香果 258
番石榴叶 115
芳枸叶 70
蜂蜜香桃木 150
红香桃木 169
金叶茶树 125
卡奴卡 322
昆士亚 278
蓝胶尤加利 76
鳞皮茶树 126
绿花白千层 84
玫瑰尤加利 163
柠檬细籽 147
柠檬香桃木 140
柠檬尤加利 145
扫帚茶树 85
史泰格尤加利 146
松红梅 211
西印度月桂 259
香桃木 86
沼泽茶树 224

莲科
Nelumbonaceae

粉红莲花 128

木犀科
Oleaceae

大花茉莉 182
桂花 212
连翘 318
小花茉莉 183

兰科
Orchidaceae

香草 196

芍药科
Paeoniaceae

牡丹花	189

露兜树科
Pandanaceae

露兜花	130

松科
Pinaceae

大西洋雪松	201
道格拉斯杉	334
海松	328
黑云杉	325
加拿大铁杉	341
胶冷杉	295
科西嘉黑松	327
落叶松	323
挪威云杉	326
欧洲赤松	329
欧洲冷杉	294
西伯利亚冷杉	296
西部黄松	134
喜马拉雅雪松	202

胡椒科
Piperaceae

荜澄茄	284
黑胡椒	330

禾本科
Poaceae

非洲蓝香茅	316
巨香茅	220
玫瑰草	221
柠檬香茅	143
岩兰草	292
爪哇香茅	144

半日花科
Polygonaceae

岩玫瑰	305

毛茛科
Ranunculaceae

黑种草	262

蔷薇科
Rosaceae

大马士革玫瑰	234
苦水玫瑰	235
五月玫瑰	192

芸香科
Rutaceae

阿米香树	270
波罗尼花	177
橙花	218
佛手柑	160
花椒	243
岬角白梅	313
橘（红/绿）	312
橘叶	179
卡塔菲	99
可因氏月橘	228
苦橙	306
苦橙叶	159
莱姆	309
柠檬	310
柠檬叶	142
葡萄柚	311
日本柚子	308
食茱萸	242
泰国青柠	307
泰国青柠叶	141
圆叶布枯	27
竹叶花椒	241

檀香科
Santalaceae

太平洋檀香	288
檀香	287

五味子科
Schisandraceae

五味子	116

安息香科
Styracaceae

苏门答腊安息香	194
暹罗安息香	195

红豆杉科
Taxaceae

香榧	340

瑞香科
Thymelaeaceae

沉香树	271

败酱科
Valerianaceae
（也可并入忍冬科）

穗甘松	113
缬草	290
印度缬草	291
中国甘松	114

马鞭草科
Verbenaceae

白马鞭草	39
马缨丹	210
柠檬马鞭草	148
贞节树	342
重味过江藤	261

堇菜科
Violaceae

紫罗兰	213

林仙科
Winteraceae

塔斯马尼亚胡椒	289

姜科
Zingiberaceae

白草果	276
大高良姜	175
豆蔻	75
莪蒁	205
姜	120
姜黄	204
泰国参姜	343
小高良姜	71
月桃	72

蒺藜科
Zygophyllaceae

玉檀木	272

化学成分中英对照

单萜酮

artemisia ketone	艾蒿酮
buchu camphor	布枯脑（$C_{10}H_{16}O_2$，又名 diosphenol，酮-醇结构）
camphor	樟脑
capillone	茵陈烯酮（$C_{12}H_{12}O$）
carvone	藏茴香酮 / 香芹酮
chrysanthenone	菊烯酮
cinerolone	瓜菊醇酮
cryptone	隐酮
dihydrocarvone	双氢藏茴香酮
dihydro-sabina ketone	双氢桧酮
dihydro tagetone	双氢万寿菊酮
egomaketone	白苏烯酮
elsholtzione	香薷酮
fenchone	茴香酮
isomenthone	异薄荷酮
isopinocamphone	异松樟酮
p-mentha-5-ene-2-one	对薄荷-5-烯-2-酮
p-mentha-6-ene-3-one	对薄荷-6-烯-3-酮
menthone	薄荷酮
p-menthone	对薄荷酮
5-methyl-6-en-2-one	5-甲基-6-烯-2-酮
6-methyl-3,5-heptadien-2-one	6-甲基-3,5-庚烯-2-酮
methyl heptenone	甲基庚烯酮
methyl isobutyl ketone	甲基异丁基酮（$C_6H_{12}O$）
methyl nonyl ketone	甲基壬基酮（即是 "2-十一酮"）
myrcenone	月桂烯酮
2-nonanone	2-壬酮（$C_9H_{18}O$）
nopinone	诺品酮（$C_9H_{14}O$）
ocimenone	罗勒酮
2-pentanone	2-戊酮（$C_5H_{10}O$）
perillaketone	紫苏酮
pinocamphone	松樟酮
pinocarvone	松香芹酮
piperitenone	胡椒烯酮
piperitone	胡椒酮
pulegone	胡薄荷酮
seudenone	3-甲基-2-环己烯-1-酮
tagetenone	万寿菊烯酮
tagetone	万寿菊酮
thujone	侧柏酮
2,2,6-trimethylcyclohexanone	2,2,6-三甲基环己酮（$C_9H_{16}O$）
umbellulone	加州月桂酮
2-undecanone	2-十一酮（$C_{11}H_{22}O$）
(6Z,8E)-undeca-6,8,10-trien-3-one	(6Z,8E)-十一碳-6,8,10-三烯-3-酮（$C_{11}H_{16}O$）
verbenone	马鞭草酮

内酯与香豆素

achillin	蓍草素
aesculetin	七叶树素
alantolactone	土木香内酯
angelicin	白芷素 / 天使素
atractylon	苍术酮（呋喃）
bergamottin	佛手柑素
bergaptene	香柑油内酯
butylidenephthalide	亚丁基苯酞
butylphthalide	丁基苯酞
collitrin	澳洲柏内酯
columellarin	中柱内酯
costunolide	木香烃内酯
cyclo-costuslactone	环广木香内酯
cyperolactone	莎草内酯
5-decanolide	丁位癸内酯
decursin	紫花前胡素
decursinol angelate	紫花前胡醇当归酯（酯，作用如内酯）
decalactone	癸酸内酯
dehydro-costus lactone	去氢木香内酯
dihydrocolumellarin	双氢中柱内酯
dihydronepetalactone	双氢荆芥内酯
dolicholactone	马氏香料内酯
epoxy-bergapten	环氧香柑油内酯
furanocoumarins	呋喃香豆素
herniarine	7-甲氧基香豆素
hexadecanolide	十六内酯 / 黄葵内酯
imperatorin	前胡内酯 / 欧前胡素
iridolactone	虹彩内酯
isoalantolactone	异土木香内酯
isoimperatorin	异前胡内酯 / 异欧前胡素
jasmin lactone	茉莉内酯
khellactone	凯林酮
ligustilide	藁本内酯
marmesin	印度榅桲素
massoia lactone C10	C-10 厚壳桂内酯
massoia lactone C12	C-12 厚壳桂内酯
matricaria lactone	母菊内酯
neocinidilide	新蛇床内酯
nepetalactone	荆芥内酯
octadecanolide	八癸烯酸内酯
osthole	蛇床子素
oxypeucedanin	氧化前胡素
oxypeucedanin hydrate	水合氧化前胡素
parthenolide	夏白菊内酯
psoralen	补骨脂素
saussurea lactone	风毛菊内酯
scopoletin	东莨菪内酯
sedanolide	瑟丹酸内酯
senkyunolide	洋川芎内酯
stearolactone	硬脂酸内酯（$C_{18}H_{34}O_2$）
tetradecanolide	四癸烯酸内酯
(2,6,6-trimethyl-2-hydroxycyclohexylidene)acetic acid lactone	二氢猕猴桃内酯
umbelliferone	伞形酮
xanthotoxin	花椒毒内酯

氧化物

1,8-cineole	1,8-桉油醇
aromadendrene oxide	香树烯氧化物（作用如倍半萜烯）
artedouglasia oxide	道格艾氧化物（C15H22O3，作用如倍半萜酮）
bisabolol oxide	没药醇氧化物（作用如倍半萜醇）
bisabolon oxide A	没药酮氧化物（作用如倍半萜酮）
caryophyllene oxide	丁香烃氧化物（作用如倍半萜烯）
diepicedrene-1-oxide	二表雪松烯-1-氧化物（作用如倍半萜烯）
humulene epoxide	葎草烯环氧化物（作用如倍半萜烯）
limonene oxide	柠檬烯氧化物（作用如单萜烯）
linalool oxide	沉香醇氧化物（作用如单萜醇）
manool oxide	泪杉醇氧化物（作用如双萜醇）
piperitenone oxide	胡椒烯酮氧化物（作用如单萜酮）
piperitone oxide	胡椒酮氧化物（作用如单萜酮）

倍半萜烯

acoradiene	菖蒲二烯
allo-aromadendrene	别香树烯
amorphene	紫穗槐烯
aplotaxene	单紫杉烯
ar-curcumene	芳姜黄烯
ar-curcumene + amorpha-4,7(11)-diene	芳姜黄烯 + 紫穗槐-4,7(11)-二烯
aristolene	马兜铃烯
aromadendrene	香树烯
bergamotene	佛手柑烯
bicyclogermacrene	双环大根老鹳草烯
bicyclo-sesquiphellandrene	双环倍半水茴香萜
bisabolene	没药烯
bourbonene	波旁烯
bulnesene	布蕾烯
cadalene	卡达烯
cadina-1,4-diene	杜松-1,4-二烯
cadinene	杜松烯
calamenene	菖蒲烯
calarene	白菖油萜 / 水菖蒲烯
canadene	加拿大烯
canangaterpene	大叶依兰烯
caryophyllene	丁香烃
cascarilladiene	卡蕾二烯
chamazulene	母菊天蓝烃

cedrene	雪松烯
copaene	古巴烯
cubebene	荜澄茄烯
curcumene	姜黄烯
curzerene	莪述烯
cyperene	莎草烯
daucene	胡萝卜烯
[1aR-(1aα,4aβ,7α,7aα,7bα)]-decahydro-1,1,7-trimethyl-4-methylene-1H-cycloprop(e)azulene	十氢-1,1,7-三甲基-4-亚甲基-IH-环丙天蓝烃
3,6-dihydrochamazulene	3,6-双氢母菊天蓝烃
1,4-dimethylazulene	1,4-双甲基天蓝烃
elemene	榄香烯
epi-bicyclo-sesquiphellandrene	表-双环倍半水芹烯
epi-zonarene	表-柔拿烯
eudesma-4(14),11-diene	桉叶烷-4(14),11-二烯
farnesene	金合欢烯
furanoeudesma-1,3-diene	呋喃桉叶-1,3-二烯（C15H18O）
germacrene-D	大根老鹳草烯
guaia-3,7-diene	愈疮木-3,7-二烯
guaia-6,9-diene	愈疮木-6,9-二烯
guaiazulene	愈疮天蓝烃
guaiene	愈疮木烯
gurjunene	古芸烯
6,9-heptadecadiene	6,9-十七碳二烯（C17H32）
himachalene	喜马雪松烯
humulene	葎草烯
lindestrene	乌药根烯
longifolene	长叶烯
longipinene	长松烯
ledene	喇叭茶烯
maaliene	马榄烯
2-methoxyfurano-diene	2-甲氧基呋喃-二烯
muurola-4(14),5-diene	依兰-4(14),5-二烯
muurolene	依兰烯
1,2,3,4,5,6,7,8a-octahydro-3,6,8,8-tetramethyl-1H-3a,7-methanoazulene	八氢-3,6,8,8-四甲基-1H-3a,7-甲醇天蓝烃
patchoulene	广藿香烯
rotundene	香附烯
santalene	檀香烯
sativene	菖蒲烯
selina-4,11-diene	蛇床-4,11-二烯
selinene	蛇床烯
sesquiphellandrene	倍半水茴香萜 / 倍半水芹烯
seychellene	塞席尔烯
thujopsene	罗汉柏烯
vetispirene	岩兰绣线烯
vetivenene	岩兰维烯
viridiflorene	绿花烯
zingiberene	姜烯

醚类

allyl tetramethoxybenzene	烯丙基四甲氧基苯
anethole	洋茴香脑
apiol	芹菜脑
asarone	细辛脑 / 细辛醚
davana ether	印蒿醚
dillapiole	莳萝脑
dillether	莳萝醚（呋喃，氧化物）
1,4-dimethoxybenzene	氢醌二甲氧基醚
elemicin	榄香素
en-yne dicycloether	顺式 - 烯炔双环醚
isoelemicin	异榄香素
manoyl oxide	泪杉醚（$C_{20}H_{34}O$）
methyl carvacrol	甲基醚香荆芥酚
methyl chavicol (estragole)	甲基醚蒌叶酚
methyl eugenol	甲基醚丁香酚
methyl isoeugenol	甲基醚异丁香酚
methyl thymol	甲基醚百里酚
p-methylanisole	对甲大茴香醚
myristicin	肉豆蔻醚
2 phenyl ethyl methyl ether	甲基苯乙基醚
rose oxide	玫瑰醚（又称玫瑰氧化物）
safrole	黄樟素
3-(tert-butyl)-4-hydroxyanisole	丁基羟基茴香醚
1,3,5-trimethoxybenzene	1,3,5-三甲氧基苯

醛类

acetal	乙缩醛
baimuxianal	白木香醛（倍半萜醛）
bisabolenal	没药烯醛（倍半萜醛）
butanal	异缬草醛
campholenic aldehyde	樟烯醛
citral	柠檬醛
citronellal	香茅醛
costal	广木香醛（倍半萜醛）
decanal	癸醛
2-decenal	2-癸烯醛
2,6-dimethyl-5-heptenal	2,6-二甲基-5-庚烯醛
3,7-dimethyl-6-octenal	3,7-二甲基-6-辛烯醛
dolichodial	马氏香料二醛
furfural	糠醛
geranial	牻牛儿醛
heptanal	庚醛
7,10,3-hexadecatrienal	7,10,3-十六碳三烯醛（倍半萜醛）
hexaldehyde	己醛

iridal	鸢尾醛（三萜类）
iridodial	虹彩二醛
isocitral	异柠檬醛
myrtanal	桃金娘醛 / 香桃木醛
myrtenal	桃金娘烯醛
neral	橙花醛
nonanal	壬醛
octanal	辛醛
perillyl aldehyde	紫苏醛
phellandral	水茴香醛
polygodial	水蓼二醛（倍半萜醛）
p-mentha-1,3-dien-7-al	1,3-对孟二烯-7-醛
p-mentha-3-en-7-al	3-对孟烯-7-醛
undecanal	十一醛
valerenal	缬草醛（倍半萜醛）
villetleafaldehyde	紫罗兰叶醛（脂肪族醛）

酯类

acetic acid ethyl ester	乙酸乙酯（又名 ethyl acetate）
amyl valerate	戊酸戊酯
bornyl acetate	乙酸龙脑酯
cedryl acetate	乙酸雪松烯酯（$C_{17}H_{28}O_2$）
chavicol acetate	乙酸蒌叶酯
chrysanthenyl acetate	乙酸菊烯酯
citronellyl acetate	乙酸香茅酯
citronellyl formate	甲酸香茅酯
fenchyl acetate	乙酸茴香酯
davana esters	印蒿酯
dihydromatricaria ester	双氢母菊酯
dimethyl-1-hexadecyl-ester	2-甲基-1-十六烷酯
duva-3,9,13-trien-1,5α-diol-1-acetate	乙酸度瓦三烯二醇酯
decyl acetate	乙酸癸酯
dodecyl acetate	乙酸十二烷酯
ethyl laurate	月桂酸乙酯（$C_{14}H_{28}O_2$）
ethyl linoleate	亚油酸乙酯（$C_{20}H_{36}O_2$）
ethyl linolenate	亚麻酸乙酯
ethyl 2-methyl butyrate	2-甲基丁酸乙酯
ethyl myristate	肉豆蔻酸乙酯
ethyl oleate	油酸乙酯
ethyl palmitate	棕榈酸乙酯
ethyl stearate	十八烷酸乙酯
eugenyl acetate	乙酸丁香酯
farnesyl acetate	乙酸金合欢酯
geranyl acetate	乙酸牻牛儿酯
geranyl formate	甲酸牻牛儿酯
geranyl propionate	丙酸牻牛儿酯
geranyl tiglate	惕各酸牻牛儿酯
E,E-10,12-hexadecadien-1-ol acetate	乙酸家蚕酯
hexyl butanoate	丁酸己酯

8-hydroxy linalyl ester	8-羟基沉香酯
incensyl acetate	乙酸乳香酯
isoamyl 2-methylbutyrate	2-甲基丁酸异戊酯
isobornyl formate	甲酸异龙脑酯
isobutyl acetate	乙酸异丁酯
isobutyl angelate	当归酸异丁酯
isobutyl hexanoate	己酸异丁酯
isobutyric acid amyl ester	异丁酸戊酯 （又名 Amyl isobutyrate）
isopropyl acetate	乙酸异丙酯
linalyl acetate	乙酸沉香酯
linalyl butyrate	丁酸沉香酯
matricaria ester	母菊酯
menthyl acetate	乙酸薄荷酯
methyl acetate	乙酸甲酯
2-methylbutyl angelate	当归酸2-甲基丁酯
2-methylbutyl 2-methylbutanoate	2-甲基丁酸2-甲基丁酯
2-methylbutyl 2-methylpropanoate	异丁酸2-甲基丁酯
methyl jasmonate	茉莉酸甲酯
methyl linoleate	亚油酸甲酯（C$_{19}$H$_{34}$O$_2$）
methyl linolenate	亚麻酸甲酯（C$_{19}$H$_{32}$O$_2$）
methyl palmitate	棕榈酸甲酯
methyl pentadecenoate	十五碳烯酸甲酯
methyl perillate	紫苏酸甲酯（羧基酯）
myrcen-8-yl acetate	乙酸月桂-8-烯酯
myrtenyl acetate	乙酸桃金娘酯 / 乙酸香桃木酯
myrtenyl isovalerate	异戊酸桃金娘酯
neoiso-thujanyl acetate	乙酸新异侧柏酯
nerolidyl acetate	乙酸橙花叔酯
neryl acetate	乙酸橙花酯
neryl propionate	丙酸橙花酯
octadecenoic acid methyl ester	十八烯酸甲酯
octyl acetate	乙酸辛酯
octyl butyrate	丁酸辛酯
octyl hexanoate	己酸辛酯
perillyl acetate	乙酸紫苏酯
pinocarvyl acetate	乙酸松香芹酯
terpinen-4-yl acetate	乙酸萜品烯-4-酯
terpinyl acetate	乙酸萜品烯酯 / 乙酸松油酯
tetracosanoic acid methyl ester	二十四烷酸甲酯
torreyagrandate	香榧酯

benzyl cinnamate	肉桂酸苄酯
benzyl formate	甲酸苄酯
benzyl propionate	丙酸苄酯
benzyl salicylate	水杨酸苄酯
but-3-yn-2-yl 3-methylbenzoate	3-甲基苯甲酸丁-3-炔-2-酯
butyl 2-ethylhexyl phthalate	邻苯二甲酸丁基酯2-乙基己基酯
cinnamyl acetate	乙酸肉桂酯
cinnamyl alcohol	肉桂醇（苯基醇）
cinnamyl cinnamate	肉桂酸肉桂酯
coniferyl benzoate	苯甲酸松醇酯
p-coumaryl benzoate	苯甲酸-对-香豆醇酯
ethyl benzenacetate	苯乙酸乙酯
ethyl benzoate	苯甲酸乙酯
ethyl cinnamate	肉桂酸乙酯
ethyl salicylate	水杨酸乙酯
hexenyl benzoate	苯甲酸己烯酯
isobutyl cinnamate	肉桂酸异丁酯
isopropyl benzoate	苯甲酸异丙酯
isopropyl cinnamate	肉桂酸异丙酯
linalyl anthranilate	邻氨基苯甲酸沉香酯
methyl anisate	洋茴香酸甲酯
methyl benzoate	苯甲酸甲酯
methyl cinnamate	肉桂酸甲酯
methyl (Z,E)-4-(geranyloxy) cinnamate	4-块牛儿氧基肉桂酸甲酯
methyl (Z,E)-4-(5-hydroxygeranyloxy) cinnamate	4,5-羟基块牛儿氧基肉桂酸甲酯
methyl-N-methylanthranilate	邻氨基苯甲酸甲酯
methyl salicylate	水杨酸甲酯
2-phenylethanol	苯乙醇（苯基醇）
2-pheylethyl 2-methyl-proponate	异丁酸苯乙酯 （又名 phenethyl isobutyrate）
phenylethyl propionate	丙酸苯乙酯
phenyl propionate	丙酸苯酯
pseudoisoeugenyl 2-methylbutyrate	假异丁香基2-甲基丁酸酯
(E)-1-(3,4-dimethoxyphenyl) butadiene	(E)-1-(3,4-二甲氧基苯基）丁二烯 （苯基化合物）

倍半萜酮类

苯基酯与醇类

1'-acetoxychavicol acetate	1'-乙酰氧基胡椒酚乙酸酯
alkyl benzoate	苯甲酸烷基酯
anisyl alcohol	洋茴香醇（苯基醇）
benzyl acetate	乙酸苄酯
benzyl alcohol	苯甲醇（苯基醇）
benzyl benzoate	苯甲酸苄酯

acorenone	菖蒲烯酮
acorone	菖蒲酮（C$_{15}$H$_{24}$O$_2$）
arsitolenone	马兜铃酮
ar-turmerone	芳姜黄酮
atlantone	大西洋酮
bisabolone	没药酮
calamenone	白菖脑
δ-9-capnellene-3-β-ol-8-one	δ-9-开普烯-3-β-醇-8-酮
carrisone	嘉稀酮
chamaecynone	扁柏酮
cis-14-nor-muurol-5-en-4-one	顺式-14-正依兰醇-5-烯-4-酮

curdione	莪蒁二酮
cyperone	莎草酮
davanone	印蒿酮
dihydro-davanone	双氢印蒿酮
dihydro-β-ionone	双氢-β-紫罗兰酮
1,8-dimethyl-4(1-methylethyl)-spiro(4,5)dec-8-en-7-one	1,8-二甲基-4-异丙基-螺环(4,5)十碳-8-烯-7-酮
elemenone	榄香烯酮
epicurzerenone	表莪蒁烯酮
eudesma-3,11-dien-2-one	桉叶-3,11-二烯-2-酮
flavesone	四甲基异丁醯基苯环己三酮
furanodienone	呋喃二烯酮（含呋喃）
1,10(15)-furanogermacradien-6-one	1,10(15)-呋喃大根老鹳草二烯-6-酮（含呋喃）
germacrone	大根老鹳草酮
gingerdione	姜二酮（C₁₇H₂₄O₄）
hexahydro-farnesylacetone phytone	6,10,14-三甲基-2-十五烷酮（C₁₈H₃₆O）
jatamansone	甘松酮 = 缬草烷酮
ionone	紫罗兰酮（C₁₃H₂₀O）
irone	鸢尾酮
italidione	意大利双酮
jasmone	素馨酮（C₁₁H₁₆O）
juniper camphor	桧脑（C₁₅H₂₆O）
leptospermone	薄子木酮
longipinocarvone	长松香芹酮
nootkatone	诺卡酮
patchoulenone	广藿香烯酮
7,15-pimaradien-3-one	7,15-海松二烯-3-酮（双萜酮）
pogostone	广藿香酮
rotundone	香附酮
triketones	三酮
turmerone	姜黄酮
valeranone	缬草烷酮 = 甘松酮
vetivone	岩兰草酮

2,7-dimethyl-2,6-octadi-4-ol	2,7-二甲基-2,6-辛二烯-4-醇
dodecanol	月桂醇（脂肪族醇）
fenchol	茴香醇
geraniol	牻牛儿醇
hexanol	己醇（脂肪族醇）
hinokitiol	桧木醇（醇-酮基）
linalool	沉香醇/芳樟醇
p-menthadienol	对孟二烯醇
p-menthane-3,8-diol	孟二醇
p-mentha-1,5-diene-8-ol	对薄荷-1,5-二烯-8-醇
p-mentha-1(7),8-dien-2-ol	对薄荷-1(7),8-二烯-2-醇
p-mentha-2,8-dien-1-ol	对薄荷-2,8-二烯-1-醇
menth-2-en-1-ol	薄荷-2-烯-1-醇
menthol	薄荷脑
neo-menthol	新薄荷脑
6-methyl-5-hepten-2-ol	6-甲基-5-庚烯-2-醇
myrcenol	月桂烯醇
myrtenol	桃金娘醇/香桃木醇
nerol	橙花醇
nopol	诺卜醇
1-octanol	辛醇（脂肪族醇）
1-octen-3-ol	1-辛烯-3-醇
p-cymene-8-ol	对伞花烃-8-醇
perillyl alcohol	紫苏醇
pinocarveol	松香芹醇
piperitol	胡椒醇
isopinocampheol	异松樟醇
isopulegol	异胡薄荷醇
sabinene hydrate	水合桧烯（又名4-thujanol）
santolina alcohol	棉杉菊醇
shisool	薄荷烯醇
terpinen-4-ol	萜品烯-4-醇（又名4-terpineol）
α-terpineol	α-萜品醇
4-terpineol	4-萜品醇
thujanol	侧柏醇
thujylalcohol	侧柏叶醇（C₁₀H₁₈O）
verbenol	马鞭草烯醇
yomogi alcohol	艾醇

单萜醇类

artemisia alcohol	艾蒿醇
borneol	龙脑
camphene hydrate	水合樟烯（又名3-Methylcamphenilol）
carveol	香芹醇/藏茴香醇
chrysanthenol	菊烯醇
citronellol	香茅醇
cuminol	小茴香醇
p-cymen-8-ol	对伞花烃-8-醇
p-cymen-9-ol	对伞花烃-9-醇
diacetone alcohol	二丙酮醇（C₆H₁₂O₂）
dihydro carveol	双氢香芹醇

酚与芳香醛类

acetosyringone	乙酰丁香酮 {是一种结构上与苯乙酮（acetophenone）和2,6-二甲氧基苯酚（2,6-dimethoxyphenol）相似的酚类化合物}
anisaldehyde	洋茴香醛（芳香醛）
asarylaldehyde	细辛醛（芳香醛）
benzaldehyde	苯甲醛（芳香醛）
benzenepropanal	苯丙醛（芳香醛）
carvacrol	香荆芥酚

chavicol	姜叶酚
cinnamaldehyde	肉桂醛（芳香醛）
cuminaldehyde	小茴香醛（芳香醛）
eugenol	丁香酚
(E)-2-methoxy-4-(1-propenyl) phenol	(E)-2-甲氧基-4-丙烯基苯酚
gingerol	姜酚/姜辣醇
isobutyryl methoxyresorcinol	异丁基甲氧基间苯二酚
isoeugenol	异丁香酚
3-methyl-2,6-di-isopropylphenol	3-甲基-2,6-双-异丙基酚
3-methyl-6-tert-butylphenol	3-甲基-6-叔丁基苯酚
phenyl acetaldehyde	苯乙醛（芳香醛）
p-hydroxybenzaldehyde	对羟基苯甲醛（芳香醛）
piperonyl aldehyde	胡椒醛（芳香醛）
thymol	百里酚
thymohydroquinone	百里氢醌
thymoquinone	百里醌
2,4,6-trimethyl-benzaldehyde	2,4,6-三甲基苯甲醛（芳香醛）
vanillin	香草素/香草醛（芳香醛）

倍半萜醇类

acoradienol	菖蒲二烯醇
agarospirol	沉香螺旋醇
bergaptol	香柑醇
bisabolol	没药醇
bulnesol	布藜醇
cadinol	杜松醇
carotol	胡萝卜醇
cedren-10-ol	雪松烯-10-醇
cedrol	雪松醇
β-copaen-4-α-ol	β-古巴烯-4-α-醇
copaene-11-ol	古巴烯-11-醇
cubebol	荜澄茄醇
cubenol	荜澄茄油烯醇
curcumen-12-ol	姜黄烯-12-醇
cyperol	莎草醇
daucol	胡萝卜脑（双官能成分：氧化物+醇）
dehydroisocalamendiol	去氢异菖蒲二醇
1,4-dimethyl-7-(1-methylethyl)-azulene-2-ol	天蓝烃-2-醇
drimenol	补身醇
elemol	榄香醇
epi-α-cadinol	表-α-杜松醇
epi-cubebol	表荜澄茄醇
epi-cubenol	表荜澄茄油烯醇
10-epi-γ-eudesmol	10-表-γ-桉叶醇
eudem-6-en-4α-ol	桉叶-6-烯-4α-醇
eudesmol	桉叶醇
farnesol	金合欢醇

fokienol	福建醇
fonenol	佛烯醇
germacrene D-4-ol	大根老鹳草烯D-4-醇
globulol	蓝胶醇
guaia-5-en-11-ol	愈疮木-5-烯-11-醇
guaia-6,10(14)-dien-4β-ol	愈疮木-6,10(14)-二烯-4β-醇
guaiol	愈疮木醇
hanamyol	山姜环氧萜醇
himachalol	喜马雪松醇
hinesol	茅术醇（$C_{15}H_{26}O$）
humulene-7-ol	葎草烯-7-醇
isocurcumenol	异莪述醇
isofarnesol	异金合欢醇
isovalencenol	异瓦伦西亚桔烯醇
khusimol	库斯醇
ledol	喇叭茶醇
longipinocarveol	长松香芹醇
maaliol	马榄醇
muurolol	依兰油醇
nerolidol	橙花叔醇
nootkatol	诺卡醇
nuciferol	莲花醇
occidentalol	金钟柏醇
patchoulol	广藿香醇
piperiten-11-ol	胡椒烯-11-醇
pogostol	刺蕊草醇
preisocalamendiol	前异菖蒲二醇
pumiliol	矮松醇
santalol	白檀醇/檀香醇
selinenol	蛇床烯醇
selin-7(11)-en-4a-ol	蛇床-7(11)-烯-4α-醇
spathulenol	匙叶桉油烯醇
torreyol	香榧醇
valerianol	缬草萘烯醇
vetiselinenol	岩兰蛇床醇
viridiflorol	绿花醇
widdrol	羽毛柏醇
zingiberenol	姜烯醇（$C_{15}H_{26}O$）
zingiberol	姜醇（$C_{16}H_{28}O$）

双萜醇类

geranyl linalool	香叶基芳樟醇（$C_{20}H_{34}O$）
kauran-13-ol	贝壳杉-13-醇（$C_{20}H_{34}O$）
manool	泪杉醇（$C_{20}H_{34}O$）
palustrol	杜香醇（$C_{20}H_{32}O$）
phytol	植醇
sclareol	香紫苏醇
3,7,11,15-tetramethyl-2-hexadecene-1-ol	3,7,11,15-四甲基-2-十六碳烯-1-醇（$C_{20}H_{40}O$）

单萜烯类

artemesia triene	艾蒿三烯
camphene	樟烯
capillene	茵陈烯炔（$C_{12}H_{10}$）
δ-3-carene	δ3-蒈烯
p-cymene	对伞花烃
limonene	柠檬烯
1,3,8-p-menthatriene	1,3,8-对-薄荷三烯（$C_{10}H_{14}$）
myrcene	月桂烯
ocimene	罗勒烯
allo-ocimene	别罗勒烯
β-phellandrene	水茴香萜/水芹烯
5-phenyl-1,3-pentadiyne	5-苯基-1,3-戊二炔（$C_{11}H_8$）
pinene	松油萜
sabinene	桧烯
santene	檀烯
santolina triene	棉杉菊三烯
terpinene	萜品烯
terpinolene	异松油烯
thujene	侧柏烯
(3Z,5E)-undeca-1,3,5-triene	(3Z,5E)-十一碳-1,3,5-三烯

烷醇类

alcohol	乙醇（C_2H_6O）
1-dodecanol	十二烷醇（$C_{12}H_{26}O$）
1-tridecanol	十三烷醇（$C_{13}H_{28}O$）

呋喃类化合物

agaro furan	沉香呋喃
2-(1-cyclopentenyl)-furan	环戊烯基呋喃
dihydro-agarofuran	双氢沉香呋喃
dihydro-rosefurane	双氢玫瑰呋喃
hedychenone	草果药烯酮
7-hydroxyhedychenone	7-羟基草果药烯酮
menthofuran	薄荷呋喃
perillene	紫苏烯（$C_{10}H_{14}O$）
threo-davanafuran	苏式印蒿呋喃

decane	癸烷
2,6-dimethylheptane	2,6-二甲基庚烷
1,1,3,3,5,5,7,7,9,9,11,11-dodeca methylhexasiloxane	十二甲基二氢六硅氧烷
eicosane	二十烷
2-ethoxypropane	2-乙氧丙烷（$C_5H_{12}O$）
9-finland heptadecanoyl	9-辛基十七烷
heneicosane	二十一烷
heptadecane	十七烷
(Z)-heptadec-8-ene	8-十七烷烯
hexacosane	二十六烷
hexadecane	十六烷
2-methyldodecane	2-甲基十二烷
l0-methyleicosane	10-甲基二十烷
2-methyloctadecane	2-甲基十八烷
2-methyl-2-phenylpropane	2-甲基-2-苯基丙烷
nonacosane	二十九烷
nonadecane	十九烷
octadecane	十八烷
pentacosane	二十五烷
pentadecane	十五烷
phenylpentane	苯戊烷
triacontane	三十烷
tricosane	正二十三烷
valerane	缬草烷

含硫化合物

allyl isothiocyanate	异硫氰酸烯丙酯
2-butyl propenyl disulfide	仲丁基烯基二硫化合物
diallyl thioether	二烯丙基硫醚
(E)-sec-butyl propenyl disulfide	反式丁基丙基二硫（$C_7H_{14}S_2$，分子量162）
isothiocyanate	异硫氰酸酯
8-mercapto-p-menthane-3-one	对-薄荷-8-硫醇-3-酮（$C_{10}H_{18}OS$）
methylthiobenzoate	磺酰基-苯甲酸甲酯
methyltrisulfide	甲基三硫醚
mintsulfide	薄荷硫化物（倍半萜类）
oxazolidinethione	5-乙烷硫酮
phenethyl isothiocyanate	异硫氰酸苯乙酯
α-terthienyl	α-三连噻吩（$C_{12}H_8S_3$）

含氮化合物

epi-guaipyridine	表愈疮吡啶
indole	吲哚
N-acetyl-1,2,3,4-tetrahydro-isoquinoline	N-乙酰-1,2,3,4-四氢异喹啉（$C_{12}H_{15}NO$）
oleamide	油酸酰胺（$C_{18}H_{35}NO$）
pyrazines	吡嗪（$C_4H_4N_2$）

酸类

AKBA (acetyl-11-keto-beta-boswellic acid)	11-羰基-β-乙酰乳香酸（非精油成分）
acetic acid	醋酸
benzoic acid	安息香酸/苯甲酸（芳香酸）
caprylic acid	辛酸（游离脂肪酸）
cascarillic acid	卡藜酸（$C_{11}H_{20}O_2$）
cinnamic acid	肉桂酸（芳香酸）
citronellic acid	香茅酸
coumaric acid	香豆酸
ferulic acid	阿魏酸
glucuronic acid	葡萄糖醛酸（羧酸）
gurijunic acid	古芸酸
hexadecanoic acid	十六烷酸
kaurenoic acid	异贝壳杉烯酸（双萜化合物）
kolavenic acid	考拉维酸（双萜化合物）
lauric acid	月桂酸
linolenic acid	次亚麻油酸（游离脂肪酸）
2-methyl butyric acid	2-甲基丁酸
myristic acid	肉豆蔻酸
palmtic acid	棕榈酸（游离脂肪酸）
petroselinic acid	洋芫荽子酸（游离脂肪酸）
polyalthialdoic acid	暗罗酸（双萜化合物）
santalic acid	白檀酸/檀香酸
trihydroxypentanoic acid	三羟基戊酸
valerenic acid	缬草烯酸
valeric acid	缬草酸
vanillic acid	香草酸（芳香酸）

二萜烯类

abietadiene	冷杉二烯
abietatriene	松香三烯（$C_{20}H_{30}$）
byegerene	拜哲烯
cembrene	西松烯
2,6-dimethyl-10-(p-tolyl)undeca-2,6-diene	2,6-二甲基-10-对甲苯基-十一烷-2,6-二烯
diterpene	双萜烯
isocembrene	异西松烯
rimuene	芮木烯
sclarene	硬烯（$C_{20}H_{32}$）
(3Z,6E,10E)-α-springene	α-史普林烯

二萜化合物

cascarilline	卡藜素（双萜化合物 $C_{22}H_{32}O_7$）
cembranoid type diterpenes	西松烷型二萜（大环二萜类）
dipteryxic acid	二翅豆酸
labdane	半日花烷型二萜
sandaracopimarinal	山达海松醛（$C_{20}H_{30}O$）

三萜化合物

amyrin	脂檀素
lupenone	羽扇烯酮
lupeol	羽扇豆醇
siaresinol acid	暹罗树脂醇酸
verticilla-4(20),7,11-triene	轮状三烯

聚炔类

atractylodin	苍术素（又名：苍术呋喃烃）
panaxynol	人参醇

异黄酮

glucofuranoside	槲皮苷
isoliquiritigenin	异甘草素
polymethoxylated flavones	多甲氧基黄酮（黄酮类）

糖醇

ribitol	核糖醇

肌醇

scyllo-inositol	鲨肌醇

固醇

sitosterol	谷固醇

环烯醚萜葡萄糖苷

geniposide	京尼平苷（$C_{17}H_{24}O_{10}$）

色原酮

（由邻羟基苯乙酮与甲酸乙酯在碱存在下缩合，产物再经酸催化成环制取）

khellin	呋喃并色酮
visnagine	阿米素

吡喃酮 pyranones

类苯丙醇 phenylpropanoid (PP)

稠环芳香烃

dimethyldecahydronaphthalene	亚甲基十氢化萘（$C_{12}H_{22}$）
2-methoxy-4-vinylbenzene	2-甲氧基-4-乙烯基苯
naphthalene	萘

环氧化合物

humulene epoxide I	蛇麻烯环氧物 I
humulene epoxide II	蛇麻烯环氧物 II

参考书籍及期刊

参考书籍

书名	作（编）者	出版社；版次（出版年份）
Advances in Natural Product Chemistry (Proceedings of the Fifth International Symposium Pakistan-US Binational Workshop on Natural Product Chemistry, Karachi, Pakistan, January 1992)	Atta-ur-Rahman	Harwood Academic Publishers
Agarwood: Science Behind the Fragrance	Rozi Mohamed	Springer
Antitumor Potential and other Emerging Medicinal Properties of Natural Compounds	Fang, Evandro Fei, Ng, Tzi Bun (Eds.)	Springer
Aromatherapeutic Blending: Essential Oils in Synergy	Jennifer Peace Rhind	Singing Dragon; 1st edition
Atlas des bois de Madagascar	Georges Rakotovao, Andrianasolo Raymond	Quae (2012)
Bioactive Essential Oils and Cancer	Damião Pergentino de Sousa	Springer
Chemical Dictionary of Economic Plants	Jeffrey B. Harborne, Herbert Baxter	Wiley
Chemistry of Spices	V. A. Parthasarathy, Chempakam, Zachariah	CABI; 1st edition (July 15, 2008)
Chinese Materia Medica: Chemistry, Pharmacology and Applications	You-Ping Zhu	CRC Press
Cinnamon and Cassia: The Genus Cinnamomum	P. N. Ravindran, K Nirmal-Babu, M Shylaja	CRC Press
Citrus Oils Composition, Advanced Analytical Techniques, Contaminants, and Biological Activity	Giovanni Dugo and Luigi Mondello	CRC Press
Comparative Endocrinology, Volume 2	U.S. Von Euler	Academic Press (January 1, 1963)
Cultivation Of Medicinal And Aromatic Crops	B.S. Sreeramu	Universities Press (2010)
Edible Medicinal And Non-Medicinal Plants: Volume 4, Fruits	T. K. Lim	Springer
Edible Medicinal And Non-Medicinal Plants: Volume 8, Flowers	T. K. Lim	Springer
Essential Oils and Aromatic Plants(Proceedings of the 15th International Symposium on Essential Oils)	A.Baerheim Svendsen	Springer
Essential Oils Handbook: All the Oils You Will Ever Need for Health, Vitality and Well-being	Jennie Harding	Watkins Publishing
Essential Oils: A Handbook for Aromatherapy Practice	Jennifer Peace Rhind	Singing Dragon; 2 edition (June 15, 2012)
Essential Oils Vol 9: 2008-2011	Brian M. Lawrence, PhD	Allured Pub Corp; Volume 9 edition (March 15, 2012)
Essential Oil Safety: A Guide for Health Care Professionals	Robert Tisserand , Rodney Young	Churchill Livingstone; 2 edition (November 6, 2013)
Ethnomedicine and Drug Discovery	M.M. Iwu, J. Wootton	Elsevier Science (2002)
Fenaroli's Handbook of Flavor Ingredients	George A. Burdock	CRC Press; 6th (2009)
Flowering Plants: Structure and Industrial Products	Aisha S. Khan	Wiley; 1 edition (April 10, 2017)CIFOR,
Forest Products, Livelihoods and Conservation: Case Studies of Non-timber Forest Product Systems. Volume 1 - Asia	Kusters, K. Belcher, B.	Bogor, Indonesia
Frontiers in CNS Drug Discovery, Volume 2	Atta-ur-Rahman, M. Iqbal Choudhary	ISSN: 1879-6656 (Print) / ebook
Handbook of Essential Oils: Science, Technology, and Applications	K. Husnu Can Baser, Gerhard Buchbauer	CRC Press; 2ed edition
Handbook of Herbs and Spices	K. V. Peter	Woodhead Publishing (2012)
Heartwood and Tree Exudates	William E. Hillis	Springer
Herbs and Natural Supplements, Volume 2: An Evidence-Based Guide	Lesley Braun, Marc Cohen	Churchill Livingstone
Chopra's Indigenous Drugs of India	Chopra R N	Academic Publishers, 1933 – 816 页
Iranian Entomology - An Introduction: Volume 1: Faunal Studies. Volume 2	Cyrus Abivardi	Springer
Les Huiles Essentielles Corses	Christian Escriva	AMYRIS
l'aromatherapie exactement	P.Franchomme, D.Penoel	Roger Jollois
Lead Compounds from Medicinal Plants for the Treatment of Neurodegenerative Diseases	Christophe Wiart	Academic Press; 1 edition (February 5, 2014)
Leung's Encyclopedia of Common Natural Ingredients: Used in Food, Drugs, and Cosmetics	Ikhlas A. Khan, Ehab A. Abourashed	Wiley; 3rd edition (2010)
Lipids, Lipophilic Components and Essential Oils from Plant Sources	Shakhnoza S. Azimova, Anna I.	Springer
Marine Cosmeceuticals: Trends and Prospects	Se-Kwon Kim	CRC Press

书名	作（编）者	出版社：版次（出版年份）
Meaningful Scents Around the World: Olfactory, Chemical, Biological, and Cultural Considerations	Roman Kaiser	Wiley-VCH; 1 edition (September 14, 2006
Medicinal and Aromatic Plants of the Middle-East	Yaniv, Zohara, Dudai, Nativ	Springer
Medicinal Plants	Alice Kurian，M. Asha Sankar	New India Publishing (2007)
Medicinal Plants: Biodiversity and Drugs	M. K. Rai，Geoffrey A. Cordell，etc	CRC Press Book
Medicinal Plants: Chemistry and Properties	M Daniel	CRC Press Book
Medicinal Plants in Australia Volume 2: Gums, Resins, Tannin and Essential Oils*	Cheryll Williams	Rosenberg Publishing (February 1, 2011)
Monographs on Fragrance Raw Materials: A Collection of Monographs Originally Appearing in Food and Cosmetics Toxicology	D. L. J. Opdyke	Pergamon (January 2, 2014)
Mosby's Complementary & Alternative Medicine	Lyn W. Freeman PhD	Mosby; 3 edition (June 23, 2008)
Narcissus and Daffodil: The Genus Narcissus	Gordon R Hanks	CRC Press Book
Natural Terpenoids as Messengers: A Multidisciplinary Study of Their Production, Biological Functions and Practical Applications	Paul Harrewijn, A.M. van Oosten , P. G. Piron	Springer (2000)
Neuroprotective Effects of Phytochemicals in Neurological Disorders	Tahira Farooqui，Akhlaq A. Farooqui	Wiley-Blackwell; 1 edition (March 20, 2017)
Neuroprotective Natural Products: Clinical Aspects and Mode of Action	Goutam Brahmachari	Wiley-VCH; 1 edition (March 1, 2017)
Phillippine Resins, Gums, Seed Oils, and Essential Oils	Augustus Price West	Bureau of printing (1920)
Phytochemistry Research Progress	Takumi Matsumoto	Nova Science Publishers Inc; 1 edition (1 Jun. 2008)
Plant Secondary Metabolism	David S. Seigler	Springer
Plants with Anti-Diabetes Mellitus Properties	Appian Subramoniam	CRC Press (April 5, 2016)
Poucher's Perfumes, Cosmetics and Soaps — Volume 1 The Raw Materials of Perfumery	Poucher, W.A.	Springer
Tea Tree: The Genus Melaleuca	Ian Southwell，Robert Lowe	CRC Press Book
The Complete Technology Book of Essential Oils (Aromatic Chemicals)	NIIR Board	NATIONAL INSTITUTE OF INDUSTRIAL RESEARCH (2011)
The Complete Technology Book on Herbal Perfumes & Cosmetics	H. PANDA	NIIR PROJECT CONSULTANCY SERVICES
The Essential Oils , Volume 1~5	Ernest Guenther PhD	D.Van Nostrand Company.Inc
The Illustrated Herb Encyclopedia	Kathi Keville	Mallard Press
Trees of the Sikkim Himalaya	Topdhan Rai	South Asia Books (December 1994)
沉香	陈兴夏、叶美玲、柯天福、廖振程	布克文化
芳香植物栽培学	何金明、肖艳辉	中国轻工业出版社
香花植物	蔡福贵	台湾渡假出版社
药用花卉 2 木本类	王云章	台湾渡假出版社
植物化学	颜焜荧	中国医药研究所
中国芳香植物精油成分手册	王羽梅	华中科技大学出版社
中华中医药学会第九届中药鉴定学术会议论文集		

注：标 * 书刊是刊载精油论文较多，也是本书参考较多的书刊。 —作者注

参考期刊

Acta Botanica Mexicana

Acta Histochemica

Acta Horticulturae 677

Acta Poloniae Pharmaceutica

Acta Veterinaria

African Journal of Pharmacy and Pharmacology

Advanced Pharmaceutical Bulletin

Advances in Environmental Biology

Advances in Pharmacological Sciences

Advances in Therapy

Agriculturae Conspectus Scientificus

American-Eurasian Journal of Agricultural & Environmental Sciences

American Journal of Analytical Chemistry

American Journal of Cancer Research

American Journal of Environmental Sciences

American Journal of Essential Oils and Natural Products*

American Journal of Plant Sciences

Analytical Letters

Andrologia

Annals of Agricultural Sciences

Annals of Botany

Annals of Clinical Microbiology and Antimicrobials

Antimicrobial Agents and Chemotherapy

Antioxidants

Antiviral Research

Agroforestry Systems

APCBEE Procedia : 3th International Conference on Biotechnology and Food Science

Applied Microbiology and Biotechnology

Arabian Journal of Chemistry

Archives of Biochemistry and Biophysics

Archives of Pharmacal Research

Aroma Research

Aromatic Science SM

Asian Journal of Chemistry

Asian Journal of Pharmaceutical and Clinical Research

Asian Journal of Plant Science and Research

Asian Pacific Journal of Cancer Prevention

Asian Pacific Journal of Tropical Disease

Asian Pacific Journal of Tropical BioMedicine

Avicenna Journal of Phytomedicine

Baltic Forestry

Bangladesh Journal of Pharmacology

Bangladesh Journal of Scientific and Industrial Research

Basic and Clinical Neuroscience

Biochemical Pharmacology

Biochemical Systematics and Ecology

Biologocal Control

Biological Research

Biologocal & Pharmaceutical Bulletin

Biomass and Bioenergy

BioMed Research International

Bioorganic & Medicinal Chemistry Letters

Bioprocess and Biosystems Engineering

Biotechnology and Health Sciences

BMC Complementary and Alternative Medicine*

Botanical Studies

Brain Research

Brazilian Archives of Biology and Technology

Brazilian Journal of Microbiology

British Journal of Pharmaceutical Research

Bulgarian Journal of Agricultural Science

Bulletin of Environment, Pharmacology and Life Sciences

Bulletin of Insectology

Canadian Journal of Biochemistry

Cancer Letters

Caryologia

Cellular Physiology and Biochemistry

Central European Journal of Biology

Chemistry and Biodiversity

Chemistry and Materials Research

Chemistry of Natural Compounds

Chilean Journal of Agricultrual Research

Chinese Journal of Organic Chemistry

Clinical and Experimental Pharmacology & Physiology

Clinical Microbiology Reviews

Clinical Phytoscience

Comprehensive Reviews in Food Science and Food Safety

Critical Reviews in Food Science and Nutrition

Current Pharmaceutical Design

Current Research in Chemistry

Current Issues in Pharmacy & Medical Science

Current Microbiology

Der Pharmacia Sinica

East African Medical Journal

Electronic Physician

Elixir International Journal

Evidence-Based Complementary and Alternative Medicine*

European Journal of Gastroenterology & Hepatology

European Journal of Lipid Science and Technology

European Journal of Pharmacology

European Journal of Pharmaceutical and Medical Research

European Journal of Pharmacology

European Journal of Pharmacy and Pharmaceutical Science

EXCLI Journal : Experimental and Clinical Sciences

Experimental and Applied Acarology

Experimental and Clinical Sciences

Experimental and Molecular Medicine

Experimental and Therapeutic Medicine

Fitoterapia

FIvour and Fragrance Journal*

Food and Chemical Toxicology

Food Chemistry

Food Control

Food & Function

Food and Nutrition Sciences

Food Science & Nutrition

Frontiers in Pharmacology

Genetics and Molecular Biology

Genetic Resources and Crop Evolution

HortScience

Human and Experimental Toxicology

Immunopharmacology and Immunotoxicology

Indian Journal of Clinical Biochemistry

Indian Journal of Natural Products and Resources

Indian Journal of Pharmaceutical Sciences

Industrial Crops and Products

International Flavours and Food Additives

International Food Research Journal

International Journal of Advanced Biological and Biomedical Research

International Journal of Advanced Research

International Journal of Advanced Scientific Research and Management

International Journal of Agriculture & Biology

International Journal of Agriculture Innovations and Research

International Journal of Aromatherapy

International Journal of Biosciences

International Journal of Cancer

International Journal of Current Trends in Research

International Journal of Enhanced Research in Science, Technology & Engineering

International Journal of Essential Oil Therapeutics

International Journal of Experimental Botany

International Journal of Food Properties

International Journal of Food Science & Technology

International Journal of Gastronomy and Food Science

International Journal of Innovative Science, Engineering & Technology

International Journal of Life Sciences

International Journal of Molecular Medicine

International Journal of Molecular Sciences

International Journal of Nanomedicine

International Journal of Pharma and Bio Sciences

International Journal of Pharmaceutical Science and Research

International Journal of Pharmaceutical Sciences Review and Research

International Journal of Pharmacy and Pharmaceutical Science*

International Journal of Plant Science and Ecology

International Journal of Recent Research in Life Sciences

International Journal of Scientific & Engineering Research

International Journal of Technical Research and Applications

International Scholarly Research Notices

IOSR Journal Of Pharmacy

Iranian Journal of Microbiology

Iranian Journal of Nursing and Midwifery Research

ISRN Pharmacology

Japan Agricultural Research Quarterly

Jordan Journal of Chemistry

Journal de Mycologie Médicale

Journal of Acupuncture and Meridian Studies

Journal of Agricultural and Food Chemistry*

Journal of Agricultural Science and Technology

Journal of American Science

Journal of Animal Research

Journal of Applied Environmental and Biological Sciences

Journal of Applied Microbiology

Journal of Applied Pharmaceutical Science

Journal of Applied Research on Medicinal and Aromatic Plants

Journal of Applied Sciences Research

Journal of Arthropod-Borne Disease

Journal of Basic and Clinical Pharmacy

Journal of Biological Science

Journal of Biology, Agriculture and Healthcare

Journal of Brewing and Distilling

Journal of Carcinogenesis

Journal of Chemical and Pharmaceutical Research

Journal of Chemistry

Journal of Chromatography A

Journal of Coastal Life Medicine

Journal of Cosmetic Science

Journal of Dietary Supplements

Journal of Entomology and Zoology Studies

Journal of Environmental Biology

Journal of Essential Oil Bearing Plants*

Journal of Essential Oil Research*

Journal of Ethnopharmacology

Journal of Food Biochemistry

Journal of Food and Drug Analysis

Journal of Food Engineering

Journal of Food Science and Technology

Journal of Forest Products & Industries

Journal of Forestry Research

Journal of Herbs, Spices & Medicinal Plants

Journal of Intercultural Ethnopharmacology

Journal of Materials and Environmental Science

Journal of Medical Biochemistry

Journal of Medical Entomology

Journal of Medical Nutrition & Nutraceuticals

Journal of Medicinal Food

Journal of Medicinally Active Plants

Journal of Medicinal Plants Research*

Journal of Medicinal Plants Studies

Journal of Microbiology

Journal of Natural Medicines

Journal of Natural Products

Journal of Neuroendocrinology

Journal of Neurotrauma

Journal of Novel Applied Sciences

Journal of Oleo Science

Journal of Pharmacognosy and Phytochemistry*

Journal of Pharmacognosy and Phytotherapy

Journal of Pharmacy and Bioallied Sciences

Journal of Pharmacy and Pharmacology

Journal of Pharmacy Research

Journal of Physiology and Pharmacology

Journal of Seperation Science

Journal of the Science of Food and Agriculture

Journal of the Sesrbian Chemical Society

Journal of Thai Traditional & Alternative Medicine

参考期刊

Journal of Traditional and Complementary Medicine

Journal of Wood Chemistry and Technology

Journal of Wood Science

Journal of Young Pharmacists

Jundishapur Journal of Microbiology

Jundishapur Journal of Natural Pharmaceutical Products

LAZAROA

Letters in Applied Microbiology

Lipids in Health and Disease

LWT - Food Science and Technology

Macedonian Pharmaceutical Bulletin

Medicinal & Aromatic Plants

Medicinal Plants -International Journal of Phytomedicines and
Related Industries

Medicines

Mediterranean Journal of Chemistry

Microbial Ecology in Health and Disease

Middle-East Journal of Scientific Research

Molecular and Cellular Biochemistry

Molecules*

Moroccan Journal of Biology

National Academy Science Letters

Natural Product communications

Natural Product Research*

Natural Products Chemistry & Research

Natural Science

Natural Volatiles & Essential Oils

Notulae Botanicae Horti Agrobotanici Cluj-Napoca

Nutrition and Cancer

Oncology Letters

Organic Process Research & Development

Oriental Journal of Chemistry

Oxidative Medicine and Cellular Longevity

Pakistan Journal of Biological Science

Pakistan Journal of Botany

Parasites and Vectors

Parasitology Research

Perfumer and Flavourist

Pesticide Biochemistry and physiology

Pharmaceutical Biology*

Pharmacognosy Communications

Pharmacognosy Journal

Pharmacognosy Magazine

Pharmacognosy Research*

Pharmacognosy Review

Pharmacology Biochemistry and Behavior

Pharmacophore

Physiology and Molecular Biology of Plants

Phytochemical Analysis

Phytochemistry*

Phytochemistry Reviews

Phytologia

Phytomedicine : International Journal of Phytotherapy and
Phytopharmacology

Phytotherapy Research*

Planta Medica

Plant Biosystems

Plant Science Today

PLoS ONE

Potravinarstvo Slovak Journal of Food Sciences

Procedia Chemistry

Records of Natural Products

Research in Pharmaceutical Sciences

Research Journal of Pharmacognosy

Restorative Dentistry & Endodontics

Revista Brasileira de Farmacognosia

Revista Cubana de Medicina Tropical

Revista Latinoamericana de Qu í mica

RSC Advances

Saudi Journal of Biological Sciences

Saudi Medical Journal

Science Asia

Science Journal of Chemistry

Scientia Iranica

South African Journal of Botany

Springer Plus

The Indian Journal of Medical Research

The International Journal of Plant Biochemistry

The Journal of Argentine Chemical Society

The Journal of Horticultural Science and Biotechnology

The Scientific World Journal

Tree physiology

Trends in Phramaceutical Sciences

Tropical Journal of Pharmaceutical Research

Turkish Journal of Field Crops

Universal Journal of Agricultural Research

Vascular Pharmacology

World Applied Sciences Journal

Wood Science and Technology

World Journal of Pharmaceutical Research

安徽农业科学

安徽中医药大学学报

北京工业大学学报

分析测试学报

复旦学报

甘肃医药

贵州农业科学

河南工程学院学报

黑龙江水专学报

弘光学报（台湾）

湖南农业大学学报

湖南中医药大学学报

湖南中医杂志

华南理工大学学报

华西药学杂志

华中农业大学学报

吉林农业

江苏农业科学

江西农业大学学报	中药材 Zhong Yao Cai
江西中医学院学报	中药新药与临床药理
今日药学	
理化检验（化学分册）	
辽宁中医学院学报	
辽宁中医药大学学报	
林产化学与工业	
林业研究季刊（台湾）	
林业研究专讯（台湾）	
南方医科大学学报	
农药学学报	
屏东科技大学博硕士论文系统（台湾）	
色谱 *	
山东化工	
山东教育学院学报	
山东中医杂志	
陕西中医	
生物灾害科学	
生物质化学工程	
时珍国医国药 *	
食品科学	
四川生理科学杂志	
台湾博硕士论文知识加值系统	
天然产物研究与开发杂志	
武汉植物学研究	
西北植物学报	
香料香精化妆品	
新疆医科大学学报	
亚热带植物科学	
药物分析杂志	
药学实践杂志	
药学学报	
医药前沿	
应用化工	
浙江大学学报（医学版）	
郑州大学学报	
植物资源与环境学报	
质谱学报	
中草药 *	
中成药杂志	
中国民族医药杂志	
中国实验方剂学杂志	
中国药房	
中国药学	
中国野生植物资源杂志	
中国医学创新	
中国医药生物技术	
中国植物志	
中国中药杂志 *	
中国中医药科技	
中华中医药学会第九届中药鉴定学术会议论文集	
中南林业科技大学硕士论文	
中兽医医药杂志	
中西医结合学报	

300

种精油范例文献

300 种精油范例文献 每种精油参考文献众多，仅各列一篇作为代表

单萜酮类

1 利古蓍草 Achillea ligustica	JEAN-JACQUES FILIPPI. Composition, Enantiomeric Distribution, and Antibacterial Activity of the Essential Oil of Achillea ligustica All. From sica,J. Agric. Food Chem, 2006 : 54, 6308-6313.
2 圆叶布枯 / 椭圆叶布枯 Agathosma betulina / A. crenulata	A. Moolla. Buchu – Agathosma betulina and Agathosma crenulata (Rutaceae): A review,Journal of Ethnopharmacology 119, 2008 : 413-419.
3 侧柏酮白叶蒿 Artemisia herba-alba	Rachid B. Essential oil from Artemisia herba-alba Asso grown wild in Algeria: Variability assessment and comparison with an updated literature survey. Arabian Journal of Chemistry 7, 2014 : 243-251.
4 艾叶 Artemisia argyi	刘美凤 . 艾叶挥发油与燃烧烟雾的化学成分比较 . 华南理工大学学报（自然科学版），第 40 卷 第 1 期 , 2012 年 1 月 .
5 艾蒿 Artemisia vulgaris	María José Abad. The Artemisia L. Genus: A Review of Bioactive Essential Oils. Molecules, 2012, 17, 2542-2566.
6 假荆芥新风轮菜 Calamintha nepeta	B. Marongiua. Chemical composition and biological assays of essential oils of Calamintha nepeta (L.) Savi subsp. nepeta (Lamiaceae). Natural Product Research, Vol. 24, No. 18, 10 November 2010 : 1734-1742.
7 藏茴香 Carum carvi	Elanur Aydın. Potential anticancer activity of carvone in N2a neuroblastoma cell line. Toxicology and Industrial Health, Vol 31, Issue 8, 2015.
8 蓝冰柏 Cupressus arizonica	Mohammad M.S. Chemical composition and larvicidal activity of essential oil of Cupressus arizonica E.L. Greene against malaria vector Anopheles stephensi Liston (Diptera:Culicidae). Pharmacognosy Research, April 2011 volumn 3, issue 2, 2011.
9 樟树 Cinnamomum camphora	Tamara N. Effect of adding Cinnamomum camphora on the testosterone hormone and reproductive traits of the Awassi rams. rnal For Veterinary Medical Sciences, Vol. (5) No. (2), 2014.
10 薄荷尤加利 Eucalyptus dives	Luiz Claudio. Chemical Variability and Biological Activities of Eucalyptus spp. Essential Oils. Molecules, 2016, 21: 1671.
11 多苞叶尤加利 Eucalyptus polybractea	ZAFAR IQBAL. Variation in Composition and Yield of Foliage Oil of Eucalyptus Polybractea. J. Chem.Soc.Pak, Vol. 33, No. 2, 2011.
12 牛膝草 Hyssopus officinalis	Fatemeh Fathiazad. Phytochemical analysis and antioxidant activity of Hyssopus officinalis L. from Iran. Adv Pharm Bull. 2011 Dec, 1(2) : 63–67.
13 头状薰衣草 Lavandula stoechas	Hichem Sebai. Lavender (Lavandula stoechas L.) essential oils attenuate hyperglycemia and protect against oxidative stress in alloxan-induced diabetic rats. Lipids Health Dis. 2013, 12 : 189.
14 白马鞭草 Lippia alba	Hatano, V. Y. Anxiolytic effects of repeated treatment ,with an essential oil from Lippia alba and R-(+)-carvone in the elevated T-maze. Brazilian Journal of Medical and Biological Research 45, 2012: 238-243.
15 马薄荷 Mentha longifolia	Mkaddem M. Chemical composition and antimicrobial and antioxidant activities of Mentha (longifolia L. and viridis) essential oils. J Food Sci. 2009 Sep,74(7) : M358-M363.
16 胡薄荷 Mentha pulegium	Brahmi. Chemical composition and in vitro antimicrobial, insecticidal and antioxidant activities of the essential oils of Mentha pulegium L. and Mentha rotundifolia (L.) Huds growing in Algeria. Industrial Crops and Products,Volume 88, 15 October 2016 : 96-105.
17 绿薄荷 Mentha spicata	Mejdi Snoussi. Mentha spicata Essential Oil: Chemical Composition, Antioxidant and Antibacterial Activities against Planktonic and Biofilm Cultures of Vibrio spp. Strains. Molecules, 2015, 20 : 14402-14424.
18 樟脑迷迭香 Rosmarinus officinalis	Fernandez, L.F. Effectiveness of Rosmarinus officinalis essential oil as antihypotensive agent in primary hypotensive patients and its influence on health-related quality of life. Journal of Ethnopharmacology 151,1, 2014 : 509-516.
19 马鞭草酮迷迭香 Rosmarinus officinalis	Giorgio Pintore. Chemical composition and antimicrobial activity of Rosmarinus officinalis L. oils from Sardinia and Coesica, Flavour Fragr. J. 2002, 17:15-19.
20 薰衣叶鼠尾草 Salvia lavandulifolia	Kennedy, D. O. Monoterpinoid extract of sage (Salvia lavandulaefolia) with cholinesterase inhibiting properties improves cognitive performance and mood in healthy adults. Journal of Psychopharmacology 25,1088, 2010.
21 鼠尾草 Salvia officinalis	Rafie Hamidpour. Chemistry, Pharmacology and Medicinal Property of Sage (Salvia) to Prevent and Cure Illnesses such as Obesity, Diabetes, Depression, Dementia, Lupus, Autism, Heart Disease and Cancer. Global Journal of Medical research Pharma, Drug Discovery, Toxicology and Medicine ,Volume 13 Issue 7 Version 1.0, 2013.
22 棉杉菊 Santolina chamaecyparissus	Karima Bel Hadj Salah-Fatnassi. Chemical composition, antibacterial and antifungal activities of flowerhead and root essential oils of Santolina chamaecyparissus L., growing wild in Tunisia. Saudi Journal of Biological Sciences, Volume 24, Issue 4, May 2017 : 875–882
23 芳香万寿菊 Tagetes lemmonii	吴美惠 . 比较无溶剂微波和水蒸馏萃取芳香万寿菊精油成分及抗氧化能力 . 弘光科技大学 化妆品科技研究所硕士论文 , 2016.
24 万寿菊 Tagetes minuta	Karimian,P. Anti-oxidative and anti-inflammatory effescts of Tagetes minuta essential oil in activated macrophages. Asian Pacific Journal of Tropical Biomedicine 4, 3, 2014 : 219-227.
25 夏白菊 Tanacetum parthenium	Mohsenzadeh F. Chemical composition, antibacterial activity and cytotoxicity of essential oils of Tanacetum parthenium in different developmental stages. Pharm Biol. 2011 Sep, 49(9) : 920-926.
26 艾菊 Tanacetum vulgare	Maria Lucia M. Antimicrobial Effects Of The Ethanolic Extracts And Essential Oils Of Tanacetum Vulgare L From Romania. The Journal of "Lucian Blaga", University of Sibiu ,Volumn 19, Issue 2, 2015.
27 侧柏 Thuja occidentalis	Belal Naser. Thuja occidentalis (Arbor vitae):A Review of its Pharmaceutical, Pharmacological and Clinical Properties. eCAM 2005, 2(1) : 69–78.

II 香豆素与内酯类

1 中国当归
Angelica sinensis
倪竹南 . 当归挥发油化学成分和药理作用分析进展，中国中医药信息杂志 . 第 14 卷第 7 期，2007. 7.

2 印度当归
Angelica glauca
J. S. Butola. An overview on conservation and utilization of Angelica glauca Edgew. in three Himalayan states of India, Medicinal Plants, 5(3) September 2013.

3 芹菜籽
Apium graveolens
Sameh Baananou. Antiulcerogenic activity of Apium graveolens seeds oils isolated by supercritical CO2, African Journal of Pharmacy and Pharmacology Vol. 6(10), 2012: 756-762.

4 辣根（含硫化物）
Armoracia lapathifolia
吴华 . 辣根植物杀虫杀菌活性精油的提取及应用研究 . 华中农业大学硕士论文，2017.

5 苍术 / 白术
Atractylodes lancea / A. macrocephala
王锡宁 . 茅苍术挥发油化学成分的分析研究 . 中国卫生检验杂志，2003，6 (13)：295.

6 蛇床子
Cnidium monnieri
周则卫 . 蛇床子化学成分及抗肿瘤活性的研究进展 . 中国中药杂志，第 30 卷第 17 期，2005.

7 新几内亚厚壳桂
Cryptocarya massoia
Triana Hertiani. Potency of Massoia Bark in Combating Immunosuppressed-related Infection, Pharmacogn Mag. 2016 May, 12 (Suppl 3): S363–S370.

8 零陵香豆
Dipteryx odorata
Jang DS. Potential cancer chemopreventive constituents of the seeds of Dipteryx odorata (tonka bean), J Nat Prod. 2003 May, 66(5)：583-587.

9 阿魏
Ferula asa-foetida
Abbas Ali Dehpour. Antioxidant activity of the methanol extract of Ferula assafoetida and its essential oil composition, GRASAS Y ACEITES, 60 (4), JULIO-SEPTIEMBRE,2009：405-412.

10 土木香
Inula graveolens
Marie-Cécile Blanc. Chemical composition and variability of the essential oil of Inula graveolens from Corsica, Flavour Fragr. J. 2004, 19: 314–319.

11 大花土木香
Inula helenium
Zorica S.R. Antistaphylococcal activity of Inula helenium L. root essential oil: Eudesmane sesquiterpene lactones induce cell membrane damage, Eur J Clin Microbiol Infect Dis (2012) 31:1015–1025.

12 川芎
Ligusticum chuanxiong
谢秀琼 . 川芎挥发油的研究进展，时珍国医国药，2007 年第 6 期 .

13 圆叶当归
Levisticum officinale
SERKAN SERTEL. Chemical Composition and Antiproliferative Activity of Essential Oil from the Leaves of a Medicinal Herb,Levisticum officinale, against UMSCC1 Head and Neck Squamous Carcinoma Cells, ANTICANCER EARCH 31, 2011: 185-192.

14 欧防风（整株）
Pastinaca sativa
Matejić S. Antimicrobial potential of essential oil from Pastinaca sativa L, Biologica Nyssana, 5 (1), Septmeber 2014: 31-35.

15 木香
Saussurea costus
魏华 . 木香有效成分及药理作用研究进展 . 中草药 (Chinese Traditional and Herbal Drugs). 第 43 卷第 3 期，2012.3 .

III 氧化物类

1 芳枸叶
Agonis fragrans / Taxandria fragrans
Katherine A. H. Antimicrobial and anti-inflammatory activity of five Taxandria fragrans oils in vitro, Microbiol Immunol, 2008(52): 522–530.

2 小高良姜
Alpinia officinarum
张倩芝 . 高良姜与大高良姜精油中活性物质的比较 . 中草药杂志，第 37 卷第 8 期，2006.

3 月桃
Alpinia zerumbet
Cavalcanti BC. Genetic toxicology evaluation of essential oil of Alpinia zerumbet and its chemoprotective effects against H(2)O(2)-induced DNA damage in cultured human leukocytes, Food Chem Toxicol, Nov 2012, 50(11):4051- 4061.

4 桉油醇樟
Cinnamomum camphora, CT cineole
Behra,O. Ravintsara vs.ravensara : a taxonomic clarification, International Journal of Aromatherapy 2001(11):1, 4-7.

5 莎罗白樟
Cinnamosma fragrans
Olivier B. Saro (Cinnamosma fragrans Baillon) essential oil: Application in Health and Medicine, ACS symposium series 1021, 2010.

6 豆蔻
Elettaria cardamomum
Masoumi-Ardakani Y. Chemical Composition, Anticonvulsant Activity, and Toxicity of Essential Oil and Methanolic Extract of Elettaria cardamomum, Planta Med. Nov 2016, 82(17):1482-1486.

7 蓝胶尤加利
Eucalyptus globulus
(subsp. maidenii × E. camaldulensis)
Ishikawa, J. Eucalyptus increases ceramide levels in keratinocytes and improves stratum corneum function. International Journal of Cosmetic Science 34, 2012 : 17-22.

8 澳洲尤加利
Eucalyptus radiata
Cermelli, C. Effect of eucalyptus essential oil on respiratory bacteria and virus. Current Microbiology 56, 1, 2008 : 89-92.

9 露头永久花
Helichrysum gymnocephalum
Afoulous S. Helichrysum gymnocephalum essential oil: chemical composition and cytotoxic, antimalarial and antioxidant activities, attribution of the activity origin by correlations, Molecules. 2011 Sep 29, 16(10):8273-8291.

10 高地牛膝草
Hyssopus officinalis var. decumbens
Gabriela M. Antimicrobial properties of the linalol-rich essential oil of Hyssopus officinalis L. var decumbens (Lamiaceae), Flavour and Fragrance Journal, Volume 13, Issue 5, 1998 : 289–294.

300 种精油范例文献

III 氧化物类

11 月桂
Laurus nobilis

Saab, A.M. Anti0oxidant and antiproliferative activity of Laurus nobilis L. (Lauraceae) leaves and seeds essential oils against K562 human chronic myelogenous cells. Natural Products Research, 2012, 26,18: 1741-1745.

12 穗花薰衣草
Lavandula latifolia

Masato Minami. The Inhibitory Effect of Essential Oils on Herpes Simplex Virus Type-1 Replication In Vitro, Microbiol. 2003, Immunol., 47(9): 681–684.

13 辛夷
Magnolia liliiflora

Liang Zhenhong. Chemical analysis of Magnolia liliflora essential oil and its pharmacological function in nursing pregnant women suffering from decubitus ulcer, Journal of Medicinal Plants Research, 2011: 2283-2288.

14 白千层
Melaleuca cajuputii

Pujiarti R. Antioxidant, anti-hyaluronidase and antifungal activities of Melaleuca leucadendron Linn. leaf oils, J Wood Sci , 2012 , Volume 58, Issue 5 : 429–436.

15 绿花白千层
Melaleuca quinquenervia

Isabelle B. Spectrometric identifications of sesquiterpene alcohols from niaouli (Melaleuca quinquenervia) essential oil.', Analytica Chimica Acta, 2001, 447 :113–123.

16 扫帚茶树
Melaleuca uncinata

Joseph J. An Investigation of the Leaf Oils of the Western Australian Broombush Complex (Melaleuca uncinata sens. lat.) (Myrtaceae), Journal of Essential Oil Research, 2006, Volume 18, Issue 6.

17 香桃木 / CT 绿香桃木
Myrtus communis

Mahboubi,M. In vitro sysnergistic efficacy of combination of amphoreticin B with Myrtus communis essential oil against clinical isolates of Candida albicans. Phytomedicine, 2010, 17, 10 : 771-774.

18 桉油醇迷迭香
Rosmarinus officinalis

Moss,M. Plasma 1,8-cineole correlates with congnition performance following exposure to rosemary essential oil aroma. Therapeutic Advances in Psychopharmacology, 2012, 2,3 : 103-113.

19 三叶鼠尾草
Salvia triloba

Jelnar Z. Volatile oil composition and antiproliferative activity of Laurus nobilis, Origanum syriacum, Origanum vulgare, and Salvia triloba against human breast adenocarcinoma cells, Nutrition Research 30 (2010) : 271–278.

20 熏陆香百里香
Thymus mastichina

G.Miguel. Composition and antioxidant activities of the essential oils of Thymus caespititius, Thymus camphoratus and Thymus mastichina, Food Chemistry, 2004, Volume 86, Issue 2 : June 2004 : 183-188.

IV 倍半萜烯类

1 西洋蓍草
Achillea millefolium

Pain, S. Surface rejuvenating effect of Achillea millefolium extract. International Journal of Cosmetic Science, 2011, 33,535-542.

2 树兰
Aglaia odorata

Peter W. Constituents of the flower essential oil of Aglaia odorata Lour. from Vietnam, Flavour and Fragrance Journal, 1999, Volume 14, Issue 4 : 219–224.

3 树艾
Artemisia arborescens

Azedine A. Chemical Composition of the Essential Oil from Artemisia arborescens L. Growing Wild in Algeria, Rec. Nat. Prod, 2010, 4:1, 87-90.

4 澳洲蓝丝柏
Callitris intratropica

Jürgen W. Chemical composition and antibacterial activity of Blue Cypress Essential Oil, Callitris intratropica R. T. Baker, ISEO comference paper, 2010.

5 大麻
Cannabis sativa

"Ram S. Verma. The essential oil of 'bhang' (Cannabis sativa L.) for non-narcotic applications, CURRENT SCIENCE 2014, VOL. 107, NO. 4, 25.

6 依兰
Cananga odorata var. genuina

M., Malathi. ANTITYROSINASE ACTIVITY AND ANTIOXIDANT PROPERTIES OF ESSENTIAL OILS-IN VITRO STUDY, International Journal of Pharmacology & Biological Sciences; 2014, Vol. 8 Issue 1 : 71.

7 大叶依兰
Cananga odorata var. macrophylla

M. Kristiawana. Effect of pressure-drop rate on the isolation of cananga oil using instantaneous controlled pressure-drop process, Chemical Engineering and Processing, 2008, 47 : 66–75.

8 卡塔菲
Cedrelopsis grevei

Afoulous S. Chemical composition and anticancer, antiinflammatory, antioxidant and antimalarial activities of leaves essential oil of Cedrelopsis grevei, Food Chem Toxicol. 2013 Jun;56:352-362.

9 台湾红桧
Chamaecyparis formosensis

Jessica Renata Yoewono. Antioxidant Activities and Oral Toxicity Studies of Chamaecyparis formosensis and Cymbopogon nardus Essential Oils, International Journal of Advanced Scientific Research and Management, 2016, Vol. 1 Issue 9.

10 日本扁柏
Chamaecyparis obtusa

Kim ES. Chamaecyparis obtusa Essential Oil Inhibits Methicillin-Resistant Staphylococcus aureus Biofilm Formation and Expression of Virulence Factors, J Med Food. 2015 Jul, 18(7):810-817.

11 没药
Commiphora myrrha

Su,S. Anti-inflammatory and analgesic activity of different extracts of Commiphora myrrha. Journal of ethnopharmacology, 2011, 134, 2 : 251-258.

12 红没药
Commiphora glabrescens

Marcotullio, M.C. Chemical Composition of the Essential Oil of Commiphora erythraea, Natural product communications, 2009, Vol.4, No.12 : 1751-1754.

13 古巴香脂
Copaifera officinalis

F.A. Pieri. Clinical and microbiological effects of copaiba oil (Copaifera officinalis) on dental plaque forming bacteria in dogs, Arq. Bras. Med. Vet. Zootec. 2010, vol.62 no.3.

14 马鞭草破布子
Cordia verbenacea

Passos GF. Anti-inflammatory and anti-allergic properties of the essential oil and active compounds from Cordia verbenacea, J Ethnopharmacol. 2007 Mar 21, 110(2):323-333.

15 香苦木
Croton eluteria

Myrna L. Hagedorn.The constituents of Cascarilla oil (Croton eluteria Bennett)' ,Flavour and Fragrance Journal, 1991, Volume 6, Issue 3 : 193–204.

16 古芸香脂
　　Dipterocarpus turbinatus
MS Aslam. A PHYTOCHEMICAL, ETHNOMEDICINAL AND PHARMACOLOGICAL REVIEW OF GENUS DIPTEROCARPUS, International Journal of Pharmacy and Pharmaceutical Sciences, 2015, Vol 7, Issue 4.

17 德国洋甘菊
　　Matricaria recutita
Baumann,L.S. German chamomile and cutaneous benefits' Journal of Drugs in Dermatology, 2007, 6, 11 : 1084-1085.

18 蛇麻草
　　Humulus lupulus
Marcel Karabín. Biologically Active Compounds from Hops and Prospects for Their Use, Comprehensive Reviews in Food Science and Food Safety, 2016, Volume 15, Issue 3 : 542–567.

19 圣约翰草
　　Hypericum perforatum
Sara L. Crockett. Essential Oil and Volatile Components of the Genus Hypericum (Hypericaceae), Nat Prod Commun. 2010 Sep, 5(9):1493- 506.

20 刺桧木
　　Juniperus oxycedrus
Monica R.Loizzo. Comparative chemical composition, antioxidant and hypoglycaemic activities of Juniperus oxycedrus ssp. oxycedrus L. berry and wood oils from Lebanon, Food Chemistry, 2007, Volume 105, Issue 2 : 572-578.

21 维吉尼亚雪松
　　Juniperus virginiana / J. mexicana
Tumen. Topical wound -healing effects and phytochemical composition of heartwood essential oils of Juniperus virginianaL,Juniperus occidentalis Hook, and Juniperus ashei.J.Buchholz. Journal of Medicinal Food, 2013, 16,1 : 48-55.

22 穗甘松
　　Nardostachys jatamansi
Arora,R.B. Antiarrhymic and anticonvulsant activity of jatamansone, Indian Journal of Medical Research, 1958, 46 : 782-791.

23 中国甘松
　　Nardostachys chinensis
曹明 . 中药甘松挥发油对大鼠心室肌细胞膜 L 型钙通道的影响 . 时珍国医国药 , 第 9 期 .

24 番石榴叶
　　Psidium guajava
Athikomkulchai,S. The development of anti-acne products from Eucalyptus globulus and Psidium guajava oil, Journal of Health Research, 2008, 22, 3 : 109-113.

25 五味子
　　Schisandra chinensis
牛莉萍 . 北五味子挥发油生物活性的研究及其诱导肝癌 HepG2 细胞凋亡机制的初步探讨 . 华中师范大学硕士论文 , 2011.

26 一枝黄花
　　Solidago canadensis
De Qiang Li. Anticancer Activity and Chemical Composition of Leaf Essential Oil from Solidago canadensis L. in China, Advanced Materials Research, 2011, Volumes 347-353 :1584-1589.

27 摩洛哥蓝艾菊
　　Tanacetum annuum
Saoussan El Haddar. Chemical composition and anti-prolifertaive properties of the essential oil of Tanacetum annuum L, Moroccan Journal of Biology, 07-2008/N 4-5.

28 头状香科
　　Teucrium polium ssp. capitatum
Lamia Kerbouche. Biological Activities of Essential Oils and Ethanol Extracts of Teucrium polium subsp. capitatum (L.) Briq. and Origanum floribundum Munby, Journal of Essential Oil Bearing Plants, 2015, Volume 18. Issue 5.

29 姜
　　Zingiber officinale
Riyazi,A. The effect of the volatile oil from ginger rhizomes (Zingiber officinale),its fractions and isolated compounds on the 5-HT3 receptor complex and the serotoninergic system of the rat ileum. Planta Medica, 2007, 73, 4 : 355-362.

V 醚类

1 菖蒲
　　Acorus calamus
Samaneh Rahamooz Haghighi. Anti-carcinogenic and anti-angiogenic properties of the extracts of Acorus calamus on gastric cancer cells, Avicenna J Phytomed, 2017, Mar-Apr, 7(2): 145–156.

2 龙艾
　　Artemisia dracunculus
Rajabian. Phytochemical Evaluation and Antioxidant Activity of Essential Oil, and Aqueous and Organic Extracts of Artemisia dracunculus, Jundishapur Journal of Natural Pharmaceutical Products, Inpress(Inpress):e32325, 2016.

3 茴香
　　Foeniculum vulgare
Mohamad,R.H. Antioxidant and anticarcinogenic effects ofmethanolic extract and volatile oil of fennel seeds (Foeniculum vulgare). Journal of Medicinal Food, 2011, 14 : 986-1001.

4 金叶茶树
　　Melaleuca bracteata
A.Almarie. Chemical composition and herbicidal effects of Melaleuca bracteata FMuell. essential oil against some weedy species' ,International Journal of Scientific & Engineering Research,2016, Volume 7, Issue 1.

5 鳞皮茶树
　　Melaleuca squamophloia
Brophy,J.J. A Comparison of the Leaf Oils of Melaleuca squamophloia with Those of Its Close Relatives, M. styphelioides and M. bracteata, Journal of Essential Oil Research, 1999, Volume 11, Issue 3.

6 肉豆蔻
　　Myristica fragrans
Che Has. The inhibitory activity of nutmeg essential oil on GABAA α1β2γ 2s receptors, Biomedical Research, 2014, 25 (4): 543-550.

7 粉红莲花
　　Nelumbo nucifera
Pulok K. The sacred lotus (Nelumbo nucifera) – phytochemical and therapeutic profile, Journal of Pharmacy and Pharmacology, 2009, 61: 407–422.

8 热带罗勒
　　Ocimum basilicum
黄晓元 . 九层塔与七层塔精油对大白鼠初代肝细胞中谷胱甘肽相关之抗氧化与解毒代谢系统之影响 . 中兴大学食品科学系硕士论文 , 1998.

9 露兜花
　　Pandanus odoratissimus
Prafulla, (2014) 'Pandanus odoratissimus (Kewda): A Review on Ethnopharmacology, Phytochemistry, and Nutritional Aspects , Advances in Pharmacological Sciences, Volume 2014, Article ID 120895, 19.

10 皱叶欧芹
　　Petroselium crispum
Ayman F. Khalil. Protective effect of peppermint and parsley leaves oils against hepatotoxicity on experimental rats, Annals of Agricultural Sciences, December 2015, Volume 60, Issue 2 : 353-359.

11 平叶欧芹
　　Petroselinum sativum
Ramy M. Romeilah. Chemical Compositions, Antiviral and Antioxidant Activities of Seven Essential Oils, Journal of Applied Sciences Research, 2010, 6(1) : 50-62.

300 种精油范例文献

V 醚类

12 洋茴香 Pimpinella anisum	M.H. Pourgholami. The fruit essential oil of Pimpinella anisum exerts anticonvulsant effects in mice, Journal of Ethnopharmacology 66 (1999) 211–215.
13 西部黄松 Pinus ponderosa	Robert P. Adams. A re-examination of the volatile leaf oils of Pinus ponderosa Dougl. ex. P. Lawson using ion trap mass spectroscopy, Flavour and Fragrance Journal, 1989, Volume 4, Issue 1 : 19–23.
14 洋茴香罗文莎叶 Ravensara anisata	Andrianoelisoa. Chemical Composition of Essential Oils From Bark and Leaves of Individual Trees of Ravensara aromatica Sonnerat, Journal of Essential Oil Research, 2010, Vol. 22.
15 防风 Saposhnikovia divaricata	葛卫红，荆芥. 防风挥发油抗炎作用的实验研究. 成都中医药大学学报，2003 年 3 月，第 25 卷第 1 期.
16 甜万寿菊 Tagetes lucida	Regalado. Chemical Composition and Biological Properties of the Leaf Essential Oil of Tagetes lucida Cav. from Cuba, Journal of Essential Oil Research, 2011, Volume 23, Issue 5.

VI 醛类

1 柠檬香桃木 Backhousia citriodora	A.J. Hayes. Toxicity of Australian essential oil Backhousia citriodora (Lemon myrtle). Part 1. Antimicrobial activity and in vitro cytotoxicity, Food and Chemical Toxicology, 2002, 40 : 535–543.
2 泰国青柠叶 Citrus hystrix	Fah Chueahongthong. Cytotoxic effects of crude kaffir lime (Citrus hystrix,DC.) leaf fractional extracts on leukemic cell lines, Journal of Medicinal Plants Research, 2011, Vol. 5(14) : 3097-3105.
3 柠檬叶 Citrus limonum	Dongmo. ANTIRADICAL, ANTIOXIDANT ACTIVITIES AND ANTI-INFLAMMATORY POTENTIAL OF THE ESSENTIAL OILS OF THE VARIETIES OF CITRUS LIMON AND CITRUS AURANTIFOLIA GROWING IN CAMEROON', Journal of Asian Scientific Research, 2013, 3(10):1046-1057.
4 柠檬香茅 Cymbopogon flexuosus	Sharma, P. R. Anticancer activity of an essential oil from Cymbopogon flexuosus. Chemical-Biological Interactions, 2009, 179 : 2-3,160-168.
5 爪哇香茅 Cymbopogon winterianus	Quintans-Junior, L.J. Phytochemical screening and anticonvulsant activity of Cymbopogon winterianus Jowitt(Poaceae) leaf essential oil in rodents. Phytomedicine, 2008, 15,8 : 619-624.
6 柠檬尤加利 Eucalyptus citriodora	徐学儒. 柠檬桉叶挥发油的抑瘤作用及毒性试验. 浙江医科大学学报，1985，第 14 卷第 2 期.
7 史泰格尤加利 Eucalyptus staigeriana	Iara T. F. Macedoa. Anthelmintic effect of Eucalyptus staigeriana essential oil against goat, Veterinary Parasitology 173 (2010) : 93–98 gastrointestinal nematodes.
8 柠檬细籽 Leptospermum petersonii / L. citratum	Demuner. Seasonal Variation in the Chemical Composition and Antimicrobial Activity of Volatile Oils of Three Species of Leptospermum (Myrtaceae) Grown in Brazil. Molecules, 2011, 16 : 1181-1191.
9 柠檬马鞭草 Lippia citriodora / Aloysia citriodora	Moulay Ali Oukerrou. Chemical Composition and Cytotoxic and Antibacterial Activities of the Essential Oil of Aloysia citriodora Palau Grown in Morocco, Advances in Pharmacological Sciences, Volume 2017, Article ID 7801924, 10 pages.
10 山鸡椒 Litsea cubeba	周玉慧. 山苍子油及柠檬醛提取分离与生物活性研究进展. 生物灾害科学，2013, 36 (2) : 148-153.
11 蜂蜜香桃木 Melaleuca teretifolia	I. Southwell. Melaleuca teretifolia, a Novel Aromatic and Medicinal Plant from Australia, Acta horticulturae, 2005.
12 香蜂草 Melissa officinalis	Allahverdiyev, A. Antiviral activity of volitile oils of Melissa officinalis L.against Herpes simplex type-2'Phytomedicine, 2004, 11 :7-8,657-661.
13 柠檬罗勒 Ocimum × citriodorum	Arpi Avetisyan. Chemical composition and some biological activities of the essential oils from basil Ocimum different cultivars,BMC Complementary and Alternative Medicine, 2017, 17: 60.
14 紫苏 Perilla frutescens	Yi,L. T. Essential oil of Perilla frutescens-induced changes in hippocampal expression of brain-derived neurotrophic factor in chronic unpredictable stress in mice, Journal of Ethnopharmacology, 2013, 147,1 : 245-253.
15 马香科 Teucrium marum	Djabou Nassim. Analysis of the volatile fraction of Teucrium marum L, Flavour Fragr. J. 2013, 28 :14–24.

VII-1 酯类

| 1 阿密茴 Ammi visnaga | Amina Keddad. Chemical Composition and Antioxidant Activity of Essential Oils from Umbels of Algerian Ammi visnaga (L.), Journal of Essential Oil Bearing Plants, 2016, TEOP 19 (5) :1243 - 1250 . |
| 2 罗马洋甘菊 Anthemis nobilis | Moss, M. Expectancy and the aroma of Roman Chamomile influence mood and cognition in healthy volunteers.'International Journal of Aromargerapy, 2006, 16,2 : 63-73. |

3 墨西哥沉香 Bursera delpechiana	Gigliarelli. Chemical Composition and Biological Activities of Fragrant Mexican Copal (Bursera spp.), Molecules, 2015, 20 : 22383–22394.
4 苦橙叶 Citrus aurantium bigarde	Asmaa E. Sherif. Chemical composition and cytotoxic activity of petitgrain essential oil of Citrus aurantium L. Russian colon, Journal of American Science 2015, 11(8).
5 佛手柑 Citrus bergamia	Bagetta,G. Neuropharmacology of the essential oil of bergamot, Fitoterapia, 2010, 81,6 : 453-461.
6 小飞蓬 Conyza canadensis	Katalin Veres. Antifungal Activity and Composition of Essential Oils of Conyza canadensis Herbs and Roots, The Scientific World Journal, Volume 2012, Article ID 489646, 5 pages.
7 岬角甘菊 Ericephalus punctulatus	Balogun. Antidiabetic Medicinal Plants Used by the Basotho Tribe of Eastern Free State: A Review, Journal of Diabetes Research, Volume 2016, Article ID 4602820, 13 pages.
8 玫瑰尤加利 Eucalyptus macarthurii	Chalchat. Aromatic Plants of Rwanda. II. Chemical Composition of Essential Oils of Ten Eucalyptus Species Growing in Ruhande Arboretum, Butare, Rwanda, Journal of Essential Oil Research, Volume 9, 1997 - Issue 2.
9 黄葵 Hibiscus abelmoschus	Nautiyal. Extraction of Ambrette seed oil and isolation of Ambrettolide with its Characterization by 1H NMR, Journal of Natural Products, 2011, Vol. 4 : 75-80.
10 真正薰衣草 Lavandula angustifolia	Altaei,D. T. Topical lavender oil for the treatment of recurrent apthous ulceration, Americannjournal of Dentistry, 2012, 25,1 : 39-43.
11 醒目薰衣草 Lavandula intermedia	Barocelli,S. Anti-nociceptive and gastroprotective effects of inhaled and orally administered Lavandula hybrida Reverchon"Grosso" essential oil, life Science, 2004, 76 : 213-223.
12 柠檬薄荷 Mentha citrata	Sahar Y Al-Okbi. Phytochemical Constituents, Antioxidant and Anticancer Activity of Mentha citrata and Mentha longifolia, RJPBCS, 2015 , 6(1) : 739.
13 含笑 Michelia figo	李先文 . 含笑花挥发油化学成分的 GC-MS 分析 . 2008 年中国药学会学术年会暨第八届中国药师周论文集 , 2008.
14 红香桃木 Myrtus communis, CT Myrtenyl acetate	Laura Espina. Chemical composition and antioxidant properties of Laurus nobilis L. and Myrtus communis L. essential oils from Morocco and evaluation of their antimicrobial activity acting alone or in combined processes for food preservation, J Sci Food Agric, 2014, 94 : 1197–1204.
15 水果鼠尾草 Salvia dorisiana	Conti B. Repellent effect of Salvia dorisiana, S. longifolia, and S. sclarea (Lamiaceae) essential oils against the mosquito Aedes albopictus Skuse (Diptera: Culicidae), Parasitol Res, 2012 Jul, 111(1):291-2919.
16 快乐鼠尾草 Salvia sclarea	Seol,G.H. Antidepressant-like activity of Salvia sclarea is explained by modulation of dopamine activities in rats, Journal of Ethnopharmacology, 2010 ,130,1 : 187-190.
17 鹰爪豆 Spartium junceum	Ghasemi. Essential oil composition and bioinformatic analysis of Spanish broom (Spartium junceum L.), Trends in Phramaceutical Sciences , 2015, 1(2) : 97-104.

VII-2 苯基酯类

1 银合欢 Acacia dealbata	Perriot R. Chemical composition of French mimosa absolute oil, J Agric Food Chem. 2010 Feb, 10, 58(3):1844-1849.
2 大高良姜 Alpinia galanga	龙凤来 . 大高良姜的研究进展 . 医药前沿 , 2013 年第 12 期 .
3 黄桦 Betula alleghaniensis	Başer. Studies on Betula essential oils, ARKIVOC, 2007 (vii) : 335-348.
4 波罗尼花 Boronia megastigma	PLUMMER. Intraspecific Variation in Oil Components of Boronia megastigma Nees.(Rutaceae) Flowers, Annals of Botany, 1999, 83: 253-262.
5 苏刚达 Cinnamomum glaucescens	Adhikary. Investigation of Nepalese Essential Oils. I. The Oil of Cinnamomum glaucescens (Sugandha Kokila), Journal of Essential Oil Research ,1992, Volume 4, Issue 2.
6 橘叶 Citrus reticulata	Fayed SA. Antioxidant and anticancer activities of Citrus reticulata (petitgrain mandarin) and Pelargonium graveolens (geranium) essential oils. Research Journal of Agriculture and Biological Sciences, 2009, 5(5):740-747.
7 沙枣花 Elaeagnus angustifolia	黄馨瑶 . 沙枣花香气的人气调查及化学成分分析 . 天然产物研究与开发 , NatProdResDev2009, 21 : 464-488.
8 芳香白珠 Gaultheria fragrantissima	S. Joshi. Phytochemical and Biological Studies on Essential Oil and Leaf Extracts of Gaultheria fragrantissima Wall, Nepal Journal of Science and Technology, 2013, Vol. 14, No. 2 : 59-64.
9 大花茉莉 Jasminum officinale var. grandiflorum	Hongratanaworakit, T. stimulating effect of aromatherapy massage with jasmine oil, Natural Products Communications, 2010, 5,1,157.
10 小花茉莉 Jasminum sambac	Kunhachan. Chemical Composition, Toxicity and Vasodilatation Effect of the Flowers Extract of Jasminum sambac (L.) Ait, G. Duke of Tuscany, Evidence-Based Complementary and Alternative Medicine,Volume, 2012, Article ID 471312, 7 pages.

300 种精油范例文献

VII-2 苯基酯类

11 苏合香　周敏 . 苏合香化学成分及抗脑损伤作用实验研究进展 . 中国中药杂志 , 2013, 38(22):3825-3828.
　　Liquidamber orientalis

12 白玉兰　Pensuk. Comparison of the Chemical Constituents in Michelia alba Flower Oil Extracted by Steam Distillation, Hexane
　　Michelia alba　Extraction and Enfleurage Method, Journal of Thai Traditional & Alternative Medicine, 2007, Vol. 5, No.1.

13 黄玉兰　Jarald. Antidiabetic activity of flower buds of Michelia champaca Linn, Indian J Pharmacol, 2008 (12), Vol 40, Issue 6 :
　　Michelia champaca　256-260.

14 秘鲁香脂　Bloomer CR. Alveolar osteitis prevention by immediate placement of medicated packing. Oral Surg Oral Med Oral Pathol
　　Myroxylon balsamum var. pereitae Oral Radiol Endod 2000; 90(3):282-284.

15 水仙　Okello,E.J. In vitro inhibition of human acetyl-and butyryl-cholenesterase by Narcissus poetics L.(Amaryllidaceae)flower
　　Narcissus poeticus　absolute. International Journal of Essential Oil Therapeutics, 2008, 2,3 : 105-110.

16 牡丹花　李双 . 牡丹花精油的提取、分析及抗氧化性研究 , 齐鲁工业大学硕士论文 , 2015.
　　Paeonia suffruticosa

17 红花缅栀　Manisha. Review on traditional medicinal plant: Plumeria rubra', Journal of Medicinal Plants Studies, 2016, 4(6): 204-207.
　　Plumeria rubra

18 晚香玉　U.R.Moon. The in vitro antioxidant capacities of Polianthes tuberosa L. flower extracts,.Acta Physiol Plant, 2014.
　　Polianthus tuberosa

19 五月玫瑰　Nikolič , Miloš. Chemical composition, antimicrobial, antioxidant and cytotoxic activity of Rosa centifolia L. essential oil.
　　Rosa centifolia　INTERNATIONAL CONFERENCE ON NATURAL PRODUCTS UTILIZATION, 2013.

VII-3 芳香酸与芳香醛类

1 苏门答腊安息香　Burger. New insights in the chemical composition of benzoin balsams. Food Chemistry, 2016 (210) : 613–622.
　　Styrax benzoin

2 暹罗安息香　彭颖 . 苏合香与安息香中挥发油成分的对比分析 . 中国药房 , 2013 年 , 第 24 卷第 3 期 .
　　Styrax tonkinensis

3 香草　J.H. Choo. Inhibition of bacterial quorum sensing by vanilla extract. Letters in Applied Microbiology, 2006 (42) : 637–641.
　　Vanilla planifolia

VIII 倍半萜酮类

1 印蒿酮白叶蒿　Mohsen. Essential Oil Composition of Artemisia herba-alba from Southern Tunisia, Molecules, 2009 (14) : 1585-1594.
　　Artemisia herba-alba

2 银艾　Lopes-Lutz. Screening of chemical composition, antimicrobial and antioxidant activities of Artemisia essential oils ,
　　Artemisia ludoviciana　Phytochemistry, 2008 (69) : 1732–1738.

3 印蒿　Bail, S. GC-MS analysis, antimicrobial activities and olfactory evaluation of Davana (Artemisia pallen Wall ex DC) oil from
　　Artemisia pallens　India. Nat. Prod. Commun, 2008, 3, 1057-1062.

4 大西洋雪松　Antoine Saab. In vitro evaluation of the anti-proliferative activities of the wood essential oils of three Cedrus species against
　　Cedrus atlantica　K562 human chronic myelogenous leukaemia cells, Nat Prod Res. 2012, 26(23) : 2227-2231.

5 喜马拉雅雪松　Kar K. Spasmolytic constituents of Cedrus deodara (Roxb.) Loud: pharmacological evaluation of himachalol. J Pharm Sci, 1975
　　Cedrus deodara　Feb, 64(2):258-262.

6 杭白菊　吕都 . 杭白菊挥发油提取及其抗氧化、抑菌功能的研究 . 四川农业大学硕士论文 , 2015.
　　Chrysanthemum morifolium

7 姜黄　Singh. Chemical Composition of Turmeric Oil (Curcuma longa L. cv. Roma) and its Antimicrobial Activity against Eye Infecting
　　Curcuma longa　Pathogens, Journal of Essential Oil Research, 2011, Vol. 23.

8 莪术 (莪蒁)　曾建红 . 莪术油的含量测定和抗肿瘤作用的新进展 . 肿瘤药学 , 2012 (2), 第 2 卷第 1 期 .
　　Curcuma zedoaria

9 莎草　Bhwang,K. Cyperus scariosus － a potential medicinal herb. Interntional Research Journal of Pharmacy, 2013(4), 6 : 17-20.
　　Cyperus scariosus

10 大根老鹳草
　Geranium macrorrhizum

Niko Radulović. Geranium Macrorrhizum L. (Geraniaceae) Essential Oil: A Potent Agent Against Bacillus subtilis. 41st ISEO, 2010.

11 意大利永久花
　Helichrysum italicum

Voinchet, V. Utilisation de l'huile Essentielle d'hélichryse Italienne et de l'huile Végétale de Rose Musquée Après Intervention de Chirurgie Plastique Réparatrice et Esthétique. Phytothérapie, April 2007, Volume 5, Issue 2 : 67–72 .

12 鸢尾草
　Iris pallida

邓国宾. 香根鸢尾挥发油的化学成分分析及抗菌活性研究 . 林产化学与工业 , 2008(6) , 28 卷 3 期 : 39 - 44.

13 马缨丹
　Lantana camara

Medeiros. Chemical Constituents and Evaluation of Cytotoxic and Antifungal Activity of Lantana Camara Essential Oils, Rev. bras. Farmacogn, 2012,　vol.22 no.6.

14 松红梅
　Leptospermum scoparium

Douglas MH. Essential Oils from New Zealand Manuka: Triketone and Other Chemotypes of Leptospermum Scoparium, Phytochemistry. 2004 May, 65(9):1255-1264.

15 桂花
　Osmanthus fragrans

陈虹霞. 不同品种桂花挥发油成分的 GC-MS 分析 , 生物质化学工程，2012, 第 46 卷第 4 期 .

16 紫罗兰
　Viola odorata

Akhbari M. Composition of Essential Oil and Biological Activity of Extracts of Viola Odorata L. from Central Iran. Nat Prod Res, 2012, 26(9):802-809.

IX 单萜醇类

1 花梨木
　Aniba rosaeodora

José Guilherme. Plant Sources of Amazon Rosewood Oil. Quim. Nova, 2007, Vol. 30, No. 8 : 1906-1910.

2 芳樟
　Cinnamomum camphora

何振隆 . 芳樟 (Cinnamomum Camphora Sieb. var. Linaloolifera Fujuta) 各部位精油组成分及生物活性之探讨 . 林业研究季刊 , 2009, 31(2) : 77-96.

3 橙花
　Citrus aurantium bigarade

Akhlaghi, M. Cistrus Aurantium Blossom and Preoperative Anxiety. Brazilian Journal of Anesthesiology, 2011,　61,6 : 702-712.

4 芫荽
　Coriandrum sativum

Emamghoreishi M. Coriandrum Sativum: Evaluation of Its Anxiolytic Effect in the Elevated Plus-maze. J Ethnopharmacol, 2005, Jan 15, 96(3):365-370.

5 巨香茅
　Cymbopogon giganteus

ALITONOU. Chemical Composition and Biological Activities of Essential Oils from the Leaves of Cymbopogon Giganteus Chiov. and Cymbopogon Schoenanthus (L.) Spreng (Poaceae) from Benin, Int. J. Biol. Chem. Sci. 2012, 6(4): 1819-1827.

6 玫瑰草
　Cymbopogon martinii

Andrade. Effect of Inhaling Cymbopogon Martinii Essential Oil and Geraniol on Serum Biochemistry Parameters and Oxidative Stress in Rats. Biochemistry Research International, Volume 2014, Article ID 493183, 7 pages.

7 忍冬
　Lonicera japonica

陈玲 . 忍冬的化学成分研究进展 . 现代药物与临床 (Drugs & Clinic), 2015, 第 30 卷第 1 期 .

8 茶树
　Melaleuca alternifolia

Calcabrini, A. Terpinen-4-ol, the Main Component of Melaleuca Alternifolia(tea tree) Oil, Inhibits the in Vitro Growth of Human Melanoma Cells. Journal of Investigative Dermatology, 2004(122) : 349-360.

9 沼泽茶树
　Melaleuca ericifolia

Brophy, J. Geographic Variation in Oil Characteristics in Melaleuca Ericifolia. Journal of Essential Oil Research, 2004, Vol. 16 Issue 1: 4.

10 野地薄荷
　Mentha arvensis

Weecharangsan. Cytotoxic Activity of Essential Oils of Mentha spp. on Human Carcinoma Cells. J Health Res , 2014, Vol. 28 No.1.

11 胡椒薄荷
　Mentha piperita

Ferreira. Mentha Piperita Essential Oil Induces Apoptosis in Yeast Associated with Both Cytosolic and Mitochondrial ROS-mediated Damage, FEMS Yeast, 2014 Res 14 :1006–1014.

12 蜂香薄荷
　Monarda fistulosa

Mazza, G. Monarda: A Source of Geraniol, Linalool, Thymol and Carvacrol-rich Essential Oils. J. Janick and J.E. Simon (eds.). New crops. Wiley, New York, 1993 : 628- 631.

13 可因氏月橘
　Murraya koenigii

Nagappan. Biological Activity of Carbazole Alkaloids and Essential Oil of Murraya Koenigii Against Antibiotic Resistant Microbes and Cancer Cell Lines.　Molecules, 2011(16) : 9651-9664.

14 柠檬荆芥
　Nepeta cataria var. citriodora

Bernardi MM. Nepeta Cataria L. var. Citriodora (Becker) Increases Penile Erection in Rats. J Ethnopharmacol, 2011 Oct 11, 137(3):1318-1322.

15 甜罗勒
　Ocimum basilicum

Beier RC. Evaluation of Linalool, a Natural Antimicrobial and Insecticidal Essential Oil from Basil: Effects on Poultry. Poult Sci, 2014 Feb, 93(2): 267-272.

16 甜马郁兰
　Origanum majorana

Mossa AT. Free Radical Scavenging and Antiacetylcholinesterase Activities of Origanum Majorana L. Essential Oil. Hum Exp Toxicol, 2011 Oct, 30(10) : 1501-1513.

17 野洋甘菊
　Cladanthus mixtus / Ormenis mixta

Anass Elouaddari. Yield and Chemical Composition of the Essential Oil of Moroccan Chamomile [Cladanthus Mixtus (L.) Chevall.] Growing Wild at Different Sites in Morocco. Flavour and Fragrance Journal, 2013, Volume 28, Issue 6 : 360-366.

18 天竺葵
　Pelargonium asperum

Maruyama, N. Protective Activity of Geranium Oil Ans Its Component, Geraniol, in Combination with Vaginal Washing Against Vaginal Candidiasis in Mice. Biological and Pharmaceutical Bulletin, 2008 (31): 1501-1506.

300 种精油范例文献

IX 单萜醇类

19 大马士革玫瑰
Rosa damascena

Maleki, N.A. Supressive Effects of Rosa damascena Essential Oil on Naloxone-precipiated Morphine Withdrawal Signs in Male Mice. International Journal of Pharmaceutical Research, 2013, 12,3 : 357-361.

20 苦水玫瑰
R. Setate x R. Rugosa

周围 . 中国苦水玫瑰油香气成分的研究 . 色谱 , 2002 , 第 20 卷第 6 期 .

21 凤梨鼠尾草
Salvia elegans

S. Moraa. The Hydroalcoholic Extract of Salvia Elegans Induces Anxiolytic- and Antidepressant-like Effects in Rats. J Ethnopharmacol, 2006 Jun 15, 106(1):76-81.

22 龙脑百里香
Thymus satureioides

Jaafari. Chemical Composition and Antitumor Activity of Different Wild Varieties of Moroccan Thyme. Brazilian Journal of Pharmacognosy, 2007, 17(4): 477- 491.

23 沉香醇百里香
Thymus vulgaris

Giordani,R. Anti-fungal Effect of Various Essential Oils Against Candida Albicans. Potentiation of Antifungal Action of Amphoteticin B by Essential Oil from Thymus Vulgaris. Phytotherapy Research, 2004, 18,12 : 990-995.

24 侧柏醇百里香
Thymus vulgaris

B. Delpit. Clonal Selection of Sabinene Hydrate-Rich Thyme (Thymus vulgaris). Yield and Chemical Composition of Essential Oils. I. Essent. Oil Res, 2001(12) : 387-391.

25 牻牛儿醇百里香
Thymus vulgaris, geraniol

Erich Schmidt. Chemical Composition, Olfactory Analysis and Antibacterial Activity of Thymus Vulgaris L. Chemotype "geraniol", Conference: 41st International Symposium on Essential Oils (ISEO 2010).

26 竹叶花椒
Zanthoxylum alatum

Latika Brijwal, An Overview on Phytomedicinal Approaches of Zanthoxylum Armatum DC.: An Important Magical Medicinal Plant. Journal of Medicinal Plants Research, 2013, Vol. 7(8) : 366-370.

27 食茱萸
Zanthoxylum ailanthoides

周江菊 . 樗叶花椒叶精油化学成分分析及其抗氧化活性测定 . 食品科学 , 2014, Vol.35, No.06.

28 花椒
Zanthoxylum bungeanum

韩胜男 . 花椒挥发油的提取工艺优化及抗肿瘤活性分析 . 食品科学 , 2014, 第 18 期 .

X 酚与芳香醛类

1 中国肉桂
Cinnamomum cassia

胥新元 . 肉桂挥发油降血糖的实验研究 . 中国中医药信息杂志 , 2001, 第 8 卷第 2 期 .

2 台湾土肉桂
Cinnamomum osmophloeum

Wang SY. Essential oil from leaves of Cinnamomum osmophloeum Acts as a Xanthine Oxidase Inhibitor and Reduces the Serum Uric Acid Levels in Oxonate-induced Mice. Phytomedicine, 2008 Nov, 15(11) : 940-945.

3 印度肉桂
Cinnamomum tamala

Shahwar. Anticancer Activity of Cinnamon tamala Leaf Constituents Towards Human Ovarian Cancer Cells. Pak. J. Pharm. Sci, 2015, Vol.28, No.3 : 969-972.

4 锡兰肉桂
Cinnamomum verum

Yüce A. Effects of Cinnamon (Cinnamomum zeylanicum) Bark Oil on Testicular Antioxidant Values, Apoptotic Germ Cell and Sperm Quality. Andrologia, 2013, Volume 45, Issue 4 : 248–255.

5 头状百里香
Corydothymus capitatus

A. C. Goren. Analysis of Essential Oil of Coridothymus capitatus (L.) and Its Antibacterial and Antifungal Activity. Z Naturforsch C, 2003, 58 (9-10) : 687-690.

6 小茴香
Cuminum cyminum

Janahmadi, M. Effects of the Fruit Essential Oil of Cuminum cyminum Linn.(Apiaceae) on Pentyleneterazol-induced Epileptiform Activity in F1 Neurons of Helix Aspera. Journal of Ethnophramacology, 2006, 104,1-2 : 278-282.

7 丁香花苞
Eugenia caryophyllus

Y. Tragoolpua. Anti-herpes Simplex Virus Activities of Eugenia caryophyllus (Spreng.) Bullock & S. G. Harrison and Essential Oil, Eugenol. Phytotherapy Research, 2007, Volume 21, Issue 12 : 1153–1158.

8 丁香罗勒
Ocimum gratissimum

Freire,C.M.M. Effects of Seasonal Variation on the Central Nervous System Activity of Ocimum gratissimum L.essential Oil. Journal of Ethnopharmacology, 2006, 105,1-2,161-166.

9 神圣罗勒
Ocimum sanctum

Amber,K. Anticandida Effect of Ocimum sanctum Essential Oil and Its synergy with Fluconazole and Ketoconazole. Phtomedicine, 2010, 17, 12 : 921-925.

10 野马郁兰
Origanum compactum

Sbayou. Chemical Composition and Antibacterial Activity of EssentialOil of Origanum compactum Against Foodborne Bacteria (IJERT), 2014, Vol. 3 Issue 1.

11 岩爱草
Origanum dictamnus

Mitropoulou. Composition, Antimicrobial, Antioxidant, and Antiproliferative Activity of Origanum dictamnus (dittany) Essential Oil. Microb Ecol Health Dis, 2015, 26: 10.3402.

12 希腊野马郁兰
Origanum heracleoticum

Mith H. The Impact of Oregano (Origanum heracleoticum) Essential Oil and Carvacrol on Virulence Gene Transcription by Escherichia coli O157:H7. FEMS Microbiol Lett, 2015 Jan, 362(1):1-7.

13 多香果
Pimenta dioica

Padmakumari K.P. Composition and Antioxidant Activity of Essential Oil of Pimento (Pimenta dioica (L) Merr.) from Jamaica. Nat Prod Res, 2011 Jan, 25(2):152-160.

14 西印度月桂
Pimenta racemosa

Meneses R. Essentials Oils from Seven Aromatic Plants Grown in Colombia: Chemical Composition, Cytotoxicity and in Vitro Virucidal Effect on the Dengue Virus. Int J Essent. Oil Ther, 2009(3):1-7.

15 到手香 Plectranthus amboinicus	OLIVEIRA. Interference of Plectranthus amboinicus (Lour.) Spreng Essential Oil on the Anti-Candida Activity of Some Clinically Used Antifungals. Rev. Bras. Farmacogn, 2007, vol.17, n.2 : 186-190.
16 重味过江藤 Lippia graveolens	González-Trujano. Pharmacological evaluation of the Anxiolytic-like Effects of Lippia graveolens and Bioactive Compounds. Pharmaceutical Biology, 2017, 55(1):1569-1576.
17 黑种草 Nigella sativa	Edris,A.E. Anti-cancer Properties of Nigella spp. Essential Oils and Their Major Constituents, Thymoquinone and Elemene. Current Clinical Pharmacology, 2009 (4) : 43-46.
18 冬季香薄荷 Satureja montana	M. Zavatti. Experimental Study on Satureja montana as a Treatment for Premature Ejaculation. Journal of Ethnopharmacology 133, 2011 : 629–633.
19 希腊香薄荷 Satureja thymbra	Tsimogiannis. Exploitation of the Biological Potential of Satureja thymbra Essential Oil and distillation by-products. Journal of Applied Research on Medicinal and Aromatic Plants, 2017, Volume 4 : 12–20.
20 百里酚百里香 Thymus vulgaris / T. zygis	Begrow, F. Impact of Thymol in Thyme Extracts on Their Antispasmodic Action and Ciliary Clearance. Planta Medica, 2010, 76,4 : 311-318.
21 野生百里香 Thymus serpyllum	Nikolič. Chemical Composition, Antimicrobial, Antioxidant and Antitumor Activity of Thymus serpyllum L. Thymus Algeriensis Boiss. & Reut and Thymus Vulgaris L. Essential Oils. Industrial Crops and Products, January 2014, Volume 52 : 183-190.
22 印度藏茴香 Trachyspermum ammi	Abdel-Hameed. Chemical Composition of Volatile Components,Antimicrobial and Anticancer activity of n-hexane Extract and Essential Oil from Trachyspermum ammi L. Seeds. Oriental Journal of Chemistry, 2014, Vol. 30, No. (4) : 1653-1662.

XI 倍半萜醇类

1 阿米香树 Amyris balsamifera	Gretchen E. Amyris and Siam-wood Essential Oils: Insect Activity of Sesquiterpenes Pesticides in Household, Structural and Residential Pest Management, 2009, Volumn 1015,2 : 5-18.
2 沉香树 Aquilaria agallocha	Takemoto, H. Sedative Effects of Vapor Inhalation of Agarwood Oil and Spikenard Extract and Identification of Their Active Components. Journal of Natural Medicines, 2008(62)1 : 41-46 .
3 玉檀木 Bulnesia sarmientoi	UNEP-WCMC. Review of Bulnesia Sarmientoi from Paraguay. UNEP-WCMC. Cambridge, 2011.
4 降香 Dalbergia odorifera	杨志宏. 降香化学成分、药理作用及药代特征的研究进展. 中国中药杂志, 2013 年第 11 期.
5 胡萝卜籽 Daucus carota	Noha Khalil. Chemical Composition and Biological Activity of the Essential Oils Obtained From Yellow and Red Carrot Fruits Cultivated In Egypt, IOSR. Journal of Pharmacy and Biological Sciences , 2015, Volume 10, Issue 2 Ver. 1:13-19.
6 暹罗木 Fokienia hodginsii	张艳平. 福建柏挥发油的化学成分及其生物活性研究. 安徽农业科学, 2008, 36 卷 17 期.
7 白草果 Hedychium spicatum	Mishraa. Composition and in Vitro Cytotoxic Activities of Essential Oil of Hedychium spicatum from Different Geographical Regions of Western Himalaya by Principal Components Analysis. Natural Product Research, 2016, Volume 30, Issue 10.
8 黏答答土木香 Inula viscosa	Parolin P. Biology of Dittrichia viscosa, a Mediterranean Ruderal Plant: a Review. FYTON. ISSN 0031 9457, 2014, 83: 251-262.
9 昆士亚 Kunzea ambigua	J. Thomas. An Examination of the Essential Oils of Tasmanian Kunzea ambigua, Other Kunzea spp. and Commercial Kunzea Oil. Journal of Essential Oil Research, 2010, Volume 22, Issue 5 .
10 厚朴 Magnolia officinalis	曹迪. 厚朴挥发油化学成分及其抗炎作用的实验研究. 中国中医药科技 ,2015, Vol.22, No 6.
11 橙花叔醇绿花白千层 Melaleuca quinquenervia	Vasundhara M. Chemovariant of Melaleuca Quinquenervia (CAV.) S.T.Blake and Its Anti-pathogen Activity. ejpmr. 2016, 3(6): 482-487.
12 香脂果豆木 Myrocarpus fastigiatus	Wanner J. Chemical Composition and Antibacterial Activity of Selected Essential Oils and Some of Their Main Compounds. Nat Prod Commun, 2010, 5(9):1359-1364.
13 新喀里多尼亚柏松 Neocallitropsis pancheri	Philia,R. Volatile Constituents of Neocallitropsis pancheri (Carrière) de Laubenfels Heartwood Extracts (Cupressaceae). Journal of Essential Oil Research ,1993 , Volume 5, Issue 6.
14 羌活 Notopterygium incisum	杨秀伟. 狭叶羌活根茎和根的挥发油成分的 GC-MS 分析. 中国药学, 15(3): 172-177.
15 荜澄茄 Piper cubeba	RAMZI A, MOTHANA. Chemical Composition, Anti-inflammatory and Antioxidant Activities of the Essential Oil of Piper cubeba L. Romanian Biotechnological Letters , 2017 , Vol. 22, No. 2.
16 广藿香 Pogostemon cablin	Jeong, J.B. Patchouli alcohol, an Essentialoil of Pogostemon cablin, Exhibits Anti-tumorigenic Activity in Human Colorectal Cancer Cells. International Immunopharmacology, 2013, 16,2 :184-190.

300 种精油范例文献

XI 倍半萜醇类

17 狭长叶鼠尾草 Salvia stenophylla	Alvaro M. Viljoen. The Essential Oil Composition and Chemotaxonomy of Salvia stenophylla and its Allies S. repens and S. runcinata. Journal of Essential Oil Research, 2006, Vol.18.
18 檀香 Santalum album	Heuberger ,E. East Indian Sandalwood and a-santalol Odor Increase Physiological and Self-rated Aousal in Human. Planta Medica, 2006, 72,9 : 792-800.
19 太平洋檀香 Santalum austrocaledonicum	Page T. Geographic and Phenotypic Variation in Heartwood and Essential-oil Characters in Natural Populations of Santalum austrocaledonicum in Vanuatu. Chem Biodivers, 2010 Aug, 7(8) : 1990-2006.
20 塔斯马尼亚胡椒 Tasmannia lanceolata	CHRIS R. Analysis of the Contents of Oil Cells in Tasmannia lanceolata (Poir.) A. C. Smith (Winteraceae). Annals of Botany, 2000, 86: 1193-1197.
21 缬草 Valeriana officinalis	陈磊 . 缬草的化学成分、植物资源和药理活性 . 药学实践杂志 , 2000, 第 18 卷第 5 期 .
22 印度缬草 Valeriana wallichii	PARVEEN Study of Chemical and Biological Aspects of Valeriana wallichii DC. Root Essential Oil. Asian Journal of Chemistry, 2012, Vol. 24 Issue 7 : 3243.
23 岩兰草 Vetiveria zizanioides	Khushminder. Chemical Composition and Biological Properties of Chrysopogon zizanioides(L) Roberty syn. Vetiveria zizanioides(L) -A Riview. Indian Journal of Natural Products and Resources, 2015, Vol.6(4) : 251-260.

XII 单萜烯类

1 欧洲冷杉 Abies alba	Yang,S. Radical Scavenging Activity of the Essential Oil of Silver Fir (Abies alba). Journal of Clinical Biochemistry and Nutrition, 2009, 44,3 : 253-259.
2 胶冷杉 Abies balsamea	Legault J. Antitumor Activity of Balsam Fir Oil: Production of Reactive Oxygen Species Induced by Alpha-humulene as Possible Mechanism of Action. Planta Med, 2003 May, 69(5) : 402-407.
3 西伯利亚冷杉 Abies sibirica	Aurelija Noreikaite. General Toxicity and Antifungal Activity of a New Dental Gel with Essential Oil from Abies sibirica L. Med Sci Monit, 2017(23): 521-527.
4 莳萝（全株） Anethum graveolens	KK Chahal. Chemistry and Biological Activities of Anethum graveolens L. (dill) Essential Oil: A review. Journal of Pharmacognosy and Phytochemistry, 2017, 6(2): 295-306.
5 欧白芷根 Angelica archangelica	Prakash. Efficacy of Angelica archangelica Essential Oil, Phenyl Ethyl Alcohol and α- Rerpineol against Isolated Molds from Walnut and Their Antiaflatoxigenic and Antioxidant Activity. J Food Sci Technol, April 2015, 52(4):2220–2228.
6 白芷 Angelica dahurica	马逾英 . 白芷挥发油的研究进展 . 中华中医药学会第九届中药鉴定学术会议论文集 ,2008.
7 独活 Angelica pubescens	孙文畅 . 独活挥发油对 N- 脂肪酰基乙醇胺水解酶的抑制作用及抗炎作用研究 . 中国中药杂志 , 第 36 卷第 22 期 , 2011.
8 乳香 Boswellia carterii	Frank,M.B. Frankincense Oil Derived from Boswellia carterii Induces Tumor Cell Specific Cytotoxicity. BMC Complementary and Alternative Medicine 9 (article 6), 2009.
9 印度乳香 Boswellia serrata	Madhuri Gupta. Chemical Composition and Bioactivity of Boswellia serrata Roxb. Essential Oil in Relation to Geographical Variation. Plant Biosystems, 2017, Volume 151, Issue 4.
10 秘鲁圣木 Bursera graveolens	Lianet Monzote. Chemical Composition and Anti-proliferative Properties of Bursera graveolens Essential Oil. Natural Product Communications, 2012, Vol. 7 (11) : 1531-1534.
11 榄香脂 Canarium luzonicum	Miloš Nikolič. Sensitivity of Clinical Isolates of Candida to Essentail Oils from Burseraceae Family. EXCLI Journal, 2016(15) : 280-289.
12 岩玫瑰 Cistus ladaniferus	H. Zidane. Chemical Composition and Antioxidant Activity of Essential Oil, Various Organic Extracts of Cistus ladanifer and Cistus libanotis Growing in Eastern Morocco. African Journal of Biotechnology, 2013, Vol. 12(34) : 5314-5320.
13 苦橙 Citrus aurantium	Bodake,H. Chemopreventive Effect of Orange Oil on the Development of Hepatic Preneoplastic Lesions Induced by N-nitrosodiethylamine in Rats: an Ultrastructural Study. Indian J Exp Biol, 2002 Mar, 40(3) : 245-251.
14 泰国青柠 Citrus hystrix	Aris, S.R.S. Effect of Citrus hystrix Aroma on Human Cognition via Emotive Responses. UiTM report, 2011.
15 日本柚子 Citrus junos	Hirota,R. Anti-inflammatory Effects of limonene from Yuzu (Citrus junos Tanaka) Essential Oil on Eosinophils. Journal of Food Science, 2010(75) : 87-92.
16 莱姆 Citrus × aurantifolia	JR Patil. Apoptosis-mediated Proliferation Inhibition of Human Colon Cancer Cells by Volatile Principles of Citrus aurantifolia. Food Chemistry, 2009(114) : 1351–1358.
17 柠檬 Citrus limonum	Oboh,G. Essential Oil from Lemon Peels Inhibit Key Enzymes Linked to Neurodegenerative Conditions and Pro-oxidant Induced Lipid Peroxidation. Journal of Oleo Science , 2014, 63,4 : 373-381.

18 葡萄柚
Citrus paradisi
M Tanida. Olfactory Stimulation with Scent of Essential Oil of Grapefruit Affects Autonomic Neurotransmission and Blood Pressure. Brain Res. 5, 2005 ,1058 (1-2):44-55.

19 橘（红/绿）
Citrus reticulata
Sultana. Influence of Volatile Constituents of Fruit Peels of Citrus reticulata Blanco on Clinically Isolated Pathogenic Microorganisms under In-vitro. Asian Pacific Journal of Tropical Biomedicine, 2012 : S1299-S1302.

20 岬角白梅
Coleonema album
K. H. C.Baser. Composition of the Essential Oils of Five Coleonema Species from South Africa. J. Essent. Oil Res, 2006, 18 : 26-29.

21 海茴香
Crithmum maritimum
Asma Nguir. Chemical Composition, Antioxidant and Anti-acetylcholinesterase Activities of Tunisian Crithmum Maritimum L. Essential oils. Mediterranean Journal of Chemistry, 2011, 1(4) : 173-179.

22 丝柏
Cupressus sempervirens
Asgary, S. Chemical Analysis and Biological Activities of Cupressus sempervirens var.horizontalis Essential Oils. Pharmaceutical Biology, 2013, 51, 2 : 137-144.

23 非洲蓝香茅
Cymbopogon validus
P Rungqu. Anti-inflammatory Activity of the Essential Oils of Cymbopogon Validus (Stapf) Stapf ex Burtt Davy from Eastern Cape, South Africa. Asian Pacific Journal of Tropical Medicine, 2016, 9(5) : 426–431.

24 白松香
Ferula galbaniflua
Sahebkar. Biological Activities of Essential Oils from the Genus Ferula (Apiaceae). Asian Biomedicine, 2010, Vol. 4 No. 6 : 835-847.

25 连翘
Forsythia suspensa
郭际 . 连翘挥发油抗炎作用的实验研究 . 四川生理科学杂志，2005, 27 (3) : 136.

26 高地杜松
Juniperus communis var. montana
C. Cabral. Essential Oil of Juniperus communis subsp. Alpina (Suter) Čelak Needles: Chemical Composition, Antifungal Activity and cytotoxicity. Phytother. Res, 2012, 26: 1352–1357.

27 杜松浆果
Juniperus communis
N. Gumral. Juniperus communis Linn oil Decreases Oxidative Stress and Increases Antioxidant Enzymes in the Heart of Rats Administered a Diet Rich in Cholesterol. Toxicol Ind Health, 2015 Jan, 31(1) : 85-91.

28 刺桧浆果
Juniperus oxycedrus
Loizzo. Comparative Chemical Composition, Antioxidant and Hypoglycaemic Activities of Juniperus Oxycedrus ssp. Oxycedrus L. berry and Wood Oils from Lebanon. Food Chemistry, 2007, Volume 105, Issue 2 : 572-578.

29 卡奴卡
Kunzea ericoides
Bloor SJ. Antiviral Phloroglucinols from New Zealand Kunzea Species. J Nat Prod, 1992, 55(1) : 43-47.

30 落叶松
Larix laricina
Ernst von Rudloff. The Volatile Twig and Leaf Oil Terpene Compositions of Three Western North American Larches, Larix laricina, Larix occidentalis, and Larix lyallii. J. Nat. Prod, 1987, 50 (2) : 317–321.

31 格陵兰喇叭茶
Ledum groenlandicum
Guy Collin. Aromas from Quebec. IV. Chemical Composition of the Essential Oil of Ledum Groenlandicum: A Review. American Journal of Essential Oils and Natural Products, 2015, 2 (3) : 6-11.

32 黑云杉
Picea mariana
Koçak. Identification of Essential Oil Composition of Four Picea Mill. (Pinaceae) Species from Canada. Journal of Agricultural Science and Technology, 2014, B 4 : 209-214.

33 挪威云杉
Picea abies
Radulescu. Chemical Composition and Antimicrobial Activity of Essential Oil from Shoots Spruce (Picea abies L). REV. CHIM. (Bucharest), 2011, 62, No. 1.

34 科西嘉黑松
Pinus nigra subsp. laricio
Serge Rezzi. Composition and Chemical Variability of the Needle Essential Oil of Pinus Nigra Subsp. Laricio from Corsica. Flavour and Fragrance Journal, 2001, Volume 16, Issue 5 : 379–383.

35 海松
Pinus pinaster
Mimoune. Chemical Composition and Antimicrobial Activity of the Essential Oils of Pinus pinaster. Journal of Coastal Life Medicine 2013, 1(1) : 55-59.

36 欧洲赤松
Pinus sylvestris
E. Basim. Chemical Composition, Antibacterial and Antifungal Activities of Turpentine Oil of Pinus sylvestris L. Against Plant Bacterial and Fungal Pathogens. Journal of Food, Agriculture & Environment, 2013, Vol.11 (3&4) : 2261-2264.

37 黑胡椒
Piper nigrum
Oboh,G. Antioxidative Properties and Inhibition of Key Enzymes Relevant to Yype-2 Diabetes and Hypertension by Essentialoil from black Pepper. Advances in Pharmacological Science, Article ID 926047, 2013.

38 熏陆香
Pistacia lentiscus
Maxia A. Anti-inflammatory Activity of Pistacia lentiscus Essential Oil: Involvement of IL-6 and TNF-alpha. Nat Prod Commun, 2011, Oct, 6(10):1543-1544.

39 奇欧岛熏陆香
Pistacia lentiscus var. chia
Dimitris Vlastos. Genotoxic and Antigenotoxic Assessment of Chios Mastic Oil by the In Vitro Micronucleus Test on Human Lymphocytes and the In Vivo Wing Somatic Test on Drosophila. PLoS One, 2015, 10(6): e0130498.

40 巴西乳香
Protium heptaphyllum
de Lima EM. Essential Oil from the Resin of Protium heptaphyllum: Chemical Composition, Cytotoxicity, Antimicrobial Activity, and Antimutagenicity. Pharmacogn Mag, 2016 Jan, 12 (Suppl 1) : S42-S46.

41 道格拉斯杉
Pseudotsuga menziesii
VELE TEŠEVIĆ, Chemical Composition and Antifungal Activity of the Essential Oil of Douglas fir (Pseudosuga menziesii Mirb. Franco) from Serbia. J. Serb. Chem. Soc, 2009 , 74 (10) : 1035–1040.

42 雅丽菊
Psiadia altissima
Ramanoelina. Chemical Composition of the Leaf Oil of Psiadia altissima (Compositeae). Journal of Essential Oil Research, 1994 ,Volume 6.

43 髯花杜鹃
Rhododendron anthopogon
Innocenti, G. Chemical Composition and Biological Properties of Rhododendron Anthopogon Essential Oil. Molecules, 2010(15) : 2326-2338.

44 马达加斯加盐肤木
Rhus taratana
Junheon Kim. Fumigant and Contact Toxicity of 22 Wooden Essential Oils and Their Major Components Against Drosophila suzukii (Diptera: Drosophilidae). Pesticide Biochemistry and Physiology, 2016.

45 秘鲁胡椒
Schinus molle
Diaz,C. Chemical Composition of Schinus Molle Essential Oil and Its Cytotoxic Activity on Tumor Cell Lines. Natural Products Research, 2008, 22,17 :1521-1534.

300 种精油范例文献

XII 单萜烯

46 巴西胡椒
　Schinus terebinthifolius
Bendaoud H. Chemical Composition and Anticancer and Antioxidant Activities of Schinus molle L. and Schinus terebinthifolius Raddi Berries Essential Oils. J Food Sci, 2010 Aug 1, 75(6) : C466-C472.

47 香榧
　Torreya grandis
Niu L. Chemical Composition and Mosquito (Aedes aegypti) Repellent Activity of Essential Oil Extracted from the Aril of Torreya grandis. Journal of Essential Oil Bearing Plants, 2010, 13(5) : 594-602.

48 加拿大铁杉
　Tsuga canadensis
Ömer Kılıç. Volatile Constituents of Juniperus communis L. Taxus canadensis Marshall. and Tsuga canadensis (L.) Carr.from Canada. Journal of Agricultural Science and Technology, 2014, B 4 :135-140.

49 贞节树
　Vitex agnus castus
Lucks BC. Vitex Agnus-castus Essential Oil and Meno - Pausal Balance: a Research Update. Complement Ther Nurs Midwifery, 2003, 9:157–160.

50 泰国参姜
　Zingiber cassumunar
Okonogi,S. Engancement of Anti-cholinesterase Activity of Zingiber cassumunar Essential Oil Using a Microemulsion Technique, Drug Discoveries and Therapeutics, 2012, 6,5 : 249-255.

亚洲重量级芳疗先驱 ——

温佑君 June Wen

对于温佑君来说，芳香疗法不只是美感教育，更是人格教育极为重要的一环。身为亚洲重量级芳疗专家，她身上能发现的宝藏，却不止于芳香疗法。

自英国肯特大学哲学研究所以及英国伦敦芳香疗法学校毕业后，温佑君 1998 年创立肯园，深耕大中华地区芳疗文化，至今已超过 20 年。她不只将传统中医、阿育吠陀等多种自然疗法体系结合最现代的芳香疗法，更将深刻的中西哲学思考与价值思辨导入芳疗教育中，带领学生从嗅觉出发，透过香气自我觉察。独树一帜的观点与脉络，使她每一次的课程都在两岸三地获得极大的回响。

勇于想象更积极开创的她，在台湾拓展出一条独树一帜的香气之路，无论是中式书法、绘画、建筑、音乐、肢体，都是和香气共振的重要元素。她期许香气能成为一种文化与美善的生活风格，将人文芳疗推广至全世界。她著有多本芳香疗法专著，皆荣登同类型书籍畅销排行榜，长年不坠。

图书在版编目（CIP）数据

新精油图鉴：300种精油科研新知集成 / 温佑君
著 . -- 北京：中信出版社，2019.1（2024.11重印）
ISBN 978-7-5086-9500-6

Ⅰ.①新… Ⅱ.①温… Ⅲ.①香精油－图集Ⅳ.
①TQ654-64

中国版本图书馆 CIP 数据核字 (2018) 第 217646 号

新精油图鉴——300种精油科研新知集成

著　　者：　温佑君
出版发行：　中信出版集团股份有限公司
　　　　　　（北京市朝阳区东三环北路 27 号嘉铭中心　邮编　100020）
承 印 者：　北京启航东方印刷有限公司

开　　本：　889mm x1194 mm　1/16　　印　　张：　26.75　　字　　数：　400 千字
版　　次：　2019 年 1 月第 1 版　　　　　印　　次：　2024 年11月第 11 次印刷
书　　号：　ISBN 978-7-5086-9500-6
定　　价：　328.00 元